Informatik aktuell

Herausgeber: W. Brauer
im Auftrag der Gesellschaft für Informatik (GI)

J. Hektor R. Grebe (Hrsg.)

# Parallele Datenverarbeitung mit dem Transputer

5. Transputer-Anwender-Treffen TAT '93
Aachen, 20.–22. September 1993

Springer-Verlag
Berlin Heidelberg New York
London Paris Tokyo
Hong Kong Barcelona
Budapest

**Herausgeber**

Jens Hektor
Reinhard Grebe
Institut für Physiologie
RWTH Klinikum
Pauwelsstraße 30, D-52057 Aachen

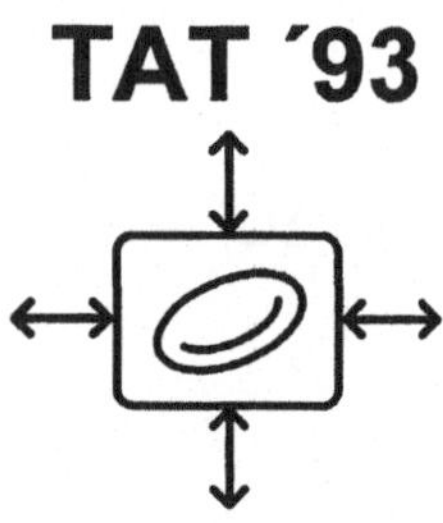


CR Subject Classification (1994): C.1.2, C.2.1, D.2.2, D.3.4, F.1.2, I.4.0, I.6.3

ISBN-13:978-3-540-57830-7 e-ISBN-13:978-3-642-78901-4
DOI: 10.1007/978-3-642-78901-4

CIP-Eintrag beantragt



Satz: Reproduktionsfertige Vorlage vom Autor/Herausgeber
SPIN: 10085858 33/3140-543210 – Gedruckt auf säurefreiem Papier

# Vorwort

Das fünfte deutsche Transputer-Anwender-Treffen, TAT '93, war Gastgeber des erstmals durchgeführten internationalen Word-Transputer-Congress. Die Großveranstaltung war Treffpunkt für Teilnehmer aus 36 Ländern. Sie waren nach Aachen gekommen, um ihre Transputeranwendungen vorzustellen und sich über die Arbeit der anderen Arbeitsgruppen zu informieren.

Der vor Ihnen liegende Band der Reihe 'Informatik aktuell' beinhaltet die aktuellsten der während der Veranstaltung vorgetragenen deutschen Beiträge. Es handelt sich hier um ausgewählte 'last minute'-Kurzbeiträge des deutschsprachigen Teils des Kongresses, die in überarbeiteter, erweiterter Fassung für diesen Band zusammengestellt wurden. Sie haben also in diesem fünften Band der Transputer-Anwender-Reihe wiederum den aktuellen Stand der Transputer- und Parallelrechner-Technik in Form der Beschreibung exemplarischer Anwendungen vor sich liegen.

Im Vergleich zu den Vorjahren konnten wir den einzelnen Autoren mehr Platz zur Beschreibung ihrer Entwicklungen zur Verfügung stellen, wodurch dem Leser mehr interessierende Detailinformation zugänglich gemacht wird.

In diesem Jahr sind die Beiträge in die vier Themenbereiche Algorithmen, Neuronale Netze, Bildverarbeitung und Echtzeitverarbeitung eingeteilt. Diese Einteilung, die sich aus der Art und Anzahl der eingereichten Beiträge ergeben hat, spiegelt unmittelbar die derzeitigen Hauptanwendungsgebiete für Transputer wider. Ihrer besonderen Aufmerksamkeit empfehlen wir den einleitenden Beitrag, einer engagierten Analyse der förderungspolitischen Situation der europäischen Parallelrechnerhersteller und -anwender im Vergleich zur internationalen Konkurrenz.

Auch in diesem Jahr bedanken wir uns bei allen, die durch ihre Beiträge das Transputer-Anwender-Treffen TAT '93 bzw. WTC '93 und diesen Tagungsband möglich gemacht haben. Für die Anregungen bei der Planung und die Unterstützung bei der Organisation und Durchführung des Treffens bedanken wir uns bei Herrn Prof. W. Oberschelp und Herrn Prof. H. Schmid-Schönbein, Aachen. Unser besonderer Dank gilt all den ehrenamtlichen Helfern aus dem Institut für Physiologie, die unentgeltlich viele Stunden ihrer Freizeit für die Vorbereitung und Durchführung des Kongresses geopfert haben.

Aachen, den 24.12.1993

Jens Hektor
Reinhard Grebe

# Inhaltsverzeichnis

## Einführung



## Algorithmen

## Neuronale Netze



## Bildverarbeitung



## Echtzeitverarbeitung

# Parallelverarbeitung und Politik

Andreas vom Hemdt
ZIAM Zentrum für Industrielle
Anwendungen Massiver Parallelität GmbH
Kaiserstr. 100
D-52134 Herzogenrath

## 1. Anstelle einer Einleitung

Was hat ein politischer und bewußt polemischer Beitrag auf einer wissenschaftlichen Veranstaltung zu suchen?

Parallelverarbeitung ist nicht mehr nur das Arbeitsgebiet einer kleinen und verschworenen Gemeinschaft von Wissenschaftlern und einigen Industriepionieren, sondern steht kurz vor der breiten Einführung in sehr unterschiedliche Industriezweige. Dies allein bedeutet ein potentielles Marktvolumen von mehreren Milliarden US-$. Noch wichtiger ist die Position der Parallelverarbeitung als Glied in unseren Technologieketten.

Im folgenden soll aufgezeigt werden, wie in anderen Wirtschaftsräumen Parallelverarbeitung als einer der wichtigsten Technologiebausteine stark forciert wird, warum dies einen volkswirtschaftlichen Sinn hat, und welche Chancen wir Europäer - Wissenschaftler, Entwickler in der Industrie und Politiker - bald verschlafen haben. Es soll auch eine Antwort auf die Eingangsfrage sein, warum auf einer wissenschaftlichen Veranstaltung ein nicht-wissenschaftliches Thema, die Politik, angesprochen werden muß. Parallelverarbeitung als Technologie darf nicht im leeren (wertfreien) Raum stehen, sondern muß im gesellschaftlichen Kontext, und dies heißt im Zusammenhang mit der Politik, gesehen werden.

## 2. Förderungs- und Beschaffungspolitik

Neue Hochleistungstechnologien können im internationalen Wettbewerb ohne staatliche Unterstützung bei Forschung und Entwicklung, d.h. in Wissenschaft und in Industrie, nicht realisiert werden. In Japan steht für das "Real World Computing", in dessen Rahmen auch die Massive Parallelverarbeitung gefördert wird, ein Betrag von 2,2 Milliarden DM zur Verfügung. In den USA werden in 1993 für Hochleistungsrechner (HPCC) umgerechnet ca. 1,3 Milliarden DM mit wachsenden Steigerungsraten jährlich als staatliche Förderungsmittel investiert.

Die EG oder das BMFT? Auch eine Vielzahl von Teilnehmern dieser Veranstaltung werden dieses Jahr Wochen und Monate in Esprit- oder BMFT-Anträge investiert haben und wie viele andere eine Ablehnung in ihren Händen halten.

Besonders die kleinen und mittelständischen Unternehmen (KMU) haben kaum eine realistische Chance, in der Projektlotterie auch ein Gewinnerlos zu ziehen.

Neben dieser direkten Förderung werden gerade in den USA noch über einen weiteren Weg die amerikanischen MPP-Hersteller massiv unterstützt. Amerikanische Einrichtungen der öffentlichen Hand, wie Militär- oder Forschungseinrichtungen, beschaffen nur amerikanische Rechner. Als das Lawrence Livermore Lab in Berkeley es wagte, einen Meiko-Rechner (GB) zu bestellen, begann eine große Hetzkampagne in der amerikanischen Presse.

Ein bekanntes deutsches Industrieunternehmen, oft von Spöttern der Branche auch als "Bank mit angeschlossener Elektrowerkstatt" bezeichnet, degenerierte in den letzten Jahren zu einem Handelshaus auf dem Gebiet des Supercomputings. Arbeitsplätze in Köln, Augsburg und Paderborn werden zusammengestrichen und Supercomputer aus USA (Kendall Square Research) oder Japan (Fujitsu) werden unter einer deutschen Handelsmarke fröhlich an deutsche Universitäten, wie z.B. München oder Aachen, verkauft. Thinking Machine konnte in der letzten Zeit ihre Maschinen in Wuppertal und St. Augustin aufstellen. Intel läßt in der deutschen Presse den Vertriebserfolg feiern, daß in Jülich der Konkurrenz aus Aachen eine Intelmaschine quasi "vor die Tür gestellt wurde".

Wie an diesen Beispielen deutlich wird, unterstützen gerade die deutschen Steuerzahler durch diese Beschaffungspolitik die amerikanischen Rechnerhersteller mit nennenswerten Beträgen. Durch Rechnerverkäufe werden die notwendigen finanziellen Mittel an die Hersteller zurückgeführt, um die Entwicklung der jeweils nächsten Generation zu bezahlen.

Diese indirekte Förderung einer Technologie durch entsprechende Beschaffungsprogramme wird von großen Teilen der Politik nicht berücksichtigt. Damit fehlen unseren europäischen Herstellern Gelder, um den aktuellen technologischen Vorsprung zu halten.

Noch bedenklicher ist die Auswirkung auf Forschung und Lehre. Mit der Entwicklung und dem Bau von leistungsfähigen Parallelrechnern alleine ist es nicht getan. Um es als Bild zu formulieren: ein Verkehrswesen kann nicht dadurch aufgebaut werden, daß es einige exzellente Straßenbauunternehmen gibt und verschiedene Forschungseinrichtungen schöne Rennwagen in Handarbeit bauen; irgendwoher müssen auch Serienautos für alle Autofahrer kommen. Parallelverarbeitung bedeutet für Softwarehäuser einen Paradigmenwechsel, der noch weitreichendere Folgen als die Einführung der objektorientierten Methoden haben wird. Die Entwicklung von industriellen Anwendungen kann sich nur durchsetzen, wenn aus der Wissenschaft die Signalwirkung erfolgreicher Forschungsprojekte und gut ausgebildeter Entwickler kommen.

# 3. Volkswirtschaftliche Bedeutung

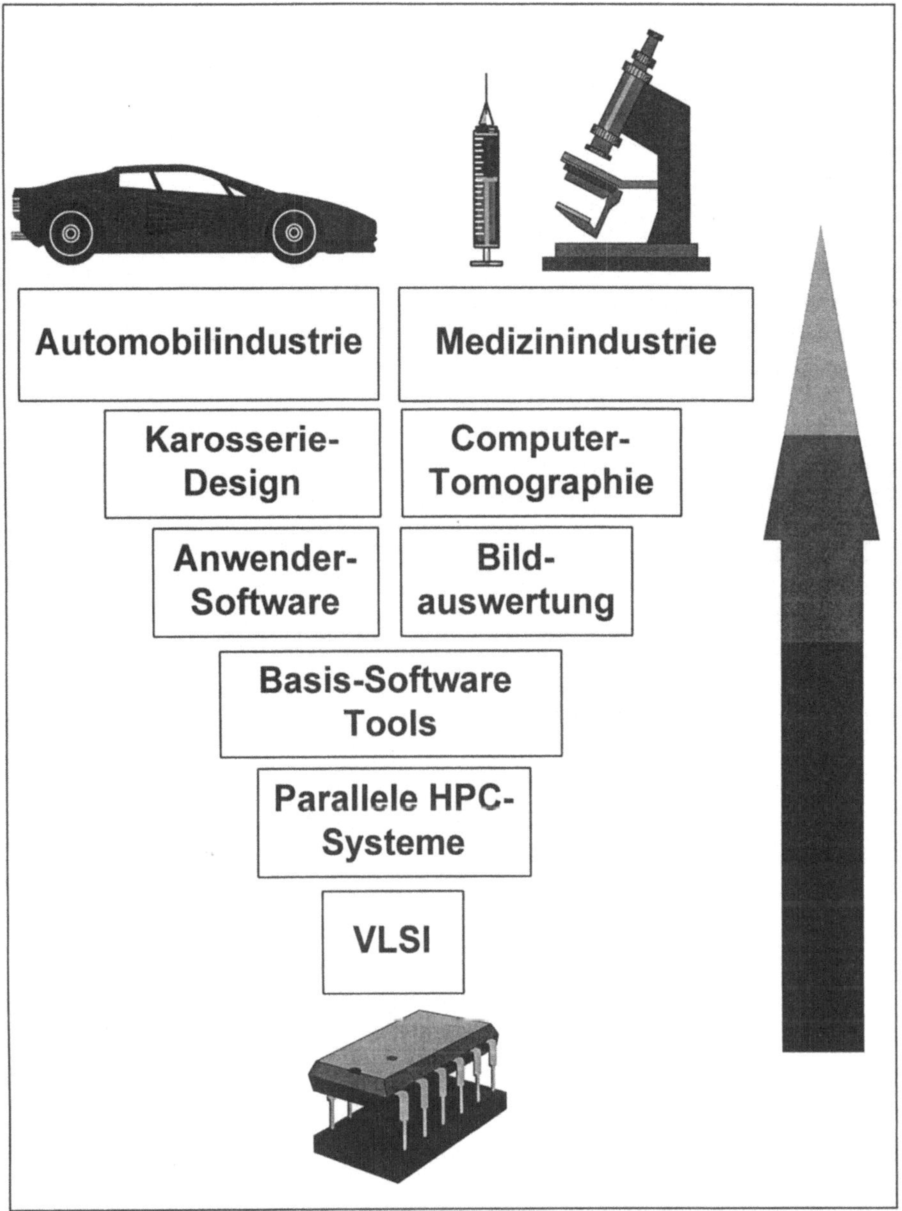


Bild 1: Technologieketten

Es steht heute außer Frage, daß in einer Zukunftstechnologie auch neue Arbeitsplätze entstehen, und nicht nur Arbeitsplätze für Akademiker, sondern auch gewerbliche Arbeitsplätze. Es mag vermessen oder visionär klingen, aber Parallelverarbeitung und stark wachsende Märkte können einige zehntausend neue Arbeitsplätze in Europa bedeuten.

Volkswirtschaftlich betrachtet, ist dies eine verschwindende Zahl im Vergleich zu anderen Industriezweigen, wie z.B. der Automobilindustrie. Zur Zeit werden dort monatlich Zehntausende "freigesetzt".

Die Entwicklung einer Basistechnologie, wie Parallelrechner und entsprechende Software, hat einen bedeutenden Einfluß auf diverse Anwendungen, die aufeinander aufbauen. Das jeweils letzte Glied einer Technologiekette sind Industriesegmente mit Millionen von Arbeitsplätzen und einer entsprechenden volkswirtschaftlichen Relevanz. So ist der Zugriff auf Höchstleistungsrechner und Anwendersoftware sowohl für die strömungsmechanische Optimierung von Autos zur Reduzierung des Benzinverbrauchs als auch für die sicherheitstechnische Auslegung von Fahrzeugen sehr bedeutungsvoll. Folglich beeinflußt der Parallelrechnereinsatz in entscheidender Weise die Wettbewerbssituation ("Time to Market") von Automobilherstellern (Bild 1).

Vielleicht mag dem einen oder anderen der Begriff Technologiekette und die volkswirtschaftlichen Implikationen überzogen erscheinen. Als Untermauerung eine kurze Polemik: Fragen Sie einen Arbeitslosen von Minox, Rollei, Grundig oder Dual; in den Industriebereichen Optik oder Unterhaltungselektronik wurde leider bewiesen, wie systematisch Technologieketten vom Chip bis zum Massenmarkt aufgerollt und erobert werden. Nordamerikaner oder Europäer spielen in diesen Bereichen keine signifikante Rolle mehr.

## 4. Forderungen an die Politik

Dieser Beitrag soll mit einigen konkreten politischen Forderungen beendet werden:

- Forschungsprogramme der EG oder des BMFT müssen so gestaltet werden, daß KMUs aus der Industrie und Newcomer in der Wissenschaft eine reale Chance haben und nicht als Feigenblatt mißbraucht werden. Das Land NRW beweist, daß dies möglich ist.

- Bei der Finanzierung von Rechnern mit Steuermitteln müssen europäische Hersteller bevorzugt werden.

- BMFT-Iniativen ausschließlich für KMUs zu diesem Thema sind zu schaffen.

- Neben der direkten Förderung können Venture-Capital und Bürgschaften den Herstellern und Softwarehäusern helfen.

# Ein Konzept zur applikationsunabhängigen, dynamischen Lastverteilung in verteilten Systemen

Markus Naaf

Dozentur für Biomedizinische Systemanalytik
Institut für Physiologie
Klinikum der Rheinisch-Westfälischen Technischen Hochschule Aachen
email: mna@orion.physiology.rwth-aachen.de

**Zusammenfassung.** In dieser Arbeit wird ein System zur Implementierung weitgehend applikationsunabhängiger, dynamischer Lastverteilungsverfahren in verteilten Systemen vorgestellt. Wesentliche Ziele sind die einfache und portable Entwicklung paralleler Programme und die Möglichkeit, verschiedene Ansätze und Varianten für Lastverteilungs-Algorithmen implementieren und testen zu können.
Zunächst wird eine Notation eingeführt, mit der grundlegende Eigenschaften von Parallelität und parallele Programme eindeutig formal beschrieben werden können. Anschließend wird ein Überblick über grundsätzliche Aspekte von Lastverteilung gegeben. Schließlich werden, ausgehend von den semantischen Grundelementen paralleler Programme, die Komponenten des Systems vorgestellt: Infrastruktur für die transparente Abwicklung technischer Vorgänge, Schnittstelle zu Applikationen, Schnittstelle zu Lastverteilungs-Modulen und austauschbare Lastverteilungs-Module. Zur Überwindung von unterschiedlichem Informationsbedarf verschiedener Lastverteilungsverfahren werden flexible Deskriptoren und ein Klassenkonzept vorgeschlagen.

## 1 Motivation

Verteilte Systeme bieten eine Reihe von möglichen Vorteilen wie erhöhte Zuverlässigkeit und Verfügbarkeit durch inhärente Redundanz, erhöhte Leistung durch die Ausnutzung von Parallelität, dynamische Erweiterbarkeit und flexible Konfigurierung sowie verbesserte Ausnutzung von Ressourcen durch Sharing. Andererseits entstehen jedoch neue Probleme bzgl. der Behandlung von Nebenläufigkeit und Fehlern sowie der erforderlichen Verteilung der parallelen Programme auf die Prozessoren eines solchen Systems.

Die Möglichkeiten, die verteilte Systeme bieten, werden nur dann tatsächlich als Vorteil empfunden werden, wenn diese auf ähnlich einfache Weise genutzt werden können wie zentralisierte Systeme. Dazu bedarf es entsprechender Mechanismen, welche die erhöhte Komplexität verteilter Systeme verbergen.

Der zusätzliche Aufwand für Modularisierung und die Definition von portablen Software-Schnittstellen wird häufig als nicht lohnend angesehen, da es sich "nur um eine spezielle Applikation" handelt. Die Erfahrung zeigt jedoch, daß viele Programme schon nach kurzer Zeit wertlos sind, da sie auf neueren oder "aufgerüsteten" Rechnersystemen nicht mehr (effizient) lauffähig sind und auch Teile der Software nicht sinnvoll weiterverwendet werden können. Der Portierungsaufwand erreicht oft den einer Neukodierung, da die Hardware-Eigenschaften der ursprünglichen Zielmaschine häufig stark in die Konzeption der Software eingeflossen sind. Gerade im sehr jungen und dynamischen Bereich der Parallelrechner ist die Konsolidierung von Standards und Paradigmen längst noch nicht abgeschlossen, so daß Flexibilität bei der Entwicklung von neuer Software einen hohen Stellenwert einnehmen sollte, um eine erneute, diesmal "parallele", Softwarekrise zu vermeiden.

# 2 Parallelität

Um über *Lastverteilung* sprechen zu können, müssen zunächst die beiden Begriffe *Last* und *Verteilung* etwas genauer definiert werden: Unter *Last* ist allgemein alles zu verstehen, was Teile (aktive Komponenten) eines Rechnersystems für bestimmbare Zeitabschnitte beansprucht. Um Last *verteilen* zu können, muß eine gewisse Anzahl von parallel ausführbaren "Einzel"-Lasten vorhanden sein. Deshalb sollen hier zunächst einige grundlegende Aspekte der Parallelität und der parallelen Programme vorgestellt werden. Dabei wird dann auch deutlich, unter welchen Umständen (Nebenbedingungen, *constraints*) Last verteilt werden kann.

## 2.1 Grundbegriffe

Für die eindeutige Beschreibung grundlegender Eigenschaften von Parallelität und parallelen Programmen wird eine einfache Notation vorgeschlagen:

**Prozeß:** Die einzelnen sequentiell oder parallel auszuführenden *Objekte* ("Teilprogramme", Codesequenzen) werden hier zunächst als *Prozesse* bezeichnet, ohne daß damit eine Festlegung auf eine spezielle innere oder äußere Struktur erfolgen soll. In Abschnitt 2.2 wird eine Differenzierung vorgenommen. Prozesse werden mit großen Buchstaben bezeichnet:

$$A, B, C, \ldots$$

**Sequenz:** Die Ausführung zweier Prozesse in direkter Folge wird mit dem binären *Sequenz-Operator* beschrieben:

$$A \downarrow B$$

Die Verwendung des Sequenz-Operators verlangt nicht, daß die beteiligten Prozesse auf demselben Prozessor ausgeführt werden müssen.

**Parallelität:** Die *nebenläufige* Ausführung von Prozessen kann mit dem binären *Parallel-Operator* ausgedrückt werden:

$$A \parallel B$$

Nebenläufige Prozesse können entweder im Zeitscheibenverfahren *quasi-parallel* auf demselben Prozessor oder aber *echt parallel* auf verschiedenen Prozessoren ausgeführt werden.

Die quasi-parallele Ausführung von Prozessen entspricht de facto einer Sequentialisierung. Dabei können zu keinem Zeitpunkt tatsächlich zwei Befehle *echt* gleichzeitig ausgeführt werden, so daß physikalische Zugriffskonflikte, z. B. auf eine Speicherzelle, definitiv ausgeschlossen sind. Logische Zugriffskonflikte, also solche, die bei Zugriffen auf Ressourcen, die länger als für die Dauer eines Maschinenbefehls beansprucht werden, entstehen, bleiben von dieser Unterscheidung allerdings unberührt.

Einen signifikanten Durchsatzgewinn bringt natürlich nur die *echte* Parallelität, die es erlaubt, verschiedene Befehle *echt* gleichzeitig auszuführen. Bei Systemen mit gemeinsamem Speicher können dabei auch direkte Speicherzugriffskonflikte auftreten.

Für verteilte Systeme existiert ein wichtiger Unterschied zwischen quasiparalleler und echt paralleler Ausführung: Prozesse, die auf verschiedenen Prozessoren, also echt parallel, ausgeführt werden, können nicht direkt auf gemeinsamen Speicher zugreifen. Soll dies möglich sein, so muß entweder ein *virtual shared memory*-System zum Einsatz kommen oder die Parallelität muß auf die quasi-parallele Ausführung beschränkt werden. Dazu kann der *einfache Parallel-Operator* verwendet werden:

$$A \mid B$$

**Präzedenz:** Präzedenzrelationen beschreiben Reihenfolge-Abhängigkeiten von Prozessen (z. B. *"A muß zum Zeitpunkt des Starts von B vollständig abgearbeitet sein."*). Solche Einschränkungen (*constraints*) folgen aus der Formulierung der Algorithmen und den sich daraus ergebenden *Kontrollflüssen*.

Präzedenzrelationen zwischen Prozessen können mit dem binären *Präzedenz-Operator* dargestellt werden:

$$A \prec B$$

Die Sequenz impliziert die Präzedenz:

$$(A \downarrow B) \Rightarrow (A \prec B)$$

Für die Präzedenzrelation gilt die *Transitivität*:

$$(A \prec B) \wedge (B \prec C) \Rightarrow A \prec C$$

**Synchronisation:** Die Synchronisation zweier Prozesse wird mit dem *Join-Operator* dargestellt:

$$A \bowtie B$$

Dieser Operator macht keine Aussage darüber, *zu welchem Zeitpunkt* die Synchronisation innerhalb der Laufzeit der Prozesse erfolgt. Da Synchronisation und somit auch synchrone Kommunikation nur zwischen nebenläufigen Prozessen stattfinden kann, gilt die folgende Implikation (andernfalls läge ein *Deadlock* vor):

$$(A \bowtie B) \Rightarrow (A \parallel B)$$

Formal läßt sich der Synchronisationsvorgang beschreiben durch eine *Teilung* der betroffenen Prozesse am Synchronisationspunkt. Damit stellt der Join-Operator lediglich eine Kurzform dar:

$$(A \bowtie B) \quad \Leftrightarrow \quad (A_1 \parallel B_1) \downarrow S_{AB} \downarrow (A_2 \parallel B_2)$$

Der "Synchronisationsprozeß" $S_{AB}$ steht hier für den eigentlichen Synchronisationsvorgang, z. B. für die dazu erforderliche Kommunikation. Die *explizite* Synchronisation wird somit reduziert auf *implizite* Synchronisationspunkte an Beginn und Ende eines jeden Prozesses.

**Kommunikation:** *Synchrone* Kommunikation besteht im wesentlichen aus einer Synchronisation der beteiligten Prozesse mit anschließender Datenübergabe. Für die Darstellung von Kontrollflüssen können synchrone Kommunikationsvorgänge folglich auf Synchronisationsvorgänge reduziert werden.

*Asynchrone* Kommunikation kann durch synchrone Kommunikation mit vorgeschaltetem Puffer-Prozeß realisiert werden. Daduch werden die Kommunikationspartner voneinander entkoppelt. Die Aussage *"A kommuniziert asynchron mit B"* kann dann wie folgt dargestellt werden:

$$(A \mid P_A) \wedge (P_A \bowtie P_B) \wedge (P_B \mid B)$$

Die Datenübergabe zwischen dem Pufferprozeß und dem zugehörigen Kommunikationspartner erfolgt z. B. durch gemeinsame Variablen, geschützt durch ein Semaphor. Dies impliziert, daß der Pufferprozeß *quasi-parallel* mit dem zugehörigen Kommunikationspartner ablaufen muß. Im Beispiel müssen also $A$ und $P_A$ sowie $B$ und $P_B$ jeweils auf demselben Prozessor ablaufen, was durch die Verwendung des einfachen Parallel-Operators verdeutlicht wird.

Soll eine synchrone bidirektionale oder unidirektionale Kommunikationsbeziehung explizit angegeben werden, z. B. um Nebenbedingungen für die Plazierung von Prozessen auf Prozessoren zu formulieren (*mapping*), so kann der *Kommunikations-Operator* verwendet werden:

$$A \rightleftharpoons B \quad \text{oder} \quad A \rightharpoonup B \quad \text{oder} \quad A \leftharpoondown B$$

**Geschlossene Gruppen und Hierarchiebildung:** Eine *geschlossene Gruppe* ist eine (Teil-) Prozeßstruktur, die keine explizite Synchronisation mit einem Prozeß außerhalb dieser Gruppe verlangt. Im Sinne einer Hierarchiebildung kann eine geschlossene Gruppe als *ein* Prozeß angesehen werden. Dadurch wird eine schrittweise Abstraktion von Prozeßstrukturen ermöglicht.

**Initialisierung und Terminierung:** Jede Prozeßstruktur muß als ganzes eine vollständige Gruppe bilden. Der Kontrollfluß muß von *einem* eindeutig bestimmten Prozeß (*Initialisierung*) ausgehen und entsprechend am Ende wieder in *einem* Prozeß zusammenlaufen (*Terminierung*).

## 2.2 Parallele Programme

Ein *paralleles Programm* besteht im Unterschied zu einem sequentiellen Programm aus *mehreren* Befehlsströmen, die teilweise oder vollständig unabhängig voneinander, also nebenläufig, ausgeführt werden können.

Für die Ausführung eines parallelen Programms auf einem verteilten System wird meist jeder Prozeß des Programms einem Prozessor fest zugeordnet (*distributed processing*). Ein Programm, welches in dieser Weise *verteilt* ausgeführt wird, kann als *verteiltes Programm* (*distributed program*) bezeichnet werden.

Die Zuordnung von Prozessen zu Prozessoren muß nicht notwendig eineindeutig sein: Es können auch mehrere Prozesse auf einem Prozessor quasi-parallel ausgeführt werden, wenn ein dafür geeignetes *Multitasking*-System auf den betroffenen Prozessoren existiert.

Bei modernen Prozessoren kann auch die quasi-parallele Verarbeitung trotz zusätzlichen Aufwandes für das Scheduling (Prozeßwechsel) Durchsatzgewinn bringen, und zwar durch die Nutzung prozessorinterner Hardware-Parallelität und autonomer I/O-Devices (z. B. Transputer-Links). In Parallelrechnersystemen ist die Möglichkeit einer quasi-parallelen Ausführung von Prozessen *zusätzlich* zur echten Parallelität durchaus von großem Nutzen: So kann ein Programm, welches mehr nebenläufige Prozesse erzeugt, als das System Prozessoren aufweist, abgearbeitet werden, indem einige Prozesse quasi-parallel ausgeführt werden. Ein solches "Übermaß" an *Granularität* ist oft sinnvoll, um die *Skalierbarkeit* eines Programms zu erhalten.

**Granularität.** Die *Granularität* von Prozessen ist ein qualitatives Maß für die "Schwere" der einzelnen Prozesse, die parallel ausgeführt werden können. Dabei ist unter einem *schweren* Prozeß ein Programmteil zu verstehen, der wesentliche Teile eines Rechners, meist die CPU, über einen verhältnismäßig langen Zeitraum beansprucht. Ein *leichter* Prozess hingegen ist kurzlebiger. Der Speicherplatzbedarf eines Prozesses kann zur Bewertung der Schwere mit herangezogen werden. Wesentlich für die Leistung eines parallelen Systems ist ein ausgewogenes Verhältnis zwischen der Schwere von Prozessen einer parallelen Struktur, also der Granularität, und dem Aufwand, der für Erzeugung und Verwaltung dieser Prozesse erforderlich ist. Fein-granulare Prozeß-Strukturen erlauben oft ein weitaus höheres Maß an Parallelität, verursachen aber u. U. großen Aufwand.

In diesem Zusammenhang sind auch verschiedene Organisationsformen zu unterscheiden. Für Transputersysteme (unter Helios und PARIX) sind insbesondere die Klassen *Task* und *Thread* zu nennen:

1. Eine *Task* besteht aus einem Adreßraum (Heap-Speicher), den Zugriffsmöglichkeiten auf die verschiedenen System-Ressourcen sowie mindestens einem *Thread*. Alle innerhalb einer Task existierenden Threads haben gemeinsam Zugriff auf den dieser Task zugeordneten Adreßraum und die von ihr allokierten System-Ressourcen, so daß eine Task nicht auf mehrere Prozessoren verteilt werden kann.
Besteht eine Task aus mehreren Threads, so existiert darunter ein ausgezeichneter Thread, der sog. *main thread*, der zu Beginn ausgeführt wird und die anderen Threads direkt oder indirekt zur Laufzeit (dynamisch) startet. Die Abarbeitung einer Task beginnt somit stets mit *einem* festgelegten Thread.
2. Ein *Thread* ist die grundlegende Ausführungseinheit, die von einem Prozessor bearbeitet wird. Er wird im Kontext genau einer Task ausgeführt und besitzt mit allen anderen Threads dieser Task einen gemeinsamen Adreßraum (Heap). Deshalb kann die Kommunikation zwischen Threads einer Task sehr effizient über gemeinsame Variablen erfolgen, wobei allerdings Manipulationen von task-globalen Datenstrukturen oder Ressourcen als kritische Bereiche (*critical sections*) anzusehen, also z. B. mit Semaphor-Variablen abzusichern sind. Auf diesem Wege kann auch die Synchronisation mehrerer Threads einer Task erreicht werden.
Jeder Thread besitzt einen eigenen Speicherbereich für seinen Stack, der auch für lokale Variablen verwendet wird, sowie je einen Stack-Zeiger (SP) und einen Programmzähler (PC). Mehrere Threads einer Task können dieselben Code-Abschnitte ausführen.
Threads sind potentiell leichter (fein-granularer) als Tasks und erfordern wesentlich weniger Verwaltungsaufwand, da sie keinen eigenen Adreßraum sowie keine Möglichkeit zur privaten Allokation von Systemressourcen besitzen.

Der Begriff *Prozeß* wird hier auch weiterhin als Oberbegriff für eines der oben vorgestellten Objekte verwendet; dieser Begriff ist damit vom konventionellen Prozeßbegriff abgegrenzt. Im Zusammenhang mit Lastverteilung wird häufig auch die Bezeichnung *Lastobjekt* für ein mehr oder weniger feingranulares Objekt, welches als eigenständige Einheit *einem Prozessor zugeteilt* wird, auftreten.

# 3 Lastverteilung

Der Begriff *Lastverteilung* kann in völlig verschiedenen Zusammenhängen gesehen werden. An dieser Stelle sollen einige Aspekte kurz aufgelistet werden:

- Verteilung von Last auf gleichartige Verarbeitungsinstanzen (z. B. Verwaltung von Druckerwarteschlangen, Massenspeichern, etc.) in Betriebssystemen mit dem Ziel, den jeweligen Gesamt-Durchsatz der Verarbeitungseinheiten zu maximieren.
- Scheduling von Prozessen (auf Multiprozessor-Maschinen) mit dem Ziel der Maximierung des Systemdurchsatzes oder – meist gegenläufig – der Minimierung der Antwortzeit für einzelne Prozesse bzw. Systembenutzer. Durch geeignete Schedulingverfahren und deren Konfiguration wird oft versucht, einen Kompromiß zwischen diesen beiden Zielen zu finden.
- Es ist zu unterscheiden zwischen *räumlicher* Zuordnung von Lasten (*Mapping*, z. B. von Prozessen auf Prozessoren) und *zeitlicher* Verteilung (*Scheduling*). Kombinationen von beiden sind notwendig, um große Mengen von Last effizient bewältigen zu können.
- Generell muß unterschieden werden, ob Last auf gleichartige oder verschiedenartige Verarbeitungseinheiten verteilt werden soll. Auch die Lasten selbst können in ihrer Schwere und prinzipiellen Beschaffenheit (Anforderungen an System-Ressourcen, Laufzeit, Kommunikationsaufkommen, etc.) gleichartig oder unterschiedlich sein.

Entsprechend kann auch das Ziel einer Lastverteilung unterschiedlich sein:

(a) Erhöhung des *Gesamtdurchsatzes* durch möglichst jederzeit optimale Auslastung aller aktiven Komponenten des Systems. Dieses Ziel wird häufig bei größeren Systemen im Multiuser-Betrieb verfolgt, um die Maschinenauslastung zu maximieren.

(b) Minimierung der Ausführungszeit *einer* (parallelen) Applikation, d. h. möglichst zu jedem Zeitpunkt optimale Ausnutzung der in der Applikation vorhandenen Parallelität.
Hierbei handelt es sich meist um Systeme, die zu einer Zeit nur von einem Anwender genutzt werden, der ein spezielles Problem (einen parallelen Algorithmus) in möglichst kurzer Zeit lösen muß. Typische Anwendungsgebiete sind z. B. die Analyse von Wetterdaten (Wetterbericht), Simulationsrechnungen (Strömungssimulation, Crash-Simulation, etc.) oder auch Anwendungen aus dem Bereich Grafik und Bildverarbeitung (Animationen) sowie die Einhaltung von Echtzeit-Anforderungen für Steuer- und Regelungsaufgaben.

Die jeweilige Eignung eines Verteilungsverfahrens hängt somit stark von dem zugrundeliegenden Problem, den verwendeteten Datenstrukturen, dem verfolgten Ziel und schließlich auch von Eigenschaften des verwendeten Parallelrechnersystems bzw. Programmier-Paradigmas ab.

In den folgenden Abschnitten wird ein Konzept zur Verteilung von Rechenlast auf die Prozessoren eines verteilten Systems entwickelt, es geht also um die *räumliche* Verteilung nicht notwendig gleichartiger Prozesse (Tasks oder Threads) auf gleichartige Prozessoren mit dem Ziel, die Ausführungszeit des parallelen Programms zu minimieren (b).

Wesentliche Voraussetzung für die parallele Lösung eines Problems auf einem verteilten System ist einerseits eine *verteilbare* Applikation und andererseits ein *Verteilungsverfahren*, welches diese Verteilung möglichst optimal durchführt.

Verteilbarkeit einer Anwendung bedeutet Zerlegbarkeit dieser in mehrere untereinander zumindest partiell *entkoppelte* Teilalgorithmen, wobei diese selbst verschieden sein können (*funktionale Verteilung*) und/oder auf verschiedenen Daten operieren (*Datenverteilung*, vgl. Abbildung 1). Entkopplung meint hier eine *zeitliche* (Synchronisation nicht oder nur zu bestimmten Zeitpunkten erforderlich) und eine *räumliche* Entkopplung (vollständige oder zumindest teilweise Unabhängigkeit von gemeinsamen Datenbereichen). Von *unabhängigen* Lastelementen spricht man, wenn die Entkopplung vollständig ist, d. h. keine Kommunikationen oder Präzedenzrelationen zwischen den Lastelementen zur Laufzeit auftreten. Abhängigkeiten zwischen Lastobjekten und andere Nebenbedingungen, wie z. B. die zwingende Plazierung eines Prozesses auf einem speziellen Prozessor, der besondere Eigenschaften aufweist, werden *constraints* genannt. Parallele Programme mit vielen solchen constraints sind meist nicht optimal verteilbar, constraints erhöhen den sequentiellen Anteil der gesamten Programmausführung.

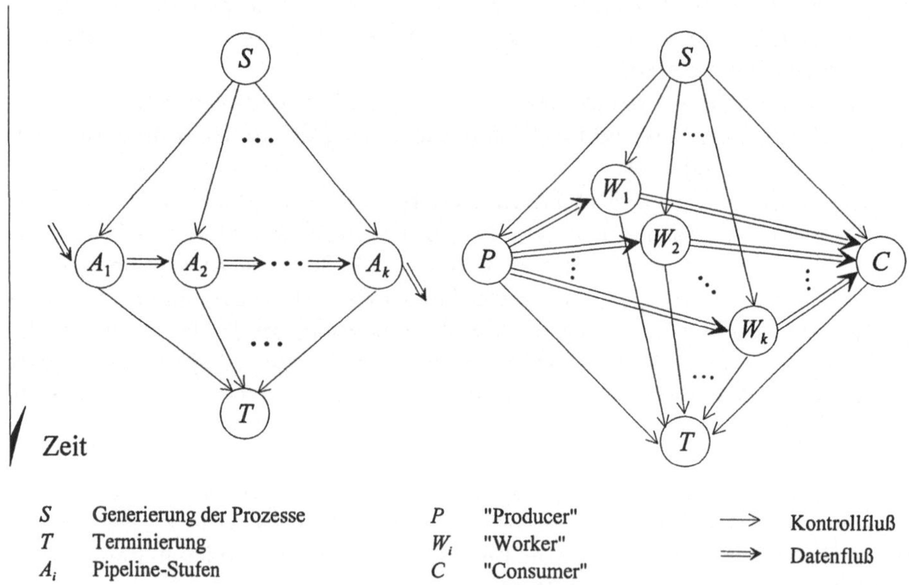


**Abb. 1.** Schematische Darstellung des Pipelining (links) und der Prozeß-Farm (rechts) als extreme Ausprägungen von funktionaler Verteilung bzw. Datenverteilung. Bei der Farm ist deutlich die Orthogonalität von Kontroll- und Datenflüssen zu erkennen. Fallen die Prozesse $P$ und $C$ zusammen, so ergibt sich die häufig verwendete *Master-Slave*-Struktur.

Verteilungsverfahren, die für diese Problemstellung in Frage kommen, sind grob in vier Klassen einzuteilen, wobei als Charakterisierungsmerkmale der Zeitpunkt der Lastentstehung und die vorgenannten Beziehungen zwischen den einzelnen Lastobjekten (*constraints*) herangezogen werden:

1. **Statisch vorgegebene Lastobjekte ohne constraints:**
   Die Applikation erzeugt zur Laufzeit keine Lastobjekte, alle Teil-Prozesse stehen vorher fest. Es existieren keine Laufzeitbeziehungen zwischen diesen Prozessen. Eine optimale Abbildung der Lastobjekte auf ein vorgegebenes Prozessornetzwerk ist immer möglich und kann vorab festgelegt werden.
   Für gleichartige Lasten kann diese Abbildung einfach durch direktes Abzählen erfolgen: Lasteinheit $i$ auf Prozessor $i \bmod p$.
2. **Statisch vorgegebene Lastobjekte mit constraints:**
   Aus den Kommunikations- und Synchronisationsanforderungen der Lastobjekte ergibt sich ein Prozeßgraph, der so auf den (festen) Prozessorgraphen abgebildet werden muß, daß die Knoten- und Kantenbelastung möglichst gleichmaßig und die maximale Kantenstreckung (*Dilation*) minimal werden. Dieses allgemeine Einbettungsproblem ist *NP*–vollständig, so daß größere Probleme nur effizient mit Näherungsverfahren gelöst werden können oder eine Spezialisierung auf bestimmte Graph–Klassen erfolgt. Auf diesem Gebiet sind in den letzten Jahren vielfältige Resultate erzielt worden.
   Interessant ist auch der umgekehrte Weg: Mit virtuellen Topologien und Hardware-Routing, wie es der T9000 ermöglicht, oder mit dynamisch rekonfigurierbaren Prozessornetzwerken kann auch der Prozessorgraph an den Prozeßgraphen angepaßt werden – die Komplexität des Mapping-Problems bleibt aber dieselbe.
   Für die statische Plazierung von Prozessen auf Prozessoren und den Aufbau der Kommunikationsverbindungen sind Konfigurations–Sprachen wie das von Helios bekannte *CDL* hilfreich.
3. **Dynamische Lastentstehung, Lastobjekte ohne constraints:**
   Die Lastobjekte entstehen dynamisch zur Laufzeit und müssen demzufolge auch zur Laufzeit verteilt werden. Dadurch entsteht zusätzlicher Rechen- und Kommunikationsaufwand durch einen Verteilungsalgorithmus.
   Zur Laufzeit, jeweils zum Zeitpunkt des "Entstehens" einer weiteren Last, wird für diese Last entschieden, auf welchem Prozessor sie ausgeführt werden soll, oder sie wird für eine spätere Bearbeitung vorgemerkt (Scheduling).
4. **Dynamische Lastentstehung, Lastobjekte mit constraints:**
   Zusätzlich zur Verteilung müssen zur Laufzeit auch Kommunikationsverbindungen aufgebaut werden (*Routing*). Diese Klasse ist als die "allgemeinste" anzusehen, die drei vorgenannten Klassen können, u. U. mit Effizienzverlust, von einer dynamischen Lastverteilung für nicht unabhängige Lastobjekte abgedeckt werden.
   Die Entscheidung des Lastverteilungsverfahrens, von welchem Prozessor eine weitere Last bearbeitet werden soll, muß die Einhaltung der constraints sicherstellen. Daraus ergibt sich u. U. auch die Aufgabe, neben einer möglichst

gleichmäßigen Verteilung der Rechenlast auch die Belastung der Kommunikationskanäle auszugleichen. Es handelt sich dabei also um ein zweidimensionales Optimierungsproblem.

Die folgenden Betrachtungen beschäftigen sich mit der vierten Klasse, also der dynamischen Verteilung von nicht-unabhängigen Lastobjekten. Für die Kommunikation der beteiligten Prozesse untereinander wird das *message passing*-Paradigma zugrundegelegt.

## 3.1 Dynamische Lastverteilung

Ausgangspunkt ist eine Applikation, die zur Laufzeit in unvorhersehbarer Weise Lastobjekte, die untereinander nicht notwendig unabhängig sind, mit unterschiedlichen Eigenschaften generiert. Die entstehende Rechen- und Kommunikationslast muß also zur Laufzeit auf das Prozessornetzwerk abgebildet werden. Dabei ist das Ziel dieser dynamischen Lastverteilung zunächst die Vermeidung von Leer–Zeiten (*idle cycles*), d. h. jeder Prozessor hat zu jedem Zeitpunkt mindestens ein zu bearbeitendes Lastelement. Eine schärfere Forderung ist die möglichst gleiche Belastung aller Prozessoren zu jedem Zeitpunkt. Dabei ist dann zu definieren, wie die Belastung eines Prozessors $P$ zum Zeitpunkt $t$ zu messen ist.

Um diese Ziele mit möglichst geringem zusätzlichen Rechenaufwand zu erreichen und die Skalierbarkeit des Konzeptes nicht einzuschränken, sollte eine *ideale* Lastverteilung die folgenden Prinzipien berücksichtigen:

- Verteilte Organisation der Lastabbildung, Vermeidung von zentralen Instanzen und globaler Kommunikation.
- Lastverteilung adaptiv zu Lastschwankungen eines Prozessors und zu durchschnittlicher Auslastung des Systems
- Unabhängigkeit von konkretem unterliegenden Anwendungsalgorithmus

Diese Forderungen sind offensichtlich nicht vollständig und gleichzeitig erfüllbar. Je nach Anwendung und Zielsetzung sind unterschiedliche Prioritäten zu setzen. Zur verteilten Organisation einer dynamischen Lastabbildung sind zwei Entscheidungen zu treffen:

A. *Wann wird Last verteilt?*
Die Entscheidung zur Lastverteilung kann auf Grund lokal vorhandener (Prozessor und seine direkten Nachbarn) oder globaler Informationen getroffen werden. Auch die Häufigkeit solcher Entscheidungen kann variabel sein.
Meistens wird man eine neue Last zum Zeitpunkt ihrer Entstehung einem Prozessor zuteilen. Um Überlastung, insbesondere des Arbeitsspeichers, eines Prozessors zu vermeiden, kann die Ausführung von Lastobjekten auch erst zu einem späteren Zeitpunkt eingeplant werden, dabei ist dann allerdings sicherzustellen, daß nicht durch Synchronisationsanforderungen (Kommunikation) mit bereits laufenden oder vorher zu startenden anderen Prozessen Deadlocks auftreten.

Wird die Entscheidung zur Verschiebung eines bereits in Ausführung befindlichen Prozesses getroffen, so spricht man von *Prozeßmigration*[1].

B. *Wohin wird Last verteilt / verschoben?*
Auch der Verteilungsraum kann lokal (Lastverschiebung nur an Nachbarprozessoren) oder global sein.
Der globale Verteilungsraum ist i. a. nur mit globaler Kommunikation nutzbar, was bei großen Systemen leicht zu Kommunikationsengpässen führen kann. Andererseits ist eine optimale Verteilung der Last mit globalen Verfahren oft einfacher zu erreichen. Applikationen, die nach dem Master-Slave-Prinzip arbeiten, bei denen also alle Lasten von nur einem einzigen Prozeß und somit auf einem festen Prozessor erzeugt werden, können nur mit einem Lastverteilungsverfahren, das einen globalen Verteilungsraum zugrundelegt, verteilt werden, wenn nicht die Möglichkeit besteht, Lasten sukzessiv durch das Netz zu schieben, bevor sie gestartet werden, oder später mittels Prozeßmigration einen Lastausgleich vorzunehmen.
Für die Verteilung vieler leichter Lastobjekte dürfte ein lokaler Verteilungsraum, der sich auf eine definierte Nachbarschaft beschränkt, meist die besseren Resultate liefern, wenn die Erzeugung neuer Lasten seitens der Applikation ebenfalls verteilt erfolgt. Das Verhältnis der Kommunikationsleistung des verwendeten Rechnersystems zur Rechenleistung bzw. der Schwere der Lasten ist ein wesentliches Kriterium für die Auswahl einer adäquaten Entscheidungsregel.

Für diese beiden Entscheidungen, die ein dynamisches Lastverteilungssystem wiederholt fällen muß, benötigt es, je nach verwendetem Verfahren, zusätzliche Informationen über das Laufzeitverhalten und die Kommunikationsanforderungen der zu startenden Lastobjekte sowie über die Auslastung der in Frage kommenden Ziel-Prozessoren und ggf. der durch eine Plazierung belasteten Kommunikationskanäle. Deshalb ist eine vollständige Unabhängigkeit eines dynamischen Lastverteilungsverfahrens von der zu verteilenden Applikation nicht ohne erhebliche Qualitätseinbußen der erzielten Verteilung zu erreichen.

Die Bewertung der Auslastung eines Prozessors zu einem bestimmten Zeitpunkt ist ein nicht zu unterschätzender Kostenfaktor, man wird sich häufig mit einfachen Heuristiken, z. B. dem Zählen der aktiven Prozesse auf einem Prozessor, behelfen. Die tatsächliche Last eines Prozessors läßt sich meist nur durch einen kleinen Leistungstest (*benchmark*), also durch zusätzliche Last und die Messung der dafür benötigten Rechenzeit, ermitteln, wenn nicht entsprechende Eventzähler u. ä. im Betriebssystem vorhanden sind, die abgefragt werden können.

Der Zeitpunkt der Ermittlung von Informationen über die Auslastung potentieller Zielprozessoren muß keineswegs mit der Entstehung von Lastobjekten

[1] Eine dynamische Lastverteilung kann erweitert werden um die Möglichkeit der *Prozeßmigration*. Dabei werden bereits in Ausführung befindliche Prozesse auf andere Prozessoren verschoben (*migriert*), um einen lokalen oder globalen Lastausgleich zu erreichen. Eine solche Migration ist vergleichsweise teuer und auf Rechnern ohne virtuellen Adreßraum, wie dem Transputer, nicht sinnvoll durchführbar.

zusammenfallen. Es ist auch möglich, daß Prozessoren die Änderung ihrer eigenen Auslastung in regelmäßigen oder unregelmäßigen Zeitabständen an ausgewählte oder alle anderen Prozessoren übermitteln. Dadurch werden auch Verfahren möglich, die "andersherum" funktionieren: Ein Prozessor, der nicht voll ausgelastet ist, versucht von anderen Prozessoren Last zu holen, anstatt eigene Überlast zu verteilen.

Der gesamte Aufwand für die verteilte Berechnung einer Applikation unter Ausnutzung eines Lastverteilungsverfahrens setzt sich somit zusammen aus der Rechenlast der Teilalgorithmen auf den einzelnen Prozessoren (*Knotenbelastung*), dem zusätzlichen Rechen- und Kommunikationsaufwand für die Lastverteilung – sofern diese zur Laufzeit, also dynamisch, erfolgt – und der durch die Verteilung induzierten Belastung der Kommunikationsverbindungen des Prozessornetzwerkes (*Kantenbelastung*), wobei zu beachten ist, daß u. U. durch die Anordnung von kommunizierenden Prozessen auf nicht physikalisch benachbarten Prozessoren eine zusätzliche Streckung der Kommunikationswege (*Kantenstreckung*) auftritt, die den Kommunikationsaufwand weiter erhöhen kann.

Konkrete Verteilungsverfahren werden hier nicht vorgestellt, vielmehr geht es um die notwendige Infrastruktur für eine möglichst *applikationsunabhängige* Lastverteilung und die sich daraus ergebenden Konsequenzen.

# 4 Konzept einer applikationsunabhängigen Lastverteilung

Das hier vorgeschlagene Konzept soll in mehreren Stufen schließlich eine weitgehende Unabhängigkeit der Lastverteilung von parallelen Applikationen auf verteilten Rechnersystemen unterstützen und damit auch eine gewisse Entkopplung der Applikationen von der zugrundeliegenden Hardware ermöglichen. Speziell die Implementierung einer Lastverteilung muß sich zwangsläufig stark an den Gegebenheiten des zu verwendenden Parallelrechners orientieren.

Lastverteilungsverfahren sind heute meistens Teil von parallelen Applikationen oder stehen als Betriebssystem-Service zur Verfügung. Jede dieser Varianten weist typische Eigenschaften auf:

- Der *Einbau einer Lastverteilung in Applikationen* bedeutet zunächst erhöhten Programmieraufwand für *jede* Applikation. Weiterhin sind solche Verfahren meist auf eine spezielle Maschine, oft sogar eine Ausbaustufe (z. B. Zahl der Prozessoren) ausgerichtet. Als vorteilhaft kann sich dagegen die Tatsache erweisen, daß diese Verfahren optimal auf die jeweilige Applikation und deren Dynamik zugeschnitten werden können. Deshalb wird diese Variante auch in Zukunft insbesondere bei Anwendungen mit vorhersagbarem, aber kritischem, Zeitverhalten sinnvoll bleiben.
- Lastverteilungs–Dienste, die als *Betriebssystem–Service* allgemein zur Verfügung stehen, werden in parallelen Betriebsystemen stark an Bedeutung gewinnen. Sie können eine wertvolle Hilfe schon bei der Entwicklung von parallelen Applikationen darstellen. Solche Verfahren sind gut geeignet, von

konkreten maschinenspezifischen Details zu abstrahieren, aber sie sind naturgemäß entweder recht allgemein und damit oft ineffizient oder nicht allgemein genug, um alle erforderlichen Bedürfnisse abzudecken. Dieses Dilemma dürfte angesichts der vielfältigen Anforderungen an Lastverteilungen auch nicht vollständig auflösbar sein. In vielen Fällen beschränken sich diese Betriebssystem–Dienste auf eine statische Lastverteilung.

Das hier vorgestellte System stellt als mehrschichtige Funktions-Bibliothek einen Mittelweg dar, wodurch die meisten oben erwähnten Nachteile umgangen werden können.

In Abschnitt 3 wurde bereits dargelegt, daß ein Lastverteilungsverfahren nicht völlig losgelöst von den Eigenschaften der zu verteilenden Applikation operieren kann. Bei näherer Betrachtung fällt aber auf, daß eine Reihe technischer Vorgänge prinzipiell erforderlich sind, und zwar weitgehend unabhängig von dem verwendeten Lastverteilungsverfahren. Dies legt ein mehrstufiges Konzept nahe, das für die Entwicklung von parallelen Applikationen eine schrittweise Abstraktion von konkreter Hardware und schließlich von einer konkreten Lastverteilung ermöglichen soll.

Dadurch wird es zunächst möglich, auch Applikationen mit "eingebauter" Lastverteilung portabler zu gestalten und schneller zu entwickeln. Anschließend kann dann die Lastverteilung aus den Applikationen herausgezogen werden und stattdessen ein eigenständiges Modul über die dafür vorgesehene Schnittstelle eingebunden werden. Dabei lohnt sich dann auch der Aufwand für leistungsfähigere und flexiblere Lastverteilungs-Module, weil diese von mehreren Applikationen genutzt werden können. Mitunter werden bereits dadurch die Applikationen unabhängiger von der Hardware, weil die Lastverteilung oft derjenige Teil einer parallelen Applikation ist, der die engste Beziehung zu Hardware-Details, wie z. B. der verwendeten Netzwerktopologie, aufweist.

Andererseits sollte diese Struktur es auch ermöglichen, auf einfache Weise mit verschiedenen Lastverteilungsverfahren oder Varianten eines Verfahrens zu experimentieren, um die beste Lösung für eine gegebene Applikation zu finden, ohne daß diese dafür jeweils stark verändert werden müßte.

Das System besteht aus vier Komponenten, die in den folgenden Abschnitten kurz vorgestellt werden. Einen Überblick gibt Abbildung 2.

### 4.1 LBA: Infrastruktur

Die notwendige Infrastruktur für technische Vorgänge, die prinzipiell erforderlich sind, um transparent und ohne Kenntnis der konkreten Hardware–Details Lastverwaltung und -Verteilung betreiben zu können, wird von einem *Load Balancing Agent* (LBA) bereitgestellt, der auf jedem beteilgten Prozessor als eigener Prozeß (i. a. Thread) läuft. Diese Infrastruktur soll völlig unabhängig von konkreten Lastverteilungsverfahren bleiben. Alle Teile müssen vollständig *reentrant* und *dynamisch* sein, auf statische Datenstrukturen wird verzichtet, um keine unnötigen Limitierungen einzuführen. Die Dienstleistungen dieser Schicht sollen für den jeweiligen Nutzer *ortsunabhängig* sein, d. h. die reale Anordnung

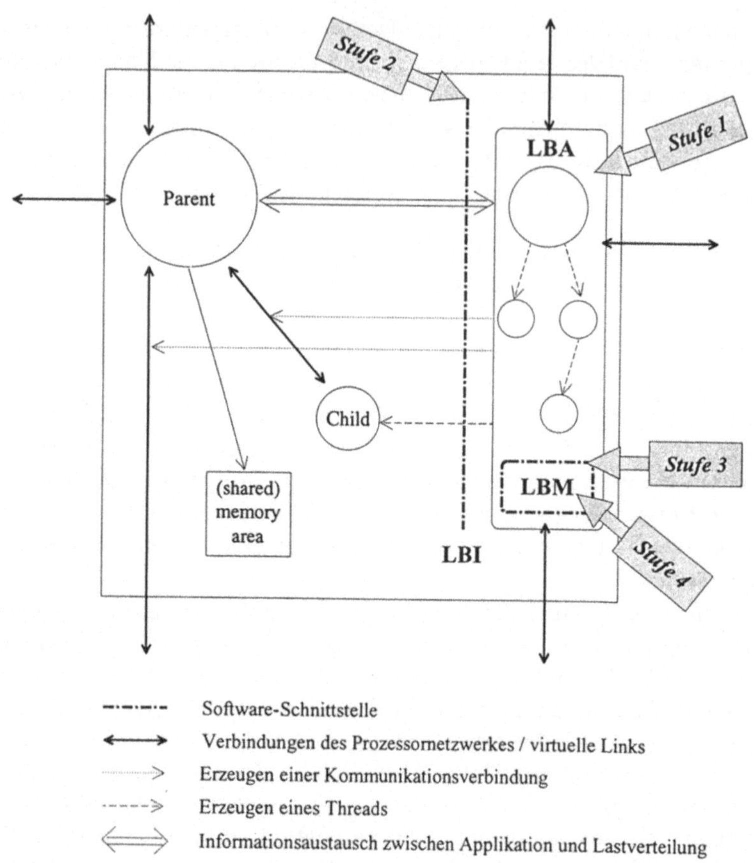


**Abb. 2.** Die prinzipiellen Komponenten des Systems: Infrastruktur-Modul (LBA), Schnittstelle zur Applikation (LBI), Schnittstelle zu Lastverteilungsmodulen und ein eingesetztes Lastverteilungsmodul (LBM). Auf jedem beteiligten Prozessor läuft ein Load-Balancing-Agent (LBA). Diese stehen untereinander über ein eigenes (virtuelles) Verbindungsnetzwerk in Verbindung.

der Prozesse auf den Prozessoren des Rechnersystems sowie die Topologie und Größe des Prozessornetzwerkes sollen verborgen bleiben können.

Die Infrastruktur hat im wesentlichen die in Abschnitt 2.1 spezifizierten Elemente der Parallelität *ortstransparent*, hardware-unabhängig und reentrant zur Verfügung zu stellen. Typische Betriebssysteme oder Entwicklungsumgebungen für verteilte Systeme (hier: Transputersysteme), wie z. B. Helios oder PARIX, stellen diese Funktionen für *dynamische* Prozesse i. a. nicht ortstransparent oder sogar überhaupt nicht zur Verfügung.

1. **Parallelität:**
   - Starten eines Child-Prozesses auf einem *bestimmten*, explizit angege

benen, Prozessor mit Übertragung und Einrichtung des erforderlichen Prozeß–Kontextes.
   - Das Starten eines Child–Prozesses auf einem *beliebigen* Prozessor (die *Lastverteilungs–Anforderung, loadbalancing request*) wird durch die Integration eines Lastverteilungsverfahrens (LBM) möglich.
   - Bereitstellung eines Mechanismus zur (zunächst ausschließlich *lesenden*) Nutzung gemeinsamer Datenbereiche von ortstransparent verteilten Prozessen.
2. **Präzedenz und implizite Synchronisation:**
   - Ortstransparente Synchronisation eines Parent–Prozesses mit der Terminierung eines bestimmten Child–Prozesses (*spezifisches Warten*).

     Ein Parent kann sich mit jedem zuvor gestarteten Child explizit synchronisieren. Er wird dabei bis zu dessen Terminierung blockiert und erhält dabei den Rückgabewert.
3. **Explizite Synchronisation und Kommunikation:**
   - Ortstransparenter Auf- und Abbau von Kommunikations- und Synchronisationsverbindungen zwischen Parent- und Child-Prozessen.
4. **Terminierung:**
   - Ortstransparente Unterstützung für synchrone und asynchrone Terminierung aller Prozesse einer verteilten Applikation.

     Die synchrone Terminierung besteht im wesentlichen aus der oben erwähnten globalen *barrier synchronization* mit nachfolgender Freigabe aller Datenstrukturen und Kommunikations–Ressourcen. Mit der asynchronen Terminierung kann ein Prozeß, z. B. der *Master* in einer *Master-Slave*-Applikation, die sofortige Terminierung aller Prozesse der Applikation erzwingen ("preemptiv").
5. **Sinnvolle Erweiterungen:** Diese Funktionen ergeben sich aus praktischen Überlegungen und der Betrachtung typischer Szenarien für parallele Programme und Lastverteilungs-Verfahren.
   - Ortstransparentes, netzwerkweites, blockierendes Warten eines Parent-Prozesses auf die Terminierung eines beliebigen Child-Prozesses (*unspezifisches Warten*).

     Durch diese Funktion können Applikationen, die eine große Zahl gleichartiger Child-Prozesse erzeugen, deutlich einfacher erstellt werden. Sie benötigen keine eigene Verwaltung ihrer Childs. Eine vergleichbare Funktion existiert in anderen bekannten Systemen meist nur prozessor-lokal.
   - Ortstransparente globale oder gruppenweise Synchronisation von Prozessen (*barrier synchronization*).

     Bei der *globalen Synchronisation* werden netzwerkweit *alle* Prozesse einer Applikation miteinander synchronisiert. Die *gruppenweise Synchronisation* synchronisiert netzwerkweit alle Child–Prozesse *eines* Parent–Prozesses miteinander, wahlweise unter Einschluß des Parent–Prozesses.
   - Message-Dienste für die Kommunikation der einzelnen Prozesse von verteilten Loadbalancing-Systemen, evtl. Routing.

Im Rahmen der Abwicklung einer Lastverteilungs-Anforderung kann es je nach verwendetem Lastverteilungsverfahren erforderlich werden, eine oder auch mehrere Messages mit Lastverteilungs-Prozessen auf einem oder mehreren anderen Prozessoren auszutauschen. Darüber hinaus kann ein Lastverteilungsverfahren auch ungefragt Messages versenden und evtl. Antworten erwarten. Weiterhin ist es in einem verteilten System mit multitasking-fähigen Prozessoren möglich und sinnvoll, mehrere Lastverteilungs-Anforderungen verschränkt (*interleaved*) bearbeiten zu können. Dazu ist ein Message-Management notwendig, welches neben dem Multiplexing und ggf. Routing u. a. auch die richtige Zuordnung von Antworten und die Verwaltung verschränkter logischer Kommunikationsverbindungen ermöglicht.

## 4.2 LBI: Schnittstelle zu Applikationen

Diese Schnittstelle soll Applikationen die Nutzung der oben genannten Infrastruktur ermöglichen, um z. B. selbst Lasten zu verteilen und mit diesen anschließend ortsunabhängig Kommunikation und Synchronisation durchzuführen. Das *Load Balancing Interface* (LBI) ist als Funktionsbibliothek ausgeführt, die Zugriff auf alle oben aufgeführten ortstransparenten Dienste erlaubt.

## 4.3 LBM: Schnittstelle zu Lastverteilungs–Modulen

Die Grundlage für den Einbau eines austauschbaren Lastverteilungs–Moduls, welches seinerseits die oben genannte Infrastruktur (LBA) nutzen kann, wird durch diese Schnittstelle gebildet. Dadurch wird die Entwicklung solcher Module einfacher und sicherer, da man sich auf den Algorithmus der Lastverteilung konzentrieren kann. Realisiert wird diese Schnittstelle durch eine feste Gruppe von Schnittstellenfunktionen, die jedes spezifische Lastverteilungsmodul enthalten muß:

- Initialisierung und Terminierung, dabei Aufbau einer virtuellen Topologie,
- Übermittlung der Link-Informationen dieser Topologie an den LBA,
- Message-Handler, wird von LBA für LBM-Messages aufgerufen,
- Anmelden und Abmelden von Client-Prozessen (für Zählung, etc.),
- Lastverteilungs-Request.

## 4.4 LBM_*: Lastverteilungs–Module

Die in Abschnitt 3.1 aufgeworfenen Fragen A und B werden von einem solchen austauschbaren *Load Balancing Module* (LBM_*) jeweils beantwortet. Die Umsetzung dieser Entscheidungen wird dem LBA überlassen.

Je nach Lastverteilungsverfahren werden von diesem mehr oder weniger detaillierte Informationen über die Applikation und die zu startenden Lastobjekte benötigt. Die genannten Schnittstellen müssen die Übertragung dieser Informationen ermöglichen, um eine Umgehung dieser Schnittstellen seitens der Programmierer zu verhindern, da sonst die Portabilität und Erweiterbarkeit des gesamten Konzeptes in Frage gestellt werden würde. Zu diesem Zweck werden *Deskriptoren* eingeführt. Dabei handelt es sich um eine Datenstruktur, die die notwendigen Informationen aufnehmen kann. Beim Aufruf der entsprechenden LBI-Funktionen übergibt die Applikation einen Zeiger auf einen ausgefüllten Deskriptor. Es existieren vier Typen:

- *Objekt-Deskriptor* für alle Instanzen eines Objektes
- *Child-Deskriptor* für eine spezifische, zu startende Objekt-Instanz
- *Modul-Deskriptor* zur Parametrisierung des aktiven Lastverteilungs-Moduls
- *Agent-Deskriptor* zur Parametrisierung des LBA

## 4.5 Das Klassenkonzept

Angesichts der Vielzahl möglicher Lastverteilungsalgorithmen wäre es eine unakzeptable Einschränkung, wenn die Schnittstellen des LB-Systems feste Strukturen für die Deskriptoren vorgeben würden. Stattdessen wird ein *Klassenkonzept* vorgeschlagen: Die Lastverteilungsverfahren werden so in Klassen eingeteilt, daß in einer Klasse jeweils Verfahren mit ähnlichem Bedarf an Informationen zusammengefaßt sind. Für jede dieser Klassen wird dann die jeweilige Struktur für die vier oben eingeführten Deskriptoren festgelegt[2]. Eine gegebene Applikation kann demzufolge nur mit einem LBM derselben (oder einer allgemeineren) Klasse zusammenarbeiten, da sie die entsprechend der Klassendefinition geforderten Daten liefern können muß. Bei der Initialisierung bzw. der Anmeldung prüft das eingesetzte LBM jeweils, ob es eine Applikation der angegebenen Klasse unterstützen kann.

Es ist durchaus möglich, ein LBM zu implementieren, das mehrere Klassen gleichzeitig unterstützt, sei es dadurch, daß mehrere Lastverteilungs-Algorithmen parallel arbeiten oder einfach durch entsprechende Ersetzung der ggf. fehlenden Informationen durch sinnvolle, evtl. sogar dynamisch angepaßte, Standardannahmen.

Mögliche Klassen könnten beispielsweise die folgenden Bereiche abdecken:

- Master–Slave mit zentraler Instanz
- Queueing für große Lasten
- Schnelle lokale Verfahren für Anwendungen mit hoher Dynamik
- Globale und lokale Verfahren für Datenfluß-Anwendungen

## 4.6 Das Zusammenspiel der Komponenten

Der strukturelle Aufbau des Gesamtsystems ist in Abbildung 3 dargestellt.

---

[2] Diese Varianten können als unions alle "übereinandergelegt" werden, so daß letztlich ein einziger Typ für die Deskriptoren existiert.

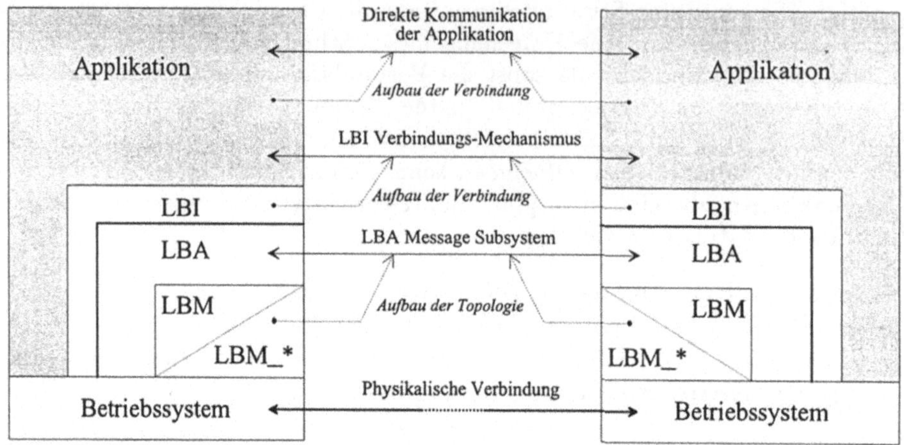


**Abb. 3.** Die Struktur des Loadbalancing-Systems. Die Pfeile zeigen die verschiedenen Ebenen der Kommunikation.

Die Applikation kann und darf durchaus am LBI vorbei direkt das Betriebssystem nutzen, um beispielsweise selbst Prozesse zu starten.

Die innere Struktur des eingesetzten Lastverteilungsverfahrens kann unterschiedlich sein. Die Lastverteilungsfunktionen sind in den LBA eingebunden, können aber ihre eigenen Datenstrukturen und Kommunikationsverbindungen aufbauen und unterhalten. Alle diese Module können in ihrer Gesamtheit ein *verteiltes Lastverteilungssystem* bilden. Alternativ besteht auch die Möglichkeit, *zentralisierte* Verteilungsverfahren in das Konzept einzusetzen. Dann fungieren alle LBM-Instanzen, bis auf die definierte zentrale Instanz, lediglich als Agenten zum Weitertransport notwendiger Informationen, während die tatsächlichen Entscheidungen von der zentralen Instanz gefällt werden. Solche Ansätze können durchaus sinnvoll sein in Verbindung mit Master-Slave-Anwendungen, bei denen alle Lastobjekte von einem Prozeß aus erzeugt werden.

Das Konzept schränkt den Verteilungsraum nicht ein, da der Aufbau der Kommunikationsverbindungen für die Verteilung selbst vom LBM übernommen werden *kann* und der LBA optional ein *message routing* bereitstellt. Somit sind auch global wirkende Verteilungsverfahren realisierbar.

Die Schnittstellen (LBI/LBM) sind so beschaffen, daß sie sich auf verschiedenen Rechnersystemen und Betriebssystemen nachbilden lassen. Damit wird es möglich, die Software–Entwicklung flexibler zu gestalten durch leichte Rekonfigurierbarkeit und plattform-übergreifende Entwicklung.

Denkbar ist, daß mit der Zeit eine Bibliothek verschiedener Lastverteilungsverfahren entsteht, aus denen dann für eine zu erstellende Applikation das geeignete ausgewählt werden kann. Eine *Parametrisierung* des aktiven Verfahrens durch die Applikation wird von den Schnittstellen unterstützt.

## 5 Ergebnisse

Das gesamte System wurde in ANSI-C unter PARIX auf einem Transputersystem implementiert. Erste Erfahrungen mit einer parallelisierten Raytracing-Applikation sowie einigen kleinen Testprogrammen mit ausgeprägter Prozeßdynamik sind ausgesprochen positiv. Auch bei mehreren Tausend parallelen Prozessen war kein Einbruch der Leistung durch steigenden Overhead festzustellen.

Das System ist als ein flexibles *Werkzeug* zur Entwicklung und Optimierung sowohl von parallelen Applikationen wie auch von Lastverteilungs-Methoden zu sehen. Es wird sich dabei auch selbst noch weiterentwickeln müssen und nicht zuletzt durch Portierungen auf andere Rechner- und Betriebssystem-Plattformen die Entwicklung paralleler Software unterstützen können.

## Literatur


1. K. M. Chandy und J. Misra. *Parallel Program Design, A Foundation.* Addision-Wesley, August 1988.
2. Frank Przybylski. Scheduling-Verfahren für Rechner mit verteiltem Speicher: Eine vergleichende Übersicht. Berichte des Forschungszentrums Jülich, Zentralinstitut für Angewandte Mathematik, März 1992.
3. J. Simon. Virtuelle Topologie Bibliothek. Technischer Bericht, Universität-GH Paderborn, 1992.
4. T. Seifert und E. Speckenmeyer. Zur Simulation von shared-memory auf Transputernetzwerken. In *TAT '92 (Abstraktband)*, Institut für Physiologie der RWTH Aachen, 1992.
5. T. Seifert und E. Speckenmeyer. A Simple Simulation of Concurrent Write Operations on Distributed Memory Machines. In *WTC'93 / TAT'93*, Aachen, September 1993.

# Ein Objektverwaltungssystem für die Programmiersprache Gina unter dem Betriebssystem Helios

*Petra Krüger*

*ZIAM GmbH · Kaiserstr. 100 · D - 52134 Herzogenrath*

*Michael Sonnenschein*

*Universität Oldenburg · Fachbereich Informatik*

*Postfach 2503 · D - 26111 Oldenburg*

## 1. Einleitung

Gina ist eine objektorientierte, Petrinetz-basierte Programmiersprache, deren Konzept in [Son92] vorgestellt wurde. Die Erstellung eines Gina-Prototyps wurde im Rahmen eines Projektes am Lehrstuhl für Informatik I der RWTH Aachen durchgeführt. Das Projekt umfaßte die Komponenten Compiler, Laufzeitsystem und Objektspeicher. Die Implementierung wurde auf einem Transputercluster unter dem Betriebssystem Helios vorgenommen. In diesem Beitrag werden die Prinzipien des zum Laufzeitsystem gehörigen Objektverwaltungssystems vorgestellt (vgl. [Püt92]).

## 2. Das Gina-Laufzeitsystem

Für die Programmiersprache Gina zählen zu den Aufgaben eines Laufzeitsystems insbesondere die Teile Objektverwalter (OVS) und Kommunikationsverwalter (KVS). Wie es die Namen schon ausdrücken, befassen sich die beiden Module mit der allgemeinen Verwaltung der Gina-Objekte bzw. mit der Abwicklung der Kommunikation. Neben diesen beiden Teilen wird das Laufzeitsystem noch weiter modularisiert, die einzelnen Module werden weiter unten vorgestellt.

Das Laufzeitsystem wird zu Beginn eines Programmlaufs auf jedem der eingebundenen Prozessorknoten durch ein *SetUp-Programm* verfügbar gemacht. Damit ist jeder Teil des Laufzeitsystems auf jedem der Prozessoren des Systems vorhanden.

Gina ist als objektorientierte Sprache entwickelt worden, daher liegt es nahe, bei einer Modularisierung des Laufzeitsystems auf Grundelemente der objektorientierten Programmierung zurückzugreifen. Diese Grundelemente stellen die **Objekte** in Gina dar. Außerdem muß auf die Realisierung der **Kommunikation** zwischen diesen Objekten besonderer Wert gelegt werden. Aufgrund dieser Bewertung wird das Laufzeitsystem wie folgt gegliedert:

## 2.1 Das Objektverwaltungssystem (OVS)

Das **Objektverwaltungssystem** bildet den eigentlichen Kern des Laufzeitsystems. Es beinhaltet eine Laufzeitbibliothek, die alle Funktionen, die ein Objektverwalter auszuführen hat, unterstützt. Besondere Aufmerksamkeit muß dabei den Teilen Mapping und Idle-Flag-Behandlung zuteil werden. Eine detaillierte Beschreibung des Objektverwaltungssystems erfolgt in Abschnitt 3.

Das Objektverwaltungssystem, das auf jedem Prozessor installiert wird, hat eine komplexere Aufgabenstellung zu bewältigen. Zu den Aufgaben zählen u.a.

- Erzeugen und Löschen von Objekten auf dem "eigenen" Prozessor,
- Verwalten von prozessor-eigenem Speicherplatz und
- dynamisches Mapping von neu erzeugten Objekten.

## 2.2 Das Kommunikationsverwaltungssystem (KVS)

Den zweiten Teil des Laufzeitsystems bildet das **Kommunikationsverwaltungssystem**. Ihm obliegt die Durchführung jeder Art von Kommunikation innerhalb eines Gina-Programms. Dazu zählen sowohl Inter- wie auch Intra-Prozessor-Kommunikation, eine andere Einteilung läßt sich durch

- Kommunikation zwischen Objektverwaltern
- Kommunikation zwischen Objekten
- Kommunikation mit der Außenwelt

vornehmen. Jegliche Kommunikation innerhalb eines Prozessors wird mit Hilfe einer eigenen Datenstruktur durchgeführt. Erst bei Überschreiten der Prozessorgrenzen muß auf einige Systemroutinen des Betriebssystems Helios zurückgegriffen werden.

Die Aufgaben des Kommunikationsverwaltungssystems liegen in der

- Nachrichtenübertragung für die Kommunikation zwischen benachbarten Prozessoren,

- Interobjektkommunikation und
- Kommunikation mit der I/O-Einheit.

## 2.3 Der Objektspeicher

Zum Laufzeitsystem von Gina gehört weiterhin der persistente **Objektspeicher**. Der Objektspeicher dient der dauerhaften Speicherung von Gina-Objekten bzw. kompletten Teilbäumen auch nach einem Programmlauf [Sta92].

## 2.4 Das Objektbearbeitungssystem (OBS)

Vom Laufzeitsystem können auch direkte Zugriffe auf Objekte gemacht werden, z.B. wird die Größe eines Objekts beim Mapping benötigt. Diese direkten Zugriffe sind jedoch aus Verkapselungsgründen nicht zulässig. Daher wird ein weiteres Modul eingeführt, das direkten Zugriff zu den Objekten hat. Es ist das **Objektbearbeitungssystem**, das auch für die Bearbeitung von aktivierten Objekten zuständig ist [Pom92].

Wenn diese Modularisierung in ein Bild übertragen wird, bietet sich ein Schalenmodell an, dessen Kern die Objekte selbst mit den ihnen zugehörigen Methoden darstellen. Die innerste Schale bildet das Objektbearbeitungssystem, da nur dieses Modul auf Objekte zugreifen kann. Umschlossen wird das OBS von den anderen Modulen OVS, KVS und Objektspeicher.

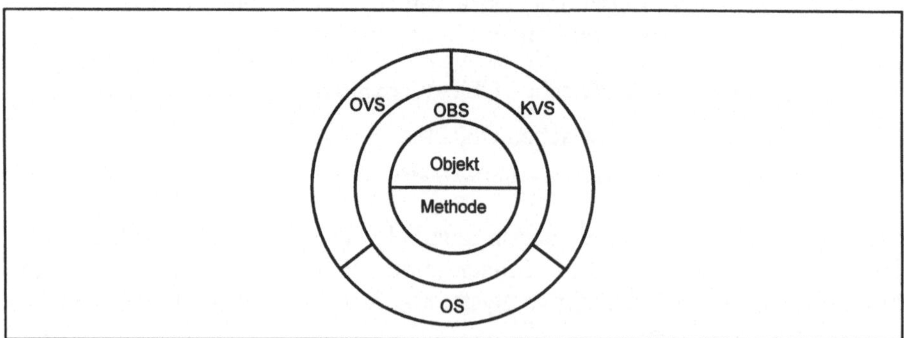


Abbildung 1: Schalenmodell des Laufzeitsystems

Da die Aufgaben der einzelnen Module ineinander übergreifen, ist eine genaue Definition der Schnittstellen zwischen den Modulen erforderlich.

# 3. Das Objektverwaltungssystem

## 3.1 Das Objekt

Als zentrale Einheit eines Gina-Programms stellen die Objekte einen wichtigen Bestandteil der Implementierung dar. Die Bearbeitung der Objekte, wie z.B. die Durchführung der Transitionsschaltungen, wird vom OBS ausgeführt. Das OBS stellt daher auch die Grundstruktur eines Objekts bereit, wobei das OVS bestimmte, festgelegte Teilbereiche zur Verwaltung der Objekte zur Verfügung gestellt bekommt (siehe auch [Pom92]). Das OBS kennt nur den Namen des OVS-Bereichs, der Inhalt ist ihm verborgen. Es ist die Struktur `ObjManagData`, die als einzigen Eintrag die Pufferadresse des zum Objekt gehörigen Nachrichtenpuffers enthält.

```
struct ObjManagData
{
        Node     node;    /* Verkettung in der Objektliste*/
        GINABUF  Buffer;/*zugehoeriger Nachrichtenpuffer */
};
```

Vom Objektverwalter aus kann auf die Struktur `ObjManagData` durch die vom OBS bereitgestellte Schnittstellenfunktion `GetManagData` zugegriffen werden.

## 3.2 Die Schnittstelle zwischen zwei Objekten

Objekte in Gina werden zu Objektnetzen zusammengefaßt, die hierarchisch strukturiert sind. In der Sprachdefinition von Gina [Son90] wurde als einzige Verbindung zweier Objekte die Schnittstelle[1] zwischen diesen Objekten eingeführt. Dabei sind die beiden Objekte jedoch nicht gleichwertig, sondern es

[1] Es kommt leider zu einer Dualität des Begriffes *Schnittstelle*, zum einen wird er auf die Verbindung zwischen zwei Objekten bezogen, zum anderen auf Modulverbindungen zwischen den Laufzeitmodulen.

wird in Abhängigkeit von der vorgeschriebenen Kommunikationsstruktur zwischen *kontrollierendem* und *kontrolliertem* Objekt unterschieden. Durch die Baumstruktur bei der Kommunikation läßt sich für jedes Objekt eine eindeutige Unterscheidung in "obere" und "untere" Schnittstelle treffen. Ein Objekt besitzt *eine* obere Schnittstelle und kann *mehrere* untere Schnittstellen besitzen. Welche Objekte an den unteren Schnittstellen angelagert werden können, wird durch die Verfeinerungsmenge [Son90] festgelegt.

Durch das OBS, das bei der Bearbeitung der Objekte eine Veränderung einer Schnittstelle zwischen zwei Objekten auslösen kann, wird die Einteilung in obere und untere Schnittstellen durch die Vergabe eines Index für die jeweilige Stellengruppe festgelegt. Der Index 0 steht dabei für obere Schnittstellen, die Indizes 2...*n* (*n*: Anzahl der unteren Schnittstellen) für die unteren Schnittstellen. Die Angabe dieses Index ist für eine eindeutige Adressierung eines Gina-Objekts zwingend notwendig.

## 3.3 Die Modularisierung des OVS

Um den Objektverwalter in Module einzuteilen, werden die Aufgabengebiete des Objektverwaltungssystems näher betrachtet. Eine Modularisierung erfolgt funktional, d.h. nach Aufgabenbereichen getrennt.

Die Aufgaben des OVS umfassen sowohl Erzeugung von neuen Objekten und Löschen von nicht mehr benötigten Objekten als auch das Laden und Speichern von Objekten aus dem bzw. in den Objektspeicher.

Eine Modularisierung des Objektverwaltungssystems läßt sich wie folgt vornehmen:

- Der Schwerpunkt bei der Modularisierung liegt bei der *Nachrichtenbearbeitung*, da im Zuge der Nachrichtenbearbeitung die wichtigen Aufgabenbereiche Erzeugung und Löschen eines Objekts sowie Laden, Speichern und Markieren (zum Löschen) eines Objekts im Objektspeicher abgedeckt werden.
- Das OVS ist, insbesondere bei der Erzeugung von neuen Objekten, für die Verwaltung des prozessor-eigenen Speicherplatzes zuständig. Soll ein neues Objekt erzeugt oder geladen werden, muß zuerst vom *Mapper* bestimmt werden, auf welchem Prozessor dies geschehen soll.
- Ein weiteres Modul bildet die *Behandlung des Idle-Flags* eines Objekts.

Abbildung 2 gibt diese Einteilung nochmals wieder.

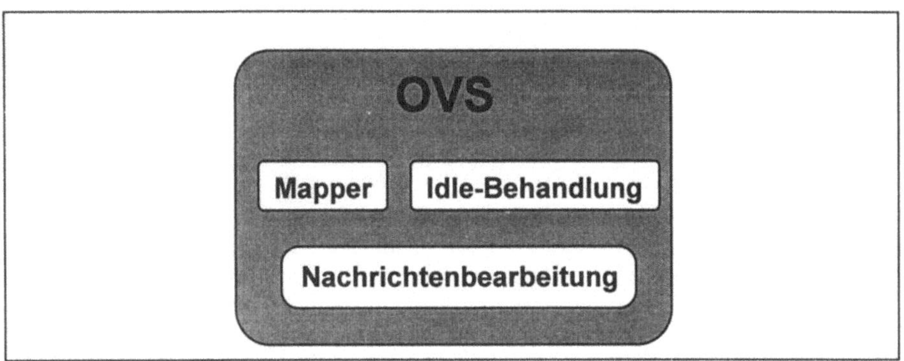


Abbildung 2: Modularisierung des Objektverwaltungssystems

### 3.3.1 Die Nachrichtenbearbeitung

Die Nachrichtenbearbeitung bildet den Kern des Objektverwaltungssystems. Alle zentralen Aufgaben des Objektverwalters werden vom Nachrichtenbearbeiter durchgeführt. Diese Aufgaben sind in Form von Nachrichten an die einzelnen Objekte bzw. den Objektverwalter gerichtet und werden erst bei der Bearbeitung der Nachricht ausgeführt. Sowohl die Objekte als auch der Objektverwalter selbst werden als Threads ausgeführt. Sie besitzen einen eigenen Puffer für eingehende Nachrichten. Es wird jeweils eine Nachricht dem Puffer entnommen und in Abhängigkeit von der Art der Nachricht wird dann die entsprechende Bearbeitungsroutine gestartet. Im Zuge der Nachrichtenbearbeitung werden die wichtigsten Aufgabenbereiche Erzeugung und Löschen von Objekten sowie der Transport vom und zum Objektspeicher abgedeckt.

### 3.3.2 Der Mapper

Ein weiterer Bereich des OVS ist der Mapper. Bei der Erzeugung von neuen Objekten muß anhand der Speicherplatzauslastung bestimmt werden, auf welchem Prozessor ein neues Objekt erzeugt bzw. geladen[2] wird. Das hier eingesetzte Mapping-Verfahren beruht auf der Nearest-Neighbour-Strategie, d.h. neu zu erzeugende Objekte werden höchstens auf direkte Nachbarprozessoren

[2] Im weiteren wird lediglich von *neu erzeugten* Objekten gesprochen, da für Objekte, die aus dem Objektspeicher geladen werden, die gleichen Kriterien gelten.

verteilt, um die Kommunikation gering zu halten. Es wird ein vergleichendes Verfahren eingesetzt, bei dem sowohl

- Speicherbelegung als auch
- CPU-Auslastung

des jeweiligen Nachbarprozessors betrachtet werden. Wie bei allen vergleichenden Verfahren geht auch hier die Initiative vom "sendenden" Prozessor aus und nicht, wie beim Schwellenwertverfahren, vom potentiellen Zielprozessor.

Als Vergleichswerte dienen die Angaben auf dem Prozessor, von dem die Mapping-Anfrage ausgeht. Dies bedeutet, falls bei allen Nachbarn diese Werte höher liegen, wird das neue Objekt auf dem eigenen Prozessor erzeugt.

### 3.3.3 Die Behandlung des Idle-Flags

Wie bereits erwähnt, besitzt jedes Objekt genau eine *obere* Schnittstelle und eventuell mehrere *untere* Schnittstellen. Eine besondere Rolle in den Schnittstellen zwischen zwei Objekten spielen sogenannte Idle-Flags. In der oberen Schnittstelle eines Objekts gibt das Idle-Flag an, daß das betreffende Objekt zur Zeit nicht arbeitet, d.h. daß innerhalb der bisher aktiven Methode keine Transition mehr schalten kann. Ein gesetztes Idle-Flag in einem Objekt besagt jedoch auch, daß alle von diesem Objekt kontrollierten Objekte "idle" sind und daß alle Ausgabestellen des Objekts leer sind.

Beim Versenden dieser Idle-Meldungen von einem Objekt zum anderen kann es zu Kommunikationskonflikten kommen, wenn diese Informationen "aneinander vorbei" geschickt werden. Dieser Fall tritt dann auf, wenn ein unteres Objekt eine Idle-Meldung nach oben schickt und gleichzeitig von oben nach unten eine Schnittstellenveränderung weitergegeben wird. Um diese Konflikte zu vermeiden, wird vom OVS eine besondere Behandlung der Idle-Meldungen vorgenommen.

Alle Nachrichten, die ein Objekt erhält, werden in eine Warteschlange eingereiht und nacheinander abgearbeitet. Für die Interprozessor-Kommunikation wird zusätzlich eine Numerierung der Nachrichten für jede Richtung und Verbindung eingeführt. Bei der Übertragung des Idle-Zustands schickt das untere Objekt die Nummer der zuletzt empfangenen und abgearbeiteten Schnittstellenveränderung nach oben mit. Das obere Objekt kann anhand dieser Nummer, die identisch mit seinem Zählerstand sein muß, erkennen, ob die eingegangene Idle-Nachricht gültig ist oder nicht.

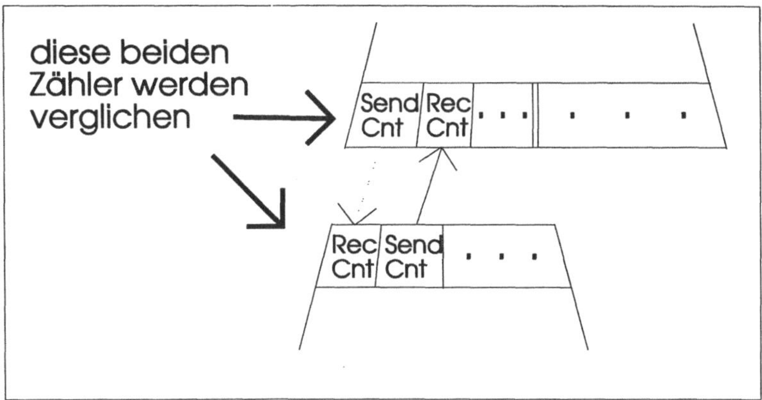


Abbildung 3: Behandlung des Idle-Status

Bei folgenden Fällen spielt das Setzen des Idle-Flags eine Rolle und muß deshalb beachtet werden. Die Beschreibung geht vom oberen Objekt als Bezugspunkt aus.

- Schnittstellenveränderung von oben nach unten:

  Dies ist gleichbedeutend mit dem Zurücksetzen des Idle-Flags im unteren Objekt, da eine Schnittstellenveränderung zuerst bearbeitet werden muß.

- Schnittstellenveränderung von unten nach oben:

  Hierbei war das Idle-Flag im unteren Objekt noch zurückgesetzt, da einer Schnittstellenveränderung eine aktive Bearbeitung voraus geht und kein Idle-Zustand möglich ist. Die Idle-Flags im unteren **und** oberen Objekt bleiben ungesetzt.

- Idle-Mitteilung von unten nach oben:

  Diese Möglichkeit tritt dann ein, wenn im unteren Objekt alle Nachrichten aus der Warteschlange abgearbeitet sind, keine schaltbare Transition mehr vorhanden ist und alle von diesem Objekt kontrollierten Objekte im Idle-Zustand sind. Die Idle-Bestätigung enthält zusätzlich die Nummer der zuletzt erhaltenen Nachricht von oben.

  Stimmt diese Nummer mit der Nummer der eigenen, zuletzt abgeschickten Nachricht überein, wird der Idle-Zustand akzeptiert, sonst nicht.

Vom betrachteten Objekt aus können nun die folgenden zwei Fälle unterschieden werden, wenn eine Idle-Nachricht von einem kontrollierten Objekt eintrifft:

1. Annahme der Idle-Nachricht:

   Das betrachtete Objekt arbeitet selbst normal weiter, bis keine Transition mehr schalten kann und keine Nachricht mehr zu verarbeiten ist. Dann untersucht es die Idle-Flags seiner kontrollierten Objekte und reicht selbst, falls diese alle *idle* gesetzt sind, seine Idle-Meldung nach oben weiter.

   Tritt bei der Objektbearbeitung eine Schnittstellenveränderung nach unten auf, bewirkt dies ein Zurücksetzen des entsprechenden Idle-Flags.

2. Ignorieren der Idle-Nachricht:

   Das untere Objekt hat zwischenzeitlich eine weitere Nachricht erhalten, deshalb stimmen die beiden verglichenen Nummern nicht überein (die Nummer im oberen Objekt ist höher). Durch die weitere Nachricht wird das gesetzte Idle-Flag im unteren Objekt wieder zurückgesetzt, das Idle-Flag im betrachteten Objekt bleibt ungesetzt.

# 4. Ausblick

Eine mögliche Portierung des Gina-Systems auf andere Multicomputersysteme, die nicht auf Transputern basieren, erfordert zunächst eine Ersetzung der vorwiegend vom Kommunikationsverwaltungssystem verwendeten Helios-Systemroutinen. Auch aus Effizienzgründen werden daher zur Zeit die Vorteile einer Neuimplementierung unter Parix geprüft.

# 5. Literatur


[Pom92] Pompetzki, G., *Entwurf und Implementierung eines Compilers zur Übersetzung einer objektorientierten, Petrinetz-basierten Programmiersprache in die Programmiersprache C*. RWTH Aachen, Lehrstuhl I für Informatik, Diplomarbeit, 1992

[Püt92] Pütz, P., *Entwurf und Implementierung eines Laufzeitsystems für eine objektorientierte, Petrinetz-basierte Programmiersprache unter dem Betriebssystem Helios.* RWTH Aachen, Lehrstuhl für Informatik I, Diplomarbeit, 1992

[Son90] Sonnenschein, M., *Ein objektorientiertes und datengesteuertes Programmierkonzept für Multicomputer auf der Grundlage dynamischer Petrinetze.* RWTH Aachen, Habilitationsschrift der Mathematisch-Naturwissenschaftlichen Fakultät, Juni 1990

[Son92] Sonnenschein, M., *Eine objektorientierte Petrinetz-Sprache für Transputersysteme.* in: Parallele Datenverarbeitung mit dem Transputer - TAT '91, R. Grebe, M. Baumann (eds.), pp. 100-107, Springer Verlag, Berlin 1992

[Sta92] Sonnenschein, M., Staas, St., *Ein Objektspeicher-Modul für die Programmiersprache Gina unter dem Betriebssystem Helios.* Abstraktband der TAT '92, Aachen, September 1992

# Anpassungsfähige Datenstrukturen und blockorientierte Algorithmen der linearen Algebra für Distributed Memory Systeme

G. Hebermehl

**Institut für Angewandte Analysis und Stochastik im Forschungsverbund Berlin**
**Mohrenstraße 39 D-10117 Berlin**
**Tel: (030) 20377562 e-mail: hebermehl@iaas-berlin.d400.de**

**Abstract.** Die Verwendung einer blockzyklischen Datenverteilung, geeigneter Konfigurationen und Topologien sowie einer blockorientierten Programmierung werden am Beispiel des Distributed Rank-r LU Update Algorithmus als Message Passing Implementation für Transputersysteme vorgestellt.

## 1 Einführung

Zu jedem Knoten eines Distributed Memory Computers gehört ein lokaler Speicher, der i.allg. auch über eine Speicherhierarchie verfügt. Die Programmierung der Local Memory Systeme erfordert daher eine Verteilung der Daten, Kommunikation zwischen den Prozessoren und die Ausnutzung der Speicherhierarchie. Als Programmiermodell wird Message Passing zugrunde gelegt. Auf allen Prozessoren läuft das gleiche Programm (SPMD, single program, multiple dataflow). Im Zusammenhang mit Algorithmen der linearen Algebra wird hier die Verteilung der Daten von voll besetzten Matrizen betrachtet. Die Vorteile einer variablen Datenverteilung, einer geeigneten Konfiguration und Topologie sowie einer blockorientierten Programmierung (Verwendung getunter Level 3 Basic Linear Algebra Subroutines [5]) werden am Beispiel des Distributed Rank-r LU Update Algorithmus dargestellt, dem die Distributed Gauß LU Dekomposition gegenübergestellt wird. Die Untersuchungen dienen der Bereitstellung von ScaLAPACK [3] für Transputersysteme.

## 2 Datendekomposition

Folgende Forderungen spielen bei der Wahl der Datendekomposition eine Rolle:

- Speicherausnutzung
  Um Aufgaben möglichst hoher Dimension lösen zu können, ist eine gleichmäßige Verteilung der Daten vorzusehen.
- Lastverteilung
  Die Datendekomposition sollte so erfolgen, daß die Lastverteilung auf die Prozessoren während des Lösungsprozesses ausgeglichen ist.

- Kommunikation
  Die Verteilung der Daten sollte so vorgenommen werden, daß der teure Nachrichtenaustausch während des Rechenprozesses so gering wie möglich bleibt.
- Variabilität
  Die gewählte Datenverteilung sollte eine Vielzahl möglicher Datenstrukturen zulassen.
- Unabhängigkeit
  Die Implementation des Algorithmus sollte weitgehend unabhängig von der Datenverteilung sein.

Mit dem folgenden Modell gelingt eine flexible Anpassung an die aufgeführten Forderungen.
Als Grundkonfiguration wird ein zweidimensionales Prozessornetz $(\rho, \sigma)$ verwendet. Die Matrix $A \in \mathbb{R}^{m \times n}$ wird bis auf Restblöcke in Blöcke $E \in \mathbb{R}^{p \times q}$ eingeteilt. Die Blöcke und Restblöcke werden zyklisch auf das Prozessorgitter abgebildet (siehe Bild 1).
Die blockzyklische Datenaufteilung ist orthogonal, d.h., jede Zeile von $A$ ist über eine Zeile von Prozessoren und jede Spalte von $A$ über eine Spalte von Prozessoren des Netzes verteilt.
Wenn $\rho p$ kein Teiler von $m$ bzw. $\sigma q$ kein Teiler von $n$ ist, bleiben bei der Zerlegung von $A$ in Blöcke $E \in \mathbb{R}^{p \times q}$ $u$ Restzeilen und $v$ Restspalten übrig.
Die Anzahl der regulär, d.h. der in Blöcken von p oder q aufgeteilten Matrixzeilen bzw. -spalten beträgt

$$m_1 = \left[\frac{m}{\rho p}\right](\rho p) \qquad bzw. \qquad n_1 = \left[\frac{n}{\sigma q}\right](\sigma q). \tag{1}$$

Die $u$ Restzeilen lassen sich so aufteilen, daß die ersten $\alpha$ Prozessorzeilen jeweils $g+1$ und die letzten $\rho - \alpha$ Prozessorzeilen jeweils $g$ zusätzliche Matrixzeilen erhalten. Entsprechendes gilt für die Restspalten.

$$u = m \bmod (\rho p), \quad g = \left[\frac{u}{\rho}\right], \quad \alpha = u \bmod \rho, \tag{2}$$

$$v = n \bmod (\sigma q), \quad h = \left[\frac{v}{\sigma}\right], \quad \beta = v \bmod \sigma. \tag{3}$$

Die Restzeilen und -spalten der Matrix $A$ definieren die Restblöcke:

$$E_{\mu,\nu}^{\gamma,\delta} \in \mathbb{R}^{\overline{p} \times \overline{q}} \qquad \text{mit} \qquad \begin{cases} \overline{p} = \begin{cases} g+1 & ,wenn \quad \gamma < \alpha \\ g & ,wenn \quad \gamma \geq \alpha \end{cases} \\ \\ \overline{q} = \begin{cases} h+1 & ,wenn \quad \delta < \beta \\ h & ,wenn \quad \delta \geq \beta. \end{cases} \end{cases} \tag{4}$$

Die Anzahl der Zeilen bzw. Spalten von $C^{r,s} \in \mathbb{R}^{\overline{m} \times \overline{n}}$ beträgt

$$\overline{m} = \left[\frac{m}{\rho p}\right] p + \overline{p}, \tag{5}$$

$$\overline{n} = \left[\frac{n}{\sigma q}\right] q + \overline{q}. \qquad (6)$$

Durch die blockzyklische Aufteilung zerfällt $A = (a_{i,j})$ in $\kappa \cdot \lambda$ Windows (siehe Bild 1)

$$W_{\mu\nu}, \quad \mu = 0(1)\kappa - 1, \quad \nu = 0(1)\lambda - 1, \qquad (7)$$

$$\kappa = \left\lceil \frac{m}{\rho p} \right\rceil, \quad \lambda = \left\lceil \frac{n}{\sigma q} \right\rceil$$

mit

$$\left\lceil \frac{\Gamma}{\Lambda} \right\rceil = \begin{cases} \left[\frac{\Gamma}{\Lambda}\right], & \textit{wenn } \Gamma \textit{ mod } \Lambda = 0 \\ \left[\frac{\Gamma}{\Lambda}\right] + 1 & \textit{sonst.} \end{cases}$$

Jedes Window trägt mit einem Block $E^{\gamma,\delta}_{\mu,\nu}$ zu der Teilmatrix $C^{\gamma,\delta} = (c^{\gamma,\delta}_{k,l})$ bei, die sich im lokalen Speicher des Prozessors $(\gamma, \delta)$ befindet:

$$C^{\gamma,\delta} = \left\{E^{\gamma,\delta}_{\mu,\nu}\right\}_{\mu=0(1)\kappa-1, \quad \nu=0(1)\lambda-1}, \qquad (8)$$

$$\gamma = 0(1)\rho - 1, \quad \delta = 0(1)\sigma - 1$$

mit

$$E^{\gamma,\delta}_{\mu,\nu} \in \mathbb{R}^{p\times q} \qquad \text{oder} \qquad E^{\gamma,\delta}_{\mu,\nu} \in \mathbb{R}^{\overline{p}\times\overline{q}} \qquad ((\overline{p},\overline{q}) \text{ (siehe (4))}.$$

<u>Spezialfälle</u>

Durch die freie Wahl der Parameter $(\rho, \sigma)$, $(m, n)$ und $(p, q)$ können verschiedene Spezialfälle erfaßt und unterschiedliche Forderungen an die Datendekomposition berücksichtigt werden.

(a) Zyklische Verteilung von Spaltenblöcken auf einer Prozessorline:

$$(\rho, \sigma) = (1, \sigma), \qquad (p, q) = (m, q).$$

Im Falle $q = 1$ reduzieren sich die Blöcke zu Spalten.

(b) Zyklische Verteilung von Zeilenblöcken auf einer Prozessorline:

$$(\rho, \sigma) = (\rho, 1), \qquad (p, q) = (p, n).$$

Im Falle $p = 1$ reduzieren sich die Blöcke zu Zeilen.
Im Falle $n = 1$ ergibt sich die Datendekomposition eines Vektors.

(c) Zyklische Verteilung der Matrixelemente über ein quadratisches Prozessornetz:

$$(\rho, \sigma) = (\rho, \rho), \qquad (p, q) = (1, 1).$$

(d) Blockweise (nicht blockzyklische) Verteilung der Matrix:

$$1 \leq \left[\frac{m}{\rho p}\right] < 2, \qquad 1 \leq \left[\frac{n}{\sigma q}\right] < 2.$$

Im Falle

$$\left[\frac{m}{\rho p}\right] = 1, \qquad \left[\frac{n}{\sigma q}\right] = 1$$

ergibt sich 1 Fenster (siehe (7)). Es enstehen keine Restblöcke (siehe (2,3)), und die Matrix ist echt blockweise verteilt.

Im Falle

$$1 < \left[\frac{m}{\rho p}\right] < 2, \qquad 1 < \left[\frac{n}{\sigma q}\right] < 2$$

entstehen Restblöcke. Die Matrix ist bis auf die gemäß (2,3) verteilten Restblöcke blockweise verteilt.

Bild 1 Datendekomposition

| | 0 1 2 | 3 4 5 | 6 7 8 | 9 10 11 | 12 13 14 | 15 16 17 | 18 | 19 |
|---|---|---|---|---|---|---|---|---|
| 0 1 2 | 0,0 | 0,1 | 0,2 | 0,0 | 0,1 | 0,2 | 0,0 | 0,1 |
| 3 4 5 | 1,0 | 1,1 | 1,2 | 1,0 | 1,1 | 1,2 | 1,0 | 1,1 |
| 6 7 8 | 2,0 | 2,1 | 2,2 | 2,0 | 2,1 | 2,2 | 2,0 | 2,1 |
| 9 10 11 | 3,0 | 3,1 | 3,2 | 3,0 | 3,1 | 3,2 | 3,0 | 3,1 |
| 12 13 | 0,0 | 0,1 | 0,2 | 0,0 | 0,1 | 0,2 | 0,0 | 0,1 |
| 14 15 | 1,0 | 1,1 | 1,2 | 1,0 | 1,1 | 1,2 | 1,0 | 1,1 |
| 16 17 | 2,0 | 2,1 | 2,2 | 2,0 | 2,1 | 2,2 | 2,0 | 2,1 |
| 18 19 | 3,0 | 3,1 | 3,2 | 3,0 | 3,1 | 3,2 | 3,0 | 3,1 |

Im Bild 1 ist eine blockzyklische Abbildung einer Matrix $A \in \mathbb{R}^{n \times n}$, $n = 20$, auf ein Prozessornetz $(\rho, \sigma) = (4, 3)$ dargestellt. Die Dimension der Blöcke beträgt $(p, q) = (3, 3)$, die der Restblöcke $(\overline{p}, \overline{q}) = (3, 1)$,$(2, 3)$ oder $(2, 1)$.
Die Zeilen- und Spaltennummerierung von $A$ ist an den Rändern angegeben.

Die Identifikatoren $(\gamma, \delta)$ in den Kästchen kennzeichnen die Prozessoren, die die zugehörigen Blöcke $E^{\gamma,\delta}_{\mu,\nu}$ von $A$ enthalten. Die Windows $W_{\mu,\nu}$, $\mu = 0, 1$, $\nu = 0, 1, 2$ sind durch Doppellinien voneinander abgegrenzt.
Die Teilmatrix

$$C^{0,0} = \begin{pmatrix} E^{0,0}_{0,0} & E^{0,0}_{0,1} & E^{0,0}_{0,2} \\ E^{0,0}_{1,0} & E^{0,0}_{1,1} & E^{0,0}_{1,2} \end{pmatrix}$$

der Matrix $A$ aus Bild 1, die sich im Prozessor $(0, 0)$ befindet, setzt sich beispielsweise wie folgt zusammen:

$$C^{0,0} = \begin{pmatrix} a_{0,0} & a_{o,1} & a_{0,2} & a_{0,9} & a_{0,10} & a_{0,11} & a_{0,18} \\ a_{1,0} & a_{1,1} & a_{1,2} & a_{1,9} & a_{1,10} & a_{1,11} & a_{1,18} \\ a_{2,0} & a_{2,1} & a_{2,2} & a_{2,9} & a_{2,10} & a_{2,11} & a_{2,18} \\ a_{12,0} & a_{12,1} & a_{12,2} & a_{12,9} & a_{12,10} & a_{12,11} & a_{12,18} \\ a_{13,0} & a_{13,1} & a_{13,2} & a_{13,9} & a_{13,10} & a_{13,11} & a_{13,18} \end{pmatrix}$$

$$= \begin{pmatrix} c_{0,0} & c_{o,1} & c_{0,2} & c_{0,3} & c_{0,4} & c_{0,5} & c_{0,6} \\ c_{1,0} & c_{1,1} & c_{1,2} & c_{1,3} & c_{1,4} & c_{1,5} & c_{1,6} \\ c_{2,0} & c_{2,1} & c_{2,2} & c_{2,3} & c_{2,4} & c_{2,5} & c_{2,6} \\ c_{3,0} & c_{3,1} & c_{3,2} & c_{3,3} & c_{3,4} & c_{3,5} & c_{3,6} \\ c_{4,0} & c_{4,1} & c_{4,2} & c_{4,3} & c_{4,4} & c_{4,5} & c_{4,6} \end{pmatrix}$$

## 3 Indextransformationen

Durch die blockzyklische Aufteilung der Matrix

$$A = (a_{i,j}), \quad i = 0(1)m-1, \quad j = 0(1)n-1 \tag{9}$$

zerfällt diese in die Teilmatrizen

$$C^{\gamma,\delta} = (c^{\gamma,\delta}_{k,l}), \quad k = 0(1)\overline{m}-1, \quad l = 0(1)\overline{n}-1, \tag{10}$$

die sich in den lokalen Speichern der Prozessoren

$$(\gamma, \delta), \quad \gamma = 0(1)\rho - 1, \quad \delta = 0(1)\sigma - 1 \tag{11}$$

befinden.
Für die Durchführung des Distributed LU Gauß Algorithmus und des Rank-r LU Update Verfahrens, die lokal auf den Prozessoren ablaufen, sind verschiedene Indextransformationen von Bedeutung, die den Zusammenhang von globaler und lokaler Information herstellen.
Prozessor-Identifikation
Die Transformationsformeln werden nur für die Zeilen angegeben.
Der Identifikator $\gamma$ der Prozessorzeile, in der sich die Matrixzeile $i$ befindet, ist zu bestimmen.

a) $\underline{i < m_1}$
Die Matrixzeile $i$ gehört zu den regulär aufgeteilten Zeilen (siehe (1)).

$$\gamma = \left[\frac{i}{p}\right] \bmod \rho. \tag{12}$$

b) $\underline{i \geq m_1}$
Die Matrixzeile $i$ gehört zu den Restzeilen (siehe (2)). Es ist zu unterscheiden, ob die Zeile $i$ zu einer Prozessorzeile mit $g+1$ oder $g$ Restspalten gehört.

$$\gamma = \begin{cases} \left[\frac{i_1}{g+1}\right], & wenn \left[\frac{i_1}{g+1}\right] < \alpha \\ \alpha + \left[\frac{i_2}{g}\right], & wenn \left[\frac{i_1}{g+1}\right] \geq \alpha \end{cases} \tag{13}$$

mit

$$i_1 = i - m_1, \quad i_2 = i_1 - \alpha(g+1) \quad (siehe (2)). \tag{14}$$

Transformation der globalen Indizes $(i,j)$ in die lokalen Indizes $(k,l)$

Die Transformation wird für $i \rightarrow k$ angegeben.
a) $\underline{i < m_1}$
Die Matrixzeile $i$ gehört zu den regulär aufgeteilten Zeilen (siehe (1)).

$$k = i - p\left(\gamma + \left[\frac{i}{\rho p} - \frac{\gamma}{\rho}\right](\rho - 1)\right). \tag{15}$$

b) $\underline{i \geq m_1}$
Die Matrixzeile $i$ gehört zu den Restzeilen (siehe (2)), wobei zu unterscheiden ist, ob die Zeile $i$ zu einer Prozessorzeile mit $g+1$ oder $g$ Restspalten gehört.

$$k = \left[\frac{m}{\rho p}\right] p + i_3 \tag{16}$$

mit (siehe (14))

$$i_3 = \begin{cases} i_1 - \left[\frac{i_1}{g+1}\right](g+1), & wenn \left[\frac{i_1}{g+1}\right] < \alpha \\ i_2 - \left[\frac{i_2}{g}\right] g, & wenn \left[\frac{i_1}{g+1}\right] \geq \alpha. \end{cases}$$

Transformation der lokalen Indizes $(k,l)$ in die globalen Indizes $(i,j)$

Die Transformation wird für $k \rightarrow i$ angegeben.
Gemäß (5,6) gilt $C^{\gamma,\delta} \in \mathbb{R}^{\overline{m} \times \overline{n}}$.
Mit

$$\overline{m}_1 = \left[\frac{\overline{m}}{p}\right] p \qquad (siehe (5)) \tag{17}$$

berechnet sich i wie folgt aus k:
a) $\underline{k < \overline{m}_1}$
Die Matrixzeile $k$ von $C$ gehört zu den regulär aufgeteilten Zeilen von $A$ (siehe (1,5,17)).

$$i = \left( \left[ \frac{k}{p} \right] \rho + \gamma \right) p + k_p, \quad k_p = k \bmod p \tag{18}$$

b) $\underline{k \geq \overline{m}_1}$
Die Matrixzeile $k$ von $C$ gehört zu den Restzeilen von $A$ (siehe (2,5,17)). Es ist zu unterscheiden, ob die Zeile $i$ zu einer Prozessorzeile mit $g+1$ oder $g$ Restspalten gehört.

$$i = \overline{m}_1 \rho + i_5 \tag{19}$$

mit

$$i_5 = \begin{cases} \gamma(g+1) + k - \overline{m}_1, & wenn\, \gamma < \alpha \\ (\gamma - \alpha)g + \alpha(g+1) + k - \overline{m}_1, & wenn\, \gamma \geq \alpha. \end{cases}$$

Anfangsindizes

Zu berechnen ist der Index $k_s$ (bzw. $l_s$) von $C^{\gamma,\delta} = (c_{k,l}^{\gamma,\delta})$, der zu der ersten Zeile (Spalte) mit einem Index $i \geq s$ (bzw. $j \geq s$) von $A = (a_{i,j})$ gehört, die wieder Teile in $C$ hat. Die Berechnungsvorschrift wird für den Index $l_s$ angegeben.
Die Matrixspalte $s$ befindet sich in der Windowspalte (siehe (7) und Bild 1)

$$\eta = \left[ \frac{s}{\sigma q} \right]. \tag{20}$$

1. $\underline{s < n_1}$
Die Matrixspalte $s$ gehört zu den regulär aufgeteilten Spalten von $A$ (siehe (1)). Die erste Matrixspalte von $A$ in der Windowspalte $\eta$ hat den Index

$$s_\eta = \eta(\sigma q). \tag{21}$$

Zu der Windowspalte $\eta$ gehören die Prozessorspalten $\delta = 0(1)\sigma - 1$. In der Prozessorspalte $\delta$ befinden sich die Matrixspalten

$$s_1 = s_\eta + \delta q \quad bis \quad s_2 = s_1 + q - 1. \tag{22}$$

Für jede Prozessorspalte ist $l_s$ zu bestimmen.

a) $\underline{s < s_1}$,
d.h., in der Prozessorspalte $\delta$ befinden sich nur Matrixspalten von $A$, die rechts von $s$ liegen. Folglich gilt

$$l_s = \eta q. \tag{23}$$

b) $\underline{s > s_2}$,
d.h., die Matrixspalte $s+1$ befindet sich nicht in der Prozessorspalte $\delta$. Die nächsten Spalten $j > s$ von $A$ der Prozessorspalte $\delta$ liegen in der Windowspalte $\eta + 1$. Daher gilt

$$l_s = (\eta + 1)q. \tag{24}$$

c) $\underline{s_1 \le s \le s_2}$,
d.h., die Matrixspalte $s$ liegt in der Prozessorspalte $\delta$, und es gilt

$$l_s = \eta q + q - 1 - (s_2 - s). \tag{25}$$

2. $\underline{s \ge n_1}$
Die Matrixspalte $s$ gehört zu den Restspalten von $A$ (siehe (3)). Die regulär aufgeteilten Matrixspalten befinden sich in den

$$\overline{\lambda} = \left[\frac{n}{\sigma q}\right] \tag{26}$$

ersten Windowspalten (siehe (7) und Bild 1). Die Restspalten sind auf die Prozessorspalten $\delta = 0(1)\sigma - 1$ der Rest-Windowspalte aufgeteilt. Es ist zu unterscheiden, ob die Matrixspalte $s$ in einer Prozessorspalte mit $h+1$ oder $h$ (siehe (3)) Restspalten liegt. Die Anzahl der Restspalten bis ausschließlich $s$ beträgt

$$s_n = s - n_1. \tag{27}$$

2.1 $\underline{\left[\frac{s_n}{h+1}\right] < \beta}$,

d.h., die Matrixspalte $s$ liegt in einer Prozessorspalte mit $h+1$ Restspalten (siehe (3)). In der Prozessorspalte $\delta$ befinden sich die Matrixspalten

$$\overline{s}_1 = n_1 + \delta(h+1) \quad \textit{bis} \quad \overline{s}_2 = \overline{s}_1 + h. \tag{28}$$

Für jede Prozessorspalte der Rest-Windowspalte ist $l_s$ zu bestimmen. Analog zu Punkt 1. sind 3 Fälle zu unterscheiden.

a) $\underline{s < \overline{s}_1}$

$$l_s = \overline{\lambda} q. \tag{29}$$

b) $\underline{s > \overline{s}_2}$,

d.h., die Matrixspalte $s$ befindet sich nicht in der Prozessorspalte $\delta$. Da es sich um Restspalten von $A$ handelt, gibt es keine Elemente $a_{i,j}$ mit $j > s$ in der Prozessorspalte $\delta$.

c) $\underline{\overline{s}_1 \le s \le \overline{s}_2}$

$$l_s = \overline{\lambda} q + h - (\overline{s}_2 - s). \tag{30}$$

2.2 $\underline{\left[\frac{s_n}{h+1}\right] \ge \beta}$,

d.h., die Matrixspalte $s$ befindet sich in einer Prozessorspalte mit $h$ Restspalten (siehe (3)). In der Prozessorspalte $\delta$ liegen die Matrixspalten

$$\underline{s}_1 = n_1 + \beta(h+1) + (\delta - \beta)h \quad \textit{bis} \quad \underline{s}_2 = \underline{s}_1 + h - 1. \tag{31}$$

Entsprechend Punkt 1. sind 3 Fälle zu unterscheiden.

a) $\underline{s < \underline{s}_1}$

$$l_s = \overline{\lambda} q. \tag{32}$$

b) $\underline{s \geq s_2}$,

Es gibt keine Elemente $a_{i,j}$ mit $j > s$ in der Prozessorspalte $\delta$.

c) $\underline{s_1 \leq s < s_2}$

$$l_s = \overline{\lambda} q + h - 1 - (\underline{s}_2 - s). \tag{33}$$

# 4 Lineare Gleichungssysteme

Für das lineare Gleichungssystem

$$Ax = b, \quad A \in \mathbb{R}^{n \times n}, \quad x, b \in \mathbb{R}^n \tag{34}$$

existiert eine eindeutige Lösung $x \in \mathbb{R}^n$, wenn $A = (a_{i,j})$ nichtsingulär ist. Die LU Dekomposition der Matrix $A$ in eine untere Dreiecksmatrix $L$ und in eine obere Dreiecksmatrix $U$ wird mit partieller Pivotisierung durchgeführt:

$$A = LU \tag{35}$$

Durch (35) wird das lineare Gleichungssystem (34) in 2 Dreieckssysteme transformiert, die durch Vorwärts- und Rückwärtseinsetzen gelöst werden können:

$$LUx = b, \quad Ly = b, \quad Ux = y \tag{36}$$

In diesem Beitrag wird der rechenintensive Teil der Aufgabe, die LU-Dekomposition, diskutiert.

# 5 Sequentielle Algorithmen

Die im Abschnitt 6 behandelten Algorithmen für Distributed Memory Systeme stellen Parallelisierungen der folgenden sequentiellen Verfahren zur direkten Lösung linearer Gleichungssysteme (34,35) dar.

## 5.1 Gauß LU Dekomposition

$U$ ist eine obere Dreiecksmatrix mit den Pivotelementen in der Hauptdiagonale. $L^{-1}$ ist das Produkt aus $n-1$ Permutationsmatrizen $P_s$ und $n-1$ elementaren Eliminationsmatrizen $L_s$:

$$L^{-1} = L_{n-1} P_{n-1} \ldots L_2 P_2 L_1 P_1, \tag{37}$$

so daß

$$L^{-1} A = U \quad (siehe (35)). \tag{38}$$

$P_s$ ist eine Matrix, die aus der Einheitsmatrix durch Vertauschung der $s$-ten und der $t$-ten Zeile hervorgeht. $L_s$ unterscheidet sich von der Einheitsmatrix dadurch, daß unterhalb der Hauptdiagonale in der $s$-ten Spalte die negativen

Multiplikatoren zur Erzeugung der Nullen im $s$-ten Eliminationsschritt stehen. Die LU Dekomposition (35) ergibt sich durch den folgenden auf die Matrix $A = (a_{ij})$ angewandten Gaußschen Algorithmus (In Klammern sind die Level-1 BLAS [9,10] angegeben, mit denen die entsprechenden Operationen durchgeführt werden können.):

Für $s = 0$ bis $n - 2$ werden nacheinander

- das Pivotelement

$$|a_{t,s}| = \max_{s \leq i \leq n-1} |a_{i,s}| \quad (idamax) \tag{39}$$

mit dem Pivotindex $t$ bestimmt, der in einem Pivotvektor abgespeichert wird.
- die Zeilen $s$ und $t$ vertauscht (*dcopy*).
- die negativen Eliminationsfaktoren

$$a_{i,s} := -\frac{a_{i,s}}{a_{s,s}}, \quad i = s + 1(1)n - 1 \quad (dscal) \tag{40}$$

berechnet. Sie werden im unteren Dreieck von $A$ gespeichert.
- das Rank-One Updating durchgeführt:

$$a_{i,j} := a_{i,j} + a_{i,s}a_{s,j}, \quad i,j = s + 1(1)n - 1 \quad (daxpy). \tag{41}$$

Das obere Dreieck von $A$ wird mit U überschrieben.

## 5.2 Rank-r LU Update Algorithmus

Der Schritt von der Gauß LU Dekomposition zu dem Rank-r LU Update Algorithmus besteht im Übergang von der Behandlung eines einzelnen Elementes zu Blöcken von Elementen ($r$ Blockbreite).
Moderne Prozessoren verfügen über eine Speicherhierarchie, die i.allg. aus einem Hauptspeicher, einem High Speed Cache und Registern besteht. Durch die Verwendung des Rank-r LU Update Algorithmus wird das wiederholte Laden von Daten in den Cache minimiert und dadurch das Verhältnis der Anzahl der Floating Point Operationen zu der Anzahl der Load- und Store-Operationen verbessert. Insbesondere kann das Rank-r LU Update Verfahren vorteilhaft für Vektorrechner mit Cache verwendet werden [7].
Neben den Level-1 BLAS kommen insbesondere getunte Level-3 BLAS ( [5], [11]) zur Anwendung, durch die die Speicherhierarchie und die Cachegröße ausgenutzt werden. Auf die Daten, die einmal in den Cache geladen sind, werden möglichst viele Operationen des Algorithmus angewendet.
Im Rank-r LU Update Algorithmus sind im wesentlichen die unten angegebenen Operationen durchzuführen. In Klammern sind die verwendeten BLAS Level 1 und 3 genannt. Es sei angenommen, daß wir bereits bis zur Stufe $s$ gekommen sind.

1. Berechnung eines Teils von $L$, ($PA = LU$)
   for $u = s(1)s + r - 1$ do
   – Pivotsuche in der Spalte $u$ (idamax)
   – Zeilenvertauschung für die Spalten $s$ bis $s + r - 1$ (dcopy)
   – Berechnung der Eliminationsfaktoren in der Spalte $u$ (dscal)
   – Updating für die Spalten $u + 1$ bis $s + r - 1$ (daxpy)
2. Zeilenvertauschung (dcopy)
   – Nachholung der Zeilenvertauschungen für die Restmatrix
3. Updating im Zeilenblock (dtrsm)
   – Updating der Zeilen $s$ bis $s + r - 1$

4. Rank-r Transformation für die Restmatrix (dgemm)

Die Operationen im Schritt 1. entsprechen der im Abschnitt 5.1 beschriebenen LU-Zerlegung, angewendet auf einen Spaltenblock.

# 6 Parallele Algorithmen

Im folgenden werden die in den Abschnitten 5.1 und 5.2 beschriebenen sequentiellen Algorithmen zur LU Dekomposition auf Distributed Memory Systemen betrachtet. Als Programmiermodell wird Message Passing verwendet.

## 6.1 Distributed Gauß LU Dekomposition

Durch die Berücksichtigung der Verteilung der Daten auf die Prozessoren und den dadurch nötigen Nachrichtenaustausch entsteht aus dem in Abschnitt 5.1 beschriebenen sequentiellen Verfahren die Distributed Gauß LU Dekomposition. Implementationen des Gaußschen Verfahrens für Transputersysteme sind in [1], [8] und [7] beschrieben, in [8] und [7] für die blockzyklische Verteilung der Koeffizientenmatrix.

Vorteile der blockzyklischen Datenverteilung

Die Vorteile der allgemeinen blockzyklischen Datenverteilung der Matrix spiegeln sich in den folgenden durch Effizienzvergleiche [7] gewonnenen Aussagen für die Distributed Gauß LU Dekomposition wider:

- Die Effizienz ist bei quadratischen Netzen $(\rho, \rho)$ besser als bei rechteckigen Netzen $(\rho, \sigma)$.
- Quadratische Blöcke $(p, p)$ ergeben günstigere Zeiten als rechteckige Blöcke $(p, q)$.
  Insbesondere ist die zeilen- oder spaltenzyklische Verteilung $((p, q) = (1, n)$ bzw. $(p, q) = (n, 1))$ der Matrix nachteilig.
- Die zyklische Verteilung der einzelnen Matrixelemente $((p, p) = (1, 1))$ führt auf Grund der guten Lastverteilung zu den besten Ergebnissen.
- Die Auslegungen $(\rho, \sigma)$, $\rho \neq \sigma$ ermöglichen eine bessere Anpassung an zur Verfügung stehende Knotenzahlen.

- Die freie Wahl von $(p, q)$ gestattet Kompromisse mit Datenverteilungen, die eventuell für gemeinsam mit der Distributed Gauß LU Dekomposition verwendete Verfahren optimal sind.

Für höhere Dimensionen werden durch die Verwendung getunter Level-1 BLAS ( [9], [10]) gegenüber der FORTRAN-Version Effektivitätssteigerungen um etwa den Faktor 3 erreicht.
Vergleiche zwischen einer Torus- und einer Gitter-Topologie ergaben leichte Vorteile für das Gitter, obgleich der Torus kürzere Kommunikationswege hat. Da die Topologien nur virtuell sind, spiegeln ihre Abbildungen auf die Hardware die theoretisch kürzeren Verbindungen nicht wider.
Die Distributed LU Dekomposition kann im wesentlichen als Teilaufgabe des Distributed Rank-r LU Update Algorithmus aufgefaßt werden. Auf eine gesonderte Beschreibung der Kommunikation für die LU Dekomposition wird daher verzichtet.

## 6.2 Distributed Rank-r LU Update Algorithmus

Um die für den Distributed Gauß Algorithmus ermittelten Vorteile der blockzyklischen Datenverteilung auch für das Rank-r LU Update Verfahren zu erhalten, werden Blöcke der Dimension $(p, q) = (r, r)$ (Beschränkung auf quadratische Blöcke, siehe unten) zyklisch auf die Prozessoren verteilt. Das Rank-r LU Update Verfahren ist um Kommunikationsschritte (Distributed Rank-r LU Update Algorithmus) zu erweitern, die hier hauptsächlich in einer 2D-Torus-Topologie durchgeführt werden.
Neben den Level-1 BLAS kommen insbesondere getunte Level-3 BLAS [5,11] zur Anwendung, durch die die Speicherhierarchie des T9000 [2] oder eines entsprechenden Prozessors ausgenutzt werden soll.
Im folgenden wird im wesentlichen der Nachrichtenaustausch beschrieben.
<u>Pivotsuche</u>
Das zur Stufe $s$ gehörige Element $a_{s,s} \in A$ befinde sich im Prozessor $(\gamma_s, \delta_s)$ , der Stufenprozessor genannt werde. Entsprechend werde die Prozessorzeile $\gamma_s$, die die Stufenzeile $s$ enthält, als Stufen-Prozessorzeile und die Prozessorspalte $\delta_s$, die die Stufenspalte $s$ enthält und in der das Pivotelement zu suchen ist, als Stufen-Prozessorspalte bezeichnet. Die Prozessorzeile, in der sich die Pivotzeile $t$ der Matrix $A$ befindet, heißt entsprechend Pivot-Prozessorzeile.
Die Identifikatoren der Stufen-Prozessorzeile und -spalte werden mit Hilfe der Transformationen (12,13) bzw. entsprechenden Vorschriften bestimmt.
Mit Hilfe der Indextransformationen (15,16) und den entsprechenden Formeln für die Spalten werden die zu $s$ gehörigen Zeilen- bzw. Spaltenindizes von $C$ ermittelt.
In jedem Prozessor $(\gamma, \delta_s)$, $\gamma = 0(1)\rho - 1$, der Stufen-Prozessorspalte wird simultan das lokale Pivotelement $a_{t,s}^{\gamma,\delta_s}$ des Teils der Spalte $s$ von $A$ bestimmt, der sich in der Teilmatrix $C^{\gamma,\delta_s}$ befindet. Der zugehörige lokale Pivotindex bez. $C$ wird mit Hilfe der Transformationen (18,19) in den lokalen Pivotindex bez. $A$ umgerechnet.

Eine Stufen-Prozessorspalte stellt innerhalb der Torus-Topologie einen Ring dar, in dem die Lage des Stufenprozessors so interpretiert werden kann, daß die Anzahl der Prozessoren zu beiden Seiten gleich groß ist, wenn $\rho$ ungerade, oder sich um 1 unterscheidet, wenn $\rho$ gerade ist.
Die lokalen Pivotelemente $a_{t,s}^{\gamma,\delta_s}$, $\gamma \neq \gamma_s$, $\gamma = 0(1)\rho - 1$, und die zugehörigen lokalen Pivotindizes werden von den äußeren Prozessoren zu beiden Seiten des Stufenprozessors jeweils zu ihren Nachbarn in Richtung des Stufenprozessors gesandt (siehe Bild 2). Das dem Absolutbetrage nach größere Element und der zugehörige Index werden jeweils weitergeschickt.
In dem Stufenprozessor wird das globale Pivotelement bestimmt.
Um den Kommunikations-Overhead herabsetzen zu können, wird die Bestimmung des globalen Pivotelementes wahlweise mit Schwellenpivotisierung durchgeführt, die für praktische Fälle oft ausreichend ist:

$$| a_{t,s}^{\gamma_s,\delta_s} | \geq \omega \, | a_{t,s}^{\gamma,\delta_s} |, \quad 0 \leq \omega \leq 1 \tag{42}$$

Wenn (42) für alle $\gamma \neq \gamma_s$ gilt, ist die Stufen-Prozessorzeile auch die Pivot-Prozessorzeile, d.h. die Prozessorzeile, die die Pivotzeile von $A$ zur Stufe $s$ enthält, und eine Zeilenvertauschung ist nur in dieser Prozessorzeile notwendig. Eine Inter-Prozessor-Kommunikation findet nicht statt.
Wenn $\omega = 1$, entartet die Schwellenpivotisierung zur üblichen partiellen Pivotisierung.
Für $\omega = 0$ ergibt sich eine lokale Pivotisierung, bei der keine Inter-Prozessor-Kommunikation durchzuführen ist, weil (42) immer erfüllt ist.
Die Verteilung des globalen Pivotindexes in der Stufen-Prozessorspalte (Ring) erfolgt, indem der Index von dem Stufenprozessor nach beiden Seiten bis zu den äußeren Prozessoren gesandt wird. Anschließend wird die zu dem globalen Pivotindex gehörige Pivot-Prozessorzeile mittels der Transformationsformeln (12,13) bestimmt.

Bild 2: Kommunikation im Ring der Stufen-Prozessorspalte

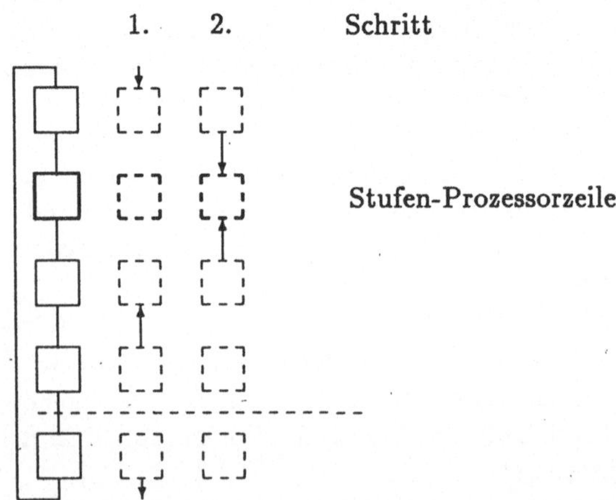

Zeilenvertauschung

Die Kommunikation bei der Zeilenvertauschung in dem ersten Schritt des Rank-r LU Update Algorithmus (siehe Abschnitt 5.2) erfolgt über eine Ring-Topologie, die die Links zwischen dem Pivot- und dem Stufen-Prozessor zusammenfaßt und die für jede Stufe neu zu generieren ist. Im Bild 3 ist diese Topologie für den Torus dargestellt.
In dem Pivot-Prozessor werden 2 Vektoren $r_1$ und $r_2$ zusammengestellt. $r_2$ besteht aus dem Vektor $a_{t,s:n-1}$, der das Pivotelement $a_{t,s}$ und den Teil der Pivotzeile enthält, der für das Updating benötigt wird. Der Rest der Zeile wird in $r_1$ zusammengefaßt.
Der für das Rank-one Updating im ersten Schritt benötigte Vektor $r_2$ wird von dem Pivot-Prozessor in Spaltenrichtung an alle Prozessoren des entsprechenden Ringes gesandt. $r_1$ wird vom Pivot- an den Stufen-Prozessor und die Zeile $s$ vom Stufen- an den Pivot-Prozessor gesandt.
Für die Nachholung der Zeilenvertauschungen in der Restmatrix und das Updating der Zeilen $s$ bis $s+r-1$ (Schritte 2 und 3, Abschnitt 5.2) ist der für den Schritt 1 beschriebene Topologieaufbau und Nachrichtenaustausch im Torus durchzuführen. Für die Zusammenstellung der Vektoren $r_1$ und $r_2$ in der Pivot-Prozessorzeile werden die Indextransformationen (23)-(25), (29,30) oder (32,33) benötigt.

Bild 3: Kommunikation in der Topologie 'Stufen- – Pivot-Prozessorzeile'

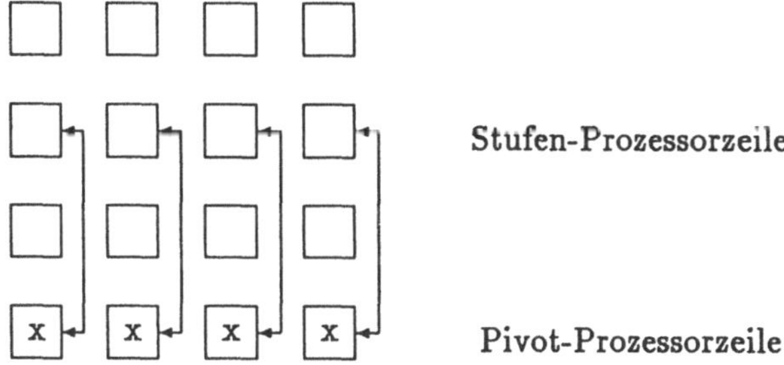


Pivotvektor, Eliminationsfaktoren

Die im Schritt 1 des Rank-r LU Update Verfahrens ermittelten $r$ Pivotelemente sind in einem Vektor zusammengefaßt, der in jedem Prozessor der Stufen-Prozessorspalte vorhanden ist. Dieser Pivotvektor und die ebenfalls im Schritt 1 berechneten und zu einem Block zusammengefaßten Eliminationsfaktoren werden gemäß der Torus-Topologie von den Knoten der Stufen-Prozessorspalte nach links oder rechts in Zeilenrichtung auf dem jeweils kürzesten Wege an die Knoten der Prozessorzeilen gesandt (siehe Bild 4).

Bild 4: Kommunikation im Torus (Pivotvektor, Eliminationsfaktoren)

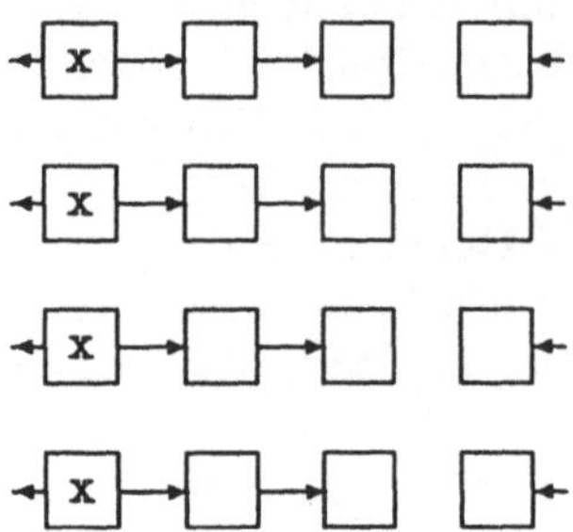


Pivotzeilen

Beim Updating im Zeilenblock (Schritt 3, Abschnitt 5.2) werden die $r$ Vektoren $r_2$ zu einem Block zusammengefaßt, der für die Rank-r Transformation im vierten Schritt benötigt wird. Dieser Block wird von der Stufen-Prozessorzeile auf dem kürzesten Wege in Spaltenrichtung in einer Torus-Topologie versandt (siehe Bild 5).

Bild 5: Kommunikation im Torus für den Pivotzeilenblock

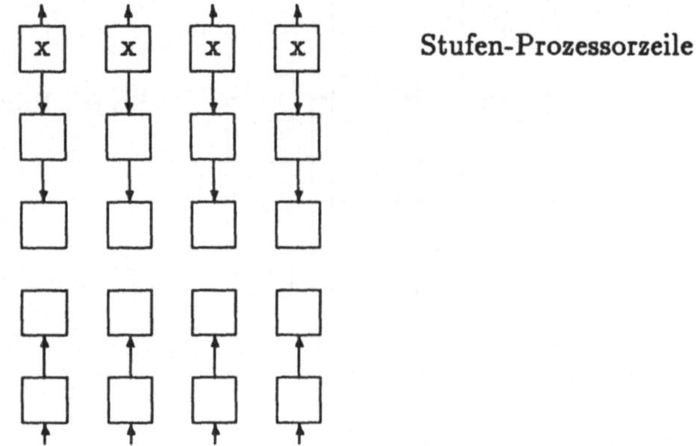


Bemerkung zur Torus-Topologie

Die Torus-Topologie kann entweder durch ein eigenes Programm aufgebaut oder durch den Aufruf von make2dtorus (Routine aus der Virtual Topology Library, PARIX, ACE FORTRAN77 [12]) generiert werden. Die durch make2dtorus generierte Topologie hat den Nachteil, daß die Identifikatoren der Prozessoren in der Torus-Topologie nicht mehr mit den durch die Run-Anweisung vordefinierten Identifikatoren übereinstimmen. Auf die vordefinierten Identifikatoren der Prozessoren bauen alle neu generierten Topologien auf, d.h., es können innerhalb des durch make2dtorus kreierten Torus keine konsistenten Topologien generiert werden. Der in Bild 3 dargestellte unmittelbare Nachrichtenaustausch zwischen der Stufen- und der Pivot-Prozessorzeile auf der Basis einer neu generierten Topologie ist dann nicht möglich und muß durch das i.allg. weniger vorteilhafte Routen der Nachrichten durch die zwischen den Zeilen liegenden Prozessoren abgewickelt werden.

Wahl quadratischer Blöcke

Die Beschränkung auf quadratische Blöcke $(p, q) = (r, r)$ gewährleistet die Konsistenz zwischen der blockzyklischen Datenverteilung und der blockorientierten Programmierung. Die aus $r$ Zeilen bzw. Spalten bestehenden Zeilen- oder Spaltenblöcke des Rank-r LU Update Verfahrens befinden sich dann in genau einer Prozessorzeile bzw. -spalte. Andernfalls ist i.allg. damit zu rechnen, daß sich ein Zeilen- oder Spaltenblock über 2 Prozessorzeilen bzw. -spalten erstreckt. Das würde den Algorithmus komplizieren und mehr Kommunikation erfordern. Im Falle quadratischer Prozessornetze sind die Restblöcke (siehe (4)) auch quadratisch und die Restzeilen oder -spalten befinden sich ebenfalls in genau einer Prozessorzeile bzw. -spalte.

Eine Beschränkung auf quadratische Gitter ist aber nicht sinnvoll, weil der Anwender dann oft auf einen Teil der ihm zur Verfügung stehenden Prozessoren verzichten müßte. Beginnend bei der Stufe des Rank-r LU Update Verfahrens, in der Zeilen- und Spaltenblockbreite nicht mehr übereinstimmen, wird daher der Algorithmus mit der Blockgröße $(r, r) = (1, 1)$ fortgeführt.

## 6.3 Vergleiche

Die beschriebenen Algorithmen wurden für ein MultiCluster-2 System mit 32 Prozessoren vom Typ T800 mit rekonfigurierbarer Topologie unter dem Betriebssystem PARIX, Release 1.2, in ACE FORTRAN77 [12] implementiert.

Das Übersetzen der einzelnen Routinen und das Linken zu einem Hauptprogramm erfolgt auf dem Hostrechner (SUN SPARCstation). Nach dem Start der Applikation wird das Hauptprogramm vom Host an alle angeforderten Knoten gesandt. Das Programm arbeitet auf jedem Prozessor auf einer anderen Datenmenge (Datenparallelität).

ACE FORTRAN77 ist gegenüber FORTRAN77 um Virtual Topology Libraries erweitert, die den Aufbau virtueller Topologien und die Kommunikation durch Bibliotheksaufruf gestatten. Durch den Aufruf spezieller Routinen der Virtual Topology Libraries kann auch festgestellt werden, auf welchem Prozessor sich das Programm befindet. Mit Hilfe dieser Information wird die notwendige funktionelle Parallelität über geeignete IF-THEN-ELSE-Anweisungen hergestellt, so daß auf den einzelnen Knoten unterschiedliche Teile des Programms wirksam werden können.

Die Tabelle 2 enthält Effektivitätsvergleiche für verschiedene Blockgrößen und Dimensionen des zweidimensionalen Prozessornetzes für die Distributed Gauß LU Dekomposition und den Distributed Rank-r LU Update Algorithmus. Der Einfluß getunter BLAS [10], [11] (Tabelle 1) auf die Rechenzeiten der LU

Dekompositionen (Tabelle 2) geht aus den Vergleichen zwischen den FORTRAN- und ASSEMBLER-Implementationen hervor. Die Effizienz der Verwendung der FORTRAN BLAS unterscheidet sich kaum von der einer Inline-Programmierung, in der keine BLAS genutzt werden. In der Tabelle 2 ist die Dimension des Netzes in geschweiften und die der Blöcke in runden Klammern angegeben.

Tabelle 1
Rechenzeiten auf einem MultiCluster-2 System (T800/25MHz) in [MFLOPS]
BLAS-1, BLAS-3

| Routine | N, Stride | FORTRAN | ASSEMBLER |
|---|---|---|---|
| idamax | 7998, 1 | 0.50 | 1.47 |
| dscal | 7998, 1 | 0.25 | 0.72 |
| | 1002, 2 | 0.17 | 0.65 |
| dcopy | 7998, 1,1 | 0.41 | 2.05 |
| daxpy | 7998, 1,1 | 0.51 | 1.14 |
| dtrsm | 256 | 0.18 | 0.89 |
| dgemm | 256 | 0.24 | 1.31 |

Tabelle 2
Rechenzeiten auf einem MultiCluster-2 System (T800/25MHz) in [MFLOPS]
Distributed Gauß, Distributed Rank-r

| N | Gauß Inline FORTRAN {5,5}, (1,1) | Gauß BLAS FORTRAN {5,5}, (1,1) | Gauß BLAS ASSEMBLER {5,5}, (1,1) | Rank-r BLAS ASSEMBLER {5,5}, (16,16) | Rank-r BLAS ASSEMBLER {5,5}, (10,10] |
|---|---|---|---|---|---|
| 400 | 4.23 | 4.17 | 8.05 | 7.37 | 7.56 |
| 1000 | 5.81 | 5.55 | 15.13 | 14.25 | 13.79 |
| 2000 | | | 19.62 | 19.32 | 17.88 |
| 2900 | | | 21.44 | 21.52 | 19.55 |

| N | Rank-r BLAS ASSEMBLER {5,6}, (16,16) | Rank-r BLAS ASSEMBLER {6,5}, (16,16) | Rank-r BLAS ASSEMBLER {4,8}, (16,16) | Rank-r BLAS ASSEMBLER {8,4}, (16,16) | Rank-r BLAS ASSEMBLER {2,16},(16,16] |
|---|---|---|---|---|---|
| 400 | 7.06 | 6.66 | 5.71 | 4.40 | 4.97 |
| 1000 | 14.50 | 14.45 | 14.50 | 9.20 | 10.92 |
| 2000 | 20.86 | 20.68 | 20.66 | 15.07 | 17.02 |

Im Unterschied zu dem Distributed Gauß Algorithmus ergeben größere Blöcke eine bessere Effizienz. Die optimale Größe der Blöcke entspricht der Unrollinglänge der getunten Level-3 BLAS, die 16 beträgt.

Die Effizienz ist bei quadratischen Netzen $(\rho, \rho)$ besser als bei rechteckigen Netzen $(\rho, \sigma)$. Bei der Verwendung rechteckiger Netze $(\rho, \sigma)$ ist es günstig $\rho < \sigma$ zu wählen.
Der Vorteil des Distributed Rank-r LU Update Algorithmus gegenüber dem Distributed Gauß Algorithmus besteht einerseits darin, daß der Datentransport in größeren Portionen erfolgt und dadurch weniger Startup-Zeiten auftreten, und andererseits in der Möglichkeit, den Cache des lokalen Speichers durch Verwendung getunter BLAS-Routinen [11] auszunutzen. Die T800-Transputer verfügen über keinen durch die Level 3 BLAS nutzbaren Cache.
Die Messungen auf dem T800-Transputersystem lassen den Schluß zu, daß die Verringerung der Startup-Zeiten durch das Versenden größerer Blöcke weitgehend durch die schlechtere Lastverteilung (siehe Abschnitt 6.1) aufgehoben wird. Der Gewinn wird für T9000-basierte Transputersysteme in der Nutzung von in ASSEMBLER implementierten BLAS und LACS [6] liegen, in denen die Parameter des Instruction Groupers, des Daten-Caches, des Virtual-Channel-Prozessors und der Kommunikationschips C103/104 für die Optimierung der Unrollinglängen, der Blockmatrizendimensionierung und des Kommunikationsoverheads herangezogen werden.

## 6.4 ScaLAPACK

Im Unterschied zu der hier beschriebenen Datendekomposition werden die Restzeilen und -spalten in ScaLAPACK [3] nicht gleichmäßig verteilt.
Die Matrix $A$ ist in einer Datenstruktur (Object-Oriented Library Interface) abgelegt, die alle Informationen zur vollständigen Beschreibung von $A$ enthält. Die Datenstruktur besteht aus 3 Teilen:

. Matrix Data Part
. Decomposition Part
. Storage Part

Die 3 Teile der Datenstruktur werden durch Aufrufe spezieller Routinen gefüllt. Durch die Verwendung

. des Object-Oriented Library Interfaces [3]
. von Distributed BLAS Level 3 [4]
. von sequentiellen BLAS Level 3 [5]
. von Linear Algebra Communication Subroutines (LACS) [6]

wird die Aufruf- und Code-Kompatibilität (der höheren Routinen) zu LAPACK gewahrt.
Die Kommunikation wird in den Distributed BLAS Level 3 Routinen abgewickelt. Sie rufen die sequentiellen Level-3 BLAS auf.
Die in diesem Artikel dargelegten Erfahrungen mit der Datendekomposition, den Topologien, den getunten BLAS und dem blockorientierten Algorithmus dienen der Bereitstellung von ScaLAPACK auf Transputersystemen.

# References

[1] Bader,G., Gehrke,E., On the Performance of Transputer Networks for Solving Linear Systems of Equations, Parallel Computing 17 (1991), pp. 1397-1407.

[2] Bader,G., Przywara,B., T9000 - A Preliminary Evaluation of Arithmetic Performance, Universität Heidelberg, Preprint 93 - 21, Mai 1993.

[3] Choi,J., Dongarra,J.J., Pozo,R., Walker,D.W., ScaLAPACK: A Scalable Linear Algebra Library for Distributed Memory Concurrent Computers, LAPACK Working Notes/lawn55, UT, CS-92-181, November 1992.

[4] Choi,J., Dongarra,J.J., Walker,D.W., Level 3 BLAS for Distributed Memory Concurrent Computers, Environments and Tools for Parallel Computing, J.J. Dongarra and B. Tourancheau (Editors), Elsevier Science Publishers B.V. (1993).

[5] Dongarra,J.J., DuCroz,J., Hammarling,S. and Duff,I, A Set of Level 3 Linear Algebra Subprograms, ACM Transactions on Mathematical Software, 16(1):1-17, 1990.

[6] Dongarra,J.J., van de Geijn,R.A., Two Dimensional Basic Linear Algebra Communication Subprograms, LAPACK Working Notes/lawn37, UT, CS-91-138, October, (1991).

[7] Hebermehl,G., Zur direkten Lösung linearer Gleichungssysteme auf Shared und Distributed Memory Systemen, Institut für Angewandte Analysis und Stochastik im Forschungsverbund Berlin e.V., Preprint No.32 (1992).

[8] Hoffmann,W., Potma,K., Threshold Pivoting in Gaussian Elimination to Reduce Inter-Processor Communication, Technical Report CS-91-05, Department of Mathematics and Computer Science, University of Amsterdam (1991).

[9] Lawson,C.L., Hanson,R.H., Kincaid,D.R., Krogh,F.T., Basic Linear Algebra Subprograms for FORTRAN Usage, ACM Transactions on Math. Software 5 (1979), pp. 303-323.

[10] Reinhardt,G., Eine allgemeine Strategie des Tuning der BLAS-1 im maschinennahen Code - Aussagen zum Tuning für den Transputer T800, Transputer Anwender Treffen '92 (TAT92), Aachen, 22.-23. September 1992.

[11] Reinhardt,G., Zur maschinennahen Implementation und Performance von Basic Linear Algebra Subroutines (BLAS) Level 1,2 und 3 auf dem Transputer T9000, in diesem Band.

[12] PARIX, Release 1.2, Software Documentation, Manual Pages, Parsytec Computer GmbH, (1993).

# Zur maschinennahen Implementation und Performance von Basic Linear Algebra Subroutines (BLAS) Level 1, 2 und 3 auf dem Transputer T9000

Gerd Reinhardt

Institut für Angewandte Analysis und Stochastik
Mohrenstraße 39
D - 10117 Berlin

**Abstract.** An ausgewählten Moduln wird der Einfluß der Speicherhierarchie des T9000 auf die Implementierungsstrategie für die BLAS untersucht. Die Notwendigkeit und die Art des Unrolling von DO-Schleifen wird dargestellt und an einem Performance-Simulator für den T9000 überprüft. Ein für eine maschinennahe Implementierung geeigneter Algorithmus für die blockweise Matrix-Matrix-Multiplikation wird formuliert und in FORTRAN auf einer SPARCstation 10/30 getestet.

## 1 Zum Datentransfer in der Speicherhierarchie des Transputer T9000

Um eine effektive Abarbeitung von implementierten numerischen Algorithmen auf einem Transputer T9000 realisieren zu können, ist bei der Implementierung der Datentransfer zwischen den verschiedenen Speicherniveaus zu beachten (s. [1]).

Im wesentlichen lassen sich beim T9000 drei Speicherniveaus unterscheiden. Auf dem höchsten Speicherniveau existieren 2 Sätze zu je 3 Register, dabei ist der erste Satz von 3 Registern zu je 32 Bit der Central Processor Unit (CPU) und der zweite Satz von 3 Registern zu je 64 Bit der Floating Point Unit (FPU) zugeordnet. Die CPU und FPU lassen nur Register-Register-Operationen zu, die drei Register sind dabei jeweils als Operations-Stack organisiert.
Auf dem gleichem Niveau liegt ein Workspace-Cache von 32 Worten zu je 32 Bit. Die sehr schnelle Zugriffsmöglichkeit auf diesen Cache gestattet die Verwendung der 32 Worte praktisch als je ein Register (allerdings ohne 'hidden bits', s. [10]).

Das zweite Speicherniveau ist der Main-Cache mit einer Kapazität von 16 KByte, der als Befehls- und Daten-Cache fungiert (der Cache kann auch anders konfiguriert werden (s. [1])).
Der Main-Cache (im weiteren auch nur als Cache bezeichnet) ist unterteilt in 4 Bänke mit jeweils 256 Cache-Lines zu je 16 Byte. Diese Unterteilung ermöglicht pro Zugriff auf den Main-Cache maximal 4 Worte parallel zu lesen, wobei die

CPU in der Lage ist, 2 Worte parallel zu lesen (die anderen 2 Zugriffe können zeitgleich von anderen Einheiten, wie z. B. dem für die Kommunikation zuständigen Virtual Channel Processor (VCU) getätigt werden.). Wichtig dabei für das gleichzeitige Zugreifen der CPU auf zwei Daten ist, daß jedes Datum in einer anderen Cache-Bank liegen muß.
Des weiteren ist die CPU in der Lage, zwei Worte parallel aus dem Workspace-Cache zu lesen.

Ein wesentliches Charaktertistikum für eine Speicherhierarchie mit einem Cache ist, daß der Datenaustausch zwischen dem Main-Cache und dem Hauptspeicher (dem dritten Speicherniveau) nicht pro Datum erfolgt, sondern jeweils eine gesamte Cache-Line ausgetauscht wird. Das Lesen bzw. Schreiben der Cache-Line erfolgt damit auch unter den Adressen im Hauptspeicher , die durch die Länge der Cache-Line teilbar sind. Beim T9000 werden somit jeweils 16 Byte (Länge der Cache-Line) zwischen Main-Cache und Hauptspeicher ausgetauscht. Jedes Datum ist durch seine Lage im Hauptspeicher zu einer durch 16 teilbaren Adresse zu einer Cache-Line zugordnet. Die Bitpositionen 4 und 5 der vor der Adresse eines Datums liegenden durch 16 teilbaren Adresse entscheidet über die Zuordnung des Datums zur Cache-Bank 0, 1, 2 oder 3.

Der Datenaustausch zwischen CPU und Main-Cache ist bei einer derartigen Hierarchie wesentlich schneller, als der Datenaustausch zwischen Main-Cache und Hauptspeicher. Eine hohe Operationsgeschwindigkeit ist i. a. nur dann erreichbar, wenn die Daten mit dem schnellen Zugriff aus dem Main-Cache zur CPU transportiert werden.
Dieses Merkmal ist von entscheidender Bedeutung bei der Auswahl und Implementierung von Algorithmen für Rechner mit hierarchischer Speicherorganisation. Nur die Algorithmen ermöglichen eine hohe Performance, die folgende Prinzipien erfüllen :

1. Werden alle Daten einer Cache-Line im Algorithmus benötigt, dann sollte der Algorithmus so organisiert sein, daß die Bearbeitung aller Daten der Cache-Line mit einem Lesevorgang vom Hauptspeicher erledigt werden kann (Reihenfolge-Prinzip).

2. Erfordert der Algorithmus die mehrfache Nutzung von Daten, so sollte der Algorithmus so organisiert sein, daß die Bearbeitung dieser Daten mit einem Minimum an Zugriffen zum Hauptspeicher erfolgen kann (Prinzip der Mehrfachnutzbarkeit).

Darüber hinaus ist bei Rechnern (wie dem T9000), deren Cache durch die Unterteilung in Cache-Bänke einen parallelen Zugriff auf mehrere Daten ermöglicht, zu beachten , daß der implementierte Algorithmus eine Datenspeicherung ermöglicht, die dieser Gegebenheit Rechnung trägt (z. B. führende Dimension bei zweidimensionalen Feldern oder der Stride in eindimensionalen Feldern).

## 2 Performance-Vergleich für die Transputer T805 und T9000 an ausgewählten Moduln der BLAS Level 1, 2 und 3

Für den Vergleich wurden funktionsäquivalente Moduln zu den in FORTRAN vorliegenden BLAS Level 1, 2 und 3 (s. [2], [3] und [4]) herangezogen, die in unserem Institut maschinennahe (d. h. im Assembler) für die Transputer T805 und T9000 implementiert wurden. Als Level-1-Moduln wurden die Moduln für das Skalarprodukt **s/d-dot**, als Level-2-Moduln wurden die Moduln für die Matrix-Vektor-Multiplikation **s/d-gemv** und als Level-3-Moduln wurden die Moduln für die Matrix-Matrix-Multiplikation **s/d-gemm** ausgewählt (die Präfixe s bzw. **d** stehen für die Versionen in der REAL*4- bzw. REAL*8-Arithmetik; bez. der Namensgebung s. auch [2], [3] und [4]; die FORTRAN-Quellen sind per e-mail vom Knoten *netlib@ornl.gov* beziehbar). Diese Moduln besitzen jeweils die gleiche Sequenz von Floating-Point-Befehlen, die bei Level-1 in eine Programmschleife, bei Level-2 in zwei Programmschleifen und bei Level-3 in drei Programmschleifen eingebette ist.
Die Implementationen für **s/d-gemv** und **s/d-gemm** basieren im Gegensatz zu den für die Verwendung im Programmpacket LAPACK (s. [5]) vorgesehenen FORTRAN-Versionen der BLAS auf dem Skalarprodukt von Zeilen- und/oder Spaltenvektoren von Matrizen.

Diese FORTRAN-Versionen sind in den im LAPACK verwendeten BLAS in der für Vektor-Rechner günstigeren "gaxpy"- Version implementiert (s. unten oder [6]).
In Tab. 1 ist das volle Leistungsspektrum der ausgewählten Moduln in mathematischer Notation aufgeführt. Die Kennzeichen (NN), (TN), (NT) und (TT) der vier Operationen der Moduln **s/d-gemm** beziehen sich auf die Verwendung der Matrizen-Operanden $A$ und $B$ in Nichttransponierter bzw. Transponierter Form. Auf diese Bezeichnung wird im weiteren zurückgegriffen.

Bei der Implementierung der Moduln für den Transputer T805 wurde die Per-

**Table 1.** Leistungsspektrum der ausgewählten Moduln

| Modulname | Mathematische Funktion | $(a, r, \alpha, \beta \in \mathbb{R}^1; \mathrm{x}, \mathrm{y} \in \mathbb{R}^n; C \in \mathbb{R}^{m \times n})$ | |
|---|---|---|---|
| s/d-axpy | $\mathrm{y} = \mathrm{y} + a * \mathrm{x}$ | | |
| s/d-dot | $r = (\mathrm{x}, \mathrm{y}) = \sum_{i=1}^{n} x_i * y_i$ | | |
| s/d-gemv | $\mathrm{y} = \alpha * A \times \mathrm{x} + \beta * \mathrm{y}$ | $A \in \mathbb{R}^{n \times n}$ | |
| | $\mathrm{y} = \alpha * A^T \times \mathrm{x} + \beta * \mathrm{y}$ | $A \in \mathbb{R}^{n \times n}$ | |
| s/d-gemm | $C = \alpha * A \times B + \beta * C$ | $A \in \mathbb{R}^{m \times k}; B \in \mathbb{R}^{k \times n}$ | (NN) |
| | $C = \alpha * A^T \times B + \beta * C$ | $A \in \mathbb{R}^{k \times m}; B \in \mathbb{R}^{k \times n}$ | (TN) |
| | $C = \alpha * A \times B^T + \beta * C$ | $A \in \mathbb{R}^{m \times k}; B \in \mathbb{R}^{n \times k}$ | (NT) |
| | $C = \alpha * A^T \times B^T + \beta * C$ | $A \in \mathbb{R}^{k \times m}; B \in \mathbb{R}^{n \times k}$ | (TT) |

formance im wesentlichen durch die Anwendung einer allgemeinen Implementierungs-Strategie erreicht, deren Kernstück die Entrollung (engl. Unrolling) von Schleifenkonstruktionen ist. Diese Technik, die auch bei Level-2 und Level-3-Moduln angewand wurden, ist in [7] zusammengefaßt.
Die Vergleichsmoduln für den Transputer T9000 sind aus den Assembler-Moduln des T805 erzeugt worden, wobei als erster Optimierungsschritt das Gruppieren (grouping) von Instruktionen für die Instruktions-Pipeline des T9000 beachtet wurde (s. [8]).

Da die Performance-Betrachtungen für den T9000 an einem Performance-Simulator (Version von 12/91) durchgeführt wurde, konnten aus Operationszeit- und Speicherplatz-Gründen (Simulation wird auf einem T805 durchgeführt !) die aus der Speicherhierarchie folgenden Spezifika nur für die Level-2-Moduln **s/d-gemv** bei der Implementation berücksichtigt werden. Für die Level-3-Moduln **s/d-gemm** konnte lediglich die Cache-Größe von 16 KByte bei der Wahl der Dimension der drei Matrizen berücksichtigt werden ( jeweils 24*24 Matrixelemente, da $3*(24*24)*8) \approx 13$ KByte < Cache-Größe). Mit dieser Wahl war das Prinzip der Wiederverwendbarkeit der mehrfach genutzten Matrixkomponenten erfüllt. Nach dem einmaligen Laden der Komponenten in den Main-Cache brauchten keine weiteren Lade-Zugriffe auf den Haupspeicher getätigt werden.
Im einzelnen wurden die Meßwerte in Fig. 1 für folgende Dimensionen ermittelt (s. auch Tab. 1):

- Skalarprodukt — $\mathbf{x}, \mathbf{y} \in \mathbb{R}^{8000}$
- Matrix-Vektor-Multiplikation — Matrix $A$ nichttransponiert, $A \in \mathbb{R}^{100\times 100}; \mathbf{x}, \mathbf{y} \in \mathbb{R}^{100}$
- Matrix-Matrix-Multiplikation — Matrix $A$ und $B$ nichttransponiert (Fall (NN) in der Tab. 1), $C, A, B \in \mathbb{R}^{24\times 24}, \mathbf{x}, \mathbf{y} \in \mathbb{R}^{24}$

Die Fig. 1 zeigt deutlich, daß bei Rechnern ohne Speicherhierarchie (wie dem T805) die Performance mit steigenden Level der BLAS fällt, bei Rechner mit Speicherhierarchie ( wie dem T9000 ) die Performance wachsendem Level dagegen signifikant ansteigt. Als Schlußfolgerung aus diesem Verhalten folgt, daß nur solche Algorithmen auf Rechnern mit der beschriebenen Speicherhierarchie ein schnelle Abarbeitung (oder hohe Performance) zulassen, deren Implementationen sich hauptsächlich auf BLAS mit hohem Level (am besten Level-3) oder BLAS-ähnlichen Routinen stützen. Bei der Implementation der BLAS oder BLAS-ähnlichen Routinen müssen die im Abschnitt 1 formulierten Prinzipien der Reihenfolge der Verarbeitung der Daten und deren Wiederverwendbarkeit berücksichtigt werden.

*Remark.* Ein Schluß auf die volle Leistungsfähigkeit eines Transputer T9000 kann aus den Werten der Fig. 1 nicht gezogen werden. Die durch die Simulation bedingten Einschränkungen (kleine Dimensionen, geringe Anzahl von Wiederholungen) stellen keine solide Basis für derartige Aussagen dar. Der Grad der

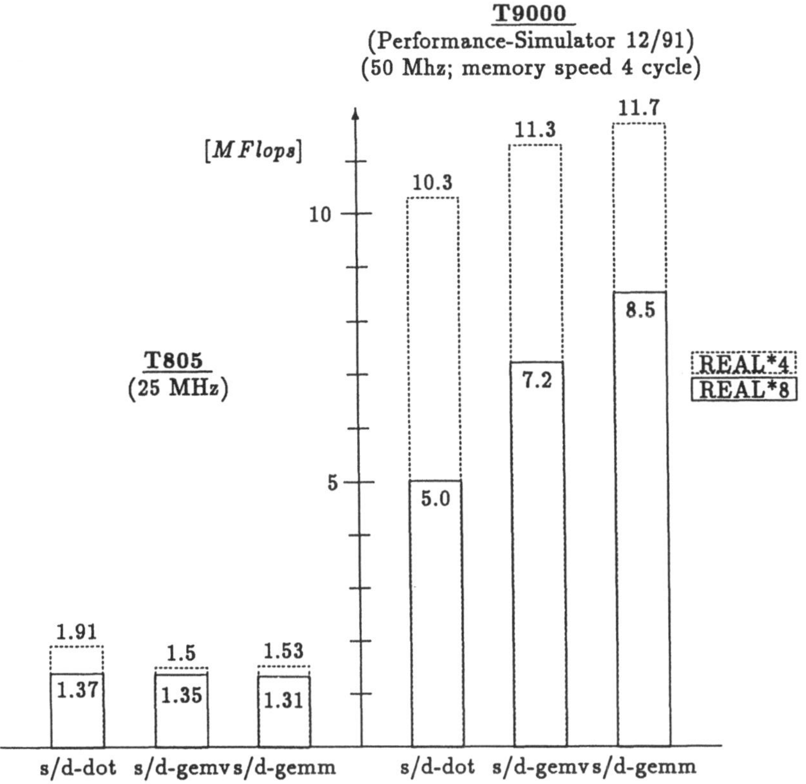


**Fig. 1.** Performance-Vergleich für ausgewählte handoptimierte Moduln der BLAS Level 1, 2 und 3

funktionellen Äquivalenz zwischen Simulator und echtem Prozessor kann zudem auch nicht abgeschätzt werden. Figur 1 läßt einen Vergleich der Performance zwischen REAL*4- und REAL*8-Versionen, der Moduln Level-1, -2 und -3 zueinander sowie zwischen T9000 und T805 zu.

Der Performance-Abfall beim T805 rühert daher, daß die mit wachsendem Level zunehmende Anzahl der Schleifenkonstruktionen bei gleichbleibenden (die Performance bestimmenden) Floating-Point-Befehlen eine Erhöhung des Organisationsaufwandes durch zusätzliche Befehle der CPU bedingen.

Bei Rechnern mit einer Speicherhierarchie ( wie der T9000) spielt der steigende Organisationsaufwand eine untergeordnete Rolle. Dominierend ist hier das Verhältnis von der Zahl der Floating-Point-Operationen zu der Zahl der Zugriffe zum Hauptspeicher.
Als unangenhmer Effekt ist aus Fig. 1 zu erkennen, daß das Verhältnis der Per-

formance von REAL*4- zu REAL*8-Version für den T9000 deutlich größer ist als beim T805. Während bei dem Level-1-Modul **ddot** (REAL*8) für 2 Floating-Point-Multiplikationen (z. B. $x_i * y_i$ und $x_{i+1} * y_{i+1}$) 2 Zugriffe zum Hauptspeicher nötig sind ($x_i$ und $x_{i+1}$ werden mit einer Cache-Line in den Main-Cache transportiert, $y_i$ und $y_{i+1}$ mit der zweiten Cache-Line), werden bei der REAL*4-Version **sdot** mit 2 Zugriffen 4 Multiplikationen ermöglicht (Stride $\equiv$ 1 vorausgesetzt).
Die Steigerung der Performance der Level-2-Moduln **s/d-gem** gegenüber den Level-1-Moduln **s/d-dot** ist vor allem darauf zurückzuführen, daß die Komponenten des Vektoroperanden (s.Tab. 1) jeweils $n$-mal verwendet werden, der Ladevorgang vom Hauptspeicher zum Main-Cache jedoch nur einmal durchgeführt werden muß (Voraussetzung ist, daß die Dimension des Vektoroperanden eine vollständige Aufnahme desselben in den Cache erlaubt !).
Bei den Level-3-Moduln **s/d-gemm** ist dieses Verhältnis von Anzahl der Verwendung der Matrizen-Komponenten zu der Zahl der Lade-Zugriffe zum Hauptspeicher noch günstiger als bei den Level-2 (mindestens $n$-mal Verwendung von $2 * n^2$ Matrizen-Komponenten, wenn $C, A, B \in \mathbb{R}^{n \times n}$ und $\alpha \neq 0.0$ (s. Tab. 1)), was sich in Fig. 1 als höchste erreichte Performance dokumentiert. Voraussetzung ist hier, daßder Gesamtspeicherbedarf der drei Matrizen $C, B, A$ die Speicherkapazität des Cache nicht überschreitet.

## 3 Optimierungsmöglichkeiten bei der Implementierung von Algorithmen auf Rechner mit T9000–ähnlichen Speicherhierarchien

Eine maschinennahe Optimierung von Moduln ist nur dann erforderlich, wenn die für numerische Operationen notwendigen Floating-Point-Befehle die zu ihrer Ausführung notwendigen Hilfs- und Organisationsoperationen zeitlich nicht überlappen können. Bietet die Architektur diese Möglichkeit, so bedarf es Compiler, die diese Möglichkeiten auch in höheren Programmiersprachen ausnutzen (s. z. B. [9]).
Ist ein zeitliches Überlappen nicht möglich, so besteht das Optimierungsziel in der Reduktion des Zeitaufwandes der für Floating-Point-Operatinen notwendigen Hilfs- und Organisationsoperationen. Ein ausgezeichneter Optimierungsgegenstand sind dabei Programmschleifenkonstruktionen, besonders bei numerischen Algorithmen, die die meisten Operationszeiten verbraucht werden. Hier treten neben den Hilfsoperationen, wie Adreßberechnungen und Laden der Gleitkomma-Zahlen in die Register der FPU, noch Befehle zur Organisation und Steuerung der Schleifenkonstruktionen hinzu.

Eine Optimierungsmöglichkeit bei der Implementierung von rechenintensiven Schleifenkonstruktionen liegt in der Ausnutzung von Architekturspezifika, auf die ein Compiler aus Allgemeinheitsgründen nicht zugreifen kann. Ausschlaggebend für den erreichbaren Optimierungsgrad ist hier die Ehrfahrung des Programmieres.

Darüber hinaus gibt es Optimierungstechniken, die architekturunabhängig sowohl bei maschinennaher als auch bei Implementierungen in höheren Programmiersprachen verwendet werden können. Eine ausgezeichnete Rolle spielt dabei die in [2] publizierte Technik des Entrollens (Unrolling) von DO-Schleifen in der Programmiersprache FORTRAN.

### 3.1 Das Unrolling für Level-1-Moduln bei der Speicherhierarchie des T9000

Exemplarisch wurde das Unrolling an der Assembler-Version der Level-1-Moduln **s/d-axpy** für den T9000 untersucht. Das Leistungsspektrum dieser Moduln ist in Tab.1 angegeben . Figur 2 zeigt die FORTRAN-Sequenz einer entrollten Schleife mit Unrolling-Länge 4 .

Die Unrolling-Länge gibt demnach die Anzahle der strukturell identischen

```
  ⋮
DO I = 1, N, 4
  Y(I)   = Y(I)   + A * X(I)
  Y(I+1) = Y(I+1) + A * X(I+1)
  Y(I+2) = Y(I+2) + A * X(I+2)
  Y(I+3) = Y(I+3) + A * X(I+3)
ENDDO
  ⋮
```

**Fig. 2.** Entrollte DO-Schleife der Level-1-Moduln **s/d-axpy** mit Unrolling-Länge 4 (N sei durch 4 teilbar)

Floating-Point-Operationen (mit verschiedenen Indizies) an, die bei einmaligen Durchlauf der Schleife abgearbeitet werden. Bei diesem Beispiel wird die Anzahl der Schleifendurchläufe von N auf $N/4$ reduziert und damit auch der Zeitaufwand für die Schleifenorgnisation. Die Wahl der optimalen Unrolling-Länge ist in [7] beschrieben.

In Fig. 3 sind die mit dem Simulator ermittelten Performance-Werte für die Assembler-Versionen von **saxpy** und **daxpy** für unterschiedliche Unrolling-Längen angegeben. Die Assembler-Versionen für den T9000 sind aus den Assembler-Moduln für den T805 unter Beachtung des Gruppieren von Instruktionen erzeugt worden. Für die Vektoroperanden wurde $\mathbf{x}, \mathbf{y} \in \mathbb{R}^{8000}$ gewählt.

Die deutliche Performance-Steigerung durch die Erhöhung der Unrolling-Länge zeigt die Notwendigkeit dieser Maßnahme auch für den Transputer T9000. Die Steigerungsraten lassen den Schluß zu, daß die optimale Unrolling-Länge ähnlich wie bei den Assembler-Versionen für den T805 bei 16 liegen wird.

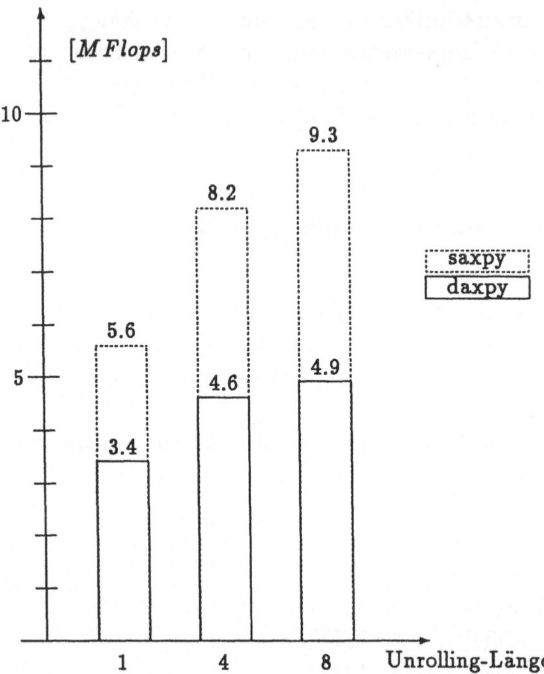


**Fig. 3.** Einfluß des Unrolling von DO-Schleifen der Assemblermoduln **s/d-axpy** auf die Performance am T9000 (Performance-Simulator).

## 3.2 Orthogonales Unrolling bei Level-2-Moduln

Im vorangehenden Abschnitt wurde die Notwendigkeit des Unrolling für Level-1-Moduln demonstriert. Um für Level-2-Moduln keinen Leistungsabfall zuzulassen, ist auch hier ein Unrolling unabdingbar.
Wird die Matrix-Vektor-Multiplikation in den Moduln **s/d-gemv** betrachtet, so lassen sich zwei unterschiedliche Unrolling-Möglichkeiten in der inneren Schleife unterscheiden.

Sei $lu$ = Unrolling-Länge und vorausgesetzt, der Matrix-Operand wird in der nichttransponierten Form verwendet. Werden $lu$ Komponenten des Vektors x in der inneren Schleife bei einem Durchlauf behandelt, so werden die dazugehörigen $lu$ Komponenten aus einer Zeile der (nichttransponierten) Matrix $A$ benötigt. Die Abarbeitung erfolgt horizontal in der Zeile von $A$, die innere Schleife wird entrollt.

Werden $lu$ Komponenten des Vektors y in der inneren Schleife bei einem Durchlauf behandelt, so werden die dazugehöhrigen $lu$ Komponenten aus einer Spalte der (nichttransponierten) Matrix $A$ benötigt. Die Abarbeitung erfolgt vertikal in der Spalte von $A$, die äußere Schleife wird entrollt.

Das beschriebene Unrolling veranschaulicht Fig. 4.

horizontales Unrolling

```
  :
DO I = 1, N
 DO J = 1, N, 4
   Y(I)=Y(I)+A(I,J)   *X(J)
   Y(I)=Y(I)+A(I,J+1)*X(J+1)
   Y(I)=Y(I)+A(I,J+2)*X(J+2)
   Y(I)=Y(I)+A(I,J+3)*X(J+3)
 ENDDO
ENDDO
  :
```

vertikales Unrolling

```
  :
DO I = 1, N, 4
 DO J = 1, N
   Y(I)   =Y(I)   +A(I+1,J)*X(J)
   Y(I+1)=Y(I+1)+A(I+1,J)*X(J)
   Y(I+1)=Y(I+2)+A(I+2,J)*X(J)
   Y(I+1)=Y(I+3)+A(I+3,J)*X(J)
 ENDDO
ENDDO
  :
```

**Fig. 4.** Horizontales und vertikales Entrollen in den Moduln **s/d-gemv** jeweils mit Unrolling-Länge 4 (N sei durch 4 teilbar)

Von besonderer Bedeutung ist im Zusammenhang mit der Speicherhierarchie des T9000 das vertikale Unrolling. Wird z.B. die erste Komponente der Matrix zur Operation herangezogen, so erfolgt zwischen Hauptspeicher und Main-Cache der Transport einer Cache-Line. Bei spaltenweiser Speicherung der Matrix $A$ enthält die Cache-Line (16 Byte !) bei REAL*8-Arithmetik die nachfolgende Komponente bei REAL*4 die drei nachfolgenden Komponenten) der Spalte von $A$. Ist die DO-Schleife vertikal entrollt, so kann bzw. können die mit der Cache-Line in den Cache transportierten Komponenten im gleichen Schleifendurchlauf mitverarbeitet werden. Übersteigt die Dimension des Vektors x die Speicherkapazität des Caches, so werden dadurch zusätzliche Speicher-Zugriffe zum Hauptspeicher vermieden. Das im Abschnitt 1 formulierte Reihenfolge-Prinzip ist eingehalten.
Beim T9000 ist somit das vertikale Unrolling bei REAL*8-Versionen um ein Vielfaches von 2 (i. a. 2 Komponenten pro Cache-Line) und bei REAL*4-Versionen um Vielfache von 4 sinnvoll.

Um die im vorangegangenen Abschnitt als optimale Unrolling-Länge von 16 avisierte Größe zu erreichen, ist zusätzlich zum vertikalen Unrolling auch ein horizontales Unrolling sinnvoll. Wenn, wie bei dem maschinennahen Implementierungen zu empfehlen, für die zwei möglichen Verarbeitungsrichtungen im

Matrix-Operanden das gleiche Programmsegment verwendet wird (die initiale Adreßbelegung unterscheidet sich), so ist aus Symmetriegründen neben dem vertikalen Unrolling auch ein horizontales Unrolling nötig. Um keinen Performance-Abfall zuzulassen, müssen die Unrolling-Längen dann auch identisch sein. Da die horizontale und vertikale Verarbeitungsrichtungen des Matrix-Operanden orthogonal zueinander stehen, kann anschaulich auch von orthogonalem Unrolling gesprochen werden. In Fig. 5 ist ein Beispiel für orthogonales Unrolling in einer FORTRAN-Sequence angegeben.

```
 :
DO I = 1, N, 2
 DO J = 1, N, 2
  Y(I)   = Y(I)   + A(I  ,J  ) * X(J)
  Y(I+1) = Y(I+1) + A(I+1,J  ) * X(J)
  Y(I)   = Y(I)   + A(I  ,J+1) * X(J+1)
  Y(I+1) = Y(I+1) + A(I+1,J+1) * X(J+1)
 ENDDO
ENDDO
 :
```

**Fig. 5.** Orthogonales Unrolling in den Moduln **s/d-gemv** mit Unrolling-Länge 2 in vertikaler und horizontaler Richtung (N sei durch 2 teilbar)

In [9] wurde diese Technik in einen etwas anderem Zusammenhang bereits beschrieben.

Figure 6 gibt im linken Diagramm Meßwerte für das horizontale Unrolling beim Level-2-Modul **dgemv** an. Im rechten Diagramm ist die Performance für ein reines vertikales Unrolling mit Unrolling-Länge 2 angegeben und zwei Performance-Werte für orthogonales Unrolling. Für die Matrixoperanden wurde $A \in \mathbb{R}^{100\times 100}$, $A$ nichttransponiert gewählt; damit auch die Vektoroperanden mit $\mathbf{x}, \mathbf{y} \in \mathbb{R}^{100}$ festgelegt.
Wird das orthogonale Unrolling mit $(v, h)$-Unrolling bezeichnet (mit $v=$ vertikale Unrolling-Länge, $h=$ horizontale Unrolling-Länge, so sind das Werte für ein (2,2)- und ein (2,4)-Unrolling. Das reine vertikale bzw. horizontale Unrolling wird in dieser Notation mit $(v, 1)$- bzw. $(1, h)$-Unrolling bezeichnet.

Da beim $(v, h)$-Unrolling bei einem Durchlauf der inneren Schleife genau soviele strukturell gleiche Anweisungen wie beim horizontalen $(1, v * h)$-Unrolling abgearbeitet werden (vergleiche Fig. 4 mit Fig. 5), kann der Wert für das horizontale Unrolling mit Länge 4 des linken Diagramms mit dem Wert für das

(2,2)-Unrolling im rechten Diagramm der Fig. 6 direkt verglichen werden. Da für beide Konstruktionen bei der gewählten Problemgröße der gleiche Aufwand für die Floating-Point-Operationen und den Hilfs- und Organisations-Operationen zu erwarten ist , ist überraschenderweise der Wert für das (2,2)-Unrolling mit 6.2 MFlops signifikant größer als der Wert für das (1,4)-Unrolling mit 5.6 MFlops. Für die Klärung dieses Phänomens sind Experimente an einem echten Prozessors notwendig.

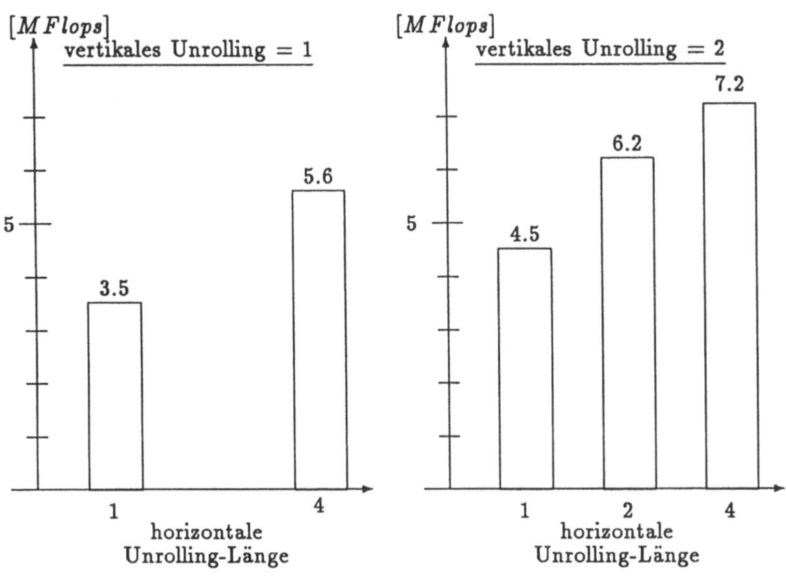


**Fig. 6.** Performance des Assembler-Moduls **dgemv** im horizontalen und orthogonalen Unrolling mit verschiedenen Unrolling-Längen

## 4 Matrix-Matrix-Multiplikation als Blockalgorithmus

Die Fig. 1 dokumentiert, daß die Matrix-Matrix-Multiplikation der Moduln **s/d-gemm** die höchste Performance der zum Vergleich ausgewählten Moduln erbringt. Dabei wurde durch die Dimensionierung des Testbeispiels ($C, A, B \in \mathbb{R}^{24\times 24}$) garantiert, daß das Prinzip der Wiederverwendbarkeit von einmal in den Cache geladenen Elementen erfüllt ist. Um dieses Prinzip für beliebig große Dimensionen zu gewährleisten, ist eine strukturelle Partitionierung der bei den Operationen (NN), (TN), (NT) und (TT) (s. Tab. 1) beteiligten Matrizen in Sub- oder Unter-Matrizen (im weiteren auch als Blöcke bezeichnet) notwendig. In [9] wurde dies bereits durchgeführt; aus dem Level-3-Modul **dgemm** wurde ein neuer FORTRAN-Modul entwickelt, der für jede der Aufgaben (NN), (TN),

(NT) und (TT) (s. Tab. 1) sechs ineinander verschachtelte DO-Schleifen benötigt. Der entwickelte Modul ist per e-mail mit der Send-Anforderung 'send dmr from core' vom Knoten *netlib@ornl.gov* zubeziehen.

Ziel diese Abschnittes ist es, den Algorithmus zur Matrix-Matrix-Multiplikation im Hinblick auf eine (auf die Cache-Größe orientierte) Partionierung so zu formulieren, daß dieser Algorithmus als einfache Basis für eine maschinennahe Implementierung genutzt werden kann.

Zur Implementation der partitionierten Matrix-Matrix-Multiplikation werden praktisch zwei Algorithmen benötigt. Der erste Algorithmus (im weiteren auch als äußerer Algorithmus bezeichnet) muß die Ermittlung der Blöcke in der Ergebnis-Matrix in Abhängigkeit von den Blöcken der Matrizen-Operanden beschreiben. Schwerpunkt dabei ist die Sicherung der Verträglichkeit der Blöcke für die Matrix-Matrix-Multiplikation und -Addition .
Der zweite Algorithmus (im weiteren auch als innerer Algorithmus bezeichnet) ist die Multiplikation und Addition der Blöcke. Dabei muß das Prinzip der Wiederverwendbarkeit der Matrix-Komponenten im Cache durch die Wahl der Blockgröße garantiert werden.
Der äußere Algorithmus wird im Abschnitt 4.2 in mathematischer Notation für die in Tab. 1 mit (NN) gekennzeichnete Aufgabe formuliert, im Abschnitt 4.3 wird die Gestaltung des inneren Algorithmus untersucht.

Es zeigt sich, daß der äußere Algorithmus strukturell identisch mit dem inneren Algorithmus ist, wobei beim äußeren Algorithmus die Operanden Matrizen (genauer: Submatrizen von übergeordneten Matrizen) sind. Beim inneren Algorithmus sind die Operanden Skalare, es ist die herkömmliche skalare Matrix-Matrix-Multiplikation. Die praktisch bedeutsame Frage, ob die Elemente der Ergebnis-Matrix mit Hilfe der gaxpy-Operation oder durch Skalarprodukt (im weiteren als dot-Operation bezeichnet) ermittelt werden, steht durch die strukturelle Gleichheit auch für den äußeren Algorithmus. Im Abschnitt 4.1 werden die gaxpy- und dot-Operation für die skalare Matrix-Matrix-Multiplikation erläutert (s. auch [6]).

## 4.1 gaxpy- und dot-Algorithmus der skalaren Matrix-Matrix-Multiplikation

Seien $D \in \mathbb{R}^{m \times n}$, $G \in \mathbb{R}^{m \times k}$, $H \in \mathbb{R}^{k \times n}$ und $\alpha, \beta \in \mathbb{R}^1$. Für die Matrix-Matrix-Multiplikation

$$D = \beta * D + \alpha * G * H \tag{1}$$

haben folgende Algorithmen praktische Bedeutung:

– "gaxpy" - Version ( Implementiert in der FORTRAN-Version **dgemm**)

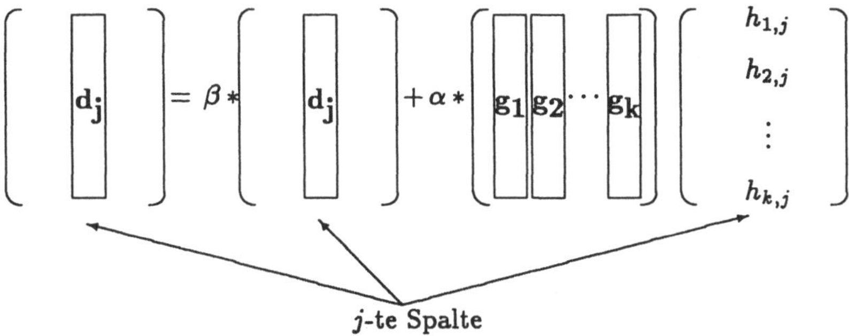


Die $j$-te Spalte von $D$ wird komplett durch die Linearkombination aller Spalten von $G$ mit den zugehörigen Komponenten der $j$-ten Spalte von $H$ gebildet ($j = 1\,(1)\,n$; $\mathbf{d_j}, \mathbf{g_i}$ bezeichnen Spaltenvektoren):

$$\mathbf{d_j} = \beta * \mathbf{d_j} + (\alpha * h_{1,j}) * \mathbf{g_1} + (\alpha * h_{2,j}) * \mathbf{g_2} + \cdots + (\alpha * h_{k,j}) * \mathbf{g_k}$$

– "dot"-Version

$$i\text{-te Zeile} \begin{pmatrix} & \vdots & \\ \cdots & d_{i,j} & \cdots \\ & \vdots & \end{pmatrix} = \beta * \begin{pmatrix} & \vdots & \\ \cdots & d_{i,j} & \cdots \\ & \vdots & \end{pmatrix} + \alpha * \begin{pmatrix} \\ \mathbf{g^i} \\ \\ \end{pmatrix} \begin{pmatrix} \\ \mathbf{h_j} \\ \\ \end{pmatrix}$$

Das Element $d_{i,j}$ der Matrix $D$ wird als Skalarprodukt der $i$-ten Zeile von $G$ mit der $j$-ten Spalte von $H$ bestimmt ($j = 1\,(1)\,n$; $\mathbf{g^i}$ bezeichnet einen Zeilenvektor), ($i = 1\,(1)\,m$) :

$$d_{i,j} = \beta * d_{i,j} + \alpha * \mathbf{g^i}\, \mathbf{h_j}$$

Der gaxpy-Algorithmus ist vor allem im Zusammenhang mit Vektorrechnern von Bedeutung, da nur die Verarbeitung von Spalten der Matrizen $D$ und $G$ in den Vektorregistern eine hohe Performance ermöglicht. Für Skalarrechner ist dieser Algorithmus weniger gut geeignet. Mit jedem Element der Matrx $D$ wird $m$-mal je ein Ladevorgang, eine Aufdatierung und eine Abspeicherung durchgeführt. Beim Abspeichern werden die im Register mitgeführten 'hidden bits', die ein korrekteres Runden ermöglichen (s. [10]), immer wieder abgeschnitten. Da beim dot-Algorithmus für jedes Element in einem Register eine akkumulierende Summation mit diesen 'hidden Bits' durchgeführt wird, ist er dem gaxpy-Algorithmus bezüglich der Genauigkeit überlegen. Es ist einfach, entsprechende Beispiele zu konstruieren.

## 4.2 Der äußere Algorithmus

Der Algorithmus wird für die mit (NN) in Tab. 1 bezeichnete Aufgabe entwickelt. Die Blöcke der Ergebnis-Matrix $C$ werden aus dem Skalarprodukt (dot-Operation) der Blockzeile von Matrix $A$ mit der Blockspalte von Matrix $B$ gebildet. Die Aufgabe lautet damit :

Konstruktion eines Block-Algorithmus für die Matrix-Matrix-Multiplikation

$$C = \beta * C + \alpha * A * B \tag{2}$$

Dabei gelte

$$C \in \mathbb{R}^{M\times N}, A \in \mathbb{R}^{M\times K}, B \in \mathbb{R}^{K\times N} \text{ und } \beta, \alpha \in \mathbb{R}$$

Ausgangspunkt ist eine Zerlegung der Matrizen $C$, $A$ und $B$ in Blöcke.

<u>Zerlegung von $C$</u> :

$$C = \overbrace{\begin{pmatrix} \overbrace{C_{1,1}}^{NB} & \overbrace{C_{1,2}}^{NB} & \cdots \overbrace{C_{1,l_1-1}}^{NB} & \vdots \overbrace{C_{1,l_1}}^{R1} & \}NB \\ C_{2,1} & C_{2,2} & \cdots C_{2,l_1-1} & \vdots C_{2,l_1} & \}NB \\ \cdots & \cdots & \cdots & \vdots \cdots & \\ C_{l_2-1,1} & C_{l_2-1,2} & \cdots C_{l_2-1,l_1-1} & \vdots C_{l_2-1,l_1} & \}NB \\ \cdots & \cdots & \cdots & \cdots & \\ C_{l_2,1} & C_{l_2,2} & \cdots C_{l_2,l_1-1} & \vdots C_{l_2,l_1} & \}R2 \end{pmatrix}}^{N} \Bigg\} M$$

Wird eine Größe $NB > 0$ ($NB$—Blocklänge) in Abhängigkeit von der Speicherkapazität des Cache gewählt, so gilt mit :

$$N = (l_1 - 1) * NB + R1 \tag{3}$$

und

$$M = (l_2 - 1) * NB + R2 \tag{4}$$

$$\left.\begin{array}{l} C_{i,j} \in \mathbb{R}^{NB\times NB} \\ C_{l_2,j} \in \mathbb{R}^{R2\times NB} \\ C_{i,l_1} \in \mathbb{R}^{NB\times R1} \end{array}\right\} i = 1(1)l_2 - 1 \; ; \; j = 1(1)l_1 - 1$$

$$C_{l_2,l_1} \in \mathbb{R}^{R2\times R1}$$

Programmtechnisch bedeutend ist, daß vier verschiedene Matrix-Typen als Ergebnisblöcke vorkommen. Die Bestimmung der Matrizen der vier Typen erfolgt in einem separaten Programmsegment.

<u>Zerlegung von $A$:</u>

$$A = \left.\overbrace{\begin{pmatrix} \overbrace{A_{1,1}}^{NB} & \overbrace{A_{1,2}}^{NB} & \cdots \overbrace{A_{1,l_3-1}}^{NB} & \vdots\, \overbrace{A_{1,l_3}}^{R1} & \}NB \\ A_{2,1} & A_{2,2} & \cdots A_{2,l_3-1} & \vdots\, A_{2,l_3} & \}NB \\ \cdots & \cdots & \cdots & \vdots\, \cdots & \\ A_{l_2-1,1} & A_{l_2-1,2} & \cdots A_{l_2-1,l_3-1} & \vdots\, A_{l_2-1,l_3} & \}NB \\ \cdots\cdots & \cdots\cdots & \cdots\cdots & \cdots\cdots & \\ A_{l_2,1} & A_{l_2,2} & \cdots A_{l_2,l_3-1} & \vdots\, A_{l_2,l_3} & \}R2 \end{pmatrix}}^{K}\right\} M$$

Mit

$$K = (l_3 - 1) * NB + R3 \tag{5}$$

und (2) gilt

$$\left.\begin{array}{l} A_{i,j} \in \mathbb{R}^{NB \times NB} \\ A_{l_2,j} \in \mathbb{R}^{R2 \times NB} \\ A_{i,l_3} \in \mathbb{R}^{NB \times R3} \end{array}\right\} i = 1(1)l_2 - 1 \;;\; j = 1(1)l_3 - 1$$
$$A_{l_2,l_3} \in \mathbb{R}^{R2 \times R3}$$

<u>Zerlegung von $B$ :</u>

$$B = \left.\overbrace{\begin{pmatrix} \overbrace{B_{1,1}}^{NB} & \overbrace{B_{1,2}}^{NB} & \cdots \overbrace{B_{1,l_1-1}}^{NB} & \vdots\, \overbrace{B_{1,l_1}}^{R1} & \}NB \\ B_{2,1} & B_{2,2} & \cdots B_{2,l_1-1} & \vdots\, B_{2,l_1} & \}NB \\ \cdots & \cdots & \cdots & \vdots\, \cdots & \\ B_{l_3-1,1} & B_{l_3-1,2} & \cdots B_{l_3-1,l_1-1} & \vdots\, B_{l_3-1,l_1} & \}NB \\ \cdots\cdots & \cdots\cdots & \cdots\cdots & \cdots\cdots & \\ B_{l_3,1} & B_{l_3,2} & \cdots B_{l_3,l_1-1} & \vdots\, B_{l_3,l_1} & \}R3 \end{pmatrix}}^{N}\right\} K$$

Mit (3) und (4) gilt

$$\left.\begin{array}{l} B_{i,j} \in \mathbb{R}^{NB \times NB} \\ B_{l_3,j} \in \mathbb{R}^{R3 \times NB} \\ B_{i,l_1} \in \mathbb{R}^{NB \times R3} \end{array}\right\} i = 1(1)l_3 - 1 \; ; \; j = 1(1)l_1 - 1$$

$$B_{l_3,l_1} \in \mathbb{R}^{R3 \times R3}$$

Damit können die vier strukturell verschiedenen Block-Elemente der Matrix $C$ berechnet werden durch:

$$C_{i,j} = \beta * C_{i,j} + \alpha * \sum_{l=1}^{l_3-1} A_{i,l} \times B_{l,j} + \alpha * A_{i,l_3} \times B_{l_3,j} \tag{6}$$

$$C_{l_2,j} = \beta * C_{l_2,j} + \alpha * \sum_{l=1}^{l_3-1} A_{l_2,l} \times B_{l,j} + \alpha * A_{l_2,l_3} \times B_{l_3,j} \tag{7}$$

$$C_{i,l_1} = \beta * C_{i,l_1} + \alpha * \sum_{l=1}^{l_3-1} A_{i,l} \times B_{l,l_1} + \alpha * A_{i,l_3} \times B_{l_3,l_1} \tag{8}$$

$$C_{l_2,l_1} = \beta * C_{l_2,l_1} + \alpha * \sum_{l=1}^{l_3-1} A_{l_2,l} \times B_{l,l_1} + \alpha * A_{l_2,l_3} \times B_{l_3,l_1} \tag{9}$$

Für die Indizes gilt dabei, $i = 1(1)(l_2 - 1)$ für Geleichung (6) und (8) und $j = 1(1)(l_1 - 1)$ für Gleichung (6) und (7).
Mit der Gleichung (6) werden die quadratischen $(NB \times NB)$-Blöcke im linken oberen Teil der Matrix $C$ bestimmt. Die Verarbeitung erfolgt spaltenweise; nach der Ermittlung eines Blockes wird als nächster der auf diesem in der Spalte folgende Block bestimmt .
Die Gleichung (7) bestimmt den $(R2 \times NB)$-Block in der letzten ($l_2$-ten) Zeile jeder Spalte.
Nach der Abarbeitung der $l_1 - 1$ Blockspalten werden mit Gleichung (8) die ersten $(l_2 - 1)$ $(NB \times R1)$-Blöcke der letzten Spalte bestimmt.
Zum Schluß wird mit (9) der $(R2 \times R1)$-Block im Kreuzungspunkt der letzten Blockzeile mit letzter Blockspalte ermittelt.
Die programmtechnische Realisierung für die REAL*8-Version in FORTRAN dieser vier , strukturell gleichen Ausdrücke kann jeweils durch eine Folge von Aufrufen des Level-3-Moduls **dgemm** erfolgen. Die Grundidee ist hierbei, daß die Anfangsadresse jedes Blockes in die Parameterliste von **dgemm** mit übergeben werden kann (Parameter von **dgemm** s. [4]). Figure 7 gibt exemplarisch die FORTRAN-Sequenz zur Berechnung der Formel (9) basierend auf Aufrufen des Level-3-Moduls **dgemm** an.

## 4.3 Gestaltung des inneren Algoritmus

Der vorangegangene Abschnitt zeigte, daß die Implementierung des Block-Algorithmus für die Matrix-Matrix-Multiplikation sich auf eine Folge von Aufrufen

```
      ...
      L1  = N/NB+1
      LR1 = N-(L1-1)*NB
*
      L2  = M/NB+1
      LR2 = M-(L2-1)*NB
*
      L3  = K/NB+1
      LR3 = K-(L3-1)*NB
*
      LL1 = (L1-1)*NB+1
      LL2 = (L2-1)*NB+1
      LL3 = (L3-1)*NB+1
      ...
* Bestimmung des letzten (LR2*LR1)-Blockes in C
*
      IF (L3 .GT. 1) THEN
          CALL DGEMM ( TRANSA, TRANSB, LR2, LR1, NB, ALPHA, A(LL2,1),
     $                 LDA, B(1,LL1), LDB, BETA, C(LL2,LL1), LDC)
          DO L = 2, L3-1
              IB1 = (L-1)*NB+1
              IA2 = IB1
              CALL DGEMM ( TRANSA, TRANSB, LR2, LR1, NB, ALPHA,
     $                     A(LL2,IA2), LDA, B(IB1,LL1), LDB,
     $                    1D0,C(LL2,LL1), LDC)
          ENDDO
          CALL DGEMM ( TRANSA, TRANSB, LR2, LR1, LR3, ALPHA,
     $                 A(LL2,LL3), LDA, B(LL3,LL1), LDB,
     $                1D0,C(LL2,LL1), LDC)
      ELSE
          CALL DGEMM ( TRANSA, TRANSB, LR2, LR1, LR3, ALPHA, A(LL2,1),
     $                 LDA, B(1,LL1), LDB, BETA, C(LL2,LL1), LDC)
      ENDIF
      ...
```

**Fig. 7.** FORTRAN-Sequenz zur Bestimmung des Blockes im Kreuzungspunkt von letzter Blockzeile und letzter Blockspalte der Matrix $C$ nach Formel (9)

eines Moduls zur skalaren Matrix-Matrix-Multiplikation zurückführen läßt. Da dieser aufgerufene Modul für die Multiplikation der sich im Cache befindenden Blöcke verantwortlich ist, steht die Frage, ob hier eine Version basierend auf gaxpy-Operation oder auf dot-Operationen günstiger ist. In Fig. 8 ist der FORTRAN-Quelltext für dem Level-3-Modul **dgemm** basierend auf der dot-Operation angegeben (die Testung der Input-Parameter ist in den übergeordneten Modul verlagert). Er ist vollständig funktionsäquivalent zu dem Level-3-Modul vom Knoten *netlib@ornl.gov* , der auf der gaxpy-Operation aufbaut. In Fig. 9 zeigt den Vergleich beider Versionen für die skalare Matrix-Matrix-

```
      SUBROUTINE DGEMM ( TRANSA, TRANSB, M, N, K, ALPHA, A, LDA, B, LDB,
     $                   BETA, C, LDC )
      CHARACTER*1        TRANSA, TRANSB
      INTEGER            M, N, K, LDA, LDB, LDC
      DOUBLE PRECISION   ALPHA, BETA, A( * ), B(  * ), C(  * )
      LOGICAL            LSAME
      EXTERNAL           LSAME
      LOGICAL            NOTA, NOTB
      INTEGER C1, C2, C3, C4, C5, C6
      INTEGER I1, I2, I3, I4, I5, I6, I7, IK, IN ,IM
      DOUBLE PRECISION    TEMP
      IF( ( M.EQ.0 ).OR.( N.EQ.0 ).OR.( K.EQ.0 ) ) RETURN
        NOTA = LSAME(TRANSA,'N')
        NOTB = LSAME(TRANSB,'N')

        C1 = 1
        C2 = 1
        C3 = 1
        C4 = 1
        C5 = 1
        C6 = LDC
              IF (NOTA) THEN
                C2 = LDA
              ELSE
                C3 = LDA
              ENDIF
              IF (NOTB) THEN
                C5 = LDB
              ELSE
                C1 = LDB
              ENDIF
        I1 = 1
        I2 = 1
        I3 = 1
*
         (1)

                 (1)
              DO 100 IN = 1, N
              I4 = I3
              I5 = I1
              DO 200 IM = 1, M
              I6 = I2
              I7 = I4
              TEMP = 0D0
              DO 300 IK = 1, K
              TEMP = TEMP + A(I7)*B(I6)
              I6 = I6 + C1
              I7 = I7 + C2
        300 CONTINUE
              C(I5) = BETA*C(I5) + ALPHA*TEMP
              I4 = I4+C3
              I5 = I5+C4
        200 CONTINUE
              I2 = I2+C5
              I1 = I1+C6
        100 CONTINUE
            RETURN
              END
```

**Fig. 8.** Version von **dgemm** mit dot-Operation. Für jede Aufgabe (NN), (NT), (TN) und (TT) (s. Tab. 1) wird das gleiche Programmsegment verwendet

Multiplikation ($C, A, B \in \mathbb{R}^{800\times 800}$) auf einer SPARCstation 10/30. Es stellt sich kein signifikanter Performance-Unterschied heraus. Beide Versionen erzielen für die Aufgabe (TN) (s. Tab. 1) die höchste Performance. Bei dieser Versionen werden die Operanden $A^T$ und $B$ spaltenweise verarbeitet, was auf natürlicher Weise dem Reihefolgeprinzip bezüglich der Cache-Line entspricht.

Das Verhalten der gaxpy- und dot-Version des inneren Algorithmus wurde auf einer SPARCstation 30/10 untersucht, deren Daten-Cache eine Kapazität von

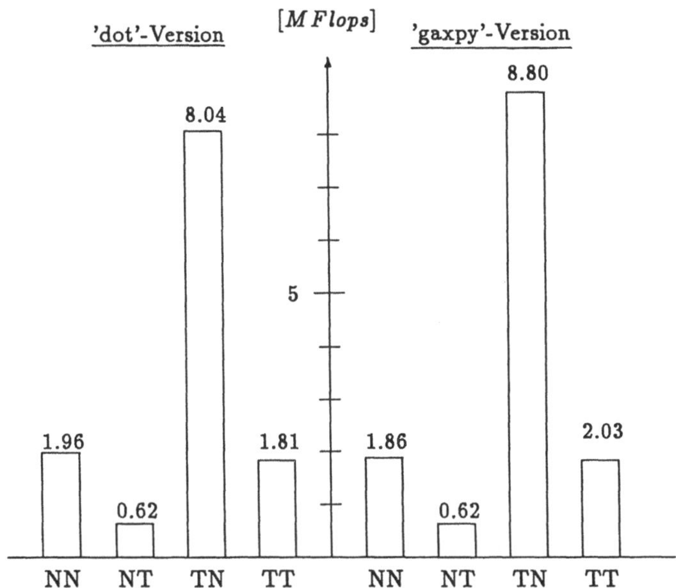


**Fig. 9.** Performance der Matrix-Multiplikation bei Blockgröße = Dimension der Matrizen ($C, A, B \in \mathbb{R}^{800 \times 800}$) aau der SPARCstation 10/30 für das Leistungsspektrum des Moduls **dgemm**

16 KByte aufweist und deren Cache-Line 64 Byte groß ist. In Fig. 10 ist die Performance des Block-Algorithmus in Abhängigkeit von der Blockgröße für die gaxpy- und dot-Version angegeben. Deutlich zeigt sich im Vergleich der Werte aus Fig.9 mit den Werten aus Fig. 10, daß die Block-Algorithmen bei günstiger Wahl der Blockgröße eine signifikant bessere Performance erzielen.

Der Vergleich zwischen der gaxpy- und der dot-Version fällt zugunsten der dot-Version aus. Die Performance ist bis zu einer Blockgröße von NB = 30 für jede der Aufgaben (NN), (TN), (NT) und (TT) faktisch identisch. Bei NB = 28 gibt es ein gemeinsames globales Maximun, während bei der gaxpy-Version lediglich ein gemeinsames lokales Maximum bei NB=16 gibt. Dieses Ergebnis dokumentiert, daß der Zugriff im Cache unabhängig von spalten- oder zeilenweiser Verarbeitung ist. Der Unterschied zwischen dot- und gaxpy-Version kommt sicherlich dadurch zustande, das bei der dot-Version aus dem Cache nur gelesen wird, während die gaxpy-Version zur Zwischenspeicherung der Ergebnisse ständig Lese- und Schreibzugriffe zum Cache tätigen muß.

Interessant bei diesen Werte ist auch, daß immer dann, wenn die gewählte Blockgröße ein Vielfaches der Länge der Cache-Line ist, ein lokales Minimum auftritt. Das hebt nochmals die Bedeutung der Cache-Line bei der Implementierung von Algorithmen hervor.

Es ist auch etwas überraschend, daß im Falle bei der optimalen Blockgröße bei der dot-Version mit NB=28 der Speicherbedarf der drei in die Operation einbezogenen Blöcke mit 18 KByte über der Kapazität des Cache (16 KByte) liegt ist auch etwas überraschend. Dies könnte mit dem Schreibverhalten der dot-Version zusammenhängen. Es scheint günstiger zu sein, bei der dot-Version einen kleineren Block der Ergebnismatrix $C$ im Cache zu 'plazieren' und dafür mit etwas größeren Blöcken der Operanden $A$ und $B$ zu arbeiten.

## References


[1] The T9000 transputer hardware reference manual, INMOS Limited, 1993

[2] Lawson, C., R.; Hanson, R.; Kincaid, D.; Krogh, F.; Basic Linear Algebra Subprograms for Fortran Usage, ACM Transactions on Mathematical Software 5, 308-323, 1979

[3] Dongarra, J.; Du Croz J.; Hammerling S.; Hanson R.; An Extended Set of FORTRAN Basic Linear Algebra Subprograms , ACM Transactions on Mathematical Software 14(1), 1-17, 1988

[4] Dongarra, J.; Du Croz J.;Duff I.: Hammarling S.; A Set of Level 3 Basic Linear Algebra Subprograms , ACM Transactions on Mathematical Software 16(1), 1-17, 1990

[5] Anderson, E.; Bai, Z.; Bischof, C.; Demmel, J.; Dongarra, J.; Du Croz J.; Grennbaum, A.; Hammarling S.; McKenney A.; Ostrouchov S.; Sorensen D.; LAPACK Users' Guide, SIAM, Philadelphia, PA, 1992

[6] Frommer, A.; Lösung linearer Gleichungssysteme auf Parallelrechnern, Braunschweig 1990

[7] Reinhardt, G.; Eine allgemeine Strategie des Tuning der BLAS-1 im maschinennahen Code - Aussagen zum Tuning für den Transputer T800 , Abstraktband des 4. bundesweiten Transputer-Anwender-Treffens TAT'92 , Klinikum der RWTH Aachen, 22. und 23. September 1992

[8] Bader, G.; Przywara, B.; T9000 - A Preliminary Evaluation of Arithmetic Performance; Preprint-Reihe des IWR der Universität Heidelberg; Preprint 93 -21

[9] Dongarra, J.; Mayes, P.; Radicati di Brozolo G.; The IBM RISC Sytem/6000 and lineare algebra operations; Supercomputer 44, VIII-4 April 1991

[10] ANSI/IEEE standard 754-1985 - An American national standard for binary floating-point arithmetic

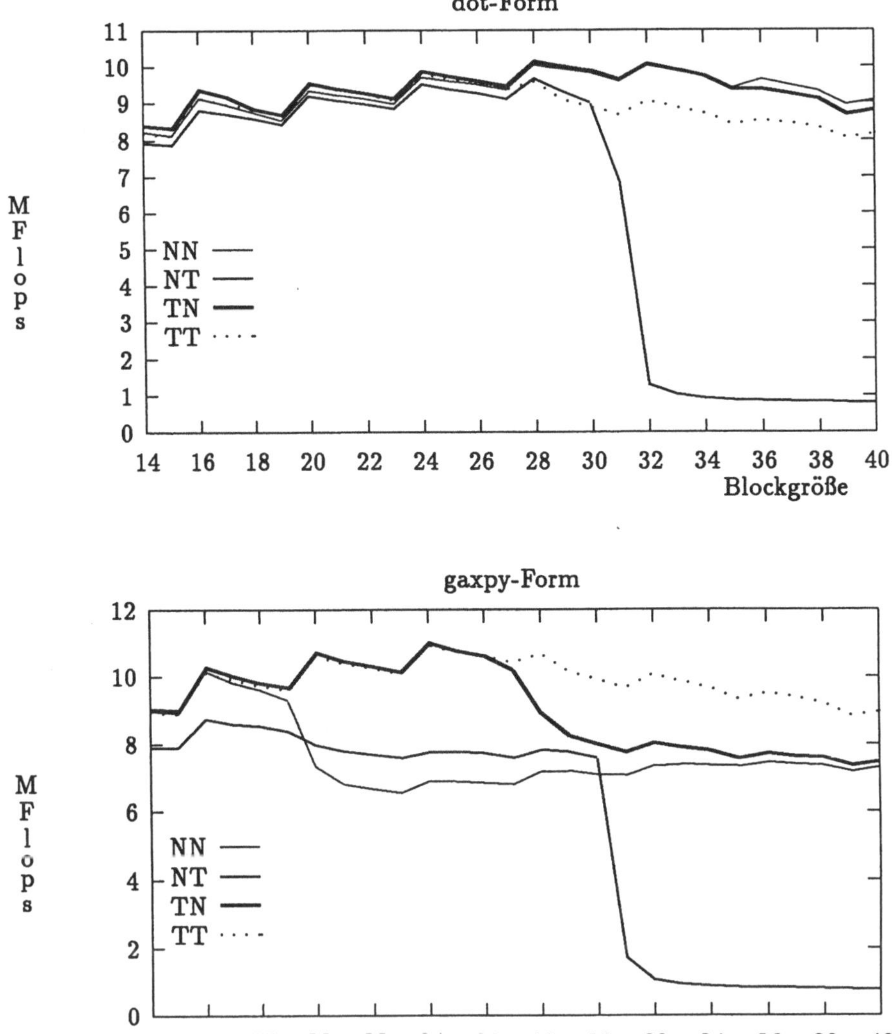


**Fig. 10.** Performance der Block-Matrix-Multiplikation in Abhängigkeit von der Blockgröße auf einer SPARCstation 10/30

# Verbesserte Planung und Optimierung mit Hilfe eines erweiterten Genetischen Algorithm

Christian Blume
FH Köln, Abt. Gummersbach
FB Elektrotechnik
Am Sandberg 1
D-51643 Gummersbach
Tel: 02261/8196-296, Fax: -15
GePOS GmbH
Feldbergweg 2
D-76275 Ettlingen
Tel: 07243/39509, Fax: 07243/17948

Wilfried Jakob
Kernforschungszentrum Karlsruhe
Institut für Angewandte Informatik
Postfach 3640
D-76021 Karlsruhe
Tel: 07247/82-3441, Fax: -2751
e-mail: jakob@iai.kfk.de

In Produktion und Fertigung gibt es eine Vielzahl von Aufgabenstellungen, für die eine Optimierung unter wirtschaftlichen Gesichtspunkten notwendig oder zumindest wünschenswert ist. Andererseits sind die Randbedingungen und Anforderungen an den Einsatz von Werkzeugen zur Planung und Optimierung gerade in der industriellen Praxis sehr hoch, sodaß vor allem neue, kombinierte Techniken einen erfolgversprechenden Ansatz darstellen. Das hier vorgestellte Verfahren gelangt durch die Verbindung von *Simulation, Genetischen Algorithmen* und *Parallelverarbeitung* zu einer neuen Qualität. Zwei Anwendungsbeispiele aus dem Gebiet der Resourcenplanung demonstrieren die Tauglichkeit der neuen Methode: In einem industriellen Anwendungsfall konnten Spareffekte von über 40% im Vergleich zur state-of-the-art-Planung erreicht werden.

## 1 Grundlagen

Die Verfügbarkeit hoher Rechenleistung bei sinkenden Preisen und vor allem die Integration der nachfolgend kurz vorgestellten drei Techniken sichert erst die Entwicklung und Implementierung eines praktisch einsetzbaren Werkzeugs, das den Anforderungen und Rahmenbedingungen in der Industrie gewachsen ist.

Simulation:

Die Simulationstechnik dient in diesem Zusammenhang weniger der Veranschaulichung von komplexen Produktions- und Fertigungsabläufen für den Anwender; vielmehr stellt sie die Grundlage für die Bewertung von zu optimierenden Abläufen oder Plänen dar. Dies bedeutet, daß die Simulation nach anderen Kriterien entwickelt und realisiert werden muß als für eine reine Visualisierung des Produktions- oder Fertigungsablaufs.

Genetische Algorithmen:

Genetische Algorithmen (GA) sind ein allgemein anwendbares und mächtiges Optimierungsverfahren. Die Grundlage des Konzepts Genetischer Algorithmen bildet der Zyklus: willkürliches Verändern und Kombinieren von Plänen oder Abläufen (in der Biologie: Rekombination und Mutation) sowie Bewerten und Auswählen der durch willkürliche Veränderung entstandenen neuen Pläne (Selektion). Die Operationen Rekombination, Mutation und Selektion bilden das "Werkzeug" bei der Suche nach dem globalen Optimum einer Aufgabenlösung. Daher stellen die GAs gewissermaßen den "Motor" der neuen Planungs- und Optimierungsmethode dar.

Parallelisierung:
Die Suche einer optimalen Lösung kann bei praktischen Problemen, die leider in der Regel sehr komplex sind, lange dauern. Daher stellt die Parallelisierung des Suchvorgangs eine Möglichkeit dar, die Problemlösung mit Hilfe von Genetischen Algorithmen wesentlich zu beschleunigen, siehe Bild 1. Dies bietet sich vor allem auch deshalb an, weil GAs von Natur aus parallel sind und im Grunde für die heute üblichen Rechner "sequentialisiert" werden müssen. Als Hardware-Basis bieten sich (heterogene) Rechnernetze ebenso an wie explizite MIMD-Maschinen, etwa ein Transputersystem. Natürlich kann man auch je nach Anwendung auf bereits vorhandene (schnelle) Rechner zurückgreifen.

Basierend auf einer informationstechnischen Betrachtungsweise wurde die neue Methode **GLEAM** (**G**enetic **Le**arning **A**lgorithm and **M**ethods) entwickelt und ein Programmsystem implementiert, welches mit Hilfe von Simulation, erweiterten Genetischen Algorithmen und Parallelisierung die Planung und Optimierung sog. Aktionen erlaubt. Diese **Aktionen** umschreiben nun abstrakt beliebige Anwendungen des neuen Werkzeugs. So können die Aktionen beispielsweise aus verschiedenen Maschinenbelegungen bestehen, um einen Produktionsablauf zu optimieren. Oder die Aktionen bedeuten einfache (gelenkweise) Roboterbewegungen, in diesem Fall wird der Bewegungsablauf eines Industrieroboters geplant und optimiert. Die abstrakten Aktionen können aber auch eine Schnittfolge darstellen, dann dient das Optimierungswerkzeug der Minimierung des Verschnitts, etwa beim Ausstanzen von Teilen. Auf weitere Anwendungsmöglichkeiten wird später noch eingegangen.

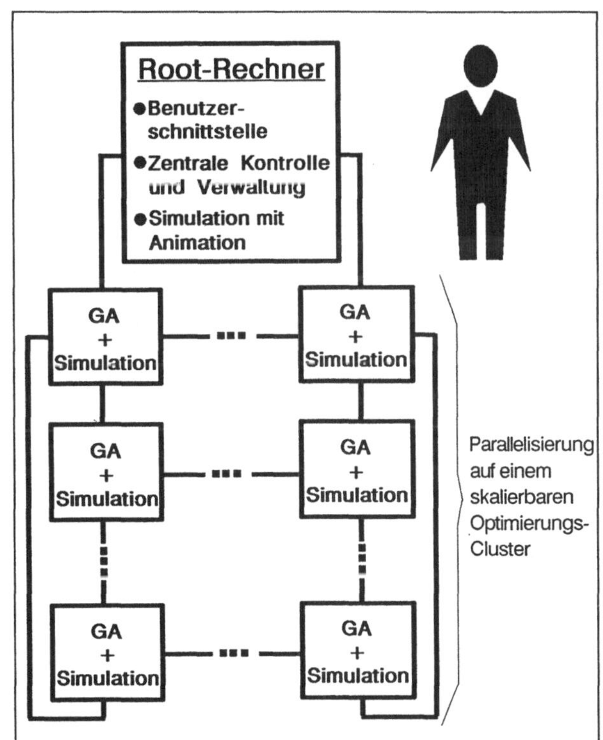


*Bild 1:* Parallele Systemstruktur

Im folgenden werden drei konkrete Anwendungen der oben beschriebenen Methode GLEAM und des darauf fußenden kommerziellen Software-Kits **TOPAS** (Toolset for **O**ptimization and **P**lanning **S**ystems) beschrieben.

# 2 Optimierung von Produktions- und Arbeitsplänen

Die Grundidee von **OPAL** ist die **integrierte Optimierung von Produktions- und Arbeitsplänen.** Was ist darunter zu verstehen? Die Teilschritte zur Herstellung eines Produkts können in der Regel in mehreren unterschiedlichen Reihenfolgen ausgeführt werden. Aus dieser Vielzahl von Möglichkeiten wird bei der Arbeitsplanung eine geeignet *erscheinende* ausgewählt. Zur Herstellung von Produkten sind die zugehörigen Arbeitspläne im Produktionsplan den vorhandenen Maschinen günstig zuzuordnen. Beide Planungsschritte werden derzeit *getrennt* voneinander vollzogen. Eine automatische Optimierung findet, falls überhaupt, nur rudimentär statt, in der Regel optimiert der planende Mensch.

Um die Parameter eines Produktionsprozesses wie Herstellungskosten und Termintreue wirklich zu optimieren, muß das Variantenpotential beider Planungsschritte genutzt werden. So ist es beispielsweise sinnvoll, einen schlechteren Arbeitsplan zu benutzen, wenn dieser im Kontext der Herstellung anderer Produkte ideal in den Produktionsplan paßt und sich daher niedrigere **Gesamtkosten** ergeben. Die Auswahl der Arbeitspläne erfolgt also bei jeder Produktionsplanung aufs neue.

Ein derartiger Ansatz scheiterte jedoch bisher an der Komplexität der Aufgabe und der zur Verfügung stehenden Rechenleistung. Das nachfolgend beschriebene Planungs- und Optimierungswerkzeug OPAL geht von der Produktion in einer Werkstatt aus, während die in Kapitel 3 vorgestellte Variante OPAL/V auf verfahrenstechnische Anwendungen zugeschnitten ist.

## 2.1 Arbeitsweise von OPAL

Es wird davon ausgegangen, daß die Herstellung eines Produkts in **einzelne Teilschritte zerlegt** werden kann, zwischen denen es meistens Abhängigkeiten gibt. In der Regel gibt es daher für ein Produkt unterschiedliche Herstellungsprozesse, je nachdem, in welcher Reihenfolge man die Teilschritte erledigt.

Entsprechend den Auftragsdaten sind nun zu den Produkten passende Arbeitspläne derart auszuwählen, daß im Zusammenhang mit einer Zuteilung von Produktionsmitteln wie Maschinen, Werkzeugen und Transportmittel ein "guter" Produktionsplan entsteht. Dabei sind weitere Randbedingungen wie zeitliche Restriktionen oder Eilaufträge zu berücksichtigen. Erzeugte Pläne werden in einer simulierten Produktionsanlage durchgespielt und bewertet. Die Bewertung ist die Grundlage für die Optimierung und wichtiger Inputparameter für den GA. Bewertungskriterien können z.B. sein: Maschinenauslastung, Termintreue besonders von Eilaufträgen, Produktionskosten, Durchlaufzeiten, usw. Die Bewertungskriterien dürfen einander widersprechen, können gewichtet und priorisiert werden.

Der erweiterten Genetische Algorithmus von TOPAS probiert nun einige Pläne aus und selektiert daraus die am besten bewerteten. Diese sind die Grundlage (Ausgangspopulation) für die Erzeugung bzw. Mutation einer neuen Generation von Plänen, die ihrerseits bewertet und selektiert werden. Das Verfahren wird fortgesetzt, bis ein Endkriterium erreicht ist. Dies kann eine vorgegebene Planqualität oder die Berechnungsdauer sein. Der Algorithmus unterscheidet sich vom Durchrechnen aller Möglichkeiten durch seine entsprechend der Bewertung und Selektion dynamisch gesteuerten Suche im Parameterraum. Damit entgeht man der "kombinatorischen Explosion" komplexer Suchräume. Die theoretischen Grundlagen Genetischer Algorithmen sollen jedoch an dieser Stelle nicht weiter vertieft werden, siehe auch /1/ und /2/.

## 2.2 OPAL-Implementierung und Ergebnisse

Zum Zeitpunkt der Arbeits- und Produktionsplanung werden folgende **Parameter** als bekannt vorausgesetzt:

1. Die Menge der zur Herstellung eines Produkts notwendigen Arbeitschritte.
2. Die für diese Arbeitschritte möglichen Maschinen.
3. Die Kosten und die Zeitdauer eines Arbeitsschritts bei gegebener Maschine.
4. Notwendige Einrichtemaßnahmen einschließlich eventueller Vorrichtungen pro Arbeitsschritt und Maschine sowie deren Zeit- und Kostenaufwand.
5. Die zu veranschlagenden Transportzeiten und -kosten, um von Maschine $M_i$ zu Maschine $M_j$ zu gelangen.
6. Abhängigkeiten zwischen den Arbeitsschritten in Form von Regeln der Bauart:

   *Schritt x setzt die Schritte $v_i$ oder $v_j$ ... oder $v_k$ voraus*

   wobei die Mengen der vorausgesetzten Schritte $v_i$,... $v_k$ nicht disjunkt sein müssen. Alternative Arbeitsvorgänge können durch alternative Regelsysteme dargestellt werden.
7. Qualitätskriterien und deren Gewichtung zur Beurteilung eines Produktionsplans. Solche Kriterien können sein: Maschinenauslastung, Termintreue, durchschnittliche und längste Durchlaufzeiten, Gesamtkosten, usw.

Aus diesen Angaben lassen sich in der Regel eine Vielzahl von Arbeitsplänen ableiten. Meist müssen einige Arbeitsschritte immer hintereinander ausgeführt werden und sind nur als Ganzes in der Reihenfolge zu anderen alternativ. Solche Arbeitsschritte werden zu **Sequenzen** zusammengefaßt; sie sind die kleinsten Planungseinheiten. Die Bewertung betrachtet dann wieder jeden einzelnen Arbeitsschritt.

Eine Planung hat die Herstellung einer vorgegebenen Produktmenge zum Gegenstand. Jedem Produkt sind die Arbeitsschritte, Sequenzen und Regeln für mögliche Reihenfolgen der Sequenzen zugeordnet. Die daraus generierten Arbeitspläne werden zu einem Produktionsplan zusammengefaßt. Dieser enthält noch eine **Prioritätsregel**, die entscheidet, welcher Arbeitsplan im Konfliktfalle eine Maschine belegen darf und welcher warten muß. Es wurden verschiedene Prioritätsregeln implementiert. Der Arbeitsplan eines Eilauftrags hat immer Vorrang. Treffen zwei Eilaufträge aufeinander, so gilt wieder die aktuelle Prioritätsregel.

Zur Bewertung wird ein Produktionsplan in einer simulierten Werkstatt ausgeführt. Die **Simulation** umfaßt dabei

- die Belegung von Maschinen,
- die Berechnung der Arbeitszeiten und Kosten entsprechend der vorgegebenen Arbeit auf einer konkreten Maschine und der zugehörigen Vorrichtung,
- Kosten und Zeiten für den Vorrichtungswechsel,
- Kosten und Zeiten für den Transport zwischen den Maschinen,
- Wartezeiten und -kosten

und kann anwendungsspezifisch erweitert werden.

Die **Bewertung**, die ebenfalls je nach Anwendung angepaßt werden kann, erfaßt in der vorliegenden Version folgende Parameter:

- die statischen Kosten umfassen alle Arbeits-, Vorrichtungswechsel- und Transportkosten.
- die Warte-Kosten ergeben sich aus den auftretenden Wartezeiten. Die Bewertung beider Kostenarten erfolgt durch Vergleich mit einem (theoretischen) Minimal- und Maximalwert.
- Bei der Maschinenauslastung wird ein Durchschnittswert über alle genutzten Maschinen gebildet.
- der Terminverzug wird in Form von Strafpunkten pro Verzugszeiteinheit bewertet, wobei der Verzug von Eilaufträgen entsprechend einem voreingestelltem Faktor höher bewertet wird.
- Die Durchlaufzeiten der Jobs werden in Relation zu ihrer jeweiligen Minimalzeit bewertet.
- Die Gesamtzeit des Produktionsplans wird in Relation zu einer (theoretischen) Minimal- und Maximalzeit bewertet.

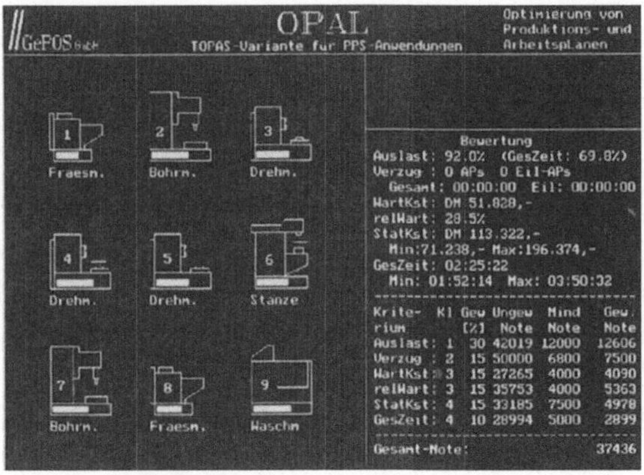

- Die Durchlaufzeiten der Jobs werden in Relation zu ihrer jeweiligen Minimalzeit bewertet.
- Die Gesamtzeit des Produktionsplans wird in Relation zu einer (theoretischen) Minimal- und Maximalzeit bewertet.


*Bild 2:* Bewertung eines Produktionsplans mit Hilfe der Simulation

Mit Hilfe des Simulators kann der Ablauf einzelner optimierter Produktionspläne beobachtet werden. Dabei werden die aktuellen Maschinenauslastungen sowie optional die einzelnen Jobs gezeigt. Am Schluß wird die in Bild 2 dargestellte Gesamtbewertung ausgegeben.

## 2.3 Bewertung und Ausblick

Obwohl das Werkzeug OPAL bisher noch nicht mit Werten eines konkreten Produktionsablaufs (sondern mit Simulationswerten) betrieben wurde (eine Anwendung mit realen Fabrikdaten ist in Vorbereitung), zeigen sich doch bereits beachtliche Resultate. So konnte in einem ersten Experiment das neue Verfahren mit der derzeit industriell üblichen Planungsweise am Beispiel einer Aufgabe verglichen werden, bei der die Endtermine die kritische Größe darstellten, d.h. nicht überschritten werden durften. Es zeigte sich, daß OPAL auch dann noch Pläne ohne Terminverzug erzeugen konnte, wenn konventionellen Methoden versagten. Ebenso schnitt OPAL bei anderen wichtigen Kennziffern wie Durchlaufzeiten oder Auslastung deutlich besser ab, siehe auch Bild 3.

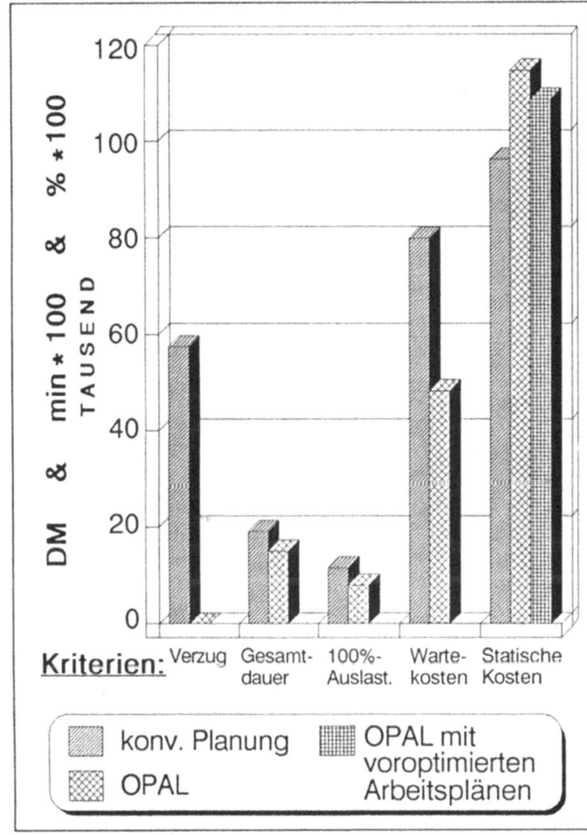


*Bild 3:* Vergleich mit konventioneller Planung

Die bisherigen Ansätze für ähnliche Verfahren wie das beschriebene weisen mehr oder weniger den Nachteil auf, daß sie an der Darstellung von Plänen mit Hilfe von Bitketten oder ähnlicher fester Strukturen orientiert sind, siehe Übersicht in /3/. Dies ist die "klassische" Struktur für Genetische Algorithmen, wie sie vor allem in den USA verwendet wird. Außerdem wird der Produktionsprozeß meist nur rudimentär abgebildet, was die Ergebnisse in ihrer Relevanz für die industrielle Praxis stark einschränkt.

Beim vorliegenden Verfahren wird jedoch in erheblichem Umfang auf Software-Techniken der Informatik zurückgegriffen und daher die obigen Nachteile vermieden. Das datentechnische Modell ist Grundlage sowohl der Plansimulation als auch der Evolution (direkte Darstellungsmethode, vgl. /3/).

# 3 Anwendungung von OPAL auf die Verfahrenstechnik

Vor allem in der Verfahrenstechnik werden zur Herstellung einer Charge häufig bei Produktionsbeginn und -ende mehr Mitarbeiter benötigt als in der Zwischenzeit, in der kontrollierende Tätigkeiten dominieren. Bild 4 zeigt einige typische Beispiele.

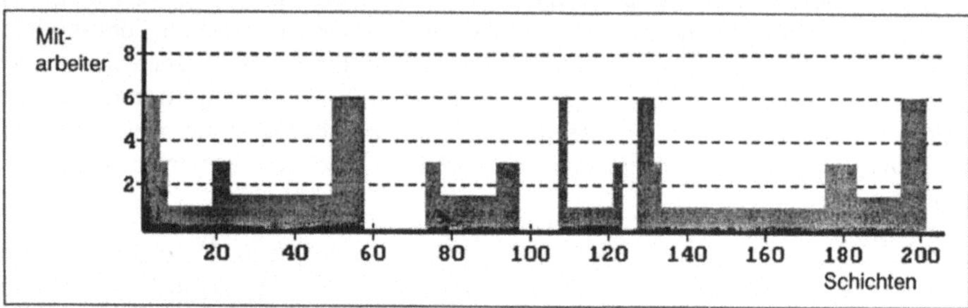


*Bild 4:* Typische Mitarbeiterbedarfsprofile

Startet man einen Durchlauf eines Verfahrens (Charge), so ist die Anzahl der benötigten Mitarbeiter für die nächsten Stunden oder Tage festgelegt, d.h. zu Beginn und am Ende der Charge werden mehrere Mitarbeiter benötigt, dazwischen meist nur wenige, bzw. ein Mitarbeiter kann mehrere Verfahren beaufsichtigen. Daher kann man nach der Startphase einer Charge, wenn nur noch wenige Mitarbeiter gebraucht werden, parallel zum weiteren Ablauf der ersten eine zweite Charge beginnen, um die freie Mitarbeiterkapazität sinnvoll einzusetzen, siehe Bild 5.

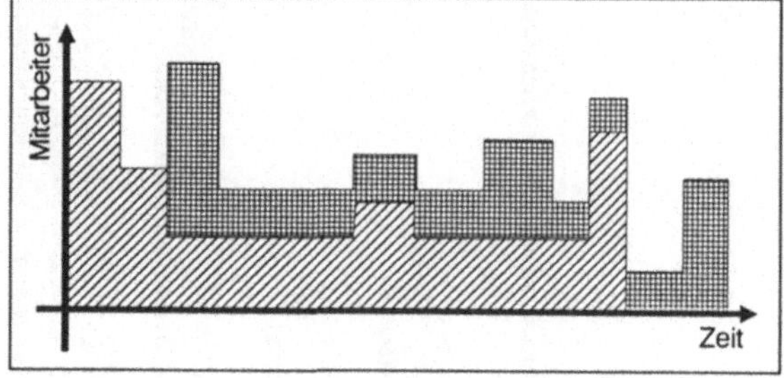


*Bild 5:* Parallele Bearbeitung zweier Chargen

Dies gilt nun sinngemäß für weitere Chargen der Verfahren einer konkreten Auftragsmenge, solange man nicht eine vorgegebene maximale Mitarbeiteranzahl überschreitet. Das Problem besteht nun darin, die Chargen so beginnen zu lassen und ihren Kapazitätsbedarf so zu "verzahnen", daß der kumulierte Mitarbeiterbedarf eine vorgegebene oder zu optimierende Obergrenze nicht überschreitet. Eine weitere Anforderung, die die Planung erschwert, besteht darin, daß einige Verfahren beim Start ein Anfangsprodukt benötigen, das ein anderes Verfahren erzeugt hat. Daher können Chargen dieser Verfahren erst nach Abschluß anderer Chargen, die eine ausreichende Menge der Vorprodukte hergestellt haben, beginnen (Verfahrenskette). Zusätzliche Restriktionen sind die Vorgaben von Endterminen für Produkte, die durch eine oder mehrere Chargen eines Verfahrens oder einer Verfahrenskette hergestellt werden, unterschiedliche Anlagenkapazitäten, unterschiedliche Mitarbeiterqualifikationen, bestimmte Wartungsintervalle für die Anlagen oder feste Pausenzeiten.

Generelles Ziel ist es, zunächst einen Plan mit den Startzeiten aller Chargen einer Auftragsmenge so zu generieren, daß die genannten Randbedingungen eingehalten werden. Eine nachfolgende Optimierung des Plans kann dann nach unterschiedlichen, verschieden gewichteten Kriterien erfolgen, die auch widersprüchlich sein können: z.B. eine niedrige maximale Mitarbeiteranzahl und kurze Produktionszeiten. Selbstverständlich soll bei Anlagenausfall eine schnelle und optimale Umplanung erfolgen und hin und wieder ein Eilauftrag dazwischen geschoben werden, ohne daß die Qualität des Gesamtplans merklich darunter leidet.

Da es bisher für derartig komplexe Aufgaben keine handhabbaren Lösungsverfahren gibt, mußte der menschliche Planer sie bislang lösen. Bei der Anwendung der verfahrenstechnischen Variante von OPAL, OPAL/V, stellte es sich heraus, daß in derartigen Planungen "viel Luft" steckt, die die Kosten hoch treibt. Dies soll an einem konkreten Einsatzbeispiel von OPAL/V aus dem Bereich der chemischen Industrie demonstriert werden.

## 3.1 Ergebnisse des Anwendungsbeispiels

Die Planungsaufgabe bestand darin, bei einem Zeithorizont von 10 Wochen mit maximal 12 Mitarbeitern 87 Chargen in 9 Anlagen herzustellen. Dabei wurde in Kontischichten á 8 Stunden rund um die Uhr produziert. Bild 6a zeigt ein typisches Schichtprofil einer bisher üblichen Standardlösung: knapp 210 Schichten mit 12 Mitarbeitern. Plant man dagegen mit OPAL/V, kann man die gleiche Produktmenge in 6 statt in 10 Wochen produzieren, wie Bild 6b zeigt. Eine gleichzeitige Reduktion von Zeit und Mitarbeitern wird in der in Bild 6c dargestellten Planalternative erreicht: 9 Mitarbeiter arbeiten hier 7,2 Wochen oder 150 Schichten lang. Es sei nochmals betont, daß bei allen drei Planalternativen jeweils die gleiche Produktmenge hergestellt wird. Die Einsparungen sind in Tabelle 1 zusammengefaßt.

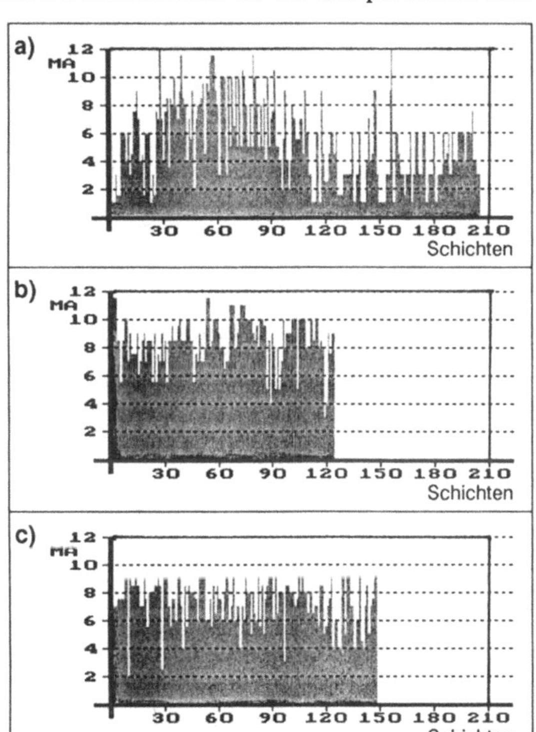


*Bild 6:* 3 Planungen im Vergleich:
a) Standardlösung,
b) zeitoptimierte Planung und
c) zeit- und mitarbeiteroptimierte Planung

Diese deutlichen Unterschiede sind nicht etwa dem Vergleich mit einer schlechten menschlichen Planung zuzuschreiben, sondern der Komplexität des Problems. Da es bisher keine Lösungsverfahren gab, ist die übliche Planungspraxis eben das beste gewesen, was bisher machbar war.

## 3.2 Bewertung

| | Zeit Tage | Stunden | maximaler Mitarbeiterbedarf | Manntage | Einsparung Zeit | Manntage |
|---|---|---|---|---|---|---|
| Planungsvorgabe | 70 | 0 | 12 | 840 | | |
| Optimierung auf Zeit | 41 | 2 | 11,5 | 493 | 41% | 41% |
| MA u. Zeitoptimierung | 49 | 6 | 9 | 443 | 30% | 47% |

*Tabelle 1:* Vergleich der Einsparungen von *Optimierung auf Zeit* mit *Mitarbeiter- und Zeitoptimierung*

Eine interessante Frage lautet nun: *Wie dicht ist man noch vom globalen Optimum entfernt?* Diese Frage stellen heißt, nach dem globalen Optimum selbst zu fragen. Wenn man es exakt berechnen könnte, wäre das Resourcenplanungsproblem bereits gelöst und OPAL/V nie entwickelt worden. Trotzdem kann man eine Antwort auf die gestellte Frage geben, wenn auch nur eine näherungsweise. Man kann nämlich eine untere Schranke sowohl für die Bearbeitungszeit als auch für die erforderlichen Manntage angeben. Letzteres ist einfach die Summe der zur Anlagenbedienung notwendigen Mitarbeiterstunden. Diese Werte sind allerdings theoretische Minima, die unerreichbar sind, solange Randbedingungen wie z.B. eine Mitarbeiterobergrenze einzuhalten sind. Ein Plan kann aber als um so besser gelten, je näher er diesen theoretischen Schranken kommt. Bild 7 zeigt die Ausnutzung des Sparpotentials. Es wird deutlich, daß der zeitoptimierte Plan sehr nahe an diese untere Grenze vorrückt. Für die Praxis ist jedoch das absolute Optimum eher von akademischen Interesse: es ist völlig ausreichend, besser als der Stand der Technik zu sein und die bisherige eigene Praxis zu verbessern, bzw. die Kosten zu reduzieren.

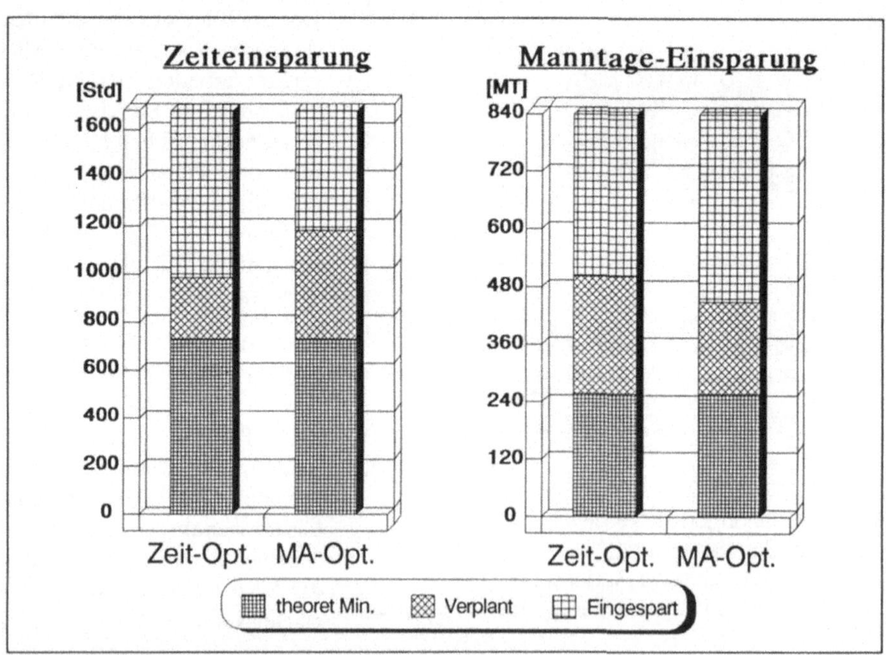


*Bild 7:* Ausnutzung des Sparpotentials

# 4 Experiment zur Robotersteuerung (LESAK)

Die im vorigen Kapitel aufgeworfene Frage nach der Erreichbarkeit des Optimums soll an Hand eines Benchmark-Experiments näher beleuchtet werden. Dazu wurde eine Aufgabe gewählt, deren Komplexität einerseits hoch genug ist, um "Triviallösungen" zu vermeiden, andererseits sollte aber das globale, absolute Optimum bekannt (d.h. berechenbar) sein, damit die Güte der Optimierung genau gemessen und verglichen werden kann. Außerdem belegt dieses Experiment, daß GAs verglichen mit anderen Optimierungsmethoden sehr gut mit nicht-kontinuierlichen Suchräumen umgehen und tatsächlich eine Optimierung nach vielen verschiedenen, ja widersprüchlichen Kriterien leisten können.

## 4.1 Grundidee des Roboterexperiments

Die Aufgabe für das Benchmark-Experiment besteht in der Steuerung eines Industrieroboters. Natürlich gibt es bereits sehr gute, praktisch einsetzbare Methoden und Algorithmen, um das Problem der Steuerung einer Roboterbewegung auf einer geraden Linie durch numerische Berechnungen zu lösen. Darauf kam es in diesem Zusammenhang nicht an, vielmehr sollte die analytische Lösung mit der durch GA erzeugten Bewegungen verglichen werden. Dabei soll betont werden, daß die analytische Berechnung der Bewegungssteuerung die Entwicklung sehr komplizierter Algorithmen zur Koordinatentransformation und Interpolation erfordert, was bei dem GA entfällt, siehe auch /4/und /5/.

Die Aufgabestellung bei diesem Experiment ist folgende: Der Anwender definiert eine Start- und eine Zielposition. Zwischen diesen soll der Roboter durch eine Folge einfacher Bewegungsbefehle (*"Bewege Achse 1 mit Geschwindigkeit 5 Grad/ Sekunde"*) so gesteuert werden, daß sich der am Roboterarm befindliche Greifer auf einer geraden Linie bewegt.

Diese Aufgabe sieht für den nicht mit der Robotertechnik vertrauten Leser einfach aus. Die Steuerung eines kinematisch kompliziert aufgebauten Roboters mit beispielsweise 12 Achsen stellt aber ein mathematisch schwieriges Problem dar, siehe auch /6/.

Folgende Überlegungen vermitteln einen Eindruck von der Größe des zugehörigen Suchraums für den Genetischen Algorithmus. Nehmen wir einmal an, daß wir einen Roboter mit einer Reichweite von 800 mm haben, wobei die innere "Kugel" mit einem Radius von 300 mm aus kinematischen Gründen nicht erreichbar ist (entspricht grob dem realen Industrieroboter RV-M1 von Mitsubishi). Außerdem seien die ansteuerbaren Positionen in diesem Bewegungsraum jeweils 1 mm voneinander entfernt, was ebenfalls eine vergröbernde Annahme darstellt. Für dieses einfache Beispiel erhalten wir eine Anzahl von etwa $2*10^9$ Positionen, die der Industrieroboter anfahren kann. Die Anzahl der möglichen Bahnkurven ist wesentlich größer, sie beträgt etwa $10^{47}$ Bewegungsbahnen, falls die Länge der Bahn 100 mm beträgt und der Roboter von jedem Bahnpunkt aus sich in drei verschiedene Richtungen bewegen kann. Dies stellt sicherlich einen riesigen Suchraum dar, in welchem der Planungs- und Optimierungsalgorithmus die gerade Bewegungsbahn vom Start zum Ziel finden soll.

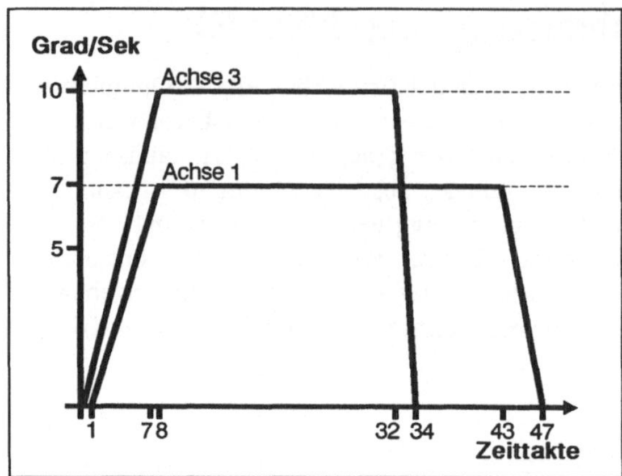


*Bild 8:* Beispiel für Achsbewegungen

Zur Veranschaulichung sei hier ein kurzer Ausschnitt aus einer Aktionsfolge gezeigt, die das Planungssystem generiert hat. Bild 8 zeigt den Bewegungsablauf für die einzelnen Achsen, wobei beachtet werden muß, daß die Ausführung jeder Aktion in einem Zeitraster von Taktzeiten erfolgt:

Aktion 1: *Bewege Achse 3 mit 10 Grad/Sekunde und mit einer Beschleunigung von 3 Grad/Sekunde*$^2$

Aktion 2: *Bewege Achse 1 mit 7 Grad/Sekunde und mit einer Beschleunigung von 2 Grad/Sekunde*$^2$

Aktion 3: *Keine Veränderung für 30 Zeittakte*

Aktion 4: *Stopp Achse 3 mit 10 Grad/Sekunde*$^2$

Aktion 5: *Keine Veränderung für 10 Zeittakte*

Aktion 6: *Stopp Achse 1 mit 4 Grad/Sekunde*$^2$

Die Bewertung einer solchen Aktionsfolge erfolgt unter verschiedenen Kriterien:

- Die Abstand zwischen der erreichten Endposition der Bewegung und der vorgegebenen Zielposition
- Die Abweichung der Bewegungsbahn von der geraden Linie zwischen Start und Ziel
- Die Länge der Aktionsfolge
- Die Ausführungszeit der Roboterbewegung
- Der Energieaufwand für die Bewegung

Auch in diesem Fall erfolgt wie bei den Produktionsplänen eine Simulation (hier der Bewegung), um die Aktionsfolgen bewerten zu können. Dabei "kennt" der GA bzw. die Simulation nur die sog. Vorwärtstransformation von Roboter- in kartesische Koordinaten, welche nach einem einfachen Schema für alle Robotertypen durchführbar ist. Die immer für jeden Robotertyp speziell zu entwickelnde komplizierte inverse Koordinatentransformation von kartesische in Roboterkoordinaten kennt der GA bzw. die zur Bewertung durchzuführende Simulation nicht.

## 4.2 Definition eines Robotermodells und von Hindernissen

Damit auch wirklich nachgewiesen wird, daß unsere Methode für beliebige Roboter tauglich ist (und nicht intern "geschummelt" wird), kann der Benutzer des Benchmarks seinen eigenen Roboter mit bis zu 16 rotatorischen Bewegungsachsen definieren. Die Achsen können in X- oder Z-Koordinatenrichtung zeigen und um die X-, Y- oder Z-

Koordinatenachse drehen, siehe Bild 9. Dies bedeutet, daß $10^{12}$ mögliche Robotermodelle definiert werden können. Unser Programmsystem LESAK (LErnendes System mit AktionsKetten) stellt daher eine Robotersteuerung dar, die (nach entsprechender Lernzeit) $10^{12}$ kinematisch unterschiedliche Robotertypen steuern kann. Daher könnte LESAK auch für die Entwicklung und Untersuchung neuer Robotertypen eingesetzt werden, um mit geringem Entwicklungsaufwand einen neu definierten Roboter in seinen Bewegungen simulieren zu können. Ein weiteres Anwendungsfeld von LESAK stellt die Planung und Optimierung von kollisionsfreien Bewegungsbahnen dar.

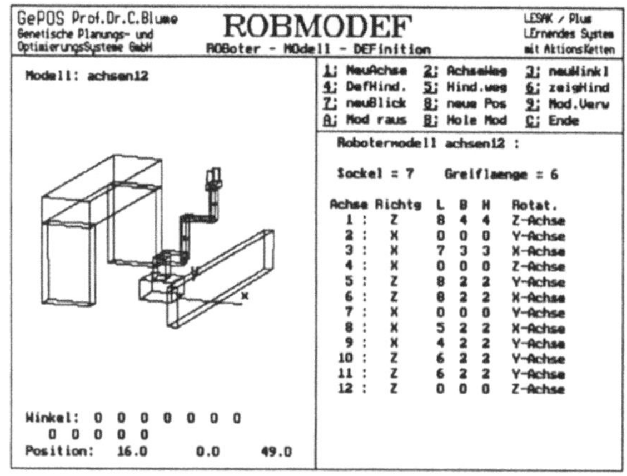

*Bild 9:* Definition eines 12-Achsers mit ROBMODEF

## 4.3 Ausführung eines Benchmarks und erste Ergebnisse

Die Ausführung des Experiments besteht aus verschiedenen Schritten:

1. Der Anwender definiert sein eigenes Robotermodell (inkl. Hindernissen im Bewegungsraum).
2. Der Benutzer definiert das zu lösende Problem, d.h. den Start- und Zielpunkt der Bewegung.
3. Der Anwender kann unterschiedliche Prioritäten der Optimierungskriterien vorgeben.
4. Der Benutzer kann (muß aber nicht) spezielle Parameter des GA einstellen, z.B. die Größe der Entwicklungspopulation.
5. Die Evolution einer Aktionsfolge für den Roboter wird vom Systemprogramm LESAK ausgeführt (Planungs- und Optimierungslauf).
6. Der Anwender kann sich die Ergebnisse eines Planungs- und Optimierungslaufs durch Simulation mit graphischer Animation vorführen lassen.

Die beiden Programme ROBMODEF (für die Definition der Robotermodelle) und LESAK (für die Anwendung des GAs und die Simulation) realisieren das Roboterexperiment. Sie wurden sowohl in Pascal als auch in C auf einem PC (für Testzwecke) und einem Parallelrechnersystem (MC-2 von Parsytec™) implementiert, siehe auch Bild 1.

Dem System wurde die in Bild 10a gezeigte Aufgabe gestellt, eine Bewegung von der Startposition zu der durch den gestrichelt dargestellten Roboter gezeigten Zielposition zu generieren. Bahnqualität und Positioniergenaugkeit wurden gleichermaßen hoch bewertet; die beiden Kriterien Kettenkürze und Bewegungsdauer spielten eine untergeordnete Rolle. Der Energieverbrauch wurde nicht bewertet.

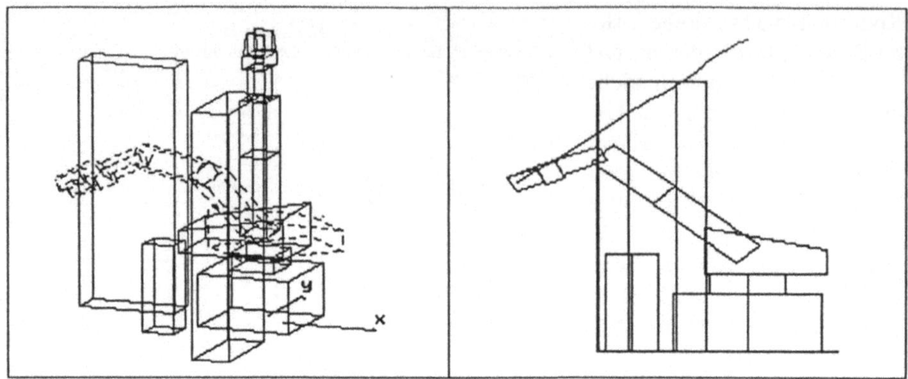


*Bild 10:* Links: Start- und Zielpunkt (gestrichel) mit Hindernissen.
Rechts: Lösungsbahn in Seitenansicht.

Das Ergebnis des Benchmarks war ein von LESAK generiertes "Roboterprogramm" von 51 Aktionen, die das Steuerprogramm für eine Bewegung auf einer nahezu geraden Bahn exakt zum Zielpunkt darstellen (siehe Bild 10b). Dazu wurden 1618 Generationen von Bewegungsfolgen "durchlaufen", wobei rund $5*10^6$ Pläne probiert wurden. Das Resultat bedeutet das Auffinden des globalen Optimums mit einer äußerst minimalen Abweichung nach dem Durchsuchen von nur rund einem $10^{41}$stel des Suchraums, siehe auch /7/. Bild 11 zeigt die Lösung der Benchmarkaufgabe für den in Bild 9 definierten 12-Achser. Auch hier ist die Abweichung minimal, so betrug sie für das Ziel lediglich 0.08 mm. Dazu wurden rund $6*10^6$ Aktionspläne untersucht, was ebenfalls lediglich rund einem $10^{41}$stel des Suchraums entspricht.

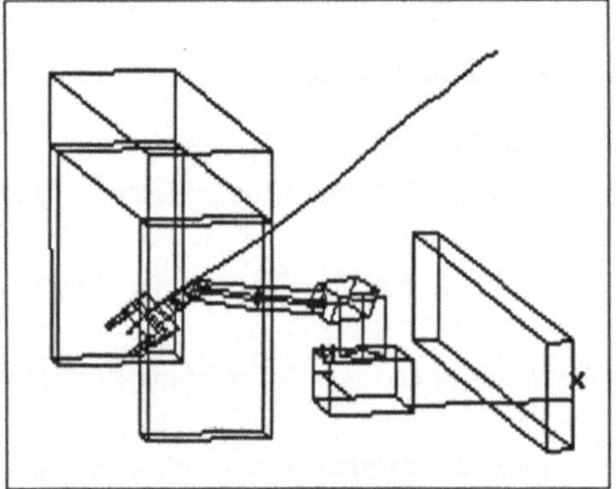


*Bild 11:* Benchmark-Ergebnis beim 12-Achser von Bild 9

Damit wurde gezeigt, daß unserere Methode auf die Optimierung in riesigen Parameterräumen anwendbar ist, wobei nach verschiedenen sich zum Teil widersprechenden Kriterien mit unterschiedlicher Gewichtung und unter Berücksichtigung von Restriktionen gleichzeitig optimiert wird.

# 5 Parallelimplementierung und Performance

Die von uns benutzte Parallelisierung erlaubt in weiten Bereichen eine Leistungssteigerung, die in etwa proportional zur Anzahl der verfügbaren Prozessoren ist. Ein vergleichendes Experiment mit der in Kapitel 4 beschriebenen Benchmarkaufgabe ergab für je 200 Läufe die in Tabelle 2 dargestellten Werte.

Bild 12 zeigt die reale Leistungssteigerung im Vergleich mit einer linearen, wobei die Abweichungen statistisch nicht signifikant sind (t-Test).

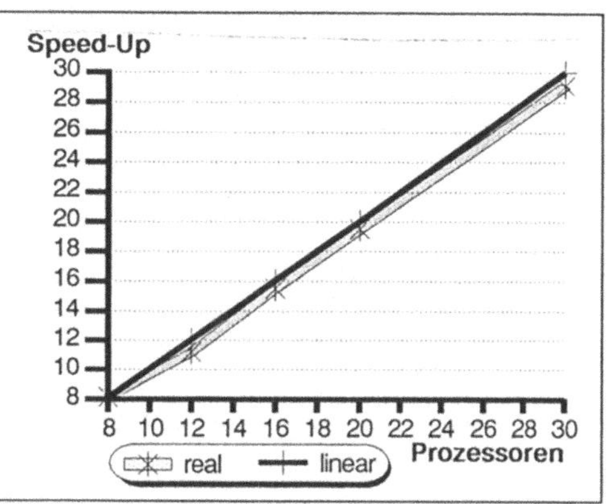


*Bild 13:* Leistungssteigerung durch durch vermehrten Prozessoreinsatz

| Prozessoren (T800) | 1 | 8 | 12 | 16 | 20 | 30 |
|---|---|---|---|---|---|---|
| gemessene Zeiten [sec] | 3234.9 | 398.1 | 288.0 | 208.5 | 165.7 | 111.1 |
| linearer Speedup [sec] | | 404.3 | 269.6 | 202.2 | 161.7 | 107.8 |
| realer Faktor | | 8.1 | 11.2 | 15.5 | 19.5 | 29.1 |

*Tabelle 2:* Performance bei unterschiedlicher Prozessorzahl

# 6 Weitere Anwendungen der Methode

Ein potentielles Einsatzfeld für TOPAS besteht immer dann, wenn sich die Aufgabenstellung mit konventionellen Planungs- und Optimierungsmethoden (z.B. dem Simplex-Verfahren) nicht oder nur unzureichend lösen läßt und mindestens eine der folgenden Voraussetzungen erfüllt ist:

- **Das Problem ist für konventionelle Systeme zu komplex.**
  Es gibt sehr bis extrem viele Parameter, die das Systemverhalten beeinflussen.

- **Die Wirkungszusammenhänge des Problems sind unbekannt.**
  Der Einfluß der verschiedenen Parameter auf das Gesamtverhalten des Problems ist nicht bekannt. Es gibt keine Formel, die alles zueinander in Beziehung setzt.

- **Das Problem ist ständigen Änderungen unterworfen.**
  Relevante Randbedingungen oder Systemeigenschaften sind nicht stabil. Das Optimierungs- oder Planungsverfahren soll sich daran selbstständig anpassen (Adaptivität).

Die nachstehende Liste kann nur einen Einblick in die vielfältigen Anwendungsmöglichkeiten geben, siehe auch /8/ und /9/.

- **Produktionsplanung, Planung von Maschinenbelegungen, Resourcenplanung**
  Die integrierte Erstellung und Optimierung von Arbeits- und Produktionsplänen für die ganze Palette industrieller Produktion, angefangen von der Verfahrenstechnik bis zur Werkstattfertigung.

- **Anordnungsplanung zur Abfallminimierung**
  Bessere Nutzung von Rohstoffen durch verbesserte Anordnung auszuschneidender Teile z.B. im Stahlbau, bei Werften oder in der Bekleidungsindustrie usw.

- **Regler-Optimierung, Adaptive Regler, Fuzzy-Regler**
  Regler werden derzeit meistens "nach Gefühl" eingestellt. Mit Hilfe der neuen Methode kann die Parametrierung konventioneller Regler optimiert werden. Das gleiche gilt für Regeln und Parameter von Fuzzy-Reglern. Außerdem können konventionelle oder Fuzzy-Regler zu adaptiven Reglern erweitert werden.

- **Montageplanung**
  Bei der Montageplanung sind nicht nur die Arbeitsabläufe, sondern auch die Materialbereitstellung und die Vorfertigung *integriert* zu planen.

- **Wartungs-Planung**
  Optimierung der Reihenfolge (und Wege) bei der Wartung komplexer Anlagen unter Berücksichtigung aller Randbedingungen wie Schichtdauer, duchschnittliche Arbeitszeiten, Wartungsintervalle usw. Ferner kommen die minimale Störung der normalen Arbeitsabläufe und Kostenminimierung für eventuelle Ersatzbeschaffungen als zusätzliche Kriterien in Betracht.

- **Zeitplanung**
  Erstellung von Fahrplänen mit Randbedingungen beispielsweise im Luftverkehr unter Berücksichtigung der Crew-Pausezeiten. Optimierung der Zeitplanung bei komplexen Bau- und Montagevorhaben, z.B. bei der Schiffsbauindustrie.

- **Cargo-Loading**
  Optimierung der Ladungsanordnung hinsichtlich Geometrie und Gewicht, etwa für die Luftfracht.

- **Routen- und Tourenplanung**
  Planung von Cargo-Transporten mit Verkehrsmitteln wie Eisenbahn, Schiff, Flugzeug und/oder Kombinationen davon.

  Planung von LKW-Touren ausgehend von mehreren alternativen Versandlägern. Optimierte Zusammenstellung von LKW-Teilladungen.

- **Langzeitoptimierung für Energieversorgungsunternehmen**
  Optimierung der Gestaltung von Staffeltarifen.

- **Anordnungsplanung von Versorgungsleitungen**
  Optimierung der Anordnung von Kabeln und anderen Versorgungsleitungen für z.B. Büro- und andere Großgebäude oder bei Schiffen (Werften).

Diese Liste ist keinesfalls vollständig. Die Erfahrung zeigt, daß es noch viele Einsatzgebiete gibt, von denen ein großer Teil wirtschaftlich interessant ist.

# Literatur


/1/ Holland, J.H.: *Adaption in Natural and Artificial Systems*. The University of Michigan Press, 1975.

/2/ Goldberg, D.E.: *Genetic Algorithms in Search, Optimization, and Machine Learning*. Addison-Wesley Publishing Company, Inc. Massachusetts, 1989.

/3/ Bruns, R.: *Direct Chromosome Representation and Advanced Genetic Operators for Production Scheduling*. Proceedings of the Fifth International Conference on Genetic Algorithms. Univerity of Illinois and Urbana-Champaign, 1993.

/4/ Blume, C.: *Konzept eines Programmiersystems für Industrieroboter*. Dissertation. VDI-Verlag, Düsseldorf, 1987.

/5/ Paul, R.: *Robot Manipulators*. The MIT Press, Cambridge, Mass. 1981.

/6/ Blume, C., Jakob, W.: *Programmiersprachen für Industrieroboter*. Vogel-Verlag, Würzburg, 1983.

/7/ Blume, C., Jakob, W.: Robot Control Benchmark Based on the Extended Genetic Algorithm GLEAM. To be published.

/8/ Männer, R., Manderick, B. (editors): *Parallel Problem Solving from Nature, 2*. North-Holland, 1992. Second Conference, Bussels, Belgium.

/9/ Belew, R.K., Booker, L.B. (editors): *Proceedings of the Fourth International Conference on Genetic Algorithms*. Morgan Kaufmann Publishers, 1991.

# Das *parimod*-System

(Parallele Computergraphik und Animation mit Transputern)

**K. Zeppenfeld, C. Landwehr, F. Thiesing, O. Vornberger**
**Fachbereich Mathematik/Informatik**
Universität Osnabrück
49069 Osnabrück
Germany
klaus@informatik.Uni-Osnabrueck.DE

**Abstract.** Das *parimod*-System, welches als Abkürzung für "The parallel computer graphics and interactive solid modeling system" steht, verbindet in bisher einzigartiger Weise die Gebiete der parallelen Algorithmen bzw. Multiprozessor-Systeme und der Computergraphik miteinander. Es besteht aus einzelnen Modulen, die seit 1991 an der Universität Osnabrück entwickelt wurden. Intention dieser Entwicklung war es, die Flexibilität und die universelle Einsetzbarkeit von Transputer-Systemen anhand verschiedener Anwendungen aus der Computergraphik zu verdeutlichen. Entstanden ist dabei ein transputerbasiertes graphisches System zur schnellen und interaktiven Erstellung, Berechnung und Anzeige bzw. Animation von dreidimensionalen Szenen.

## 1. Einleitung

In den letzten Jahren haben zwei Gebiete der Informatik, die der parallelen Algorithmen auf Multiprozessor-Systemen und der Computergraphik einen rasanten Entwicklungsschub erfahren. Durch das Zusammenschalten von vielen einzelnen Universalprozessoren wird dem Benutzer hohe Rechenleistung, große Flexibilität und eine an der Probleminstanz skalierbare Hardware geboten. Das Vorhaben, fotorealistische Bilder einzig und allein durch einen Computer erzeugen zu lassen, erfordert aber genau diese hohe Rechenleistung, Flexibilität und Skalierbarkeit von Multiprozessor-Systemen. Gesellt sich zur Berechnung einzelner Bilder auch noch der Wunsch ganze Animationssequenzen oder virtuelle Welten in Echtzeit zu erzeugen und zu durchwandern, kann dieser enorme Rechenzeitbedarf nur noch durch Parallelrechner oder durch Rechner mit Spezialhardware zur Durchführung graphischer Berechnungen annähernd gedeckt werden.
Was liegt also näher, als diese beiden Gebiete der Informatik miteinander zu verknüpfen und zu untersuchen, wie sich die Standardalgorithmen der Computergraphik (vgl. [FDFH90] oder [WaWa92]) parallelisieren lassen, um somit zu einer schnelleren Berechnung beizutragen. Dabei wird hier nun der Versuch unternommen diese benötigten Geschwindigkeitssteigerungen einzig und allein durch algorithmische Lösungen zu erzielen im Gegensatz zum Ansatz bei der Verwendung von Spezialhardware.
Damit die so erzielten Ergebnisse aber auch wirkungsvoll und einfach vom Benutzer angewendet werden können, sind diese verschiedenen Algorithmen als Module zu einem Gesamtsystem namens *parimod* (The parallel computer graphics and interactive solid modeling system) zusammengefaßt. Es umfaßt von der interaktiven graphischen Szenenmodellierung bis hin zur

Darstellung und Animation ein weites Spektrum der Computergraphik, implementiert in Form von parallelen Algorithmen auf Transputer-Systemen.
Das *parimod* -System besteht im wesentlichen aus zwei Komponenten. Zum einen sind das C-Programme und X-Applikationen ([KeRi83] , [ORe90a/b]), die auf der UNIX-Seite des Systems laufen ([BaRu84]), und zum anderen sind es parallele Algorithmen, die auf einem Transputer-System ablaufen ([INM88c], [INM89]) und in occam2 programmiert sind ([INM88a], [JoGo88]).
Die C-Programme und X-Applikationen dienen zur benutzerfreundlichen, interaktiven Szenenmodellierung, zur Bildanzeige auf X-Terminals und zum Verwalten der Datenströme zwischen der UNIX-Seite und den Transputern. Die parallelen Algorithmen führen die schnelle Berechnung und Anzeige der modellierten Szenen als Einzelbilder oder animierte Bildsequenz auf einem Multiprozessor-System, bestehend aus 64 T800 Prozessoren, durch. Die berechneten Szenen können wahlweise auf einem X-Terminal mit bis zu 256 verschiedenen Farben angezeigt werden, oder direkt auf dem Graphical Display System (GDS) im True-Color-Modus, welches direkt ins Transputer-System integrierbar ist (vgl. [Par90b]).
Abbildung 1 zeigt einen schematischen Überblick des *parimod*-Systems und seiner Einzelkomponenten, die in den nächsten Kapiteln im Detail beschrieben werden.

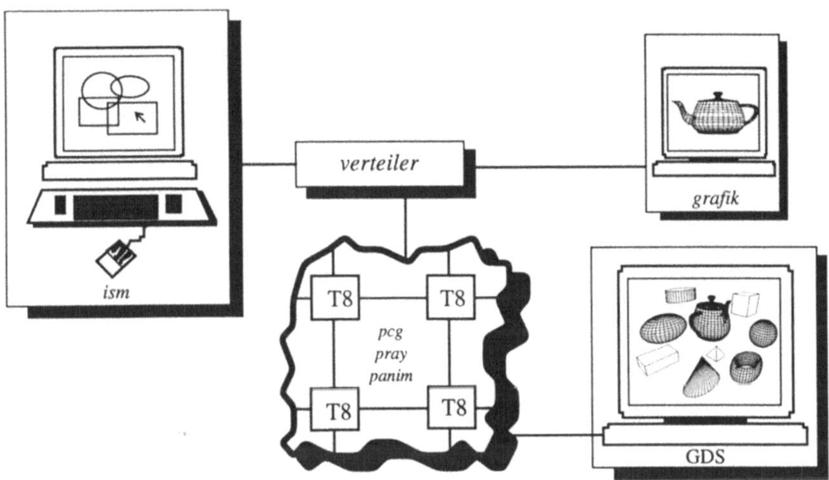


**Abbildung 1:** Das *parimod* - System

Der Rest dieses Artikels gliedert sich wie folgt: Im nachfolgenden Kapitel wird zunächst der interaktive graphische Szenenmodellierer *ism* beschrieben, mit dem auf der UNIX-Seite des *parimod*-Systems Szenenbeschreibungen generiert werden können. Das C-Programm *verteiler* lenkt die Datenströme von der UNIX-Seite zu den Transputern und leitet umgekehrt die berechneten Bilder zur X-Applikation *grafik*, mit der die Ergebnisse dann monochrom oder mit bis zu 256 verschiedenen Farben dargestellt werden können. Die Kommunikation zwischen der UNIX-Seite und dem Transputer-System wird vom Programm *verteiler* über den S-Bus der Workstation, an der das Transputer-System angeschlossen ist, geregelt. Eine detaillierte Beschreibung dieser beiden Programme würde aber den Rahmen dieses Artikels sprengen, so daß hier nur einfach ihre Funktionalität beschrieben wird.
Das Kapitel 3 beschäftigt sich dann ausführlich mit den Transputer-Programmen *pcg*, *pray*, und *panim*, die die parallele Berechnung zur Darstellung der Szenen in unterschiedlicher Verfahren durchführen und sogar Animationen von Bewegungsabläufen durch einzelne Szenen ermöglichen.
Im Kapitel 4 schließt eine Zusammenfassung und Ausblick über weitere Forschungen auf diesem Gebiet den Artikel ab.

## 2. Der interaktive Szenenmodellierer *ism*

Zur Konstruktion von dreidimensionalen Szenen bietet das *parimod*-System die Möglichkeit den interaktiven Szenenmodellierer *ism* (interactive solid modeler) zu verwenden. Diese Applikation ist in der Programmiersprache C ([KeRi83]) geschrieben und verwendet als Benutzeroberfläche das X-Window-System (vgl. [ORei90a/b]). Durch die Verwendung dieses Window-Systems besteht die Möglichkeit Anwenderprogramme, wie z. B. *ism* selbst, remote auf einem beliebigen Rechner im Netzwerk ablaufen zu lassen, während die Ergebnisse auf der lokalen Workstation angezeigt werden.

Die Entwicklung von *ism* basiert auf dem Wunsch nicht nur Szenen durch den Computer schnell zu berechnen, sondern auch ebenso einfach konstruieren und modifizieren zu können, um somit ein einfaches Werkzeug zur Manipulation von Szenen zur Verfügung zu haben.

Hauptproblem ist dabei aber die Frage, wie eine dreidimensionale Szene auf einem zweidimensionalen Bildschirm dargestellt werden kann, so daß der Benutzer einen Eindruck vom Aussehen der Szene bekommt. Dieses Problem wird in *ism* gelöst, wie es auch im Bereich der technischen Zeichnungen üblich ist. Eine Szene wird nämlich einfach in ihren Grund- und Aufriß aufgeteilt.

Somit kann *ism* auch als elektronisches Zeichenbrett gesehen werden, mit dem der Benutzer eine aus einzelnen Objekten zusammengesetzte Szene modellieren kann. In Abbildung 2 ist die graphische Oberfläche von *ism* während der Konstruktion einer Beispielszene dargestellt.

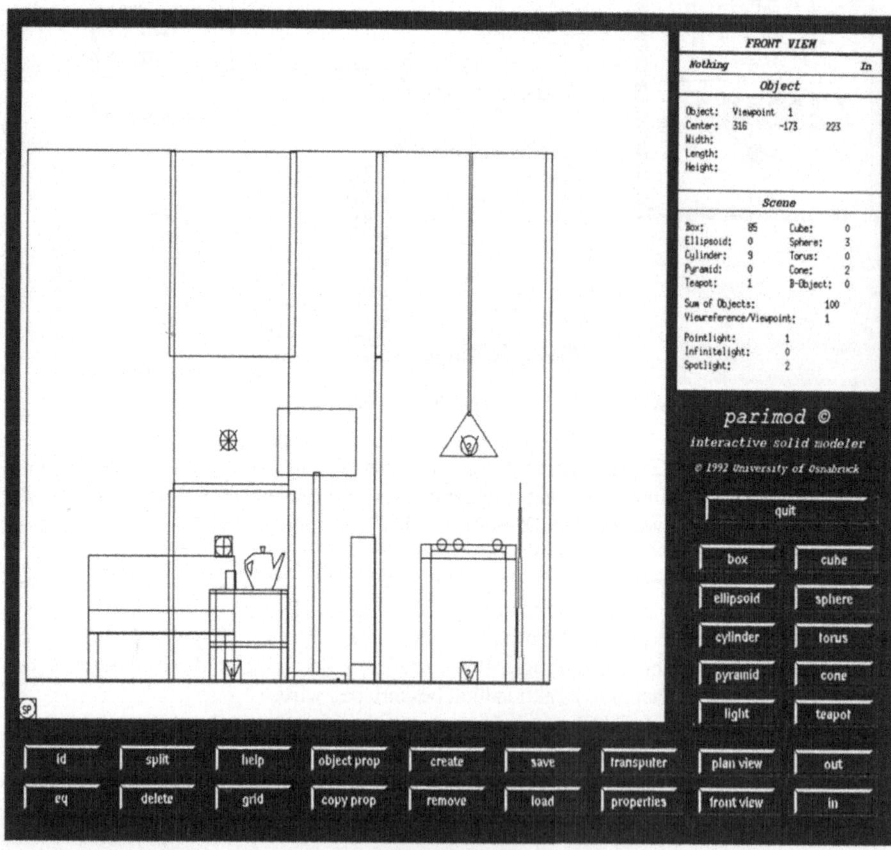


**Abbildung 2:** *ism*

Im wesentlichen teilt sich die Applikation in drei Teilbereiche auf. In der oberen rechten Ecke werden alle Informationen zur momentan behandelten Szene auf einen Blick dargestellt. Der Benutzer sieht dort, ob er sich im Grund- oder Aufriß der Szene befindet, welches aktuelle Objekt gerade ausgewählt wurde, bzw. welche Lage und Position es zur Zeit in der Szene hat. Ebenso kann abgelesen werden, aus wievielen Objekten die gesamte Szene zur Zeit besteht.
Damit fällt der Blick automatisch auf den zweiten Hauptteil von *ism*, den Knöpfen, die sich auf der rechten unteren und auf der gesamten unteren Seite der Applikation befinden. Im bisher noch nicht erwähnten linken oberen Teil befindet sich die Zeichenfläche, in der jeweils Grund- oder Aufriß der Szene dargestellt wird, bzw. in der die Szene modelliert werden kann.
Mit Hilfe der Knöpfe und der Maus wird aber nun der eigentliche Teil der Konstruktion erledigt. Auf der rechten Seite befinden sich unterhalb des quit-Knopfes, durch den die Applikation beendet werden kann, die Basisobjekte, aus denen die Szenen zusammengesetzt werden können. Neben Quader, Würfel, Kugel und Zylinder gehören auch Ellipsoid, Torus, Pyramide, Kegel und der Utah Teapot (vgl. [Cro87]) zum Lieferumfang der Basisobjekte von *ism*, die nach dem Baukastenprinzip zu einer Szene zusammengesetzt werden können. Dies geschieht einfach durch Anklicken des jeweiligen Objektknopfes und nachfolgendem Aufziehen des Objekts auf die gewünschte Größe im Zeichenfeld.
Alle Objekte sind mit sogenannten *Henkeln* (vgl. [Mänt88]) versehen, die unsichtbar an den Umrissen angebracht sind. Wird ein solcher Henkel mit der Maus getroffen, so ist das Objekt auf der Zeichenfläche verschiebbar oder kann in seiner Größe verändert werden.
Die Darstellung des Objekts während des Verschiebens bzw. der Größenveränderung geschieht mit sogenannten *Rubberband*-Techniken (vgl. [BoGi82], [Mänt88] und [Mor85]), bei denen das Objekt während der Veränderung abwechselnd gelöscht und neu gezeichnet wird. Liegen mehrere Objekte übereinander, so kann durch mehrmaliges Drücken der Maus eines dieser Objekte ausgewählt werden, um es zu manipulieren. Welches Objekt gerade manipulierbar ist, wird anschaulich durch gestricheltes Hervorheben der Objektumrandung dargestellt und kann auch im Übersichtsfenster in der rechten oberen Ecke gesehen werden.
Der Konstruktionsbeginn findet immer im Grundriß statt, so daß hier bereits die x- und y Längen der Objekte bestimmt werden. Den Wert der z-Koordinate und die Höhe eines Objekts im Raum werden dann im Aufriß bestimmt.
Genauso wie die Plazierung von Objekten wird auch die Plazierung von Lichtquellen vorgenommen. Dabei hat der Benutzer die Auswahl aus Punktlicht, unendlichem Licht und Spots. Alle Lichtquellen verhalten sich nach dem durch PHIGS PLUS in [HHHW91] beschriebenem Standard. Das ambiente Licht, welches die Gesamthelligkeit der Szene beschreibt, wird bei der Definition der Szeneneigenschaften definiert.
Wird zur Definition der Szeneneigenschaften der properties-Knopf angewählt, erscheint das Menü, welches in Abbildung 3 dargestellt ist.
Hier kann der Benutzer entweder durch Anklicken von Knöpfen oder durch das Aufziehen sogenannter *Slider* (z.B. red,

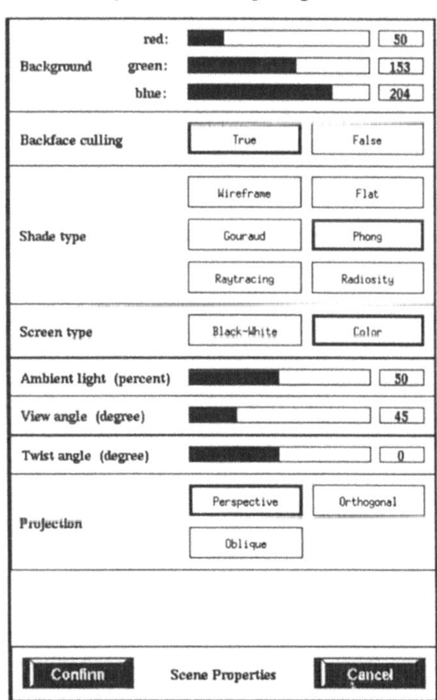


**Abbildung 3:** Szeneneigenschaften

green oder blue in Abbildung 3 oben) einfach mit der Maus Eigenschaften wie etwa Hintergrundfarbe, Shading-Art, Neigungswinkel der Kamera, Projektionsart u.v.m. bestimmen.
Da auch für jedes Objekt bzw. für jede Lichtquelle eigene Eigenschaften zu definieren sind, erscheint bei Anklicken des objectprop-Knopfes ein ähnliches Menü, welches Abbildung 4 zeigt.

| | | |
|---|---|---|
| Diffuse color | red: | 200 |
| | green: | 50 |
| | blue: | 100 |
| Specular color | red: | 255 |
| | green: | 255 |
| | blue: | 255 |
| Specular reflection | | 33 |
| Ambient reflection | | 33 |
| Diffuse reflection | | 33 |
| Specular coefficient | | 20 |
| Reflection | | 0 |
| Refraction | | 0 |
| Refraction index | | 1003 |
| Rotation | 2.: x | 90 |
| | 1.: y | -60 |
| | 3.: z | 0 |
| Confirm | Object Properties | Cancel |

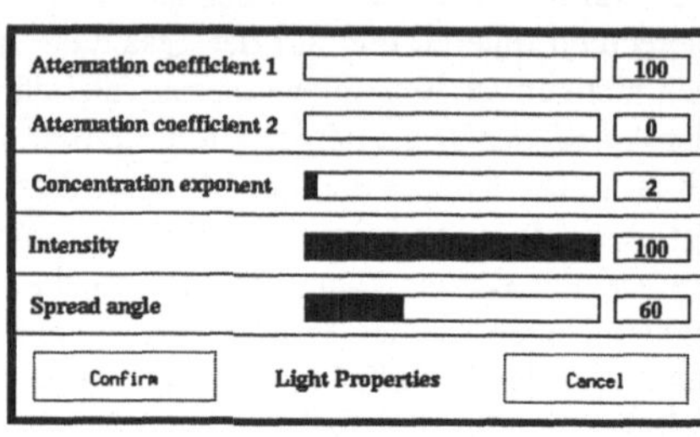


**Abbildung 4:** Objekt- und Lichteigenschaften

Hier kann nun für jedes einzelne Objekt die Farbe, Durchsichtigkeit, rotierte Position im Raum etc. bestimmt werden und für jede Lichtquelle die Intensität oder beispielsweise der Abstrahlwinkel eines Spotlichts.
Ist ein Objekt mit all seinen Eigenschaften definiert, so können diese auch einfach mit Hilfe des copyprop-Knopfes auf andere Objekte kopiert werden.
Die Eigenschaften, die mit den Menüs aus den Abbildungen 3 und 4 eingestellt werden können, enthalten die wesentlichen Auswahlmöglichkeiten, mit denen Objekte definiert werden können, und wie sie für die zur Zeit gängigen Schattierungsalgorithmen in der Computergraphik benötigt werden (vgl. [FDFH90]). Dadurch hat der Benutzer einen großen Spielraum, mit dem er ohne viel Aufwand verschiedene Szenenvariationen erstellen kann.
Damit nicht immer alle Eigenschaften für jedes Objekt bzw. für jede Szene von Grund auf neu definiert werden müssen, initialisiert *ism* automatisch diese Eigenschaften mit wohldefinierten Werten vor, so daß der Anwender auch ohne jeweils vollständige Definition der Eigenschaften vernünftige Bilder zu sehen bekommt.
Mit Hilfe der sogenannten *Splitting Plane* bietet *ism* die Möglichkeit die Basisobjekte aufzuteilen, damit auch Objekte, die nicht aus Basisobjekten aufgebaut sind, erzeugt werden können. Durch die Definition der Orientierung einer Ebene im Raum mit Hilfe des Normalenvektors wird ein Objekt an dieser Ebene durch Drücken des split-Knopfes in zwei neue Objekte unterteilt. Diese können dann zur weiteren Modellierung in der Szene verwendet werden. Die grundlegende Idee der Splitting Plane ist aus [Mänt88], und [Mor85] entnommen und dient als erster Schritt der Implementierung von boole'schen Operatoren (Vereinigung, Durchschnitt, Komplement) zur universellen Szenenmodellierung.
Da die Implementierung dieser Operatoren nicht trivial ist, wurde dies in *ism* zunächst in Form

der Splitting Plane verwirklicht, so daß alle Optionen für eine Erweiterung noch offen sind (vgl. [Mänt88]).
Sollen Lichtquellen, die Splitting Plane oder der Betrachterstandpunkt, welcher beim Beginn einer neuen Szenenmodellierung automatisch definiert wird, außerhalb der Zeichenfläche positioniert werden, so bietet *ism* die Möglichkeit, durch die Verwendung des out-Knopfes die Szene von außerhalb zu betrachten. Dies ist sehr hilfreich, da die Objekte die gesamte Zeichenfläche einnehmen können, und z.B. der Betrachterstandpunkt dann weiter außerhalb liegen muß, wenn die Szene als Ganzes und ohne Verzerrungen betrachtet werden soll.
Ist *ism* mit einem Transputer-System verbunden (siehe Abbildung 1), so kann eine gerade modellierte Szene on line an das Transputer-System geschickt werden (transputer-Knopf) und dort mit den im weiteren Verlauf dieses Artikels beschriebenen parallelen Programmen schattiert werden. Wird das Programm *pcg* verwendet, so entsteht, je nachdem welche Art der Darstellung ausgewählt wurde, innerhalb weniger Sekunden die mit *ism* beschriebene Szene auf dem Bildschirm, und der Betrachter kann sofort entscheiden, ob die gerade modellierte Szene seinen Vorstellungen entspricht. Nach jeder Veränderung kann die Szenenbeschreibung sofort wieder in das Transputer-Netzwerk gesendet werden und von dort aus erneut dargestellt werden.
Unabhängig davon dienen die save- und load-Knöpfe zum Abspeichern bzw. Laden von Szenenbeschreibungsdateien, die mit *ism* erstellt worden sind. Diese Szenenbeschreibungen sind ASCII-Dateien, in denen alle Eigenschaften einer Szene im sogenannten *parimod*-File-Format abgespeichert sind. Damit das parimod-File-Format auch von anderen Graphikprogrammen als Front-End nutzbar ist bzw. auch noch erweitert werden kann, existiert eine vollständige Beschreibung der Grammatik in Backus-Naur-Form (vgl. dazu auch [Zep93]).
Nicht nur aufgrund des parimod-File-Formats und der zugehörigen Grammatik, sondern auch wegen der modularen Programmierung des C-Programms bzw. der X-Applikation ist *ism* so konzipiert, daß Erweiterungen bzw. Anpassungen an andere Graphiksysteme einfach möglich sind.
Insgesamt ist *ism* als Front-End zur Beschreibung von Szenen ein hilfreiches und benutzerfreundliches Werkzeug, das gerade durch sein interaktives Konzept in Verbindung mit dem angeschlossenen Transputer-System das Erstellen, Modifizieren und Betrachten von dreidimensionalen Szenen stark vereinfacht.

## 3. Parallele Computergraphik

In diesem Kapitel werden nun die Programme *pcg*, *pray*, und *panim* beschrieben, die die parallele Berechnung der durch *ism* erstellten Szenenbeschreibungen in unterschiedlicher Weise durchführen (vgl. Abbildung 1).

### 3.1 Das parallele Computergraphik-Tool *pcg*

Das *pcg*-Programm (parallel computer graphics tool) ist eine Parallelisierung der klassischen Viewing-Pipeline, bei der zur Darstellung der Szene das z-Buffer-Verfahren verwendet wird (vgl. [FDFH90] und [WaWa92]). Mit *pcg* können Szenen, die mit *ism* erstellt worden sind, parallel schattiert und dargestellt werden. Die Darstellung der Szenen kann dabei wahlweise auf dem GDS-Monitor des Transputer-Systems oder durch die X-Applikation *grafik* auf einem X-Terminal angezeigt werden (vgl. Abbildung 1).
Die verschiedenen Darstellungsarten, mit denen Szenen durch *pcg* dargestellt werden können, beginnen bei einfacher Liniendarstellung und gehen über Flat Shading, Gouraud Shading bis hin zum qualitativ hochwertigen Phong Shading (vgl. [FDFH90]). Die Unterschiede der einzelnen Shadingverfahren sind sehr deutlich zu erkennen, wenn die Ausgabe auf dem ins Transputer-System integrierbaren GDS-Monitor im True-Color-Modus erscheint. Wird anstatt dieses Monitors ein X-Terminal zusammen mit der X-Applikation *grafik* verwendet, so wird unabhängig vom Bildschirmtyp und davon, ob die Bildinformation in Form von RGB-Farbwerten oder komprimiert schwarz-weiß vorliegt, zunächst ein Schwarz-Weiß-Bild mit Hilfe

von Dithering-Verfahren (vgl. ebenfalls [FDFH90] und [WaWa92]) angezeigt. Nach dem Bildaufbau kann die Bildinformation abgespeichert werden, wobei das Schwarz-Weiß-Bild als X-Bitmap und das Farbbild als X-Pixmap im X-Window-Dump-Format (vgl. [ORei90a]) abgespeichert werden. Beide X-Maps eignen sich aufgrund ihres genormten Formats zur Weiterverarbeitung. Auf Farbbildschirmen kann per Knopfdruck aus dem X-Pixmap ein Farbbild generiert und im selben Fenster angezeigt werden. Die am Ende dieses Artikels abgebildeten Szenen in Abbildung 12 und 13 sind auf die hier beschriebene Weise entstanden.

### 3.1.1 Parallelisierung durch Bildraumaufteilung

Durch umfangreiche Meßreihen, in denen mit der sequentiellen Version der Viewing-Pipeline diverse Testbilder berechnet wurden, zeigte sich, daß der größte Rechenzeitbedarf auf das Schattieren der Flächen entfällt. Insbesondere beim qualitativ hochwertigen Phong Shading, bei dem jedes Pixel einzeln beleuchtet wird, beträgt der Anteil für das Shading nahezu 95%. Der Aufwand zur Berechnung schattierter Bilder mit diesen Verfahren ist also in hohem Maß proportional zur Anzahl der Pixel. Dies rechtfertigt als Idee zur Parallelisierung die Aufteilung des Bildschirms in viele kleine Teilfenster. Zugleich wird dadurch auch der Notwendigkeit zur Aufteilung des z-Buffers und des Bildschirmspeichers Rechnung getragen, die wegen ihres großen Speicherbedarfs nur für kleine Teilfenster auf den im Netzwerk verfügbaren 1- und 2MByte-Transputern gehalten werden können. Schematisch wird diese Idee der Parallelisierung, die allgemein auch als Bildraumaufteilung bezeichnet wird, in Abbildung 5 dargestellt.

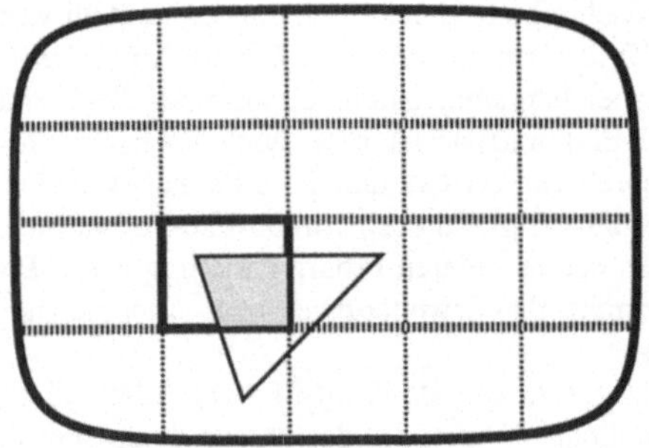

**Abbildung 5:** Bildraumaufteilung

Die Anzahl der Teilfenster bei der in Abbildung 5 dargestellten Parallelisierungsstrategie sollte dabei die der eingesetzten Transputer übersteigen, um eine gute Lastverteilung zu ermöglichen, da Szenen nicht notwendig gleichmäßig über das ganze Bild verteilt sind. Teilbilder, in die keine Objekte fallen, lassen sich erheblich schneller bearbeiten als solche, in die viele Objekte abgebildet werden. Das Problem hierbei ist die Entwicklung einer Heuristik zur gleichmäßigen Lastverteilung, die entscheidet, wieviele und welche der Teilbilder von einem bestimmten Transputer im Netz zu berechnen sind. Außerdem ist die Zahl und Größe der Teilbilder zu optimieren.

Damit ist die Idee für eine erste Parallelisierung vorgegeben, die im wesentlichen darin besteht, den sequentiellen Algorithmus auf jedem Netzwerk-Transputer ablaufen zu lassen, so daß zur gleichen Zeit an so vielen Teilbildern gearbeitet wird, wie sich Transputer im Netzwerk befinden. Dabei ist aber immer noch das Problem zu lösen, wie ein Transputer sein eindeutiges Teilproblem erhält und wie das fertige Teilbild, also ein Teil des Bildschirmspeichers, zur Ausgabe gelangt.

Der Algorithmus, der in dieser ersten Parallelisierung auf den Prozessoren abläuft, läßt sich wie folgt beschreiben: Nachdem die Transputer mit dem Programm geladen worden sind, läuft auf jedem zunächst ein initialer Prozeß. Dieser empfängt und speichert die notwendige Szeneninformation für das zu berechnende Gesamtbild, die vom Host-Transputer in das Netzwerk geschickt wird. Jeder Transputer speichert die Szeneninformation und schickt sie an seinen Nachbarn weiter. Danach startet er unter anderem den Rendering-Prozeß und wartet darauf, daß ihm ein Teilproblem zugeteilt wird. Dies geschieht durch eine im Netzwerk umlaufende Problemmeldung, die das nächste noch zu bearbeitende Teilfenster spezifiziert. Dafür sind vier Werte ausreichend, nämlich die (x, y)-Werte der linken oberen Ecke in Pixelkoordinaten und

die Breite und Höhe des Teilfensters in Pixeln. Die initiale Problemmeldung mit dem Teilfenster links oben wird vom Host-Transputer in das Netzwerk geschickt. Ein Transputer, der gerade kein Teilbild berechnet, speichert das Teilproblem und setzt die Problemmeldung auf das nächste Teilfenster, bevor er sie an seinen Nachbarn weiterreicht und mit der Berechnung seines Teilbildes beginnt. Ein beschäftigter Prozessor gibt die Meldung unverändert weiter. Dadurch ergibt sich eine dynamische Lastverteilung, da nur freie Transputer ein Teilproblem bekommen, solange noch welche zu vergeben sind. Der Prozessor, der das letzte Teilfenster zur Berechnung erhalten hat, schickt eine Meldung an den ausgezeichneten Transputer, der als einziger im Netz mit dem Host-Transputer verbunden ist. Dieser leitet dann die Terminierung ein, die nach den üblichen Methoden für verteilte Algorithmen durchgeführt wird. Verwendet werden kann dafür z.B. der Echo-Algorithmus oder die Methode des Verschickens von Farbmeldungen in Wellen über alle Prozessoren (vgl. [Leig92]).
Ein berechnetes Teilbild muß vom Transputer zunächst in Richtung Workstation oder GDS verschickt worden sein, bevor er das nächste Teilproblem bearbeiten kann, denn erst danach sind z-Buffer und Bildschirmspeicher wieder frei zur Aufnahme eines neuen Teilbildes. Jeder Netzwerk-Transputer muß also zusätzlich in der Lage sein, ein Teilbild von seinem Nachbarn zu empfangen und es auf dem günstigsten Weg zum Host-Transputer bzw. GDS-Transputer zu versenden.
Der Algorithmus auf einem der Netzwerk-Transputer lautet dann schematisch wie folgt:

```
empfange Problemmeldung (n)
falls Rendering-Prozeß frei
    setze Problemmeldung (n) auf Teilfenster (n+1)
    falls Teilfenster (n+1) existiert
        schicke Problemmeldung (n+1) an Nachbarn
        Rendering-Prozeß nicht frei
        berechne Teilbild (n)
        schicke Teilbild (n) an Host-Transputer
        Rendering-Prozeß frei
    sonst
        schicke Meldung "fertig" an Transputer 0
sonst
    schicke Problemmeldung (n) an Nachbarn
```

Für die umlaufende Problemmeldung und evtl. auch für die verwendete Terminierung wird im Netzwerk ein Hamilton-Kreis benötigt. Graphentheoretisch handelt es sich dabei um einen geschlossenen Weg, der alle Knoten genau einmal besucht. Wenn die Problemmeldung auf dem Hamilton-Kreis umläuft, wird sichergestellt, daß alle Prozessoren gleich häufig mit ihr konfrontiert werden. Die fertigen Teilbilder sollten auf dem kürzesten Weg zum Host-Transputer bzw. GDS-Transputer gelangen, um eine schnelle Ausgabe zu gewährleisten und möglichst wenig "Zwischen"-Transputer mit dem Weiterleiten dieser Teilbilder zu belasten.
Als Topologie, in der alle diese gewünschten Eigenschaften vereinigt sind, wird ein *deBruijn*-Netzwerk verwendet. Diese Netzwerke eignen sich nämlich aus vielen Gründen hervorragend zur Abbildung von Transputer-Topologien (vgl. [Leig92]).
Weitgehende Messungen ergaben, daß ein Minimum der Rechenzeit erreicht wird, wenn die Zahl der Teilbilder das Drei- bis Fünffache der Zahl der Transputer beträgt. Die Problemmeldung läuft etwa 15 mal pro Sekunde im Netzwerk um. Dadurch hält sich die Wartezeit der Rendering-Prozesse stark in Grenzen, ohne daß zu häufiges Weiterleiten der Problemmeldung den Transputer zu sehr belastet, so daß die Prozessorzeit für den Rendering-Prozeß stark sinkt. Die Parallelisierung zeichnet sich durch die dynamische Lastverteilung und die sofortige Teilbildausgabe aus, die es dem Betrachter erlaubt, den Bildaufbau mitzuverfolgen. Die kurze Antwortzeit von wenigen Sekunden, also die Zeit vom Start der Berechnungen bis zur Ausgabe

des ersten Teilbildes, verkürzt subjektiv die Wartezeit auf das ganze Bild, das sich danach aus bis zu drei Teilbildern pro Sekunde zusammensetzt. Dabei wird die Ausgabe, wenn sie auf dem X-Terminal erfolgt, durch die relativ geringe Übertragungsrate auf dem Bus erheblich gebremst. Bei der Ausgabe auf dem GDS-Monitor ist nahezu keine Verzögerung festzustellen, so daß die fertigen Teilbilder sofort erscheinen.

Zu klären bleibt der Einfluß der mehrfachen Objekterzeugung. Jeder Transputer erzeugt für jedes Teilbild die komplette Szene. Zwar verringert sich durch evtl. durchgeführtes Clipping (vgl. [FDFH90]) die Zahl der Polygone, die in Betracht gezogen werden müssen, aber trotzdem bleibt ein sequentieller Anteil im parallelen Algorithmus, der den Speedup begrenzt.

### 3.1.2 Parallelisierung durch Objektraumaufteilung

Die zweite Möglichkeit der Parallelisierung ist eine Weiterentwicklung der ersten mit dem Ziel, die Objektgenerierung zu zentralisieren und damit das überflüssige mehrfache Erzeugen der Objekte für jedes Teilfenster zu vermeiden. Von der ersten Parallelisierung werden die Topologie und, wegen des Speicherplatzproblems, die Aufteilung des Bildes in Teilfenster übernommen. Für die zentrale Objekterzeugung ist ein gesonderter Transputer zuständig (in Abbildung 6 als Wurzel des Baumes sichtbar), dessen Programm sich von dem der Rendering-Transputer unterscheidet. Dazu muß das sequentielle Programm unter den Transputern aufgeteilt werden, wodurch die Viewing Pipeline verteilt abläuft.

Die Notwendigkeit, z-Buffer und Bildschirmspeicher disjunkt aufzuteilen, verhindert eine Parallelisierung, bei der die einzelnen Objekte zum Rendering einzelnen Prozessoren übergeben werden. Denn im allgemeinen wird ein Objekt über die Grenzen eines Teilbildes hinausragen und damit in den Bildschirmspeicherbereich eines anderen Transputers fallen, der dieses Objekt aber nicht erzeugt. Außerdem ist diese Art der Parallelisierung zu grob, da die Zahl der Objekte im Verhältnis zur Prozessoranzahl relativ klein ist und die einzelnen Objekte je nach Art und Größe im Aufwand für ihre Darstellung stark differieren.

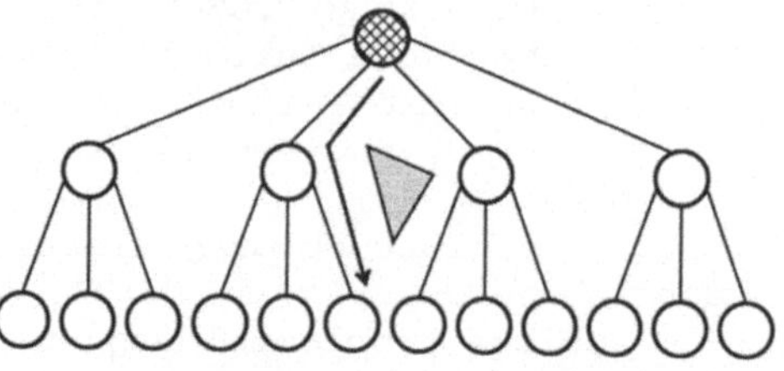

**Abbildung 6:** Objektraumaufteilung

Die genannten Probleme lassen sich lösen, wenn statt der kompletten Objekte ihre Bestandteile im Netzwerk verteilt werden. Spezialisierte Rendering-Prozessoren sorgen für die Darstellung von Linien bzw. Dreiecken, die von einem zentralen Erzeuger-Prozessor ins Netzwerk geschickt werden. Die Zahl der Linien oder Dreiecke, die im weiteren zusammenfassend als Atome bezeichnet werden, übersteigt die Zahl der Prozessoren um ein Vielfaches und ermöglicht so eine homogenere Verteilung unter den Rendering-Prozessen. Jeder Rendering-Transputer erhält eindeutige Bildschirmteile zugeteilt, in die er die Atome schattiert.

Dadurch ist der Aufwand für jeden Prozessor in erster Linie von der Anzahl der Pixel in seinen Bildteilen abhängig. Eine gleichmäßige Bildaufteilung verspricht außerdem, zu einer guten Lastverteilung beizutragen. Schematisch ist diese Art der Parallelisierung, die auch als Objektraumaufteilung bezeichnet wird, in Abbildung 6 dargestellt.

Der Erzeuger-Prozessor benötigt die Information über die Bildaufteilung, denn er muß die Atome der erzeugten Objekte zu den Rendering-Transputern schicken, in deren Bildteile diese fallen. Wenn ein Atom die Fenstergrenzen überschreitet, also mehrere Prozessoren zur Darstellung benötigt, schickt der Erzeuger dieses Atom an alle betroffenen Transputer.

Zur Realisierung dieser Parallelisierung wird die Viewing Pipeline aufgespalten. Der Erzeuger generiert ein Objekt und verschickt dessen Atome nur, wenn es irgendwo im gesamten Bildschirmfenster sichtbar ist. Jeder Rendering-Transputer empfängt die für ihn bestimmten Atome und schattiert sie in seinem Bildschirmspeicher. Nach der vollständigen Berechnung treiben die Prozessoren ihre Teilbilder aus. Aus dieser Idee ergibt sich die Frage nach der besten Aufteilung des Bildschirms, nach dem Format der Atome und nach der Ausgabe der berechneten Teilbilder.

Wie bei der ersten Parallelisierung wird zunächst auf jedem Transputer im Netz ein initialer Prozeß gestartet, der über den Hamilton-Kreis die Szeneninformation erhält. Zusätzlich wird jedem Transputer mitgeteilt, wie viele Rendering-Transputer (AnzProc) im Netzwerk vorhanden sind und wie viele Teilbilder (AnzPart) jeder davon berechnen soll. Daraus ermittelt jeder Netzwerk-Transputer nach demselben Algorithmus die Breite und die Höhe eines Teilbildes, wobei der Bildschirm in AnzProc × AnzPart gleich große Teilbilder aufgeteilt wird, die nur am rechten und unteren Rand kleiner sein dürfen. Die Teilbilder werden zeilenweise durchnumeriert, und jeder Rendering-Transputer merkt sich von AnzPart-vielen in einem Array die linke obere Ecke. Diese Teilbilder hat er zu berechnen. Damit die Aufteilung disjunkt geschieht, nimmt sich der Transputer mit der Nummer ProcId die Teilbilder mit der laufenden Nummer ProcId + i · AnzProc, mit i = 0, ... , AnzPart -1. Abbildung 7 zeigt die Teilfenster (markiert) für Transputer 2 bei AnzProc = 4 und AnzPart = 5.

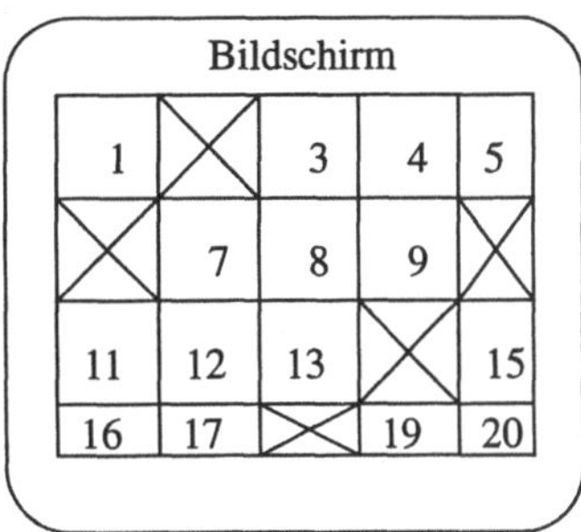

**Abbildung 7:** Teilfenster für Transputer 2

Das beschriebene Verfahren zur Vergabe der Teilbilder stellt zugleich die Heuristik zur Lastverteilung dar, denn alle Rendering-Prozessoren erhalten gleich große Bildausschnitte, die gleichmäßig über das Gesamtbild verteilt sind.

Nach dieser Initialisierungsphase startet jeder Transputer seine internen Prozesse. Durch die zentrale Objekterzeugung wird die mehrfache Generierung der Objekte vermieden. Bei geeigneter, nicht zu kleiner Teilbildgröße müssen lediglich relativ wenige Atome an mehrere Prozessoren geschickt werden. Der Bedarf an Kommunikation bei dieser Parallelisierung ist ausgesprochen hoch, da Tausende von Linien bzw. Dreiecke verschickt werden müssen. Aus diesem Grund müssen auf jedem Prozessor Puffer-Prozesse laufen, deren Kapazität zur Aufnahme von Linien- und Dreiecksbeschreibungen ausreichen ist, um Deadlocks zu vermeiden.

Die Lastverteilung wird durch die beschriebene Heuristik zur festen Aufteilung der Teilbilder unter den Rendering-Prozessoren gewährleistet. Für gleichmäßig verteilte Szenen ist diese ausreichend gut. Ein Optimum ergibt sich für drei bis vier Teilbilder pro Prozessor. Feinere Aufteilungen mit dem Ziel, die Lastverteilung zu verbessern, führen dazu, daß immer mehr Atome zu mehreren Prozessoren geschickt werden müssen, wodurch der Kommunikationsaufwand überproportional steigt. Stark unausgewogene Szenen, bei denen sich die Objekte in wenigen Bildteilen ballen, führen zu einer schlechteren Lastverteilung.

Problematisch ist auch die unausgewogene Belastung der einzelnen Transputer bezüglich ihrer Kommunikation. Während die drei Rendering-Transputer, die direkt mit dem Erzeuger verbunden sind, wegen dieser Nachbarschaft alle Atome weiterleiten müssen, haben die Transputer, die weiter vom Erzeuger entfernt sind, diese Belastung nicht.

### 3.1.3 Ergebnisse und Vergleich

Subjektiv besteht der größte Unterschied zwischen den beiden vorgestellten Parallelisierungen darin, daß bei der ersten sukzessive die berechneten Teilbilder sofort ausgegeben werden, während der Benutzer bei der zweiten die komplette Berechnung abwarten muß, bevor die Szene auf dem Bildschirm erscheint. Da gerade im Rahmen des *parimod*-Systems interaktives Rendering der gewünschten Szene im Vordergrund steht, bietet sich hierfür die erste Parallelisierung besonders an.

Die algorithmischen Unterschiede betreffen vor allem den Speicherplatzbedarf, der bei der zweiten Parallelisierung deutlich größer ist, um eine zentrale Objekterzeugung zu ermögli-

chen. Im Gegensatz dazu beinhaltet die erste Parallelisierung mit ihrer mehrfachen Objekterzeugung offensichtlich Redundanz, die notgedrungen den Speedup beschränkt.
Um genauere qualitative Vergleiche zwischen den beiden Arten der Parallelisierung ziehen zu können, wurden fast hundert Beispielszenen zu Zeitmessungen herangezogen, um das Verhalten bei unterschiedlich komplexen Bildern und verschiedenen Shading- und Darstellungsarten zu ermitteln. Diese Messungen wurden auf bis zu 64 Prozessoren durchgeführt. Bei der Beurteilung von Szenen muß berücksichtigt werden, daß ihre Komplexität stark unterschiedlich sein kann. Dabei spielt nicht nur die Zahl und Art der beteiligten Objekte eine Rolle, sondern insbesondere auch ihre projizierte Größe auf dem Bildschirm und die Zahl der Lichtquellen. Je mehr Pixel zu berechnen sind, um so größer ist der Rechenaufwand, der in erster Linie beim Schattieren anfällt. Damit hat auch der Betrachterstandpunkt für die Rechenzeit eine unbestimmte, aber nicht zu unterschätzende Bedeutung. Der Einfluß der räumlichen Anordnung der Objekte wird durch die Aufteilung in Teilfenster noch verstärkt. Eine kleine Verschiebung eines Objekts oder des Blickwinkels kann dazu führen, daß für ein Objekt, das vorher nicht erzeugt werden mußte, nun Hunderte von Polygonen durch die Viewing Pipeline zu schicken sind.
Zusätzlich muß berücksichtigt werden, daß die drei Shading-Verfahren in ihrem Aufwand stark differieren. Das Phong Shading benötigt erheblich länger als das Gouraud Shading, obwohl es Szenen gibt, bei denen beide zu vergleichbaren Bildern führen. Es zeigt sich also, daß der Berechnungsaufwand stark szenenabhängig ist.
Deshalb mußte eine Auswahl von Szenen getroffen werden, die nur bedingt repräsentativ sein kann, aber trotzdem Rückschlüsse auf die Güte der Parallelisierung zuläßt. Um Vergleiche auch mit anderen Computergraphik-Programmen herstellen zu können, steht in zwei der anschließend diskutierten Szenen der Utah Teapot im Mittelpunkt der Betrachtung. Die Diskussion bezieht sich auf phong-schattierte Szenen, deren sequentielle Berechnung zwischen 170 und 710 Sekunden dauert. Obwohl die Szenen nur exemplarisch sein können, da anders als in anderen Bereichen der Informatik in der Computergraphik keine allgemeinen Benchmarks vorhanden sind, lassen sich doch gewisse Vor- und Nachteile der jeweiligen Parallelisierung anhand verschiedener Szenen erkennen. Dies wird an den folgenden exemplarisch ausgewählten Szenen deutlich.
Die erste Szene besteht aus einem Teapot, der über das gesamte Bild ragt (vgl. Abbildung 13 oben links). Bei ihrer Berechnung zeigt sich deutlich der Vorteil der zentralen, einmaligen Objekterzeugung. Der Speedup der zweiten Parallelisierung übertrifft den der ersten um das Anderthalbfache. Bei der ersten muß nämlich jeder Transputer den Teapot für jedes seiner Teilbilder, also etwa drei- bis viermal, erzeugen. Diese Redundanz entfällt bei der zentralen Objekterzeugung. Das umgekehrte Zeitverhalten ergibt sich für eine Szene mit 13 kleineren Teekannen, die über den ganzen Schirm verteilt sind (vgl. Abbildung 13 oben rechts). Dabei zeigt sich eindeutig der Effekt des Clipping, das jeden Transputer der ersten Parallelisierung nur etwa drei bis vier Kannen erzeugen läßt, während der zentrale Erzeuger der zweiten alle Kannen mit ihren insgesamt 35 187 Dreiecken generieren muß. Hierbei stellt also der Erzeuger-Prozessor den Flaschenhals des parallelen Algorithmus dar.
Die Vergleichbarkeit beider Parallelisierungen zeigt sich bei gemischten Szenen, z.B. von Innenräumen (vgl. Abbildung 12 und 13 unten), mit einigen Dutzend Objekten verschiedener Art, die relativ gleichmäßig über das Bild verteilt sind. Dabei erreichen beide Parallelisierungen mit 32 Transputern den gleichen mittleren Speedup von etwa 20. Dieses Ergebnis macht deutlich, daß die Heuristik zur statischen Verteilung der Teilbilder bei der zweiten Parallelisierung sich mit der dynamischen Verteilung der ersten messen kann.
Insgesamt läßt sich feststellen, daß beide Parallelisierungen die Rechendauer für qualitativ hochwertige, phong-schattierte Bilder von mehreren Minuten auf einige Sekunden reduzieren. Darstellungen mit Flat und Gouraud Shading oder sogar als Drahtmodell sind bereits nach noch kürzerer Zeit fertig berechnet. Der Speedup steigt mit wachsender Laufzeit des sequenti-

ellen Algorithmus sogar an, weil der Einfluß der Initialisierung des Netzwerks relativ zurückgeht. Daraus folgt der Effekt, daß die Laufzeit des parallelen Algorithmus nicht proportional mit der Komplexität der Szene ansteigt, und der Betrachter bereits nach vergleichsweise kurzer Zeit das fertige Bild sieht. Verkürzt wird die Wartezeit besonders durch die erste Parallelisierung, die jedes berechnete Teilbild sofort ausgibt und so den Betrachter den Bildaufbau mitverfolgen läßt. Insbesondere zeigte sich dies in der praktischen Anwendung bzw. während der Präsentation auf Ausstellungen. Dort wurde die erste Parallelisierung weitaus öfter verwendet, da sie sich auch didaktisch hervorragend zur Darstellung des Ablaufs einer parallelen Berechnung, eben im Sinne des *parimod*-Entwurfskonzepts, einsetzen läßt.

## 3.2 Der parallele Ray-Tracer *pray*

Der parallele Ray-Tracer *pray* (parallel ray tracer) wurde ebenfalls in occam2 implementiert und ist voll in das *parimod*-System integriert (vgl. Abbildung 1), d.h. *ism* kann zur Eingabebeschreibung und *grafik* als Ausgabe von *pray* genutzt werden. Im Gegensatz zu *pcg* werden durch *pray* die Szenen jetzt parallel nach dem Ray-Tracing-Verfahren berechnet (vgl. dazu [Gla89] oder [FDFH90]).

Im Unterschied zum bisher vorgestellten Verfahren der Schattierungsalgorithmen, die nach dem Prinzip der Viewing-Pipeline arbeiten, sieht ein Betrachter einen Punkt auf einem Objekt nicht mehr als das Resultat der Beziehung dieses Punkts bzw. der zugehörigen Fläche zu den direkten Lichtquellen, die von diesem Punkt aus sichtbar sind, sondern als eine Komposition von Strahlen anderer Flächen bzw. Lichtquellen der Szene, die sich in diesem Punkt vereinigen. In Abbildung 8 ist dieser Sachverhalt schematisch für den Punkt P dargestellt.

Da aber die Berechnung der einzelnen Objektpunkte, ausgehend von den Lichtquellen der Szene, viel zu aufwendig ist, wird beim Ray Tracing rückwärts vorgegangen. Die zugrundeliegende Idee besteht darin, anstatt von den Lichtquellen, vom Betrachterstandpunkt aus einen Sehstrahl durch die Mitte eines jeden Pixels der View Plane zu legen. Für diesen Strahl wird danach der Schnittpunkt mit dem ersten getroffenen Objekt bestimmt. Trifft der Strahl auf kein Objekt, erhält das Pixel die Hintergrundintensität. Ist das getroffene Objekt als spiegelnd charakterisiert, wird der Reflexionsstrahl weiter verfolgt. Bei einem transparenten Objekt wird zusätzlich noch der gebrochene Strahl weiter berechnet.

Daraus ergibt sich für die Szenenbeschreibung, daß nicht nur die Geometrie der Szene spezifiziert sein muß, sondern auch die optischen Eigenschaften der einzelnen Objekte gegeben sein müssen. Zur Berechnung von Schatten wird von jedem Schnittpunkt zwischen dem verfolgten Strahl und einem Objekt zu jeder Lichtquelle ein zusätzlicher Strahl ausgesandt. Trifft dieser Strahl auf ein blockierendes Objekt, dann liegt der Schnittpunkt im Schatten der entsprechenden Lichtquelle, und das von ihr ausgestrahlte Licht geht in die Berechnung der Intensität des Punkts nicht ein. Durch diese Beschreibung des Ray-Tracing-Verfahrens wird bereits deutlich, daß durch die Unabhängigkeit der Strahlen, die vom Auge aus durch die einzelnen Pixel gesendet werden, eine Aufteilung des Bildraums als eine einfache, aber leistungsstarke Möglichkeit der Parallelisierung angesehen werden kann, die schematisch in Abbildung 9 dargestellt wird.

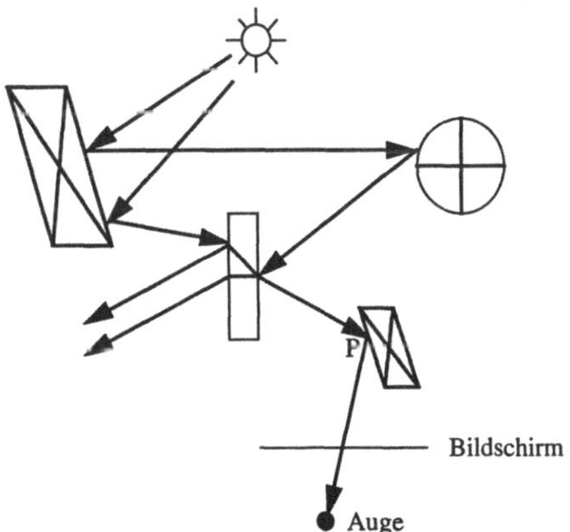


**Abbildung 8:** Prinzip der Strahlverfolgung

Viele implementierte Systeme (vgl. [Gla89] oder [Gre91]) beschreiten diesen Weg, wobei sie sich dann aber in Details, wie etwa der Lastverteilung, unterscheiden. Letztendlich erzielt aber jede dieser Varian-

ten gute Ergebnisse in bezug auf den Speedup aufgrund des enormen Rechenzeitbedarfs des Ray-Tracing-Verfahrens.
Auch in *pray* wird deshalb die Bildraumaufteilung zeilenweise vorgenommen, d.h. jeder Netzwerk-Transputer berechnet eine Zeile des Bildes. Bei Beendigung der Rechnung wird die fertige Zeile an das GDS gesendet und zusätzlich eine Meldung an den Host-Transputer. Danach kümmert sich der Prozessor wieder um einen neuen Job, d.h. um eine neue Bildzeile.

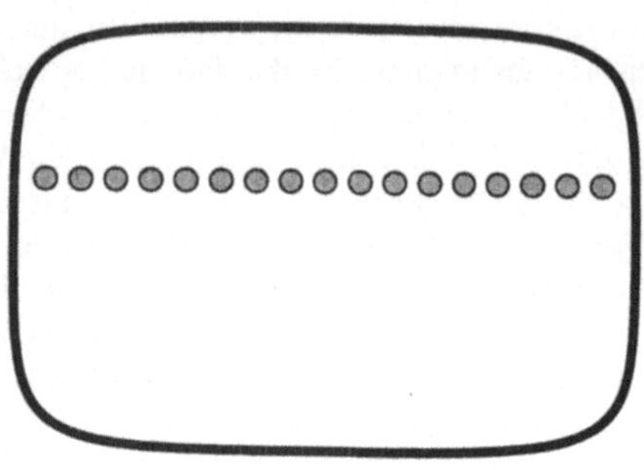

**Abbildung 9:** Zeilenaufteilung

Die Meldung an den Host-Transputer dient zur Buchhaltung der verschickten bzw. ausgeführten Jobs, so daß nach Beendigung aller Jobs die Terminierungsphase vom Host-Transputer eingeleitet werden kann. Der Host-Transputer ist verantwortlich für das Erzeugen der einzelnen Jobs, die dann ins Netzwerk gesendet werden und dort von den einzelnen Netzwerk-Transputern nach einem Verfahren untereinander aufgeteilt werden, das unabhängig von der Prozessortopologie ist, und im folgenden noch genauer beschrieben wird. Da Bilder, die mit dem Ray-Tracing-Verfahren erzeugt worden sind, ihre ganze Schönheit bzw. fotorealistische Qualität erst auf einem True-Color-Monitor entfalten, ist die Ausgabe von *pray* auch nur auf dem GDS vorgesehen.
Bei den ernormen Rechenzeiten der Ray-Tracing-Bilder ist es aber auch nötig, die fertigen Ergebnisse abspeichern zu können. Aus diesem Grunde kann *pray* nach Beendigung der Rechnung das Bild mit Hilfe von *grafik* abspeichern, um es z.B. unter dem X-Window-System zu verarbeiten oder um es zu einem späteren Zeitpunkt direkt wieder auf dem GDS anzeigen zu können. Alle Prozessoren im Netzwerk sind in *pray* die sogenannten Netzwerk-Transputer, die für die Berechnung des Bildes verantwortlich sind. Die gesamte Szeneninformation muß deshalb auf diesen Prozessoren vorhanden sein und wird deshalb sofort beim Aufruf des Prozesses als Parameter übergeben. Dies erzeugt natürlich einen gewissen Speicheroverhead, der aber aufgrund der besseren Auslastung der einzelnen Prozessoren gegenüber anderen Methoden in Kauf genommen werden kann.
Zusätzlich zum bisherigen Algorithmus ist in *pray* noch zu Beginn eine dynamische Spannbaumberechnung, mit Host-Transputer und GDS als Wurzeln, auf jedem Prozessor implementiert. Obwohl auch für *pray* im Verlauf der Entwicklung ein *deBruijn*-Netzwerk verwendet wurde, dessen kürzeste Wege einfach zu bestimmen sind (vgl. [Leig92]), hat diese Berechnung den Vorteil, daß sie netzwerkunabhängig ist. Auch hier fällt natürlich der zusätzliche Kommunikationsaufwand gegenüber der enormen Rechenzeit zur Berechnung der Bilder nicht belastend ins Gewicht. Die ansonsten eher einfache Parallelisierungsidee erfährt durch diese dynamischen Berechnungen der kürzesten Wege von jedem Prozessor im Netz zu den Wurzeln des Spannbaums eine Aufwertung, durch die eine universelle Einsetzbarkeit des Back-End *pray* erreicht wird.
Die naheliegendste Parallelisierung des Ray-Tracing-Verfahrens ist auch, von der Effizienz her betrachtet, die beste. Wie aus der Beschreibung schon zu vermuten ist, liegt, in der Phase der Berechnung, in der alle Prozessoren jeweils eine Zeile des Bildschirms in Bearbeitung haben, eine nahezu optimale Lastverteilung vor. Während der Endphase, in der es im schlimmsten Fall vorkommen kann, daß z.B. nur noch ein Prozessor eine ganze Zeile zu berechnen hat, während für alle anderen keine Jobs mehr vorhanden sind, kommt es natürlich zu Effizienzverlusten. Diese könnten eventuell durch eine feinere Aufteilung dieser Zeilen vermieden werden. Die mit *pray* gemachten Versuche und Zeitmessungen zeigen jedoch, daß der Aufwand für das Feststellen einer solchen Situation bzw. das Verteilen und Einsammeln der kleineren Zeilen-

stücke sich nicht notwendigerweise beschleunigend sondern sogar verlangsamend auswirkt. Da dies jedoch auch wieder stark szenenabhängig ist, kann im Mittel damit gerechnet werden, daß nur wenig Effizienzverlust auftritt, wenn dieses Phänomen unberücksichtigt bleibt. Die Startphase, in der ja auch nicht alle Prozessoren zur gleichen Zeit mit Arbeit versorgt sind, ist so kurz, daß sie ebenfalls nicht ins Gewicht fällt.
Allgemein wurden auch für dieses Verfahren stark unterschiedliche Bilder auf bis zu 64 Transputern berechnet. Es ergab sich eine mittlere Effizienz von etwa 90%, was auf eine gute Parallelisierung schließen läßt. Ein Teil des Effizienzverlusts ist bereits beschrieben worden. Der andere Teil ist die Folge des Kommunikationsoverheads, der wegen der dynamischen Berechnung der kurzen Wege entstanden ist, was aber durch die erhaltene Topologieunabhängigkeit bzw. universelle Einsetzbarkeit aufgewogen wird. Wird die Effizienz mit der von anderen parallelen Verfahren verglichen, so liegt sie im oberen Bereich.
Nichtsdestotrotz ist die Herstellung von Ray-Tracing-Bildern auch nach wie vor noch eine ziemlich aufwendige Angelegenheit. Die absolute Rechenzeit einzelner Bilder bewegt sich, auch trotz der Parallelisierung mit 64 Transputern, immer noch bei einer Auflösung von 800 × 600 Pixeln im Bereich von mehreren Minuten, so daß von interaktiver Anwendung des Ray Tracing im *parimod*-System keine Rede sein kann. Im Vergleich mit der Rechenzeit der sequentiellen Version kann aber die Wartezeit von mehreren Minuten schon als ziemlich kurz angesehen werden, mußte sonst zwischen Start und Ende der Berechnung auf Einprozessorsystemen meistens eine Nacht einkalkuliert werden. Eine besonders hohe Rechenzeit kann aber auch immer dann noch mit der parallelen Version erreicht werden, je größer der Anteil an spiegelnden und durchsichtigen Objekten in der Szene wird. Für große Bilder mit hoher Anzahl von Pixeln sollte das Ray-Tracing-Verfahren nach wie vor als high-quality Back-End angesehen werden, wobei zum Erstellen der Szene die Verfahren bzw. Parallelisierungen aus Abschnitt 3.1 verwendet werden sollten. Zum Abschluß kann das Bild dann mit dem Ray-Tracing-Verfahren dargestellt werden.
Da zusätzlich auch bei kleinen Bildgrößen (z.B. 256 × 256) Effekte, wie etwa Spiegelungen und Brechungen, gut beobachtet und schnell berechnet werden können, ist *pray* eine sinnvolle Ergänzung bzw. nicht mehr wegzudenkende Eigenschaft des *parimod*-Systems, die die Vorteile transputerbasierter Multiprozessorsysteme dokumentiert.

## 3.3 Das parallele Animationsprogramm *panim*

Mit dem parallelen Animationsprogramm *panim* (parallel animation tool) wird das *parimod*-System komplettiert (vgl. Abbildung 1). Es ist die konsequente Fortsetzung der parallelen Programme *pcg* und *pray*, in denen das Transputer-Netzwerk zur Parallelisierung der Berechnung einzelner Bilder benutzt wurde und ist ebenfalls in occam2 programmiert worden.

### 3.3.1 Topologie

Damit die Chancen einer Echtzeitanimation auf Transputern überhaupt realistisch eingeschätzt werden können, wurde zunächst eine genaue Analyse der zur Verfügung stehenden Hard- und Software (vgl. dazu [INM88a/b/c], [INM89], [PAR89] und [PAR90a/b])vorgenommen und mehrere mögliche Topologien umfangreich untersucht (vgl. [Zep93]).
Als Ergebnis läßt sich festhalten, daß die Überwindung des Flaschenhalses, der entsteht, wenn die fertig berechneten Bilder aus dem Netzwerk zum GDS übertragen werden sollen, nur durch eine ausgefeilte Programmierung erzielt werden kann, denn auf den Links kann eine Übertragungsgeschwindigkeit von maximal 20 MBits/Sek in beiden Richtungen erreicht werden, ohne die CPU nennenswert zu belasten. Diese Werte lassen hoffen, daß für Bilder in einer Auflösung von 256 × 256 Pixeln Bildfrequenzen erreichbar sind, die irgendwo zwischen den für die Echtzeitanimation gewünschten 24 Bildern und den mindestens benötigten 15 Bildern pro Sekunde liegen, denn ab einer solchen Frequenz nimmt das Auge die Bilder als Folge und nicht mehr als Einzelbilder war. Abbildung 10 zeigt die aus den Überlegungen resultierende Topologie, die im weiteren Verlauf als Zwölfer-Pipeline bezeichnet wird.
Um die hier angesprochene Transferrate aber auch wirklich zu erreichen, sollten die Links

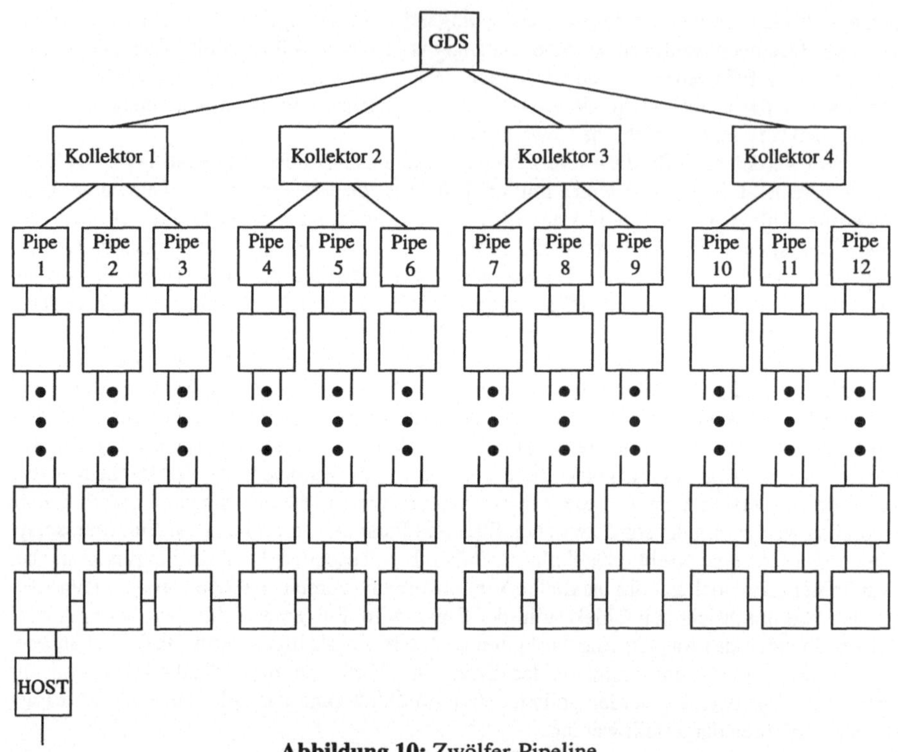


**Abbildung 10:** Zwölfer-Pipeline

viele, möglichst große Datenpakete übertragen, d.h. in Abbildung 10 müssen aus dem Netzwerk ständig Daten zum GDS-Transputer gesendet werden und dieser muß ständig über seine vier Links diese Daten empfangen.

Die Zahl der Pipelines, in der jeweils ein Bild der Animationssequenz berechnet wird, beträgt zwölf, und die Funktion der Prozessoren, die direkt mit dem GDS verbunden sind, ist die eines Zwischenpuffers für drei berechnete Bilder, die aus den einzelnen Pipelines aufgenommen werden können. Aus diesem Grunde werden diese Prozessoren als Kollektoren bezeichnet. Durch die Einführung dieser Kollektoren wird offensichtlich der Durchsatz an Bildern erhöht. Die Verbindung aller Pipelines mit dem Host-Transputer wird durch die freien Links der Prozessoren, die am Anfang jeder Pipeline plaziert sind, hergestellt. Auch diese Topologie ist skalierbar und nutzt alle Linkverbindungen aus.

Bei der Animation hat nun jede Pipeline nur noch jedes zwölfte Bild zu berechnen, wobei die drei Pipelines, die gemeinsam an einem der vier Kollektoren hängen, nicht jeweils aufeinanderfolgende Bilder berechnen, sondern um vier Bilder versetzte Berechnungen durchführen, wie es in Abbildung 11 schematisch dargestellt ist.

Durch diese geschickte Verteilung der Berechnungen der Einzelbilder auf die verschiedenen Pipelines kann das GDS weiterhin auf seinen Links der Reihe nach vier aufeinanderfolgende Bilder erhalten. Ebenso wird die Gefahr der ruckartigen Bildanzeige durch diese Einteilung weitestgehend vermieden, wenn die Berechnungszeiten für ein einzelnes Bild in jeder Pipeline klein gehalten werden können. Auf dem GDS entsteht durch viermaliges Abfragen der Links in der Reihenfolge von links nach rechts die Bildfolge i + 0 bis i + 11.

Der Berechnungsspielraum pro Bild, der in der Zwölfer-Pipeline für jedes Bild zur Verfügung steht, beträgt etwa eine halbe Sekunde, wenn 24 Bilder pro Sekunde erzeugt werden sollen. Doch die auftretenden Verluste durch die Kommunikation und die Bildanzeige verlangsamen

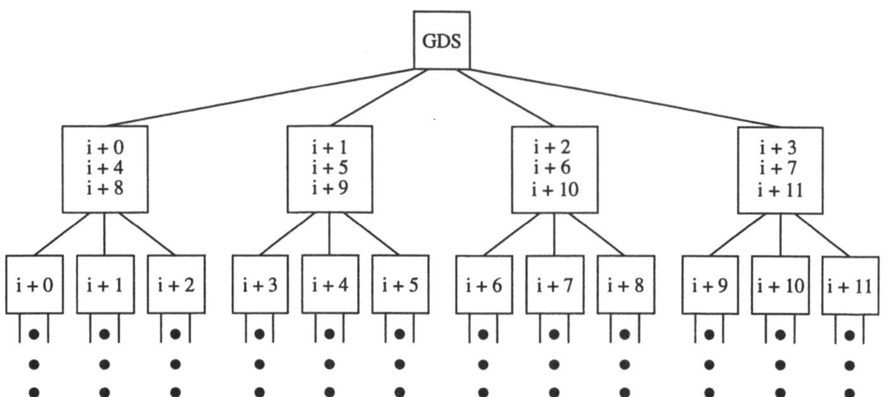


**Abbildung 11:** Einzelbildberechnung in Zwölfer-Pipeline

die Frequenz etwas, so daß mit dieser Topologie letztendlich 18 Bilder pro Sekunde in einer Auflösung von $256 \times 256$ Bildpunkten erreicht worden sind.
Durch die Skalierbarkeit der Zwölfer-Pipeline, die dadurch erreicht wird, daß aus der Mitte der zwölf Pipelines jeweils Prozessoren eingefügt oder weggenommen werden können, ist der Einsatz von *panim* auf unterschiedlich vielen Prozessoren möglich. Werden der GDS-Transputer und der Host-Transputer mitgezählt, so beginnt die kleinste Topologie bei 30 Prozessoren, da mindestens zwei Prozessoren in jeder Pipeline vorhanden sein müssen. Die volle Leistungsfähigkeit, auf dem für diese Arbeit zur Verfügung stehenden System, wurde jedoch erreicht, wenn in jeder Pipeline 5 Transputer zur Verfügung stehen und somit insgesamt 66 Transputer zur parallelen Berechnung eingesetzt werden.

### 3.3.2 Parallele Bildberechnung

Wie schon in den vorigen Abschnitten beschrieben, wird in jeder Pipeline genau ein Bild berechnet, wobei das Gouraud Shading und die z-Buffer-Technik zur Schattierung der Szenen verwendet werden. Die Beleuchtung der Szenen wird durch Progressive Refinement Radiosity (vgl. [GCT86] und [CCWG88]) iterativ auf dem Host-Transputer berechnet, und in Intervallen werden die Teilergebnisse auf die einzelnen Pipelines verteilt. Je länger sich also der Benutzer in der Szene aufhält, egal ob stehend oder fortbewegend, desto realistischer werden die Beleuchtungsverhältnisse dargestellt.
Die Aufteilung des z-Buffers geschieht in jeder Pipeline in Form einzelner horizontaler Streifen, wobei zu Beginn jeder Prozessor in der Pipeline die gleiche Anzahl von Zeilen erhält. Da aber diese statische Aufteilung zu Beginn und natürlich auch während der Animation zu stark unterschiedlich ausgelasteten Prozessoren führen kann und in der Regel auch führt, wird ein dynamischer Lastenausgleich zwischen den Prozessoren der einzelnen Pipelines während der Berechnung der Bilder durchgeführt. Dazu werden die Zeiten, die für die Berechnung der jeweiligen z-Buffer für das letzte Bild auf jedem Transputer der Pipeline benötigt wurden, genau wie die fertigen Bilder selbst, vom Anfang der Pipeline zum Ende gesendet. Dies geschieht mit Hilfe eines Prozesses und über die zweite Linkverbindung der Prozessoren in den Pipelines. Der Prozessor am Ende einer Pipeline berechnet nun den Mittelwert aus den Zeiten zur Berechnung der einzelnen z-Buffer und führt danach, falls es Prozessoren gibt, die von diesem Wert abweichen, eine neue Aufteilung der Grenzen bzw. der Zeilen durch. Danach ist die Last der einzelnen Prozessoren wieder gleichverteilt.
Zur Beschleunigung der Zeiten, die zur Berechnung eines Bildes benötigt werden, sind einige Verfahren zur Vorberechnung nicht sichtbarer Flächen und das Halbbild-Verfahren implementiert und eingesetzt worden. Beim Halbbild-Verfahren werden von Bild zu Bild nur die ungera-

den bzw. die geraden Zeilen berechnet. Durch die Frequenz von 18 Bildern bei der Anzeige wird dann jeweils ein Bild aus zwei aufeinanderfolgenden Halbbildern zusammengesetzt. Durch den Einsatz dieser Verfahren zeigte sich jeweils eine deutliche Verringerung des Berechnungsaufwands, so daß ihr Einsatz berechtigt ist. Folglich wurde es möglich, Wohnraumszenen, die aus bis zu 1000 Flächen (Patches) bestehen können, in der erforderlichen Zeit zu berechnen, bei einer Bildfrequenz von 18 Bildern pro Sekunde. Abbildung 12 zeigt die Einsicht in einen Wohnraum, der mit *panim* durchschritten werden kann.

### 3.3.3 Animationsarten

Insgesamt bietet *panim* dem Benutzer drei verschiedene Arten der Animation. Die erste Art, die mit *panim* durchgeführt werden kann, ist die Animation der Bewegung einer Kamera durch eine Szene. Dazu liest *panim* eine von *ism* erstellte Szenenbeschreibungsdatei ein und verteilt die Informationen, die in dieser Datei enthalten sind, auf die einzelnen Netzwerk-Transputer. Danach wird in jeder Pipeline die Berechnung der Einzelbilder durchgeführt, und die Ergebnisse werden mit Hilfe der Kollektoren zum GDS gesendet und dort angezeigt. In allen Pipelines wird zu Beginn das gleiche Bild erzeugt und auch vom GDS jeweils angezeigt, da kein Befehl zur Bewegung vorliegt. Die Befehle zur Bewegung der Kamera werden on line von der Tastatur des Host-Rechners eingegeben, wobei der gegenwärtige Standort und die Blickrichtung immer durch den Normal Reference Point bzw. die Richtung von diesem Punkt zum View Reference Point definiert sind.

Eine von der Implementation im wesentlichen identische Variante der Animation bietet die Flugsimulation. Die Verhaltensweise der Flugsimulation ist eine permanente Vorwärtsbewegung in Blickrichtung, die der Benutzer nun durch Steuerung per Tastendruck in die gewünschten Bahnen lenken kann.

Das Bewegen von einzelnen Objekten durch eine Szene stellt die dritte Art der Animation von *panim* dar. Damit ist gemeint, daß z.B. von einem festen Kamerastandpunkt aus die Bewegung eines bisher feststehenden Objekts in der Szene animiert wird bzw. gesteuert werden kann.

Da diese Kombination der verschiedenen Arten der Animation sehr reizvoll ist und eine natürliche Fortsetzung von Kamerafahrt und Flugsimulation darstellt, ist sie ebenfalls als letzte Funktion in Ansätzen in *panim* implementiert worden und auf ihre Durchführbarkeit getestet worden. Probleme ergeben sich allerdings bei der Beleuchtung der Szene, da sich jetzt die Szenengeometrie während der Animation verändert.

### 3.3.4 Ergebnisse

Wie schon bei den bisher implementierten parallelen Programmen *pcg* und *pray* sind die Ergebnisse, die bei der Echtzeitanimation auf Transputern mit *panim* erzielt werden können, stark abhängig von der Komplexität der Szene. War diese Eigenschaft bei den Programmen *pcg* und *pray* in Form von stark unterschiedlichen Laufzeiten zu beobachten, wobei natürlich komplexere Szenen erheblich längere Rechenzeiten in Anspruch nahmen als einfache Szenen, so steht und fällt aber der Anspruch der Echtzeitanimation bei *panim* insbesondere mit der Komplexität der Szene. Nur wenn in jeder Pipeline des Transputer-Netzwerks aus Abbildung 10 mindestens 1.5 Bilder pro Sekunde erzeugt werden können, so sind die dadurch erzielten 18 Bilder pro Sekunde auch darstellbar.

Trotz dieser, für universelle Prozessoren, erheblichen Einschränkungen an die Rechenzeit, können aber mit *panim* sowohl Kameraanimation als auch Flugsimulation in Innenräumen durchgeführt werden, die eine Komplexität aufweisen, wie die Beispiele in den Abbildungen 12 und 13 zeigen. Dies wird zum größten Teil durch das angewandte Halbbild-Verfahren und die, speziell für diese Topologie entworfene, dynamische Lastverteilung erreicht. Hält sich also der Benutzer an Szenen, in denen etwa 30 Objekte plaziert sind, die für das Progressive Refinement Radiosity in bis zu 1000 kleine Flächen (Patches) unterteilt werden, so kann mit jeweils fünf Prozessoren pro Pipeline diese Bildfrequenz erreicht werden.

Alles in allem bietet *panim* jedoch eine qualitativ sehr gute Animation, die bewußt für dieses

Transputer-System implementiert wurde, um die sich bietenden Möglichkeiten konsequent auszunutzen und dabei aufzuzeigen, was damit machbar ist. Daß auch schon für ein solch kleines System eine gute Animation berechnet werden kann, bewahrt davor immer auf noch mögliche Verbesserungen oder Erweiterungen verweisen zu müssen.
Somit bietet *panim* dem Benutzer, im Rahmen des *parimod*-Systems, ein umfangreiches Werkzeug zur Herstellung und Nutzung von Echtzeitanimation auf universellen Multiprozessor-Systemen.

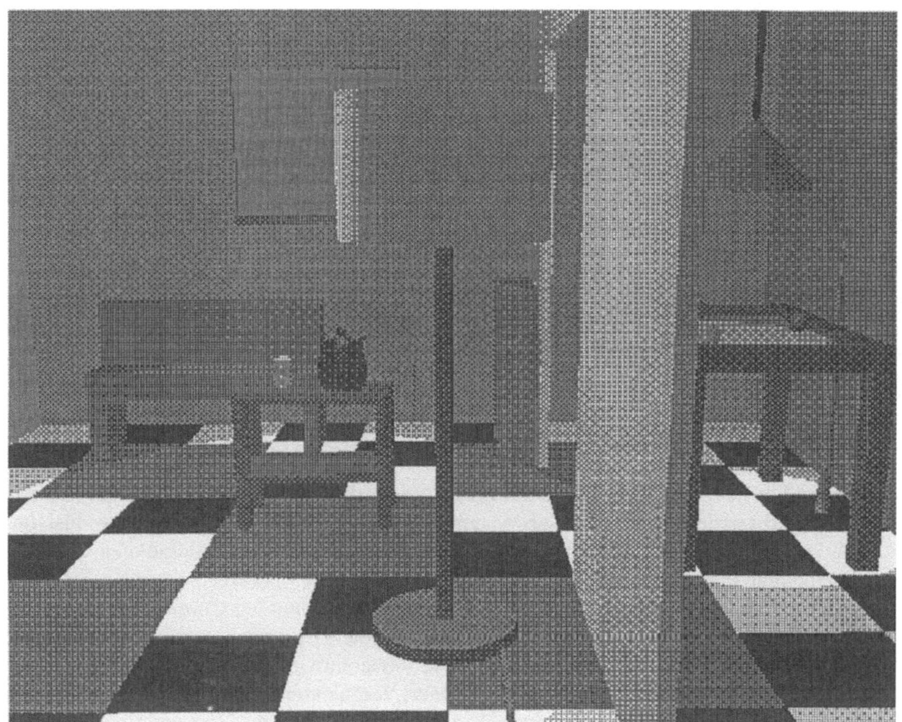

**Abbildung 12:** *parimod*-Beispielszene in Graustufen

## 4. Zusammenfassung und Ausblick

Die Berechnung von fotorealistischen Darstellungen dreidimensionaler Szenen erfordert einen extrem hohen Rechenzeitbedarf und wird dadurch zu einem natürlichen Kandidaten für die Parallelverarbeitung. Obwohl heutzutage immer mehr Systeme, in denen teure Spezialhardware zum Einsatz kommt, speziell zur Lösung dieser Anforderungen gebaut werden, eignen sich aber auch universelle Multiprozessor-Systeme ohne spezielle Graphikeigenschaften aufgrund ihrer Flexibilität und ihrer enormen Rechenleistung für solche Anwendungen.
Das in diesem Artikel vorgestellte *parimod*-System ist der Beweis für diese Behauptung. Die in den vorherigen Abschnitten vorgestellten Ergebnisse zeigen, daß dieser Ansatz einer Verbindung von Parallelverarbeitung und Computergraphik als Beispiel einer Anwendung durchaus zu zufriedenstellenden Resultaten führt. Die Behinderung durch fehlende Spezialhardware kann in weiten Teilen durch die Leistungsfähigkeit des Zusammenschlusses beliebig vieler Prozessoren ausgeglichen werden. Durch den Entwurf effizienter paralleler Methoden, die dann auf diesen Systemen eingesetzt werden, kann ein solcher Nachteil weitestgehend vermindert werden. Im Fall des Ray Tracing können sogar auch erhebliche Verbesserungen erreicht werden. Auch die Ergebnisse aus dem Bereich der Computergraphik, insbesondere der Echt-

zeitanimation, sind gut und ein weiterer Beweis für die große Flexibilität universeller Multiprozessorsysteme.

**Abbildung 13:** *parimod*-Beispielszenen in Graustufen

Das *parimod*-System als Ganzes gesehen liefert somit ein flexibles Beispiel für den Einsatz von transputerbasierten Multiprozessor-Systemen. Insbesondere in der Architektur oder im Bereich der Animation und Visualisierung, z.B. von Molekülen in der Biologie oder Chemie, können mögliche Einsatzgebiete dieses Systems liegen.

So rasant wie die Weiterentwicklung der Parallelverarbeitung und der Computergraphik sich zur Zeit vollzieht, so unvollständig muß das hier vorgestellte System bzw. die durchgeführte Forschung zu diesen beiden Themen bleiben. Die Weiterentwicklung von Hardware ermöglicht es mittlerweile schon mit acht oder mehr Links, Verbindungen vom GDS ins Transputer-Netzwerk zu schalten. Verbindungen vom Host-Transputer zum Host-Rechner sind schneller geworden und haben größere Kapazitäten, so daß auch die Anzeige der Bilder auf dem Host-Rechner komfortabler und schneller bewältigt werden kann. Da aber die erzielten Ergebnisse bewußt auf dem hier zur Verfügung stehenden System gelassen und auch erreicht worden sind, können diese Weiterentwicklungen für die bisher erzielten guten Resultate nur im positiven Sinne zur Verbesserungen führen.

Aus dem weiten Feld der Computergraphik ist zwar schon in dieser Arbeit ein weites Spektrum integriert worden, trotzdem sind aber Themenbereiche, wie etwa das Antialiasing oder das Texture Mapping, noch nicht behandelt worden und müssen somit in den Bereich der weiteren Forschung aufgenommen werden.

Auch der Bereich der interaktiven Szenenmodellierung ist natürlich noch nicht vollständig in diesem System erfaßt worden. Eine weitere sinnvolle Ergänzung, die die interaktive Szenenmodellierung noch erweitern und verbessern würde, ist die Zusammenfassung bzw. Gruppierung von einzelnen Basisobjekten zu einem neuen Objekt, so daß z.B. einzelne Operationen jeweils auf diesem neuen Objekt nur einmal anzuwenden sind.

Allgemeines Fazit ist jedoch, daß die hier vorgestellte parallele Computergraphik und Animation auf Transputern, zusammengefaßt im *parimod*-System, auf der zur Verfügung stehenden Hardware die zu Beginn dieses Artikels gestellten Anforderungen und Ziele zufriedenstellend erfüllt.

## Literatur:

[BaRu84] M. BANAHAN, A. RUTTER, *UNIX lernen, verstehen, anwenden,* Carl Hanser Verlag, 1984

[BoGi82] J.W. BOYSE, J.E. GILCHRIST, *GMSolid: Interactive Modeling for Design and Analysis of Solids*, IEEE, Computer Graphics & Applications 2(2), pp. 27- 40, 1982

[CCWG88] M.F. COHEN, S.E. CHEN, J.R. WALLACE, D.P. GREENBERG, A Progressive Refinement Approach to Fast Radiosity Image Generation, Computer Graphics, Vol. 22, No. 4, Aug. 1988, pp. 75 - 84

[Cro87] F. CROW, *The Origins of the Teapot*, IEEE Computer Graphics & Applications, Vol. 7, No. 1 (Januar 1987), pp. 8 - 19

[FDFH90] J.D FOLEY, A. VAN DAM, S.K. FEINER, J.F. HUGHES, *Computer Graphics: Principles and Practice; Second Edition*, Addison-Wesley, 1990

[GCT86] D.P. GREENBERG, M.F. COHEN, K.E. TORRANCE, Radiosity: A Method for Computing Global Illumination, The Visual Computer, Vol. 2, No. 5, Sept. 1986, pp. 291-297

[Gla89] A.S. GLASSNER, *An Introduction to Ray Tracing*, Academic Press, 1989

[Gre91] A.S. GREEN, *Parallel Processing for Computer Graphics*, The MIT Press, Cambridge MA, 1991

[HHHW91] T.L.J. HOWARD, W.T. HEWITT, R.J. HUBBOLD, K.M. WYRWAS, *A Practical Introduction to PHIGS and PHIGS PLUS*, Addison-Wesley, 1991

[INM88a] INMOS LIMITED, *Occam2 Reference Manual*, Prentice Hall, 1988

[INM88b] INMOS LIMITED, *Transputer Development System*, Prentice Hall, 1988

[INM88c] INMOS LIMITED, *Transputer Reference Manual*, Prentice Hall, 1988

[INM89] INMOS LIMITED, *Transputer Technical Notes*, Prentice Hall, 1989

[JoGo88] G. JONES, M. GOLDSMITH, *Programming in Occam2,* Prentice Hall, 1988

[KeRi83] B.W. KERNIGHAN, D.M. RITCHIE, *Programmieren in C*, Carl Hanser Verlag, 1983

[Leig92] F.TH. LEIGHTON, *Parallel Algorithms and Architectures: Arrays, Trees, Hypercubes*, Morgan Kaufmann Publishers, 1992

[Mänt88] M. MÄNTYLÄ, *An Introduction to Solid Modeling*, Computer Science Press, 1988

[Mor85] M.E. MORTENSEN, *Geometric Modeling*, John Wiley & Sons, 1985

[ORei90a] T. O'REILLY, *X Window System, Volume 1: Xlib Programming Manual; Second Edition*, O'Reilly & Associates, 1990

[ORei90b] T. O'REILLY, *X Window System, Volume 2: Xlib Reference Manual; Second Edition*, O'Reilly & Associates, 1990

[PAR89] PARSYTEC GmbH, *Multi Tool 5.0 Technical Documentation - Transputer Programming Environment*, 1989

[PAR90a] PARSYTEC GmbH, *MultiCluster-2 Technical Documentation - Installation, Expansion and Maintenance Manual*, 1990

[PAR90b] PARSYTEC GmbH, *GDS-2 Graphic Display Subsystem*, 1990

[WaWa92] A. WATT, M. WATT, *Advanced Animation and Rendering Techniques*, Addison-Wesley, 1992

[Zep93] K. ZEPPENFELD, *Parallele Computergraphik und Animation mit Transputern*, DeutscherUniversitätsVerlag, 1993

# 3D-Visualisierung von Struktur- und Kommunikationsaspekten in CSP-basierten Systemen

Brigitta Lange
Frank Steinfath

Fraunhofer-Institut für Graphische Datenverarbeitung
Wilhelminenstr. 7
64283 Darmstadt
Tel.: (06151) 155-237
Email: steinfath@igd.fhg.de

## 1 Überblick

Im folgenden wird ein neues Verfahren zur Präsentation und Evaluierung von Struktur- und Kommunikationsaspekten in CSP-basierten Systemen vorgestellt. Dieses Verfahren zeichnet sich dadurch aus, daß hier durch gezielten Einsatz von 3D-Visualisierungs- und Interaktionstechniken der Entwickler paralleler Software beim Design und der Beurteilung seines CSP-basierten Systems optimal unterstützt wird. Durch eine einheitliche Darstellung der unterschiedlichen Aspekte und Abstraktionsebenen behält der Benutzer die Übersicht über das komplexe Gesamtsystem und gewinnt innerhalb kurzer Zeit mehr Informationen über einzelne Systemkomponenten.

## 2 Einleitung

Im Bereich von CASE-Tools gibt es eine Reihe verschiedener Werkzeuge, die schwerpunktmäßig den Entwurf und das Design von paralleler Software unterstützen. Dabei wurden zunächst rein textuelle Werkzeuge eingesetzt. Durch die Entwicklungen in der Computer-Graphik kamen verstärkt Werkzeuge auf, die auch graphische Repräsentationsformen verwenden ([Koi92], [Stei92]).

Die graphischen Mittel werden hauptsächlich für die Darstellung von Prozeß- oder Prozessortopologien in Form von *Kommunikationsdiagrammen* eingesetzt [Schä92]. Hierbei besteht ein Kommunikationsdiagramm aus Knoten und Kanten, welche die Prozesse oder Prozessoren bzw. die Kanäle oder Links repräsentieren. Darüber hinaus ermöglichen diese Systeme eine Zuordnung von Attributen (Sende- oder Empfangsbereitschaft, Prozessor- oder Kommunikationslast) zu den im Diagramm vorhandenen Symbolen.

Neben Entwurf und Design sind insbesondere bei komplexen Software-Systemen Methoden zur Analyse und Evaluierung bereits spezifizierter oder implementierter Software von großer Bedeutung. In diesen beiden ersten Phasen der Entwicklung stehen eher lokale Beziehungen im Vordergrund. Daher sind textuelle und 2D-graphische Präsentationsformen in vielen Fällen ausreichend. Dagegen wächst in der Evaluierungsphase die Bedeutung globaler Zusammenhänge, die z.B. aus Strukturierung, Hierarchisierung, Schnittstellen und Informationsfluß resultieren. Demnach ist eines der Hauptziele dieser Phase einen Überblick über das Gesamtmodell zu gewinnen. Daher bieten sich gerade 3D-Visualisierungstechniken besonders an.

Im folgenden beschreiben wir das Werkzeug GRAPES-3D, welches zur Visualisierung und Evaluierung von Struktur und Kommunikationsaspekten im 3D eingesetzt wird und auf der graphischen System-Engineering-Sprache GRAPES [Sie90] basiert.

Dazu diskutieren wir zunächst die bei der Entwicklung paralleler Systeme relevanten Modellierungsaspekte sowie die daraus resultierenden Anforderungen an Evaluierungswerkzeuge. Anschließend beschreiben wir die in GRAPES-3D realisierte Funktionalität zur Erfüllung dieser Anforderungen.

## 3 Aspekte der CSP-System-Modellierung

Bei der Modellierung betrachtet der Entwickler das Gesamtsystem als System vorwiegend sequentieller Prozesse, die miteinander kommunizieren. Hierbei lassen sich die beteiligten Prozesse in der Regel zu Prozeßgruppen zusammenfassen und bilden somit eine Hierarchie. Damit erfordert die Entwicklung eines parallelen Systems neben dem Entwurf eines geeigneten Algorithmus auch die Strukturierung des Gesamtsystems. Grundsätzlich stehen dem Entwickler hierfür die Aufteilung des Datenbereichs in Teilbereiche (Bereichsdekomposition) sowie die Aufteilung von Funktionen in Teilfunktionen (funktionale Dekomposition) zur Verfügung. Nach gegebenenfalls kombiniertem Einsatz dieser Dekompositionstechniken bewertet er die gefundene Strukturierung anhand der folgenden Kriterien:

- Abbildbarkeit der Software- auf die Hardware-Toplogie
- Kommunikations- oder Prozessorlast
- Anpassungsvermögen an dynamisch wechselnde Verteilungen von Daten oder zu berechnenden Funktionen.

Das bedeutet der Entwickler benötigt für die Modellierung, die Präsentation, die Evaluierung und die Transformation seiner Lösung geeignete Sprach- und Darstellungsmittel, welche das Modell einschließlich der obengenannten Aspekte vollständig beschreiben.

Die Engineering-Sprache GRAPES hält für die Modellierung und Präsentation drei Arten von Dokumenten bereit. Für die Struktur und Kommunikationsmodellierung werden *Kommunikationsdiagramme* und *Interface-Tabellen* eingesetzt. Kommunikationsdiagramme dienen zur Beschreibung der Verfeinerung eines Prozesses in Unterprozesse und der Darstellung der Kommunikationsbeziehungen der Prozesse durch Kommunikationsstrecken (siehe Abb. 1). Jeder dieser Kommunikationsstrecken ist genau eine Interface-Tabelle zugeordnet, welche die

Struktur der Kommunikationsstrecke in Form von Kanälen und zugehörigen Datentypen beschreibt.

Zur Verhaltens- und Prozeßmodellierung werden *Prozeßdiagramme* verwendet. Diese definieren das Verhalten von Prozessen sowie Prozeduren und Funktionen.

Die Darstellung der Deklarationshierarchie wird in sogenannten *Hierarchiediagrammen*, die den definitorischen Zusammenhang der Modelldokumente beschreiben, vorgenommen. Das heißt in GRAPES wird jeder Aspekt eines Modells separat spezifiziert und dargestellt. Jedoch ist damit eine übersichtliche Präsentation des Gesamtmodells sowie die Analyse globaler Zusammenhänge nicht möglich. Wegen der fehlenden Integration der unterschiedlichen Sichten, werden dem Entwickler Beziehungen zwischen diesen nicht transparent.

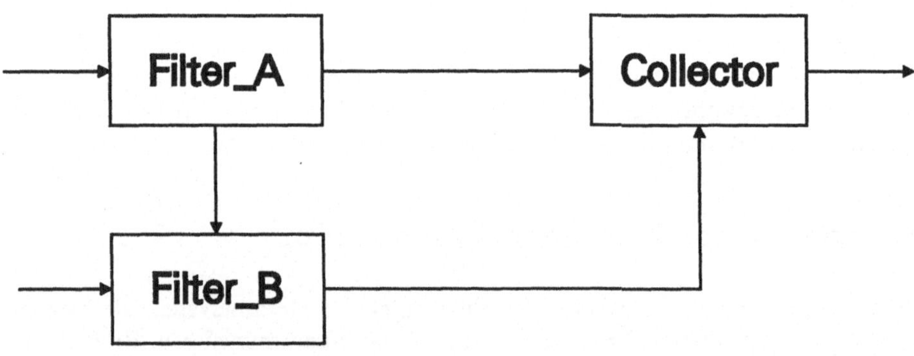


**Abbildung1.** Kommunikationsdiagramm

Aus diesen Gründen wurde auf der Basis von GRAPES das 3D-Visualisierungs- und Evaluierungswerkzeug GRAPES-3D entwickelt, welches den Anwender durch eine integrierte Darstellung sowohl über lokale als auch über globale Aspekte eines Modells informiert.

## 4 3D-Visualisierungs- und Evaluierungsmethoden

### 4.1 3D-Visualisierung

Ausgangsbasis für die Visualisierung und Evaluierung CSP-basierter Modelle ist in GRAPES-3D die Modellpyramide (siehe Abbildung 2). Sie repräsentiert die Gesamtheit aller im Modell vorhandenen Prozesse und Kanäle einschließlich ihrer Topologie. Dabei werden die unterschiedlichen Abstraktionsniveaus, die sich durch die Strukturierung der Prozesse in Teilprozesse ergeben, als Ebenen innerhalb der Pyramide dargestellt. Jede Ebene besteht dabei wieder aus Prozeßgruppen, die jeweils die Verfeinerung eines auf dem übergeordneten Niveau sichtbaren Prozesses bilden und somit den Kommunikationsdiagrammen entsprechen.

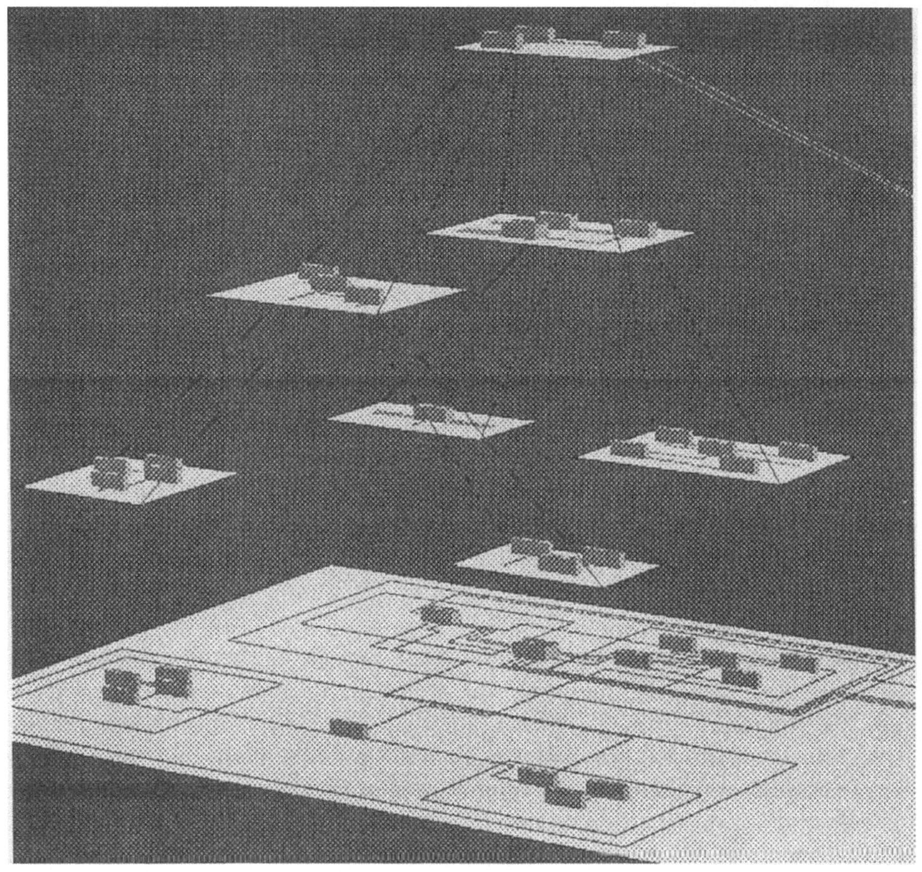

**Abbildung 2.** Modellpyramide

Die Modellpyramide erlaubt somit die integrierte Darstellung der orthogonalen Strukturierungsaspekte Topologie und Hierarchie. Der Vorteil dieser 3D-Darstellung liegt dabei insbesondere in der übersichtlichen und kompakten Präsentation von Beziehungen und Zusammenhängen zwischen Systemkomponenten.

## 4.2 Strukturevaluierung

Einerseits kann der Betrachter nun versuchen, den inneren Aufbau dieser Modellkomponente zu verstehen; dies geschieht dann losgelöst und völlig unabhängig vom Gesamtmodell, in das die Komponente integriert ist. Andererseits hat er die Möglichkeit, die Modellkomplexität zu reduzieren, indem er die Komponenten aus der Betrachtung des Gesamtmodells ausschließt, deren Aufgaben bzw. Funktionsweise ihm bekannt sind. GRAPES-3D stellt hierfür ein Selektionsmenu mit einer Reihe von Auswahlmöglichkeiten zur Verfügung.

Da die Strukturprozesse eine Modellkomponente in eine überschaubare Anzahl von Unterprozessen aufspalten bzw. gliedern, liefern sie für den Betrachter einen wesentlichen Beitrag zum Verständnis des gesamten Modells. Unterstützt wird dies durch die Bereitstellung von 3D-Interaktionstechniken, die eine Betrachtung der selektierten Modellteile aus beliebiger Perspektive zulassen.

## 4.3 Kommunikationsevaluierung

Während bei dieser Betrachtung der Aspekt der Strukturierung im Vordergrund steht, ergibt sich als nächste Fragestellung, welche Prozesse an der eigentlichen Ausführung des Programmkodes bzw. welche Kanäle und Ports an der Nachrichtenübermittlung beteiligt sind. Diese Fragen lassen sich mit Hilfe einer als *Prozeßebene* bezeichneten Darstellung beantworten. Ihr besonderer Vorteil liegt in der gleichzeitigen Präsentation aller an der Prozeßausführung beteiligten Komponenten. Die Strukturierung ist auf ihr zwar noch erkennbar, tritt jedoch gegenüber Kommunikationsaspekten in den Hintergrund.

Hierbei steht das Wort Kommunikationsaspekt für alles, was mit dem Austausch von Nachrichten zwischen Prozessen in Verbindung gebracht werden kann. Die beiden Dokumente Kommunikationsdiagramm und Interface-Tabelle legen den Nachrichtenaustausch zwischen Prozessen fest. Beide Dokumente zusammen definieren die Kanalstrukturen, die die einzelnen Prozeße miteinander verbinden. Die Datenstrukturdiagramme beinhalten den Aufbau der Nachrichten, die jeweils ausgetauscht werden. Die Kanäle können dabei allerdings über eine beliebige Anzahl von Strukturprozessen verlaufen. Dies ist gerade in komplexen Modellen, die mehrere Abstraktionsebenen enthalten, nur sehr schwer zu verfolgen. Daher ist in GRAPES-3D ein Konzept zur Visualisierung der Kommunikationsaspekte entwickelt worden, mit Hilfe dessen der Betrachter durch wenige Interaktionen erfährt, wie sich die Kommunikationsbeziehungen über mehrere Abstraktionsebenen hinweg entwickeln.

Über ein Kommunikationsmenu können sämtliche Kommunikationsbeziehungen im Modellkontext visualisiert werden. Dazu gehören die Verläufe der Kommunikationswege, die Prozeßschnittstelle, die jeweils sendenden und empfangenden Prozesse, der Nachrichtenaustausch zwischen Prozessen und das Auftreten von bestimmten Nachrichtentypen innerhalb eines Modells.

Wegen des engen Zusammenhangs zwischen Nachrichtentypen, Datentypen und Variablendeklarationen benötigt der Entwickler ein Hilfsmittel zur Bestimmung des Typaufbaus einschließlich des Gültigkeitsbereichs. Daher ist in GRAPES-3D außerdem eine Komponente zur Anzeige von Nachrichten- und Datentypen inklusive deren Gültigkeitsbereich integriert. Damit hat der Entwickler die Möglichkeit die Modellgranularität bezüglich der Typen und Variablendeklarationen in übersichtlicher Weise zu beurteilen und damit die Verteilbarkeit auf eine möglichst große Zahl von Prozessoren zu ermitteln.

Da GRAPES-3D sprachunabhängig ist, können von diesen Ergebnissen nicht nur alle Entwickler CSP-basierter Systeme profitieren sondern auch alle diejenigen, die ein bereits spezifiziertes Modell vorgestellt bekommen. Die Funktionsweise von GRAPES-3D soll im folgenden anhand eines Anwendungsbeispiels erläutert werden.

# 5 Anwendungsbeispiel verteiltes Rendering

Exemplarisch wird nun eine verteilte Implementierung einer Rendering-Pipeline zur Erzeugung von schattierten Szenen mit Hilfe von GRAPES-3D visualisiert und analysiert. Ziel bei der Verteilung der Rendering-Pipeline auf einem Transputernetzwerk ist die Beschleunigung des Bildgenerierungsprozesses; dabei soll unabhängig von der Anzahl der zur Verfügung stehenden Prozessoren eine optimale Auslastung garantiert sein. Dazu wurde die Rendering-Pipeline in geeignete Tasks unter größtmöglicher Beibehaltung der ursprünglichen Programmstruktur unterteilt und eine Kombination von Parallelisierungs- und Pipelining-Strategie verfolgt. Das bedeutet, zur Parallelisierung werden mehrere Rendering-Pipelines

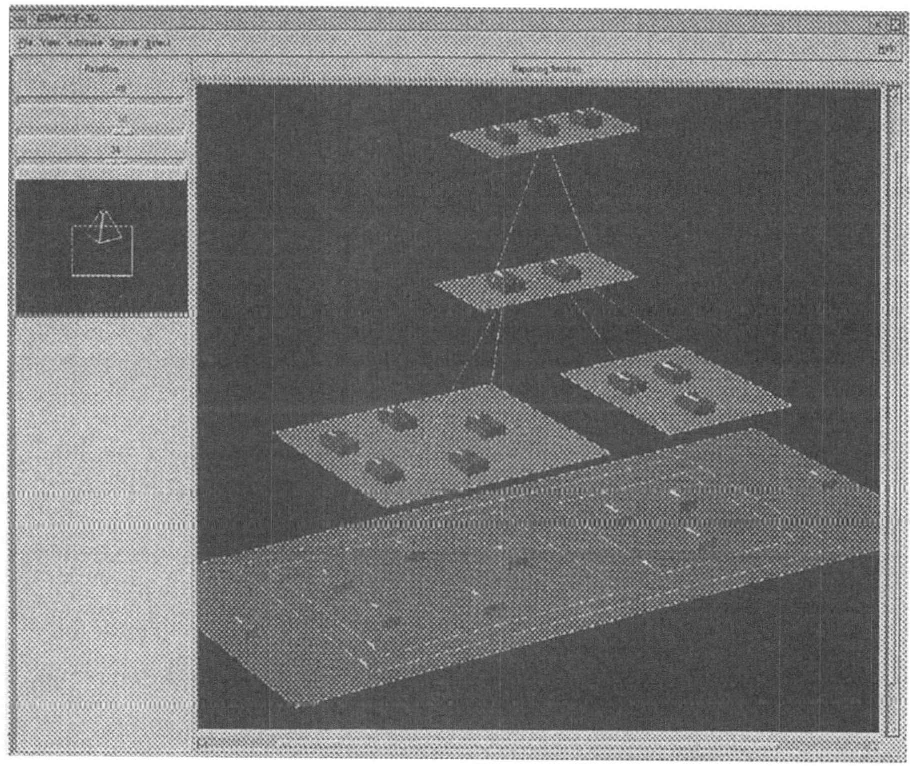

**Abbildung3.** Überblick verteiltes Rendering

auf Prozessoren verteilt, wobei jede Pipeline ein Objekt der Szene verarbeitet und somit als ein Prozeß aufgefaßt werden kann. Die Anzahl der parallelen

Prozesse ergibt sich dann aus der Anzahl der Szenenobjekte. Um jedoch einen Engpaß bei der graphischen Ausgabe zu vermeiden, und eine Leistungssteigerung jeder einzelnen Pipeline zu erreichen wurde zusätzlich eine Verteilung der Rendering-Pipeline auf funktionaler Basis vorgenommen. Dies entspricht einer Pipelining-Strategie, bei der jede einzelne Rendering-Pipeline in die Prozesse Objektgenerierung und Fill-Area-Verarbeitung, gegliedert wird. Der Objektprozeß umfaßt dabei das Generieren eines geometrischen Objekts als Modell bestehend aus einer Folge von graphischen Primitiven (Fill-Areas). Der Fill-Area-Prozeß beinhaltet den gesamten Transformationsprozeß sowie Beleuchtung, Triangulierung, Gouraud-Schattierung und Scanline-Generierung [Lan92]. Da der Fill-Area-Prozeß typischerweise den größten Zeitaufwand benötigt, wird jede Rendering-Pipeline mit mehreren Fill-Area-Prozessen ausgestattet. Ein Manager-Prozeß, der an erster Stelle in der Baumstruktur des Netzwerks liegt, übernimmt die Aufgabe des Controller Tasks bei der Ausgabe von Bildsequenzen. Die Struktur der beschriebenen Netzwerkkonfiguration läßt sich wie folgt mit GRAPES-3D verdeutlichen.

## 5.1 GRAPES-3D Strukturevaluierung

Nach dem Einlesen der Prozeßstrukturen verschafft sich der Benutzer mit Hilfe der Gesamtpyramide einschließlich der Prozeßebene (Abb. 3) einen Überblick. Im Bild ist dabei die Gliederung des Modells in drei Abstraktionsebenen deutlich zu erkennen. Die die Modellpyramide nach unten abschließende Prozeßebene erscheint als Projektion der über ihr definierten Symbole und Diagramme, wobei ausführende Prozesse als Symbole und Strukturprozesse als Teilprozesse umfassende Systemgrenzen dargestellt sind.

**Abbildung4.** Virtual-Sphere

**Abbildung5.** Die Rendering-Pipeline

Da insbesondere bei komplexen Modellen eine Ansicht nur einen Blick auf einen im Vordergrund liegenden Ausschnitt der Modellpyramide erlaubt, wird der Benutzer nun weitere Ansichten einstellen. Er verwendet hierzu eine *Virtual-Sphere* (Abb. 4) [Chen88]. Sie erlaubt eine intuitive Handhabung von dreidimensionalen Szenen unter Verwendung zweidimensionaler Eingabegeräte (in GRAPES-3D eine Maus). Die der Interaktion zu Grunde liegende Metapher ist *Scene-in-Hand*, d.h. jede mit der Virtual-Sphere ausgeführte Operation wirkt so, als hätte der Benutzer die Pyramide in seiner Hand. Bei der Analyse neuer Modelle bietet sich nach einem Gesamtüberblick eine Top-Down Vorgehensweise an, daher wenden wir uns zunächst der obersten Ebene zu.

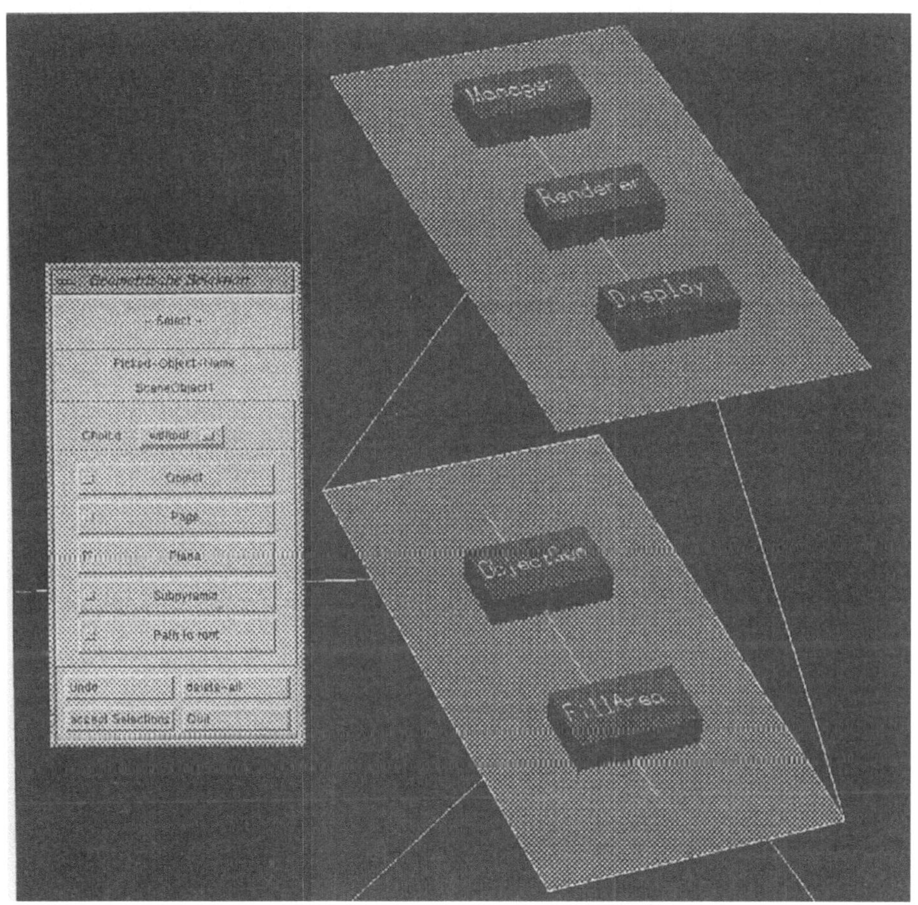


**Abbildung 6.** Verfeinerung des Rendering-Prozesses

Das implementierte Netzwerk läßt sich auf dem obersten Abstraktionsniveau in die drei Prozesse Manager, Rendering und Display gliedern und bildet somit die Spitze der GRAPES-3D Prozeßpyramide. Anhand des Verlaufs der Kommunikationsstrecken kann man die Pipelinestruktur erkennen (Abb. 5).

Der Rendering-Prozeß ist logisch in die Prozesse Objektgenerierung und Fill-

Area unterteilt und wird somit zur Verdeutlichung der Hierarchie auf einer weiteren Verfeinerungsebene der Pyramide dargestellt (Abb. 6). Um die Verfeinerung des Rendering-Prozesses hervorzuheben ist der restliche Teil der Prozeßpyramide ausgeblendet; den Modellausschnitt erhält man dabei in einfacher Weise über das geometrische Selektionsmenue. Eine weitere Möglichkeit der Hervorhebung bestimmter Aspekte ist durch die Operation Highlight gegeben, die ein farbliches Absetzten der selektierten Modellteile bewirkt.

Zur Parallelisierung wurden in Abhängigkeit von der Anzahl der Szenenobjekte mehrere Rendering-Pipelines, die jeweils ein Objekt verarbeiten, auf Prozessoren verteilt. Um eine bessere Auslastung der einzelnen Objektprozesse zu erzielen, sind diese zur Lastverteilung miteinander über Kanäle verbunden. Damit ergibt sich die Unterstruktur für den Objektgenerierungsprozeß wie in (Abb. 7).

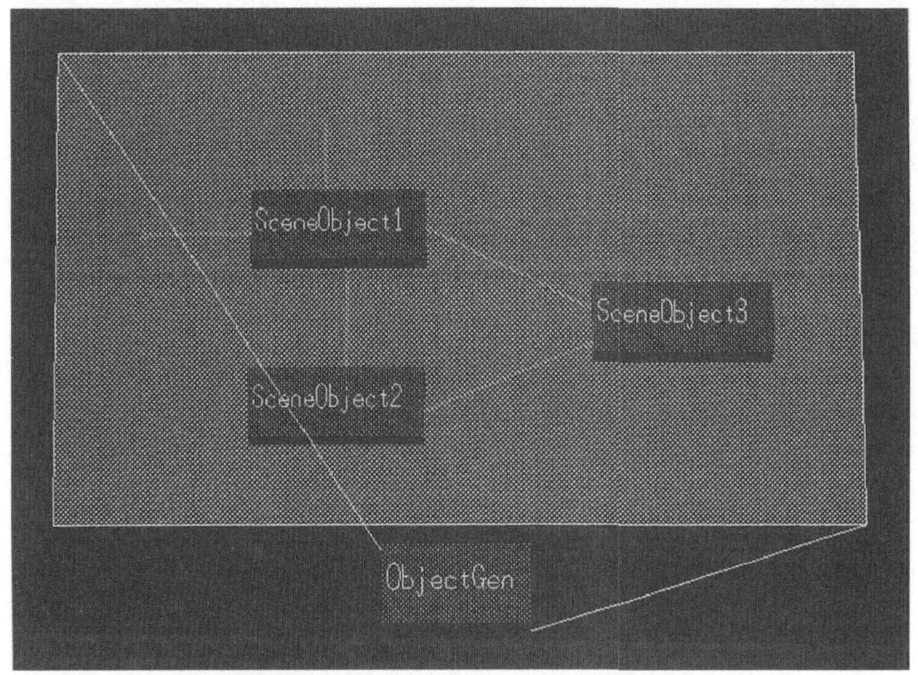


**Abbildung7.** Der Objektgenerierungsprozeß

Setzt sich ein Szenenobjekt aus mehreren hundert Ausgabeprimitiven zusammen und wird dieses von vielen verschiedenen Lichtquellen beleuchtet, dann benötigt der Fill-Area-Prozeß den größten Zeitaufwand. Aus diesem Grund ist in der vorliegenden Implementierung auch der Fill-Area-Prozeß substrukturiert und dabei in mehrere parallele Triangle-Prozesse (siehe Abb. 8) zerlegt worden. Auch hier sind zur Lastverteilung, die einzelnen Triangle-Prozesse über Kanäle miteinander verbunden.

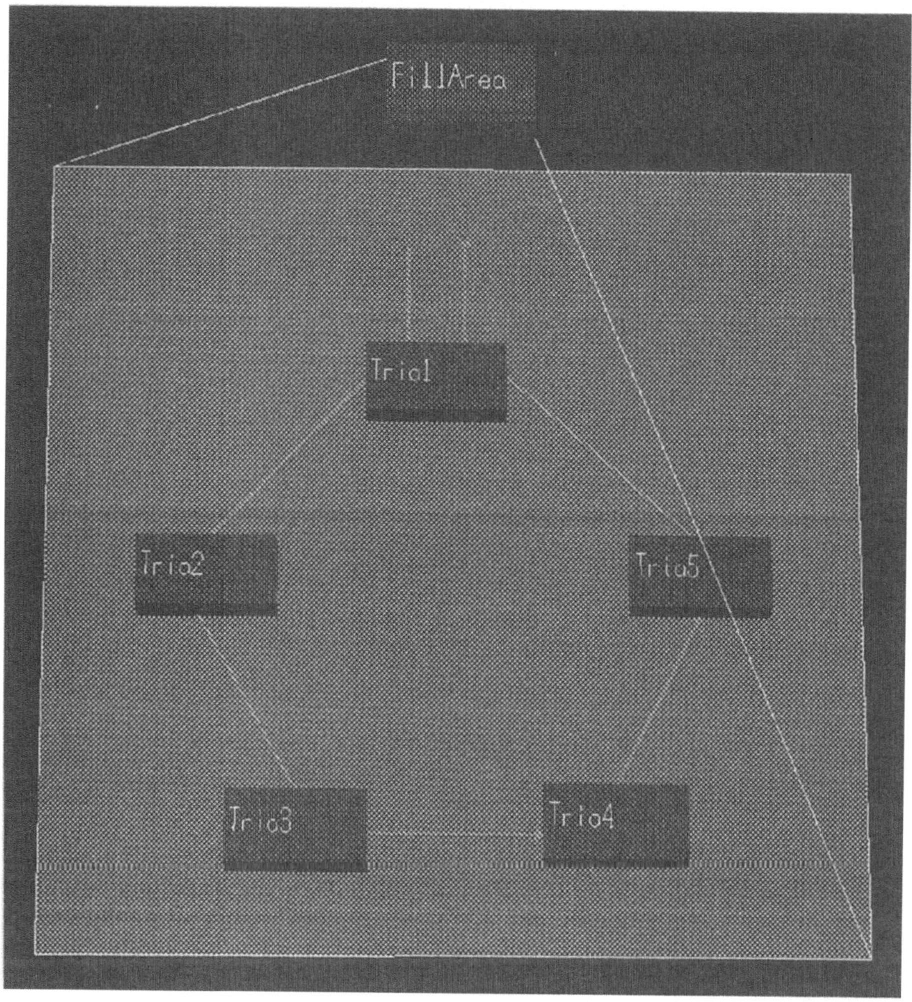


**Abbildung8.** Der Fill-Area-Prozeß

Neben dem Einblick in die Strukturierung erhält man mit GRAPES-3D auch Informationen, die nicht unmittelbar aus der hierarchischen Darstellung ableitbar sind. Dies betrifft neben der Frage nach den an der Ausführung beteiligten Prozessen und ihrer Schnittstellen auch die verwendeten Datenstrukturen.

## 5.2 GRAPES-3D Kommunikation

Während Strukturprozesse und Kommunikationsstrecken nur in einem abstrahierten Sinn an der Kommunikation beteiligt sind, realisieren die auf der Prozeßebene (Abb. 9) dargestellten Prozesse und Kanäle den eigentlichen Nachrichtenaustausch. Die hierarchische Zusammenfassung der Prozesse zu Prozeßgruppen ist als *Systemgrenze* in Form einer Umrandung zusammengehörender Prozesse

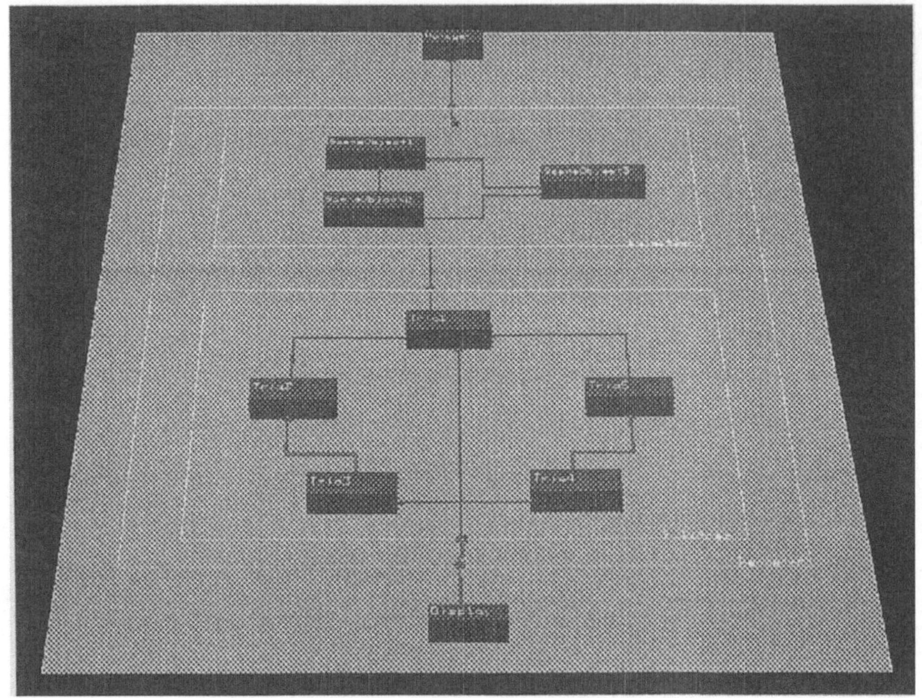

**Abbildung9.** Die Prozeßebene

sichtbar. Im Bild sind alle an der Ausführung der Rendering-Pipeline beteiligten Prozesse gut zu erkennen. Es zeigt darüber hinaus alle Prozeßschnittstellen, welche sich an den Kanaleingängen/-ausgängen der Prozesse und Systemgrenzen befinden. Diese Schnittstellen definieren das für die jeweilige Übertragung verwendete Protokoll.

Die Prozeßschnittstelleninformation wird durch eine Kombination aus graphischer und textueller Repräsentation dargestellt. In einem Fenster (Abb. 10) erscheinen die Anschlußnamen, die Übertragungsarten und die Datentypen der Anschlüsse. Dies entspricht einer Zusammenfassung aller zum Objekt gehöhrigen Interface-Tabellen. Selektiert man nun in diesem Fenster einen Anschluß, so werden alle Kommunikationsstrecken hervorgehoben, in denen der Anschluß verwendet wird. Die Abbildung läßt die Schnittstelle des Fill-Area-Prozesses erkennen. Aus der Tabelle kann man entnehmen, daß diesem Prozeß die beiden Anschlüsse *RenderPrimitives* vom Datentyp *Triangle* und *ImageOutput* vom Typ *BitMap* zugeordnet sind. Nach Selektion des zweiten Eintrags (hier dunkel unterlegt) sind im sichtbaren Modellauschnitt alle mit diesem Anschluß verbundenen Kanäle hervorgehoben.

Eine genaue Spezifikation des Datentyps erhält man in textueller Form (Abb. 11) nach Auswahl des entsprechenden Eintrags in der Interface-Tabelle. Im Beispiel wird der Aufbau des vom Fill-Area-Prozeß verwendeten Datentyps *Triangle* gezeigt.

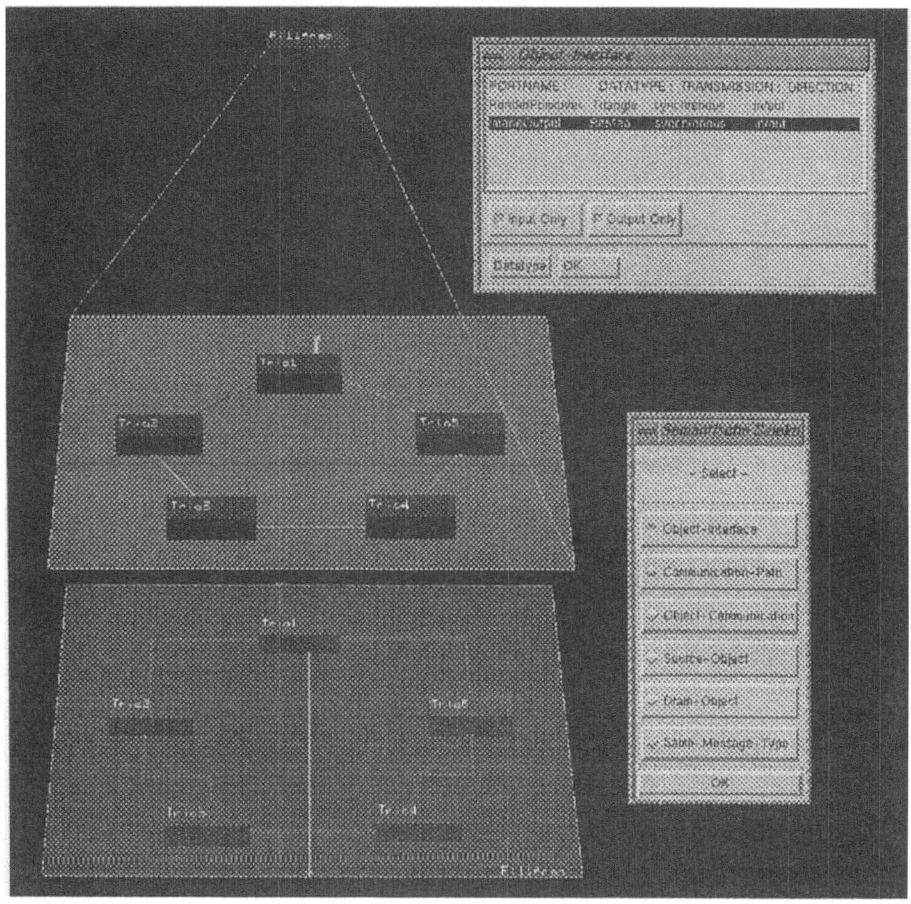


**Abbildung10.** Das Fill-Area-Prozeß-Interface

Bei dem hier vorgestellten Anwendungsbeispiel wurde GRAPES-3D zur Visualisierung der Prozeßtopologie eingesetzt. Es lassen sich jedoch genauso Prozessortopologien damit abbilden, dies kann insbesondere für Implementierungen auf geclusterten Mehrprozessorsystemen von Nutzen sein.

# 6 Ausblick

Basierend auf der graphischen Sprache GRAPES ist ein 3D-Evaluierungswerkzeug zur Analyse von Struktur- und Kommunikationsaspekten CSP-basierter Systeme entwickelt worden. Dieses Werkzeug unterstützt die Analyse und Auswertung paralleler Systeme, indem der Entwickler durch wenige Interaktionen und in übersichtlicher Weise unterschiedliche Kommunikationsaspekte über mehrere Abstraktionsebenen hinweg verfolgen kann. Dies liefert einen wesentlichen

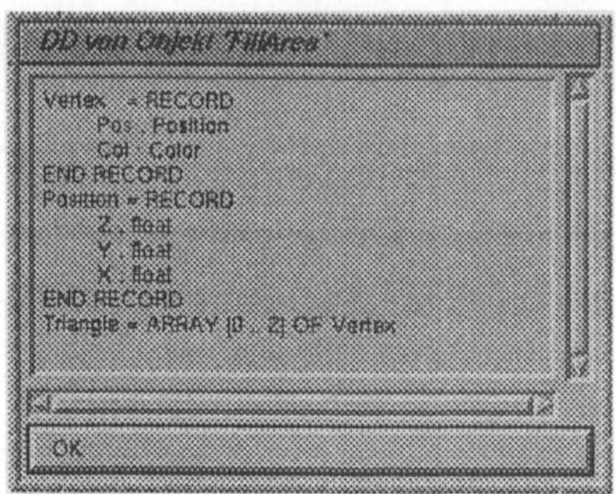


**Abbildung11.** Die Renderer-Datentypen

Beitrag zum Verständnis des Gesamtsystems. Neben der Evaluierung statischer Aspekte ist jedoch gerade das dynamische Systemverhalten bei der Beurteilung eines Entwurfs von großer Bedeutung. Daher werden zur Zeit Konzepte für die integrierte Darstellung dynamischen Prozeßverhaltens entwickelt. Mit Hilfe der Animation von Simulationsergebnissen kann das Werkzeug dann auch unterstützend beim Debugging und Monitoring eingesetzt werden. Ferner läßt sich durch die Analyse des Prozeßverhaltens eine automatische Transformation der Prozeßstruktur zur Optimierung des Gesamtsystems durchführen. Einen weiteren zukünftigen Einsatzbereich stellen Lern- und Schulungssysteme dar.

## References

[Chen88] Chen, M., Mountford, S. J., Sellen, A. „A Study in Interactive 3-D Rotation Using 2-D Control Devices". *Proceedings of SIGGRAPH'88: In Computer Graphics, Vol. 22, No. 4* August 1988, 121 f.

[Koi92] Koike, H. „Three-Dimensional Software Visualization". *Visual Computing: Integrating Computer Graphics with Computer Vision.* Ed. Tosiyasu L. Kunii. Tokyo: Springer, 1992, 151–170.

[Lan92] Lange, B., Lobo Netto, M., Hornung, C. „Eine Verteilte Realisierung von DaRender". *Parallele Datenverarbeitung mit dem Transputer.* Hg. Grebe R. Berlin: Springer, 1992.

[Schä92] Schäfers, L., Scheidler, C. „TRAPPER: Eine graphische Software-Entwicklungsumgebung für MIMD-Parallelrechner". *TAT '92, Abstraktband.* Hg. Grebe R. Aachen: 1992, 54–57.

[Sie90] Siemens AG. *GRAPES Referenzmanual.* München: DI AP und ZFE IS SOF, 1990

[Stei92] Steinfath, F. „GRAPES-3D: Ein 3D-Visualisierungs- / Animations-Toolkit mit Interaktions-Funktionen für Computer Aided Software Engineering". *TAT '92, Abstraktband.* Hg. Grebe R. Aachen: 1992, 154–155.

# Parallelisierung eines Programms zur Simulation von Gießvorgängen

**Frank M. Thiesing**
*Fachbereich Mathematik/Informatik*
*Universität Osnabrück*
*49069 Osnabrück*
*E-mail: frank@informatik.uni-osnabrueck.de*

*ZIAM GmbH*
*Zentrum für Industrielle Anwendungen Massiver Parallelität*
*Kaiserstraße 100*
*52134 Herzogenrath*
*E-mail: ziam@infoac.rmi.de*

**Mark Lipinski**
*MAGMA Gießereitechnologie*
*Gesellschaft für Gießerei-, Simulations- und Regeltechnik mbH*
*Werner-Heisenberg-Straße 14*
*52477 Alsdorf*

**Abstract.** Vorgestellt wird eine Machbarkeitsstudie zur Parallelisierung eines kommerziellen Algorithmus zur Simulation von Aluminium-Gießvorgängen. Ausgangspunkt des Algorithmus sind die Navier-Stokes-Differentialgleichungen für turbulente Flüssigkeitsströmungen, die numerisch durch SOLA-VOF-Algorithmen gelöst werden. Dabei werden sowohl das Finite-Differenzen-Verfahren als auch die Control-Volume-Methode angewendet. Der zentrale Punkt für den effizienten Einsatz eines massiv parallelen Systems ist die optimale Aufteilung der Probleminstanzen in den verschiedenen Phasen des Algorithmus. Im Mittelpunkt steht die Parallelisierung des Jacobi-Verfahrens, mit dem der explizite Solver die Gleichungssysteme löst. Für diesen werden Ergebnisse von Laufzeitmessungen für eine unter PARIX mit FORTRAN 77 implementierte Parallelisierung auf den Parsytec Transputersystemen x'plorer und GC präsentiert.

# 1. Einleitung

Der Einsatz von Computern bei der numerischen Lösung von physikalischen Problemen hat auf vielen Gebieten zu wesentlichen Fortschritten geführt. Dies gilt insbesondere für die Strömungsmechanik, in der komplizierte mathematische Zusammenhänge nur in sehr einfachen Fällen analytische Lösungen zulassen. Es besteht daher ein großer Bedarf an immer höherer Rechenleistung zur Lösung immer komplexerer Probleme. Konventionelle Hochleistungsrechner erreichen dabei zunehmend wirtschaftliche und physikalische Grenzen. Es ist daher abzusehen, daß zukünftige Supercomputer Parallelrechner sein werden, deren Architekturen zunehmend auf massiver Parallelität beruhen. Diese Entwicklung wird zusätzlich durch die Tatsache unterstützt, daß viele der zu lösenden Probleme eine natürliche Parallelität aufweisen, so daß sie für den Einsatz auf solchen Rechnern prinzipiell geeignet erscheinen. Dies gilt insbesondere für viele Lösungsansätze auf dem hier behandelten Gebiet der Strömungsmechanik.

Bei diesem Teilgebiet der Physik geht es um die Berechnung von Gas- oder Flüssigkeitsströmungen, wie sie in vielen Bereichen der Technik vorkommen. Die Grundlage der Strömungsmechanik sind die Navier-Stokes-Gleichungen. Es handelt sich dabei um ein System von Differentialgleichungen, die für eine Simulation numerisch gelöst werden müssen. Ein Verfahren dazu ist die sogenannte Finite Differenzen Methode (FDM). Dabei wird das Berechnungsgebiet in kleine kubische Teilgebiete, die Control Volumes (CV), unterteilt, auf denen dann die Lösung durch einfache Näherungsverfahren approximiert wird. Wird ein geeignetes Netz von Kontrollvolumen gewählt, so kommt die Approximation der tatsächlichen Lösung sehr nahe.

# 2. Motivation

Das Programm MAGMASOFT der Firma MAGMA Gießereitechnologie GmbH in Alsdorf ermöglicht die Simulation von Gießvorgängen. Statt aufwendige Experimente in der Gießerei durchführen zu müssen, bietet die Software die Möglichkeit, schon vor dem eigentlichen Gießvorgang die Geometrie des Gußstücks und der Form zu optimieren sowie Randbedingungen wie Füllgeschwindigkeit und Gießtemperatur zu ermitteln. Mit dem Programmpaket werden so aufwendige Gußstücke wie z.B. Aluminium-Zylinderköpfe und Kurbelgehäuse für Fahrzeugmotoren sowie Aluminium-Felgen konstruiert und untersucht.

Als Eingabe erhält die Simulation aus einem programmeigenen CAD-Tool die Geometrie von Gußteil und Form, die anschließend automatisch in kleine Quader diskretisiert werden. Die Anzahl dieser Elemente beträgt bis zu 250 000 pro Gußstück und mehrere Millionen in der Form. Diese Zahl bestimmt im wesentlichen die enorme Rechenzeit der Simulation: Auf den derzeit industrieüblichen 10 MFLOPS-Rechnern kann die Simulation eines einzigen Gießvorgangs eines komplexen Gußstücks mehrere Tage benötigen. Üblicherweise müssen zur Ermittlung der optimalen Gießparameter mehrere Simulationen durchgeführt werden. Wünschenswert für den Benutzer wäre die Berechnung einer Simulation über Nacht oder sogar 'interaktiv'. Darüber hinaus ist auch eine Verfeinerung des Gitternetzes von Interesse im Hinblick auf eine detailliertere Beschreibung komplexer Gußteile. Deshalb ist der Wunsch nach einer Steigerung der Rechenleistung um den Faktor 100 durchaus realistisch. Skalierbare Rechenleistung in dieser Größenordnung zu einem vertretbaren Preis bieten nur massiv parallele Systeme.

Das Zentrum für Industrielle Anwendungen Massiver Parallelität ZIAM in Herzogenrath verwendet als Entwicklungssystem einen Parsytec x'plorer mit zur Zeit acht T805 Transputern von INMOS und als Test- und Produktionsmaschine den Parsytec GCel-1024 an der Universität Paderborn mit 1024 T805. Als Entwicklungsumgebung dient in diesem Projekt PARIX 1.2 mit FORTRAN 77, um möglichst große Teile des sequentiellen Codes unverändert übernehmen zu können.

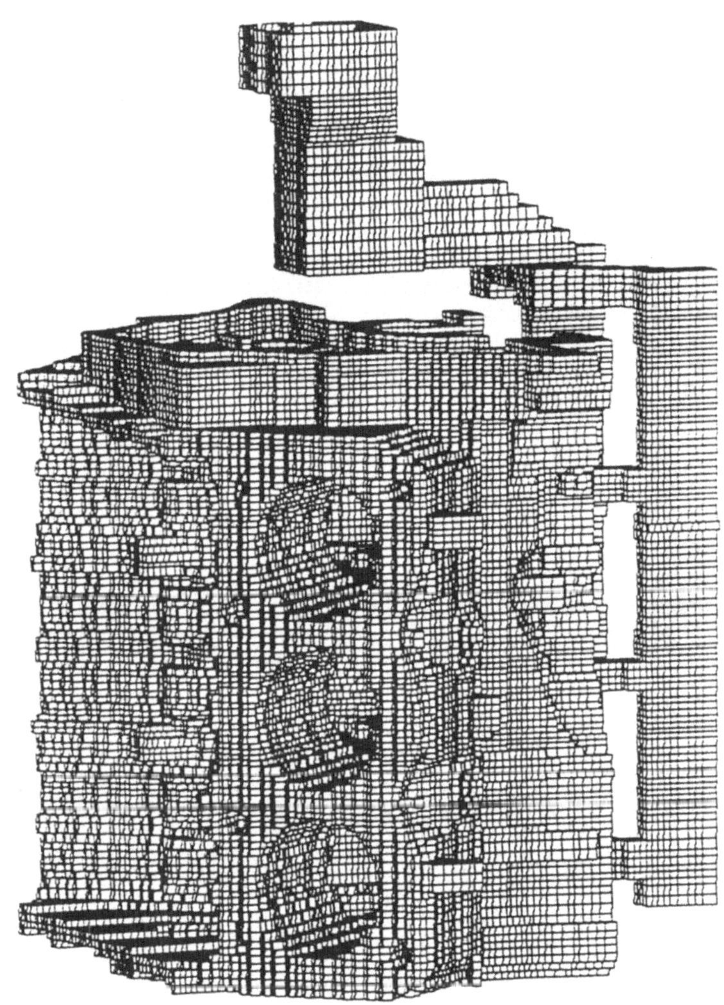

**Abbildung 2.1:** Vernetzung eines V6-Kurbelgehäuses mit ca. 2,4 Millionen Elementen

# 3. MAGMASOFT

Das Softwarepaket MAGMASOFT gliedert sich im wesentlichen in vier Teile:

## 3.1. MAGMAPRE

Zum Preprocessing gehört die Eingabe des zu gießenden Teils und der umgebenden Formbox mit Hilfe eines CAD-Programms. Neben der reinen Geometrie werden Angaben über Zuflüsse (Inlet) und Entlüftungen sowie über die verschiedenen Materialien, für die Form z.B. Sand oder Stahl, für das Gießteil die Art der Legierung, gemacht. Außerdem können Temperaturen und Füllgeschwindigkeiten eingestellt werden. Für die anschließenden Berechnungen wird die gesamte Formbox von einem Netzgenerator automatisch in kleine Quader zerlegt. Dies geschieht, indem in allen drei Dimensionen achsenparallele Ebenen durch die Formbox gelegt werden (s. Abbildung 2.1). Die Feinheit des entstehenden Gitters kann dadurch beeinflußt werden, daß dem einzelnen Volumenelement Beschränkungen bezüglich seiner Ausdehnung auferlegt werden. Das Ergebnis ist eine Menge von orthogonalen Volumenelementen (Quadern), die aber nicht alle gleich groß sind, da der Netzgenerator z.B. bei Rundungen des Gießteils automatisch soweit wie zugelassen verfeinert. Jedes dieser Control Volumes wird eindeutig zugeordnet: Entweder zur Form, zum Inlet oder zum Gießteil. Durch diese Diskretisierung ergeben sich bis zu 2,5 Millionen Volumenelemente, von denen etwa 10% zu füllen sind.

## 3.2. Füllsimulation

Die Eingabedaten aus dem CAD-Programm dienen der Füllsimulation als Input. Aufgabe dieses Programmteils ist es, den Füllvorgang iterativ numerisch zu simulieren. Dazu werden in einer großen Anzahl von Zeitschritten (1000-10 000) jeweils physikalische Werte in allen Volumenelementen berechnet. So z.B. Druck, Temperatur, Fließgeschwindigkeit und -richtung. Zu vorgegebenen Breakpoints ist die Ausgabe des Status quo in eine Datei zum Zwecke des Postprocessings möglich. Ziel der Füllsimulation ist neben der Ausgabe, ob das Teil unter den vorgegebenen Bedingungen überhaupt zu gießen ist oder ob die freie Oberfläche der Schmelze vorher erstarrt, die Lieferung der physikalischen Werte in allen Control Volumes am Ende des Füllvorgangs. Die Programmlaufzeit zur Simulation eines Füllvorgangs beträgt auf einer Maschine mit ca. 10 MFLOPS bis zu 5 Tagen. Dieser Vorgang muß mit veränderten Parametern wiederholt werden, bis das Ergebnis der Simulation den Erwartungen entspricht.

## 3.3. Erstarrungssimulation

Die Ergebnisse aus der Füllsimulation, insbesondere das Temperaturfeld am Ende des Füllvorgangs, dienen der anschließenden Erstarrungssimulation als Eingaben. Die Laufzeit für eine Simulation beträgt etwa einen Tag.

### 3.4. MAGMAPOST

Zum Postprocessing gehört die Darstellung der unterschiedlichen physikalischen Bedingungen im Gießkörper und der umgebenden Form. Dazu werden die zu vorgegebenen Zeiten geschriebenen Dateien herangezogen. Die Darstellung erfolgt in dreidimensionaler Projektion in der CAD-Umgebung mit der Möglichkeit, Details zu betrachten und Schnittebenen zu definieren.

# 4. Füllsimulation

Die Füllsimulation steht wegen ihres enormen Rechenzeitbedarfs im Mittelpunkt der Betrachtungen. Die physikalischen Probleme zu Flüssigkeitsdynamik und Wärmetransport sind mathematisch durch Differentialgleichungen formuliert [Lip92].

Der numerische Algorithmus arbeitet nach der Methode der Control Volumes (CV). Verwendet wird die Finite Differenzen Methode (FDM). Der Lösungsalgorithmus wird als SOLA-VOF (Solution of linear algorithms - Volume of fluid) bezeichnet [Hit79].

In jedem CV der Formbox existiert ein Wert für die Temperatur. In den gefüllten CVs berechnet der Algorithmus zusätzlich Druck, Geschwindigkeit und Füllmenge in Prozent, außerdem in Abhängigkeit von der Temperatur Dichte, Viskosität und Wärmeleitfähigkeit. Eine gesonderte Behandlung erfahren die CVs an der sogenannten freien Oberfläche der Schmelze (s. Abbildung 4.1). Aus Gründen der numerischen Stabilität wird in so kleinen Zeitschritten gerechnet, daß die freie Oberfläche höchstens die nächste Schicht von CVs im zu füllenden Volumen erreicht.

Im folgenden wird die Arbeitsweise des Füllalgorithmus detaillierter dargestellt.

## 4.1. Füllalgorithmus

Die anschließenden Schritte finden für jeden der 1000-10 000 Zeitschritte statt:

### 4.1.1. Berechnung der Länge des Zeitschritts

Da in jedem Zeitschritt aus numerischen Gründen die freie Oberfläche der Schmelze nur höchstens eine CV-Schicht fortschreiten darf, muß anhand der Parameter in den bereits gefüllten Metallzellen die Länge des nächsten Zeitschritts berechnet werden.

### 4.1.2. Predictor Schritt

Aus den Geschwindigkeiten des vorherigen Zeitschritts wird die Beschleunigung in jeder Metallzelle berechnet und durch die Länge des Zeitschritts eine neue vorläufige Geschwindigkeit "vorhergesagt". Bei dieser FDM-Berechnung werden die Geschwindigkeiten in den benachbarten CVs verwendet. Dieser Schritt 2 nimmt etwa 3-4% der CPU-Zeit in Anspruch.

### 4.1.3. Corrector Step

Die in Schritt 2 berechneten Geschwindigkeiten erfüllen nicht die Kontinuitätsgleichung in den CVs. Deshalb wird hier ein Druckkorrekturterm berechnet, mit dem das neue Druck- und Geschwindigkeitsfeld richtig angegeben werden kann. Zur Berechnung in einem CV werden die Werte aus den sechs benachbarten Zellen vorne (front), hinten (back), links (west), rechts (east), oben (north) und unten (south) benötigt. Es ergibt sich ein Gleichungssystem mit einer Gleichung pro gefüllter Metallzelle in Abhängigkeit von den Werten in den sechs Nachbarzellen. Dieses gilt es möglichst effizient zu lösen, wobei die numerische Stabilität und die schlechte Kondition der Matrix zu beachten sind.

Der vorliegende sequentielle Algorithmus verwendet ein dreistufiges Verfahren:

Zunächst wird mit Hilfe des Jacobi-Iterationsverfahrens versucht, die Lösung des gegebenen LGS zu bestimmen. Dies gelingt in etwa 60% der Fälle. Dieser Schritt wird als expliziter Löser bezeichnet und in Abschnitt 5.1 näher beschrieben.

Wenn die Konvergenz zu schlecht ist, kommen ein ebenfalls auf der Jacobi-Iteration beruhendes implizites Verfahren und zusätzlich ein sogenanntes "mass rebalancing" zum Einsatz.

Insgesamt benötigt dieser 3. Schritt 80-85% der CPU-Zeit des gesamten Füllalgorithmus.

### 4.1.4. Temperaturberechnung

Dieser Schritt wird nur in jedem 30.-50. Zeitschritt durchgeführt. Aus der Energiegleichung wird die Temperatur in den CVs berechnet. Dabei wird zum einen in allen (!) CVs der Formbox die Diffusion der Temperatur berechnet. Dabei spielt auch die Wärmeabstrahlung der freien Oberfläche an die Wände eine Rolle. Dies ist die einzige Stelle im Algorithmus, wo auch auf die CVs in der umgebenden Box zugegriffen wird.

Zusätzlich wird nur für die gefüllten Metallzellen die Konvektion der Temperatur mit einem expliziten Lösungsverfahren berechnet. Dieser Schritt beansprucht etwa 3% der CPU-Zeit.

### 4.1.5. Berechnung der freien Oberfläche

Es werden Randbedingungen für die CVs der freien Oberfläche betrachtet. Dazu ist die Information der benachbarten CVs notwendig. Anschließend wird die Entwicklung der freien Oberfläche berechnet. Dazu gehört auch, wie weit ein CV mit Metall gefüllt ist.

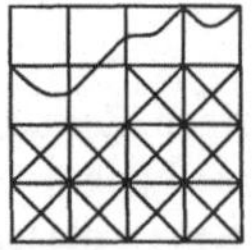

**Abbildung 4.1:** (Teilweise) gefüllte und leere Zellen an der freien Oberfläche

An dieser Stelle ist im Programm ein umfangreiches Updaten der Listen erforderlich, da CVs der freien Oberfläche durch das Nachfließen des Metalls zu gefüllten Zellen geworden sind und zuvor leere CVs in die Liste der freien Oberfläche aufgenommen werden müssen. Es ist aber auch möglich, daß durch Wellenbewegungen der Schmelze CVs der freien Oberfläche wieder zu leeren Zellen werden und bereits gefüllte Zellen wieder geleert werden.

Obwohl sich diese Berechnungen im Bereich der wenigen tausend CVs der freien Oberfläche abspielen, werden doch 10-15% der CPU-Zeit hier verbraucht.

### 4.1.6. Output

In jedem Zeitschritt erfolgt die Ausgabe, zu wieviel Prozent die Form gefüllt ist. Darüberhinaus werden zu den vorgegebenen Breakpoints das Temperaturfeld in der gesamten Formbox sowie Druck und Geschwindigkeit in den Metallzellen ausgegeben.

### 4.1.7. STOP/NEXT

Ist die Form ganz gefüllt, wird der Füllalgorithmus beendet. Eine vorzeitige Abbruchbedingung ist das Erstarren der freien Oberfläche, wodurch ein weiteres Füllen unmöglich ist. Sonst geht es mit der Berechnung des nächsten Zeitschritts weiter.

Der gesamte Füllalgorithmus erlaubt eine Aussage darüber, ob das Gießen unter den vorgegebenen Bedingungen möglich ist, und wie die Temperaturverteilung, mit der die Erstarrungssimulation beginnt, am Ende des Füllens aussieht.

# 5. Parallelisierungsmöglichkeiten

Die Arbeiten zur Parallelisierung beginnen beim Jacobi-Verfahren, um den rechenintensiven expliziten Löser möglichst effizient zu parallelisieren. Dieser arbeitet nur auf den Elementen, die im aktuellen Zeitschritt vollständig mit Metall gefüllt sind (und auf den Zellen am Rand des Gußstücks), um hier Druck und Geschwindigkeit zu bestimmen. Aufgrund des zeitlichen Verlaufs des Füllens sind dies zunächst nur wenige Zellen, wobei in jedem Zeitschritt maximal eine Schicht von Elementen (im Mittel ca. 20-30) dazukommt.

Das Problem der Domain Decomposition des geometrisch komplexen Gußstücks ist also der Schlüssel zu einem effizienten parallelen Algorithmus. Werden wegen einer zu statischen Verteilung der Elemente zunächst nur wenige Prozessoren beschäftigt, so geht dieses zu Lasten des Speedups. Außerdem erfordert eine statische Aufteilung mit guter Lastverteilung Kenntnisse über den Strom des Metalls im Gußstück, der erst berechnet werden soll. Eine solche Aufteilung der Elemente unter den Prozessoren kann deshalb nicht die optimale Lösung sein.

Eine dynamische Verteilung der Elemente unter den Prozessoren in der Reihenfolge ihrer Füllung erscheint unter dem Zwang einer gleichmäßigen Lastverteilung angebrachter. Dabei muß allerdings ebenfalls die Geometrie des Gußstücks berücksichtigt werden, um zusammenhängende Gebiete von Elementen möglichst auf einem Prozessor zu berechnen. Dieses ist notwendig, um den Kommunikationsaufwand zum Austausch der Randbedingungen der verteilten Speicherbereiche in Grenzen zu halten.

Bei der Analyse des sequentiellen Programms ergibt sich für ein Gußstück mit ca. 200 000 Elementen ein Speicherbedarf von etwa 20 MByte. Die gesamte Form hat ca. zehnmal soviele Elemente und benötigt zusätzlich 60-70 MByte. Der Versuch, lediglich den expliziten Löser zu parallelisieren scheitert daran, daß in jedem Zeitschritt etwa 12 MByte zwischen Frontend- und Parallelrechner übertragen werden müßten. Außerdem wären damit nur ca. 60% des Algorithmus parallelisiert, was nach Amdahls Gesetz den theoretisch möglichen Speedup begrenzt. Amdahls Gesetz besagt:

$$\text{Speedup} = \frac{1}{f + \frac{1-f}{p}} < \frac{1}{f}.$$

Dabei ist $p$ die Anzahl der eingesetzten Prozessoren und $f$ der sequentielle Anteil eines parallelen Algorithmus.

Eine Parallelisierung kann deshalb nur effizient sein, wenn fast der gesamte Teil des Füllalgorithmus auf dem massiv parallelen System läuft und die Kommunikation mit dem Frontend begrenzt ist.

Der hohe Rechenbedarf für das Gußstück und der hohe Speicherbedarf für die Elemente in der umgebenden Form legen es nahe, die vollständige Parallelisierung der gesamten Füllsimulation zwischen Frontend (Workstation) und Parallelrechner aufzuteilen: Während der Parallelrechner die physikalischen Werte in den Elementen des Gußstücks berechnet, werden gleichzeitig die Temperaturwerte in den umliegenden Elementen von dem Frontendrechner aktualisiert. Dazu ist etwa alle fünfzig Zeitschritte ein Austausch von ca. 3 MByte nötig. Der Vorteil dieses Vorgehens besteht darin, daß die kleinen Transputerknoten (z. Zt. 4 MByte) nicht durch die 60-70 MByte für die Form belastet werden, die für eine große Workstation kein Problem darstellen. Zusätzlich wird so auch algorithmisch die Parallelität zwischen Parallelrechner und Frontend ausgenutzt (s. Abbildung 5.1).

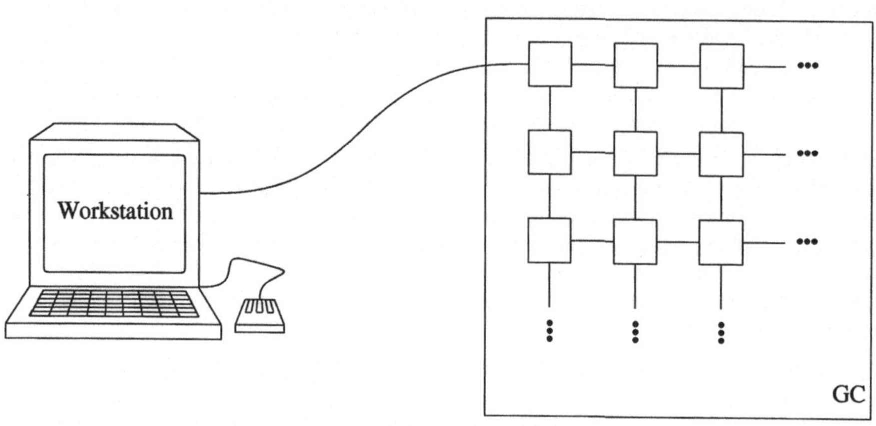


**Abbildung 5.1:** Frontend Workstation und Transputernetzwerk GC

## 5.1. Das Jacobi-Verfahren

Mit Hilfe des Jacobi-Verfahrens werden in jedem Zeitschritt die neuen Werte von Druck und Geschwindigkeit in den bereits gefüllten Metallzellen berechnet. Der Predictor-Schritt (s. Abschnitt 4.1.2) berechnet aus den Bewegungsgleichungen ein neues Geschwindigkeitsfeld. Dieses erfüllt nicht notwendigerweise die Kontinuitätsgleichung; die Massedifferenz (*rmass*) in mindestens einer Zelle ist ungleich Null. Von der Massedifferenz wird eine Druckkorrektur *dp* berechnet. Mit dieser werden das Druck- und Geschwindigkeitsfeld im Corrector-Schritt korrigiert (s. Abschnitt 4.1.3). Für die Berechnung der Druckkorrektur wird das Jacobi-Verfahren angewendet.

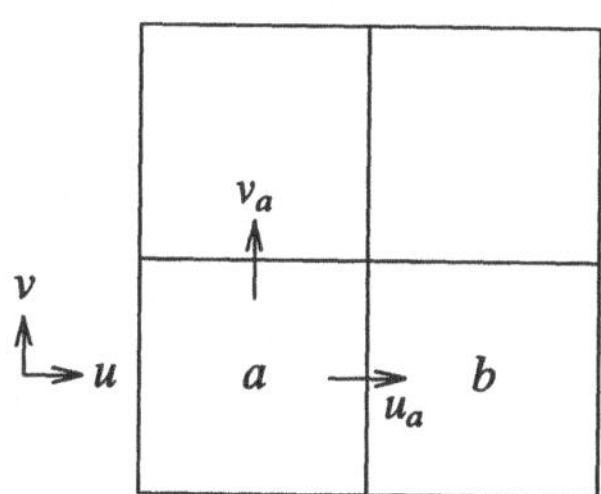


**Abbildung 5.2:** Physikalische Werte eines Control Volumes

Gegeben in jedem Iterationsschritt:

| | |
|---|---|
| $p_a$ | Druck im CV $a$ |
| $u_{a\text{ alt}}, v_{a\text{ alt}}, w_{a\text{ alt}}$ | alte Geschwindigkeiten in drei Dimensionen bei CV $a$ |
| $due_a, dvn_a, dwb_a$ | Druckkorrekturkoeffizienten im CV $a$ |

Berechnet werden:

| | |
|---|---|
| $rmass_a$ | Massedifferenz in CV $a$ (aus den alten Geschwindigkeiten) |
| $dp_a$ | Druckkorrektur in CV $a$ (aus der Massedifferenz) |
| $u_{a\text{ neu}}, v_{a\text{ neu}}, w_{a\text{ neu}}$ | neue Geschwindigkeiten in drei Dimensionen bei CV $a$ |

Es gilt nämlich:

$$u_{a\text{ neu}} = f\,(u_{a\text{ alt}}, dp_a, dp_b)$$

Der iterative Algorithmus terminiert, wenn in allen gefüllten Zellen die Massedifferenz unter eine gewisse Genauigkeit gefallen ist. Für die Berechnung von Druck und Geschwindigkeit in jeder Zelle werden lediglich die Werte der sechs Nachbarzellen benötigt.

Die Information über die Nachbarschaft wird in den Vektoren *iw, ie, is, in, if, ib* gehalten, die den Index des jeweiligen Nachbarn beinhalten.

## 5.2. Parallelisierung des Jacobi-Verfahrens

Zur Parallelisierung wird die Domain des Gußstücks unter den Prozessoren verteilt. Da zur Berechnung der neuen Werte in einer Zelle die Daten der direkten Nachbarn benötigt werden, ist nach jedem Iterationsschritt ein Randwertaustausch notwendig, da sich die Druckdifferenzen geändert haben (s. Abbildung 5.3).

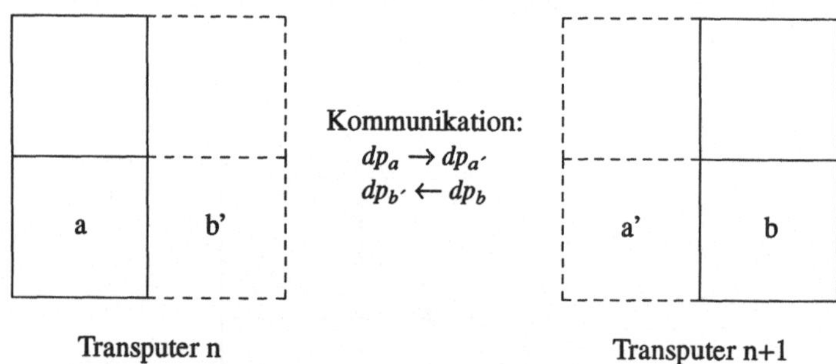


**Abbildung 5.3:** Randwertausgleich

Hinderlich bei der Parallelisierung ist die für die sequentielle Implementierung in FORTRAN eingeführte indirekte Indizierung der Felder.

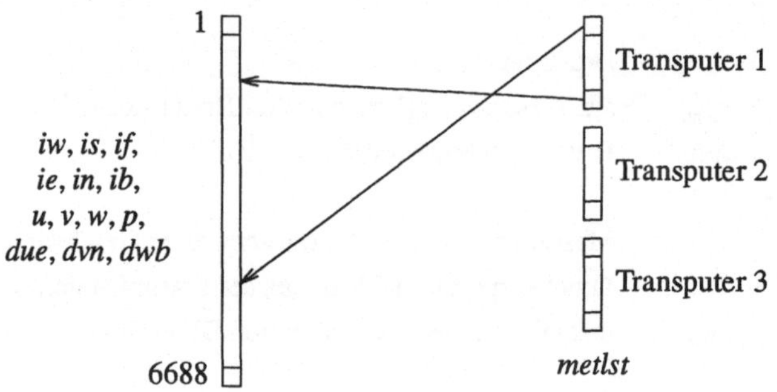


**Abbildung 5.4:** Indirekte Adressierung

Die Zahl gefüllter Metallzellen steigt in jedem Zeitschritt. Für diese wird ein Feld *metlst* gehalten, das lediglich die Indizes für die globalen Listen enthält, in denen die Informationen für alle zufüllenden CVs des Gußstücks stehen (s. Abbildung 5.4).

# 6. Beispiel für Messungen

Als Testbeispiel wird ein Gußstück in einer Form mit $22 \times 22 \times 34 = 16\,456$ CVs gerechnet. Für die Jacobi-Iteration interessieren davon nur das Gußstück mit einer Schicht von der Form als Rand, in diesem Fall $16 \times 16 \times 26 + 32 = 6688$ CVs (s. Abbildung 6.1).

**Abbildung 6.1:** Gußstück für Performance-Messungen

Von diesen sind 4522 bereits ganz gefüllt, nur in den oberen beiden Schichten unter dem Inlet sind noch leere Zellen sowie die der freien Oberfläche. Die Verteilung der Zellen auf die Transputer erfolgt in dieser ersten Parallelisierung schichtweise (s. Abbildung 6.2), um nur in einer Dimension den Randwertausgleich durchführen zu müssen.

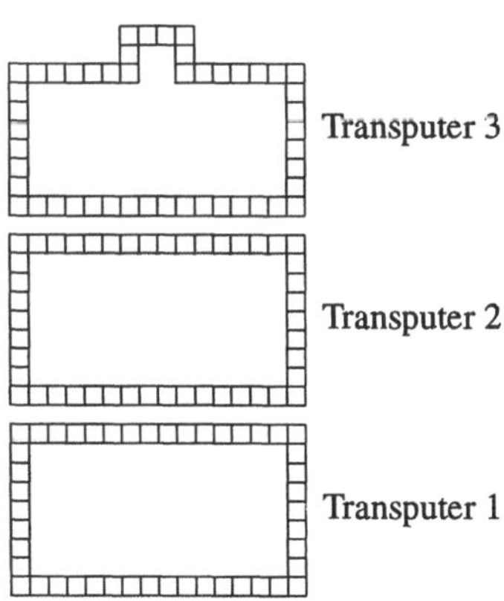


**Abbildung 6.2:** Aufteilung des Gußstücks unter 3 Transputern

Wegen der geringen Anzahl von Schichten in diesem Beispiel und weil die oberen Schichten nicht ganz gefüllt sind und deshalb dort weniger zu berechnen ist, werden die Messungen auf maximal 24 Transputern und Teilern davon durchgeführt.

# 7. Ergebnisse

Die Parallelisierung des sequentiellen FORTRAN- Programms wird unter dem Betriebssystem PARIX 1.2 durchgeführt. Als Entwicklungsumgebung steht ein Parsytec x'plorer mit acht T805 Transputern zur Verfügung. Für die Laufzeitmessungen wird der GCel-1024 mit 1024 T805 an der Universität Paderborn eingesetzt. Als sequentielle Referenz-Maschine wird eine SUN Sparc 10 herangezogen. Folgende Zeiten ergeben sich bei der Berechnung zur Lösung des Gleichungssystems mit dem Jacobi-Verfahren in einem Zeitschritt (s. Tabelle 7.1 und Abbildung 7.1).

| # Transputer | 1 | 2 | 3 | 4 | 6 | 8 | 12 | 24 |
|---|---|---|---|---|---|---|---|---|
| Zeit (sek) | 440.0 | 236.8 | 163.5 | 125.0 | 87.0 | 68.2 | 50.2 | 34.8 |
| Sparc 10 (sek) | 68.7 | | | | | | | |

**Tabelle 7.1:** Messwerte für das Beispiel

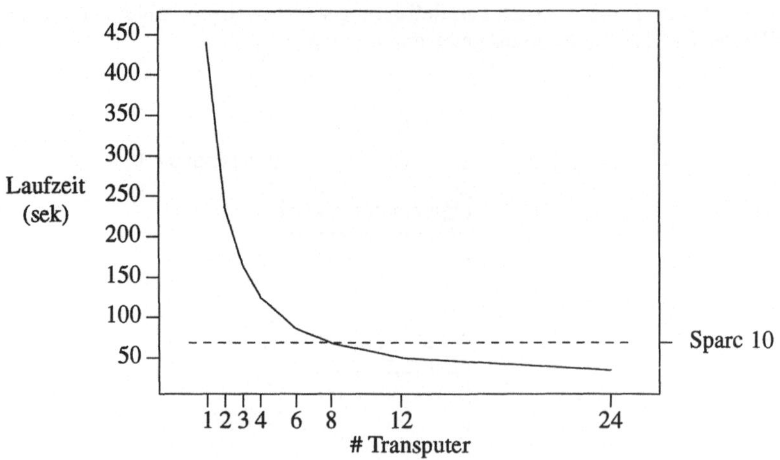


**Abbildung 7.1:** Vergleich zwischen Sparc 10 und bis zu 24 Transputern

# 8. Zusammenfassung

Das Vorprojekt zur Parallelisierung der Simulationssoftware MAGMASOFT soll in einer Machbarkeitsstudie klären, ob der Algorithmus der Füllsimulation effizient und nutzbringend parallelisiert werden kann.

Die Arbeiten dazu beginnen beim rechenintensivsten Programmstück, dem Jacobi-Verfahren zur Lösung großer Gleichungssysteme der Strömungssimulation. Der Parallelisierung auf dem Transputersystem kommt insbesondere die Laufzeitumgebung PARIX sehr entgegen, die die Übernahme großer Teile des sequentiellen FORTRAN-Codes erlaubt und dadurch die Implementation erheblich beschleunigt. Dennoch sind in wesentlichen Teilen des Programms algorithmische Umstellungen und Neucodierungen angeraten, um die Effizienz des Programms im Hinblick auf das Ziel einer massiven Beschleunigung der Ausführung weiter zu steigern.

Insbesondere die indirekte Adressierung der Felder im Ausgangsprogramm erweist sich bei der Parallelisierung wegen der notwendigen Domain Decomposition als hinderlich. Hier sollte das Programm modifiziert werden, was einen nicht unerheblichen Aufwand darstellt.

Die Laufzeitmessungen der ersten parallelen Version des expliziten Lösers zeigen die Möglichkeit, durch den Einsatz der parallelen Datenverarbeitung industrielle Anwendungen erheblich beschleunigen und durch weitere Optimierungen des parallelen Algorithmus effizient auf das massiv parallele System portieren zu können.

# 9. Literaturverzeichnis


[Lip92] D.M. LIPINSKI, W. SCHAEFER, E. FLENDER: *Numerical Modelling of the Filling Sequence and Solification of Castings*; MAGMA Gießereitechnologie GmbH, Alsdorf 1992

[Hir79] C.W. HIRT, B.D. NICHOLS: *Volume of Fluid (VOF) Method for the Dynamics of Free Boundaries*; Los Alamos Scientific Laboratory 1979, Journal of Computational Physics 1981

[Mor] K. MORGAN, J. PERIAUX, F. THOMASSET: *Analysis of Laminar Flow over a Backward Facing Step*; Notes on Numerical Fluid Mechanics Volume 9, Vieweg&Sohn

[Rod89] G. RODRIGUE: *Parallel Processing for Scientific Computing*; Proceedings of the Third SIAM Conference on Parallel Processing for Scientific Computing, Los Angeles 1987, SIAM 1989

[Eva91] D.J. EVANS: *Parallel Computing 90/91*; Proceedings on the International Conference on Parallel Computing, North-Holland 1991

# Farming als Methode zur Parallelisierung komplexer Algorithmen auf Transputer- und Workstation-Cluster*

Carsten Grzemba und Karsten Henke

TU Ilmenau
Institut Theoretische und Technische Informatik
98684 Ilmenau

**Zusammenfassung** Die Extrahierung der wesentlichen Informationen aus einem Grauwertbild mit Hilfe eines Neuronalen Netzes ist ein Beispiel aus der Klasse der komplexen Algorithmen [5]. Dieser Algorithmus besteht im wesentlichen aus Matrizen- und Vektoroperationen, deren sequentielle Abarbeitung sehr zeitaufwendig, die Parallelisierung jedoch recht einfach möglich ist.
Als Implementierungsmethode wurde das Farmer-Prinzip ausgewählt. Dieses Modell ist aufgrund seiner Allgemeinheit eine Lösung für eine große Klasse von Problemen und erlaubt zudem eine gute Skalierbarkeit des Prozessornetzwerkes.
Neben der Implementierung dieses Algorithmus auf einem Transputer-Cluster wurden für einen Vergleich die selben Berechnungen auf Workstation-Clustern mit dem Softwarepaket PVM durchgeführt.
Mit Hilfe dieser Bildverarbeitungsaufgabe sollten die genannten Eigenschaften der Farm-Implementierung in der Praxis überprüft sowie Angaben zum Grad der Parallelisierbarkeit und zur Skalierbarkeit der Farm auf verschiedenen Topologien ermittelt werden. Theoretische Modelle zur Kommunikations- und Berechnungszeit wurden in ihrer praktischen Umsetzung überprüft.

## 1 Die Motivation

Für die Komprimierung von Grauwertbildern mittels eines Neuronalen Netzes wurde ein Algorithmus [5] entwickelt und auf einer SUN-Workstation implementiert. Bei der Komprimierung eines $512 \times 512$ Pixel-Grauwertbildes sind über 11 Millionen Multiplikationen auszuführen, wodurch Rechenzeit von mehreren Minuten entsteht.

Um eine Verkürzung der Abarbeitungszeit zu erreichen, wurde dieser Algorithmus parallelisiert und auf einem Parallelrechnersystem (Transputer-Cluster) sowie auf Workstation-Clustern implementiert.
Das Transputer-Cluster besitzt eine *distribiuted memory*-Architektur. Für die Programmierung steht ein INMOS-ANSI-C-Compiler zur Verfügung, der eine Bibliothekserweiterung für die Abarbeitung und Kommunikation paralleler Prozesse besitzt.

* mit Unterstützung des $PC^2$ Paderborn

## 2 Der Algorithmus

Der Algorithmus ist wie folgt strukturiert: Ein Schwarz-Weiß-Bild aus 512 × 512 Pixeln mit jeweils 256 Graustufen wird zunächst in 1024 quadratische Teilbilder (32 × 32) der Dimension 16 × 16 Pixel zerlegt. Diese Teilbilder werden zur Berechnung als ein 256 Byte großer Bild-Vektor behandelt. Dieser Vektor von Grauwertpunkten wird durch ein Neuronales Netz mit 45 Neuronen bewertet, woraus ein Vektor der Dimension 45 resultiert. Mathematisch betrachtet entsteht dieser Output-Vektor durch die Multiplikation des Bild-Vektors mit einer 256×45 Wichtungsmatrix.

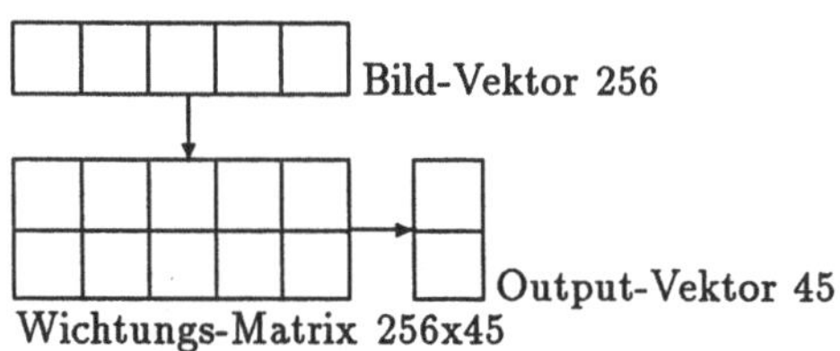


**Abbildung1.** Matrizenmultiplikation

Ein solcher Berechnungszyklus enthält somit 2 × 11510 Multiplikationen und Additionen für die Vektorberechnung, sowie 11510 Multiplikationen und Additionen für die Bildregenerierung.

Bei einer Floatingpoint-Performance eines Transputers von 4.35 Mflops dauert ein Berechnungszyklus mindestens 100 ms [3].

## 3 Schritte der Implementierung

Zunächst wurde der auf einer SUN-Workstation umgesetzte Algorithmus auf einen Transputer portiert. Die dabei erreichte Performance soll als Vergleichsbasis zur Bewertung der Ergebnisse der parallelisierten Implementierung dienen.

Der Algorithmus wird so aufgeteilt, daß der rechenzeitintensive Teil als Prozeß implementiert werden kann. Das ist Voraussetzung, daß später mehrere Prozesse in die Berechnung eingebunden werden können.

## 4 Das Programmiermodell zur Parallelisierung

Als Programmiermodell zur Parallelisierung wurde das Farmer-Prinzip [2] angewendet. Dieses Prinzip ist besonders dann geeignet, wenn ein Algorithmus mehrmals auf eine Menge von Daten angewendet wird und die Berechnung einzelner

Teilmengen unabhängig vom Ergebnis der anderen Teilmengen ist. In diesem Fall könnte der Algorithmus genauso oft gleichzeitig ausgeführt werden, wie sich die Grundmenge der Daten in Teilmengen zerlegen läßt.

Die logische Struktur kann folgendermaßen beschrieben werden: Ein *Producer*-Prozeß (P) produziert kontinuierlich Nachrichten, welche die Teilmengen beinhalten. Diese Nachrichten werden über Kanäle zu den verfügbaren *Worker*-Prozessen (W) geschickt. Die *Worker* senden ihre Ergebnisse zum *Consumer*-Prozeß (C), welcher die Daten zur Ergebnismenge zusammensetzt.

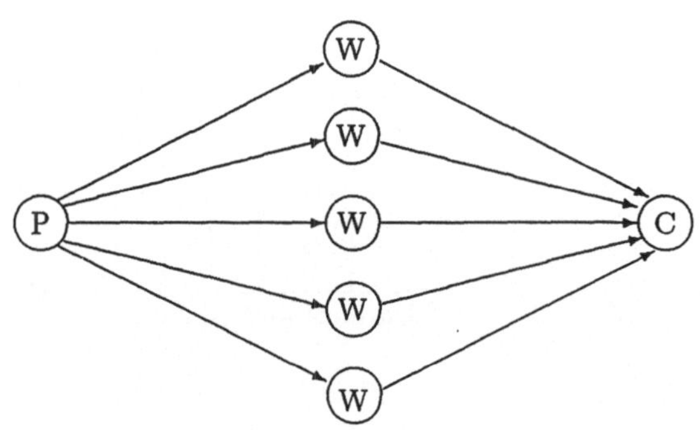


**Abbildung2.** Farmerstruktur

Wenn in einem System **n** *Worker* vorhanden sind, so hat der *Producer* **n** Ausgänge und der *Consumer* **n** Eingänge. Da aber die Transputerarchitektur nur über vier Links verfügt, muß die logische Struktur mit **n** Kanälen auf die physische Struktur mit maximal vier Kanälen abgebildet werden. Hierfür ist für jeden Prozessor ein weiterer Prozeß, nötig. Dieser Prozeß sorgt einmal dafür, daß an einem Knoten ankommende Daten an den *Worker* übergeben, oder, wenn dieser noch beschäftigt ist, an den nächsten Knoten weitergegeben werden. Gleichzeitig schickt er die Ergebnisse an den *Consumer* zurück. Diese Aufgabe wird durch zwei Prozesse, einen *Distributor* ($F_d$) und einen *Collector* ($F_c$), verwirklicht.

## 5 Die Implementierung

Dieses Prinzip wurde zunächst auf einer Pipe-Topologie realisiert. Diese Topologie hat den Vorteil, daß zum Verteilen der Nachrichten eine simple Strategie, die frei von Routingproblemen ist, angewendet werden kann.

Erhält ein *Distributor* eine Nachricht, testet er zunächst, ob der *Worker* frei ist, wenn ja, bekommt er die Daten, wenn nicht, werden sie an den nächsten weitergesendet.

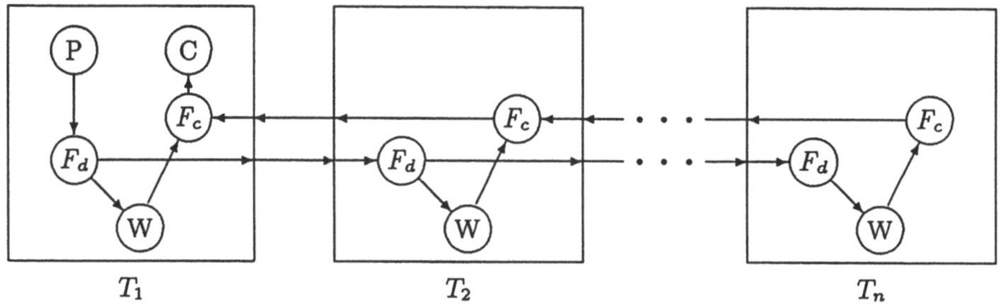


**Abbildung3.** Prozeßstruktur für das Transputer-Cluster

# 6 Abschätzung zur Parallelisierbarkeit des Problems

## 6.1 Ansatz

Die Laufzeit eines parallelen Programms hängt von der eigentlichen Berechnungszeit und von der Zeit, welche für den Datenaustausch benötigt wird, ab. Da ein Transputer-Netzwerk eine *distributed memory*-Architektur besitzt, müssen die Daten an die einzelnen Knoten per *message-passing* verschickt werden. Es gibt also zwei wesentliche Zeitfaktoren, die die parallele Abarbeitungsgeschwindigkeit beeinflussen:

- Kommunikationszeit $T_c$,
- Berechnungszeit $T_{pp}$.

Zum Vergleich der Abarbeitungszeit eines sequentiellen Programms mit einer parallelen Implementierung dient die Gleichung zur Bestimmung des Speedup:

$$S_p = \frac{sequentielleLaufzeit(T_{ps})}{paralleleLaufzeit(T_{pp})}$$

Gleiche Lastverteilung vorausgesetzt, ergibt die nach $T_{pp}$ umgestellte Gleichung die Abarbeitungszeit einer parallelen Lösung.

$$T_{pp} = \frac{T_{ps}}{n} \qquad n \text{ Anzahl der Prozessoren}$$

Die Größe $T_{pp}$ wird oft auch als parallele Effizienz bezeichnet [1].

Für die tatsächliche parallele Abarbeitungszeit spielt die Kommunikationszeit eine wesentliche Rolle. Eine Funktion, die das Kommunikationszeitverhalten beschreibt, ist von folgenden Parametern abhängig:

$$T_c = f(R, d, N_T(k_C))$$

$$k_C = f(n, m, B)$$

$T_c$ Zeit, die für die Verteilung und Rücksendung der Datenpakete benötigt wird
$n$ Anzahl der Prozessoren
$m$ Anzahl der kleinstmöglichen Berechungsschritte
$R$ Datenübertragungsrate
$d$ Länge eines Datenpakets
$N_T$ Topologie des Netzwerkes
$k_C$ Kommunikationsaufwand
$B$ Bandbreite des Netzwerkes

An dieser Stelle soll die Funktion für die Pipe-Topologie näher untersucht werden. Topologieabhängige Faktoren sind die Kanalanzahl, welche die Bandbreite B bestimmt und die Maximaldistanz, welche Einfluß auf den konstanten Teil bei der Anfangsinitialisierung hat.

Für die Pipe-Topologie betragen Kanalanzahl und Maximaldistanz $(n-1)$. Für den betrachteten Algorithmus mit $m$ kleinstmöglichen Berechnungsschritten sind beim Farmerprinzip

$$2\sum_{i=1}^{n} i = n(n-1)$$

Schritte zur Verteilung der Daten erforderlich, wobei $\frac{m}{n}$ Datenpakete an jeden *Worker* zu übertragen sind. Unter diesen Voraussetzungen beträgt der Kommunikationsaufwand:

$$k_c = m(n-1)$$

Für den Gesamtkommunikationsaufwand ist es jedoch von Bedeutung, wieviele der Datenpakete gleichzeitig übertragen werden können. Diese Größe wird durch die Bandbreite des Netzwerkes ausgedrückt.

Der Transputer ermöglicht eine bidirektionale Kommunikation der Links, so daß immer zwei Datenpakete gleichzeitig übertragen werden können. Die Bandbreite einer Pipe von Transputerknoten beträgt daher $B = 2(n-1)$. Der Kommunikationsaufwand verringert sich dementsprechend um den Faktor $\frac{1}{B}$:

$$k_l = \frac{k_c}{B} = \frac{m}{2}$$

Die Gleichung ist unabhängig von der Anzahl der Knoten. Dies beschreibt jedoch nur den kontinuierlichen und unabhängigen Nachrichtenaustausch korrekt. Für das "Auffüllen" zu Beginn und das "Ausleeren" am Ende des Berechnungsvorganges ist noch ein Summand zu $k_l$ hinzuzufügen. Dieser Summand entspricht der Bandbreite.

$$k_C = k_l + B = \frac{m}{2} + 2(n-1)$$

Zur Ermittlung der Kommunikationszeit $T_c$ wird $k_C$ mit der Übertragungszeit $t_h$ eines Datenpaketes zwischen zwei Knoten multipliziert. Die Übertragungszeit

$t_h$ ist von der Datenübertragungsrate $R$ und der Länge $d$ eines Datenpaketes abhängig.

$$t_h = \frac{d}{R}$$

Die Größe $T_c$ beschreibt den Kommunikationszeitbedarf einer Berechnung auf einer Pipe-Topologie unter der Voraussetzung, daß immer Datenpakete zur Übertragung vorhanden sind.

Um die Gesamtausführungszeit des Programms zu erhalten, darf jedoch $T_c$ nicht einfach mit $T_{pp}$ addiert werden, da die Kommunikation und Berechnung von einem Transputer weitgehend unabhängig voneinander ausgeführt werden kann. Kommunikation und Berechnung beeinflussen sich nur so, daß beide Prozesse mit dem gleichen Speicher arbeiten. Dieser Einfluß soll zunächst unberücksichtigt bleiben. Für die Gesamtausführungszeit ist daher nur die längere der beiden Zeiten ausschlaggebend.

Da die Rechenzeit mit der Anzahl der zur Berechnung zur Verfügung stehenden Prozessoren proportional abnimmt, würden theoretisch unendlich viele Prozessoren keine Zeit zur Lösung des Problems benötigen. Dem wirkt entgegen, daß bei unendlich vielen Prozessoren die Kommunikation unendlich lang dauert. Daraus folgt, daß die Parallelisierung nur bis zu einer bestimmten Anzahl von Prozessoren sinnvoll ist.

Der Grad der Parallelisierung wird als Granularität bezeichnet. Zur Ermittlung der Granularität der Parallelisierung und der Anzahl der einzusetzenden Prozessoren sollen nun folgende zwei Ansätze dienen:

1. Die Kommunikationszeit $T_c$ darf maximal so groß werden, wie die Rechenzeit $T_{pp}$. Es könnte also ein $n$ mit Hilfe der Ungleichung

$$T_{pp} > T_c \tag{1}$$

   bestimmt werden.
2. In der Pipe-Topologie gibt es Bereiche mit hohem Kommunikationsaufkommen, welche "hot-spots" genannt werden. Das heißt, der Grad der Parallelisierung, der bei 1. bestimmt wurde, kann eventuell nicht realisiert werden, da die Datenübertragungsrate in dem Netzwerkabschnitt für den nötigen Datendurchsatz zu gering ist. Ein solcher Effekt ist bei der Pipe-Topologie auf dem Kanal zwischen dem ersten und zweiten Prozessor zu erwarten. Damit es zu keiner Verzögerung des Datenaustausches an diesem Kanal durch den Effekt der "hot-spots" kommt, muß folgende Ungleichung gelten:

$$t_p > (n-1)t_h \tag{2}$$

$$t_h = \begin{cases} t_{hd} & : \quad t_{hd} > t_{hc} \quad \text{Übertragungszeit der Eingangsdaten zwischen zwei Knoten} \\ t_{hc} & : \quad sonst \quad \text{Übertragungszeit der Ergebnisdaten zwischen zwei Knoten} \end{cases}$$

wobei $t_p$ die Dauer der Berechnung eines Pakets der Länge $d$ beschreibt und eine Funktion der Form:

$$t_p = f(d, M) \qquad M \text{ Floatingpoint-Performance}$$

ist.

Wird die Ungleichung (1) nach $n$ aufgelöst, erhält man die Ungleichung:

$$n < -\frac{m}{8} + \sqrt{\frac{m^2}{64} + \left(\frac{T_{ps}}{2t_h} + 1\right)}$$

und für Ungleichung (2):

$$n < \frac{t_p}{t_h} + 1$$

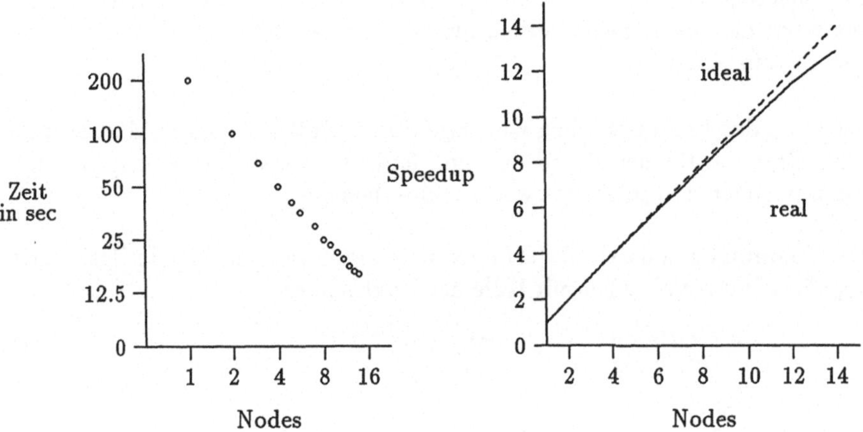


**Abbildung4.** Berechnungszeit und Speedup

## 6.2 Lösung

Da der zu parallelisierende Algorithmus sich nicht beliebig zerlegen läßt, sondern nur bestimmte Paketgrößen als sinnvoll erscheinen, wurde für $d$ zunächst eine Größe von $256 ByteDaten + 12 ByteZusatzinformationen$ gewählt. Mit Hilfe einer Implementierung, die nur zwei Prozessoren benutzt, wurden die Werte für $t_h$ und $t_p$ experimentell ermittelt. Daraus ergaben sich für

$t_h$ eine Zeit von 5.2 ms (gemessen) und für
$t_p$ eine Zeit von 200ms (gemessen).

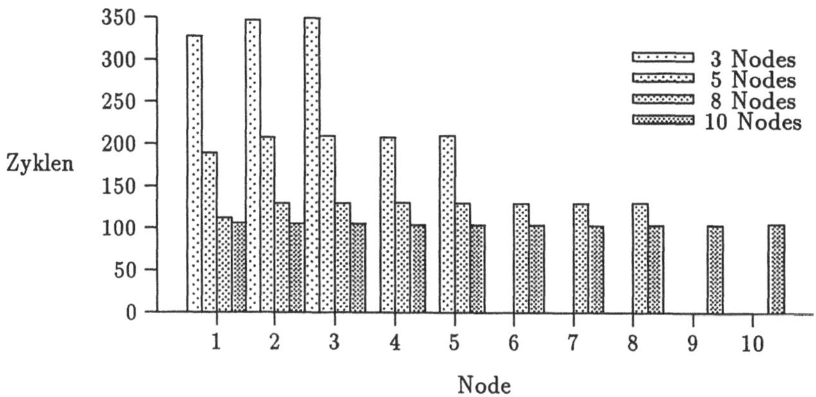


**Abbildung5.** Lastverteilung im Transputer-Cluster

Aus $d = 256$ ergibt sich für $m$ der Wert 1024 und für $T_{ps}$ der Wert von 200 sec (gemessen).

Mit diesen Werten wird die Ungleichung 1 für $n < 89$ und Ungleichung 2 für $n < 39$ erfüllt.

Daraus ist ersichtlich, daß bei dieser Granularität der Parallelisierung auf der Pipe-Topologie ein Speedup bis maximal 39 Prozessoren zu erwarten ist. Die Abarbeitungszeit beträgt dann noch mindestens 5,3 sec.

Es muß jedoch berücksichtigt werden, daß die Werte $t_h$ und $t_p$ experimentell ermittelt wurden und somit eine gewisse Toleranz aufweisen.

## 7 Das Ergebnis

Die Messungen wurden zunächst mit 14 Prozessoren durchgeführt.

Die sequentielle Realisierung benötigt auf einem T800, der mit 25MHz getaktet ist, 200.64 sec. Die in Tabelle 1 angegebenen Laufzeiten wurden auf einer Pipe-Topologie mit unterschiedlicher Anzahl von Prozessoren ermittelt. Der Speedup ist nach der Gleichung in Abschnitt 6 berechnet worden.

| Prozessor-anzahl | 1 | 2 | 3 | 4 | 5 | 6 | 7 | 8 | 9 | 10 | 12 | 14 |
|---|---|---|---|---|---|---|---|---|---|---|---|---|
| Laufzeit in sec | 200.64 | 100.59 | 67.2 | 50.55 | 40.62 | 33.97 | 29.42 | 25.65 | 22.85 | 20.81 | 17.5 | 15.56 |
| Speedup | 1 | 1.99 | 2.98 | 3.97 | 4.94 | 5.91 | 6.82 | 7.82 | 8.78 | 9.64 | 11.46 | 12.89 |

**Tabelle1.** Meßwerte

Die Abbildung 4 zeigt die Berechnungszeit in Abhängigkeit der zur Berechnung vorhandenen Prozessoren und dem daraus resultierenden Speedup.

Die Lastverteilung der einzelnen Prozessoren zeigt Abbildung 5.

Um eine solche Gleichverteilung zu erreichen, wurde in die Prozeßstruktur (Abbildung 3) vor die *Worker* noch ein Pufferprozeß angeordnet. Schließt ein *Worker* einen Berechnungszyklus ab, gewährleistet der Pufferprozeß, daß er sofort ein neues Datenpaket erhält.

Bei Untersuchungen auf einem System mit der entsprechenden Anzahl von Prozessoren hat sich das in Abbildung 6 dargestellte Ergebnis gezeigt.

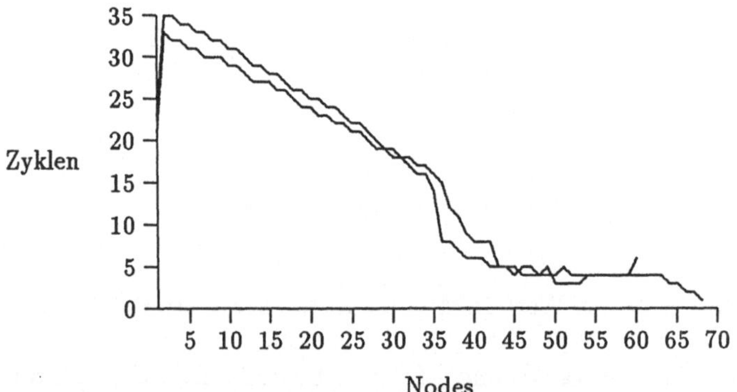


**Abbildung6.** Lastverteilung bei 60 und 80 Prozessoren

Es ist zu erkennen, daß mehr als 65 Prozessoren bei dieser Topologie nicht beschäftigt werden können. Außerdem ist bei etwa 35 Prozessoren ein deutlicher Einbruch der Lastverteilung zu verzeichnen. Bei dieser Anzahl ist die Kommunikationsleistung der Pipe-Topologie an ihrer Leistungsgrenze angelangt und eine annähernde Gleichverteilung der Last nicht mehr gewährleistet.

# 8 Implementierung des Algorithmus auf Workstation-Clustern

Als Plattform für die Berechnung auf Workstation-Clustern diente das parallele Softwaresystem PVM[2] [4], welches es gestattet, homogene oder heterogene UNIX-Netzwerke als einen großen Distributed-Memory-Parallelrechner zu nutzen. Es setzt das auf Parallelrechnern dominierende Message-Passing-Modell auf Workstation-Cluster um, wodurch eine Portierung von Parallelrechnerapplikationen auf Workstation-Cluster ohne größeren Aufwand möglich wird.

Die im Abschnitt 2 vorgestellten Berechnungen wurden auf 5 SLC, 5ELC und 5 SPARC (als jeweils homogene Netzwerke) sowie auf allen 15 Workstation (als ein heterogenes Netzwerk) durchgeführt.

Auch auf den hier eingesetzten Workstation-Clustern wurde das im Abschnitt 4 beschriebene Farmer-Prinzip als Programmiermodell zugrunde gelegt. Die sich ergebende Prozeßstruktur zeigt Abbildung 7.

[2] PVM - Parallel Virtual Machine; ein am ORNL entwickeltes public domain Softwarepaket für Workstation-Cluster

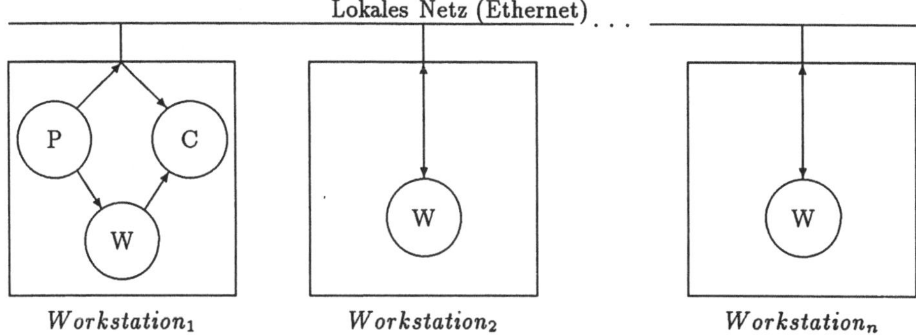


**Abbildung7.** Prozeßstruktur für ein Workstation-Cluster

Es sollte untersucht werden, in wieweit sich die auf Transputer-Clustern gewonnenen Erfahrungen der Parallelisierung auf Workstation-Cluster übertragen lassen. Dazu wurden die jeweiligen Jobgrößen in drei verschiedenen Stufen variiert. Die einzelnen Berechnungszeiten und der sich daraus jeweils ergebende Speedup sind in Abbildung 8 zusammengefaßt.

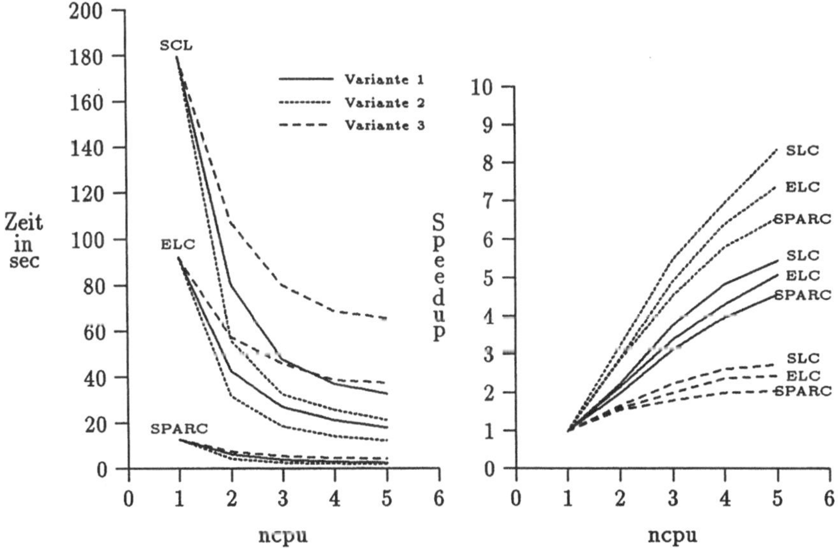


**Abbildung8.** Berechnungszeit und Speedup auf Workstation-Clustern

In einem ersten Schritt wurden 1024 Jobs (d.h. jeweils alle Berechnungen für ein Bildsegment) dynamisch über Farming verteilt (Variante 1). Wie aus Abbildung 9 ersichtlich ist, wird bei Workstation-Clustern im Gegensatz zum Transputer-Cluster die (theoretisch vermutete) gleichmäßige Lastverteilung nicht erreicht. Das ist einerseits darauf zurückzuführen, daß auf der ersten CPU neben den Producer- und Consumer-Prozessen zusätzlich ein Worker implementiert wurde. Zum anderen ist die Kommunikationsleistung des LAN gegenüber der Berechnungszeit der einzelnen Jobs zu gering, um alle Workstations rechtzeitig mit Daten zu versorgen.

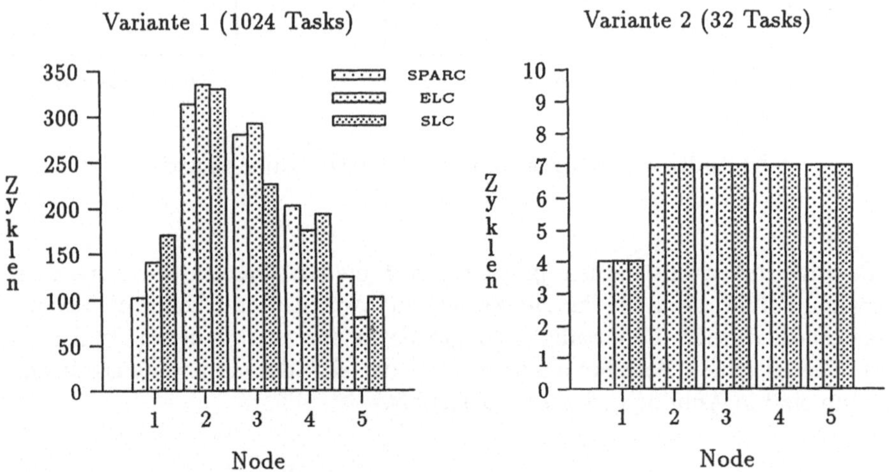


**Abbildung9.** Lastverteilung in den einzelnen Workstation-Clustern

Deshalb wurden in einem weiteren Schritt die Berechnungen für jeweils 32 Bildsegmente (d.h. einer Zeile) zu einem Job zusammengefaßt. Es müssen jetzt nur noch 32 Jobs dynamisch verteilt werden. Diese Variante 2 wird außerdem der Forderung gerecht, daß auf Workstation-Clustern (bedingt durch eine grobe Granularität) möglichst wenig, dafür aber in größeren Blöcken kommuniziert werden sollte. Die sich hierbei ergebende gleichmäßige Lastverteilung ist ebenfalls in Abbildung 9 dargestellt. Von allen hier untersuchten Varianten weist diese insgesamt die beste Performance auf (vgl. Abbildung 8).

Um nachzuweisen, daß diese Forderung natürlich nur in gewissen Grenzen ihre Gültigkeit besitzt, wurde in einer weiteren Untersuchung (Variante 3) die Jobgröße so groß wie möglich gewählt. Sie richtet sich dabei nach der Anzahl der zur Verfügung stehenden CPU's.

So werden z.B. für 5 Workstations vier Jobs mit jeweils 204 und ein Job mit 208 Bildsegmentberechnungen gebildet und einmalig auf die Workstations verteilt. Wie aus Abbildung 8 hervorgeht, ist diese statische Partitionierung aufgrund der nichtdedizierten Arbeitsweise von Workstation-Netzwerken ungeeignet.

Die Lastverteilung in Abbildung 10 zeigt deutlich, daß ein Zusammenschalten aller 15 Workstations als heterogenes Netzwerk zu einer virtuellen Maschine für diesen Anwendungsfall keinen Gewinn bringt. Das SPARC-Cluster ist so schnell, daß ein Hinzufügen weiterer (langsamerer) CPU's sogar zu einem Anstieg der Gesamtrechenzeit (bezogen auf die virtuelle Maschine aus 5 SPARC) führen kann.

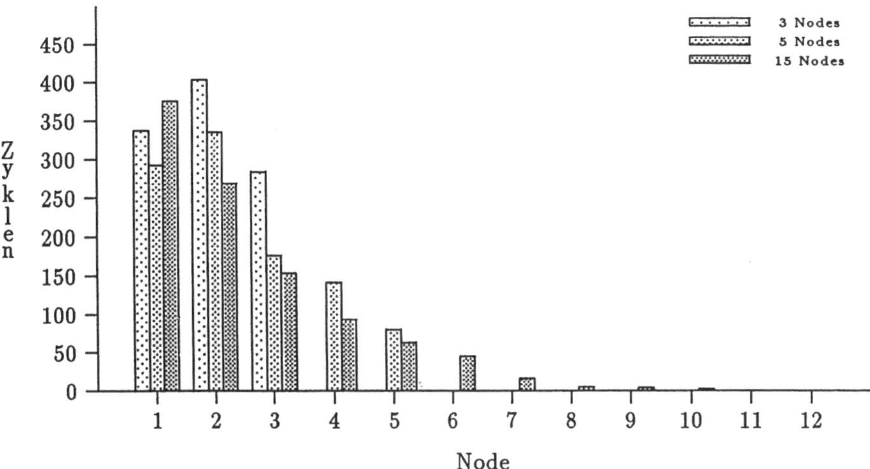


**Abbildung10.** Lastverteilung der heterogenen virtuellen Maschine für Variante 1

# Literatur


1. David L. Fielding: Transputer Research and Application 4. IOS Press, (1990)
2. INMOS:, The Transputer Applications Notebook – Systems and Performance. (1989)
3. INMOS: The Transputer Applications Notebook – Architekture and Software. (1989)
4. Geist: PVM 3.0 Users's Guide and Reference Manual. ORNL, (1993)
5. Pomierski, Gross, Wendt: Multicolumnar System for Primary Cortical Analysis of Real-World Scenes. TU Ilmenau, (1993)

# Knowledge Extraction from Artificial Neural Networks and Applications

A. Ultsch, G. Guimaraes, D. Korus, H. Li
Philipps University of Marburg
Dep. of Mathematics/Informatics

## Abstract

Knowledge acquisition is a frequent bottleneck in artificial intelligence applications. Neural learning may offer a new perspective in this field. Using Self-Organising Neural Networks, as the Kohonen model, the inherent structures in high-dimensional input spaces are projected on a low dimensional space. The exploration of structures resp. classes is then possible applying the U-Matrix method for the visualisation of data. Since Neural Networks are not able to explain the obtained results, a machine learning algorithm sig* was developed to extract symbolic knowledge in form of rules out of subsymbolic data. Combining both approaches in hybrid system results in a powerful method to solve classification and diagnosis problems. Several applications have been used to test this method. Applications on processes with dynamic characteristics, such as chemical processes and avalanche forecasting show that an extension of this method from static to dynamic data is feasible.

**Keywords:** parallel, transputer, neural network, expert system, Kohonen, visualisation, U-matrix, blood analysis, avalanche, chemical process

## 1. Introduction

Knowledge acquisition is often a bottleneck in artificial intelligence applications. Many expert systems use knowledge in symbolic form (e.g. rules, frames, etc. ). For human experts it is, however, difficult to formulate their knowledge in these formalisms. Different approaches to the problem of knowledge acquisition have been proposed, for instance interviews with experts by knowledge engineers etc. These approaches concentrate often on how to interact with the experts in order to get a formulation of their knowledge in symbolic form. Here we follow a different approach: experts have gained their expertise by experiences, i.e. by dealing with cases. Nowadays it is common in all sorts of industrial or scientific application fields to store a record of these cases in an electronic form, typically in some sort of data base. In order to get the experts' knowledge into an expert system we propose to process these data bases in the attempt to learn the particularities of the domain. Whatever is learned by this process can be discussed with the expert, who is now in the role of a supervisor and consultant that corrects and completes knowledge instead of a (often) unwilling teacher who has to express himself in some form he is not common and not comfortable with. Experts are required to describe their knowledge in form of symbolic rules, i.e. in an usually unfamiliar form. In particularly to describe knowledge acquired by experience is very difficult. Therefore KBS may not be able to diagnose cases that experts are able to. Some machine learning algorithms, for example ID3 [Quin85], have the capability to learn from examples.

We propose to use Artficial Neural Networks (ANN) as a first step of a machine learning algorithm. ANN claim to have advantages over these systems, being able to generalise and to handle inconsistent and noisy data. Interesting features of natural neural networks are their ability to build receptive fields in order to project the topology of the input space. This is realised by a Kohonen model [Koho89], called Self-organising Feature Map (SOFM). A high-dimensional input space is projected on a low dimensionality, usually a plane, conserving the topology of the input space. This is one of the advantages of unsupervised Neural Networks, like the Kohonen's Feature Map: the internal structure of the ANN reflects structural features in the data without having any a-priori knowledge about their structure. However a good representation on this map has to be found in order to find the inherent structures of data, now represented on the map.

The main idea therefore is to integrate both approaches, so that the advantages of ANN to generalise and to handle inconsistent and noisy data as well as to find the inherent structures in the data are combined with the ability of KBS to give explanations about the problem solving process using the rules of the knowledge base. To realise the integration, an algorithm has to be constructed, that converts symbolic knowledge for the KBS out of the subsymbolic data of the ANN. In this work, we show how such an knowledge extraction was developed and tested on several data sets.

Due to their inherent parallelism ANN are well suited to be mapped on massively parallel computer architectures like transputer clusters. In the BMFT project WINA [Ults91a] we have implemented a self-organising neural network on such a cluster of 18 resp. 32 T805 transputers. It offers the desired speed and allows to train sufficiently large feature maps.

After learning of SOFM an inductive machine learning algorithm called SIG*[Ults91] takes the training data with the classification detected through SOFM as input, generates rules for characterising and differentiating the classes of the data.

## 2. Artificial Neural Networks on Transputers

The implementation of the Kohonen network on the transputers depends on the mathematical formulation of the Kohonen algorithm which is much simpler than the biological formulation.

```
for each learning step do:
1. broadcast learning vector to all neurons
2. for each neuron do:
   calculate distance between learning vector and weight vector
3. determine the best match by calculating the minimum of these
   distances
4. broadcast the position of the best match to all neurons
5. for each neuron do:
   adapt the weights depending on the neighbourhood function
6. minimise neighbourhood and learning rate
```

**fig. 1** algorithm of Kohonen

Typical applications deal with a grid of 64x64 to 256x256 neurons - each neuron representing an $n$-dimensional vector in the feature space. So, the kind of parallelism we have chosen, is the parallelism of neurons. The grid of neurons is distributed on the transputers in a special way. They calculate their difference to the learning vector resp. adapt their weights in parallel.

In the idealised case the learning vector resp. the position of the best match would be *broadcasted* to all processes (e.g. neurons) on all processors *at the same time.* Due to the hardware architecture of the underlying transputer cluster this is not possible. One transputer, the so called „root transputer" is connected via one transputer link to the host, in our case a SUN Sparcstation 2, the other transputers can be connected to others via their four links. There exist no bus or other possibilities of memory access. Hence, the learning vector resp. the position of the best match has to be *propagated* through the transputer network. A tree structure of the network would give the shortest communication lengths, but a ring structure is easier to implement (see fig. 2).

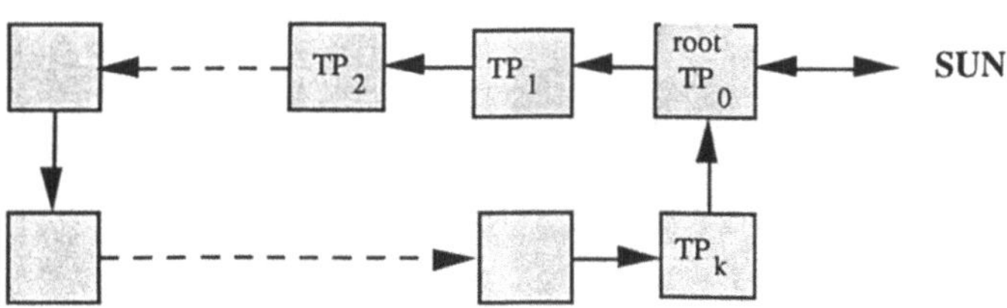


**fig. 2** ring structure of the transputer network

We don't have any operating system on the transputer cluster, so that routing has to be implemented by the programmer. In our re-implementation of an earlier version at the University of Dortmund [UlSi89, GuKo92], we used the

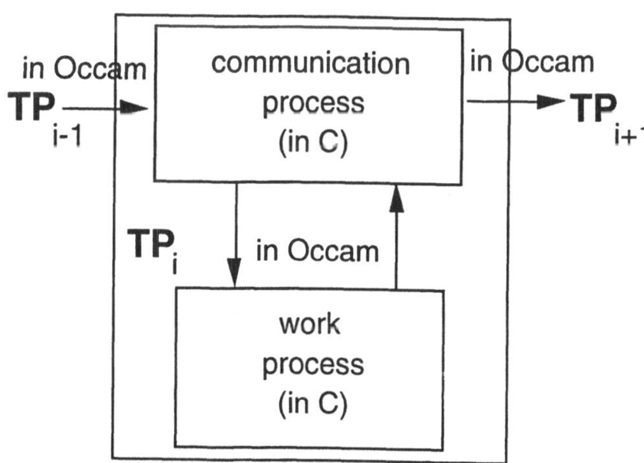


**fig. 3** work transputer

inmos toolset for occam-2 and ANSI-C to get advantage of both programming languages. Communication is done in occam-2 because it‘s easier and safer. The main programs are written in C to make use of the dynamic data structures of this language. The other transputers are called „work transputers“, because each of these transputers holds two processes, one communication process where the propagation of information will be done and one work process where the neurons calculate their distances or adapt their weights (see fig. 3).

On the root transputers are some more processes (see fig. 4): two communication processes, a main process, a message process and an output

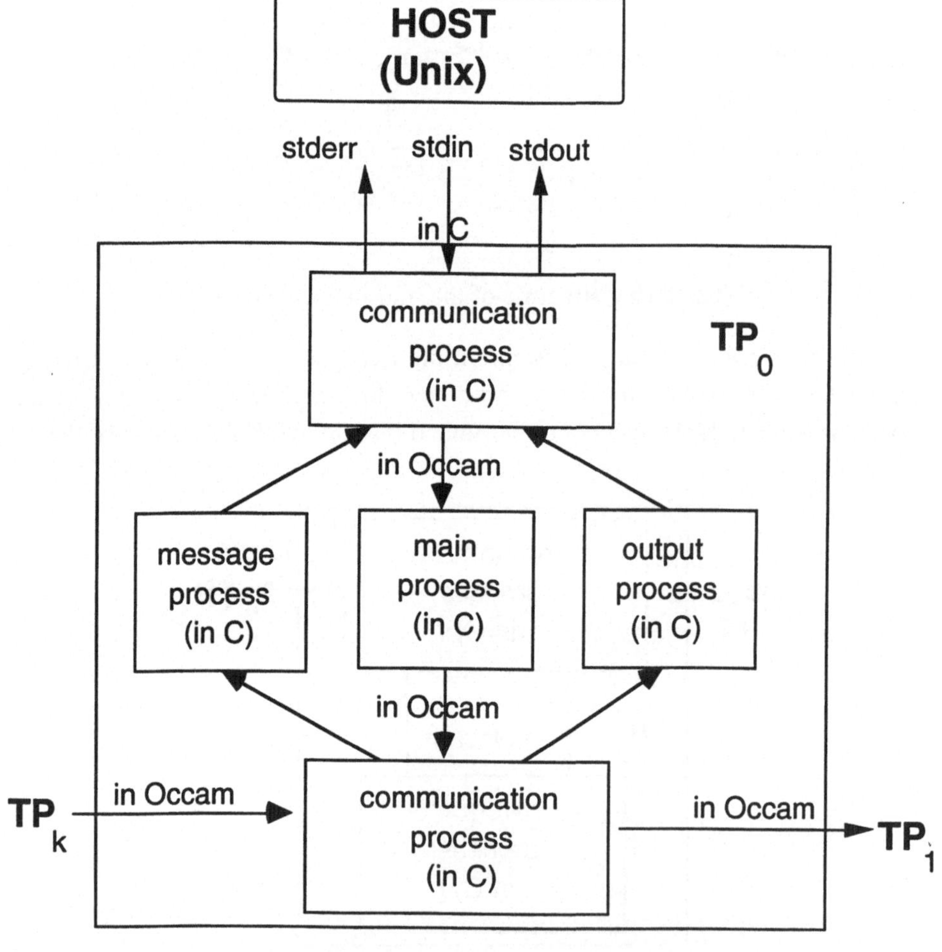


**fig. 4** root transputer

process. The main process controls the representation of the learning vector. The message process sends general information to the host about the state of the network (including errors). The output process sends detailed information to the host about the learning phase of the neural net like an error sum or the position of the best matches. These data will then be graphically visualised on the host.

The neurons are distributed on the transputer ring in an interleaved manner to get a better working balance through the learning phase at a time where the neighbourhood doesn't include the whole neural network anymore [UlSi89]. Distributing the first [*m/k*] rows on the first transputer and so on, where by *k* is

the total number of transputers and *m*x*m* is the size of the grid, it can occur that at a later time of the learning phase only the transputer with the best match adapts its weights. To avoid this the neurons are distributed in the following way (fig. 5).

Here, the *j*-th row of the grid is assigned to transputer $p=((j-1) \bmod k)+1$, $j=1..m$, $p=1..k$, $k$=#transputers. E.g. row $(k+1)$ is assigned to transputer 1. Only at the very end, where only the best match itself belongs to its neighbourhood, exactly one transputer adapts its weights.

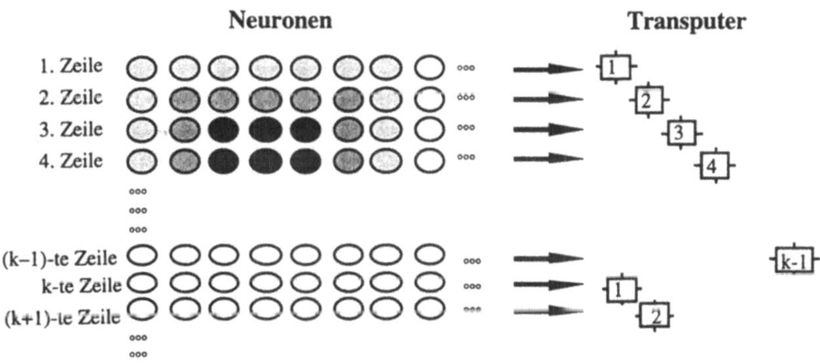


**fig. 5** interleave distribution of the neurons on the transputer and best match

Looking at the learned Kohonen map as it is one is not able to see structures in data, especially when processing a large set of data with high dimensionality. Hence, we have developed the so called „unified distance matrix methods" (short U-matrix methods, UMM) to graphically visualise the structure of the

Kohonen network [Ults91] in a three dimensional landscape. The simplest U-matrix method is to calculate for each neuron the mean of the distances to its (at most) 8 neighbours and add this value as the height of each neuron in a third dimension [Ults92] (fig. 6). Other methods e.g. also consider the position of the best matches.

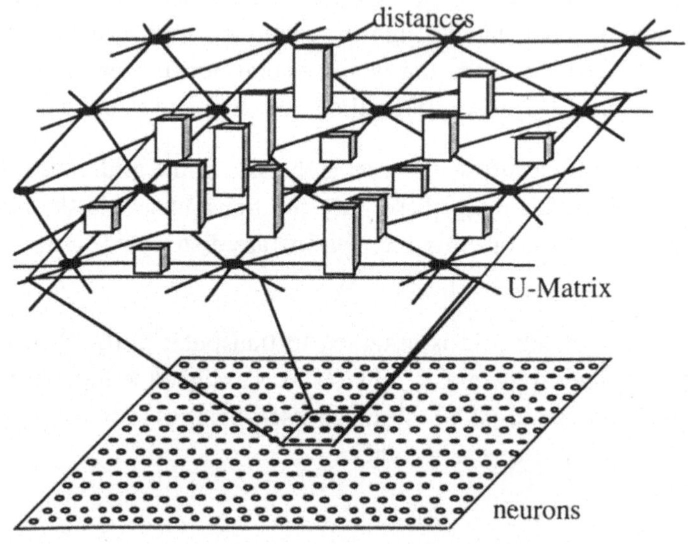


**fig. 6** a particular U-Matrix method

Using an U-matrix method we get, with the help of interpolation and other visualisation technics, a three-dimensional landscape with walls and valleys. Neurons which belong to the same valley are quite similar and may belong to the same class. Walls separate different classes. Unlike in other classification algorithms the number of expected classes must not be known a priori. Also, subclasses of larger classes can be detected. Single neurons in deep valleys indicate outliers.

## 3. Knowledge Extraction from Neural Networks

Sig* has been developed in the context of medical applications [Ults91]. In this domain other rule-generating algorithms such as ID3 [Quin85], for example, fail to produce suiting rules. That´s because they try to use a minimal criterion to optimize the decision tree, which is certainly not the central point of medical diagnosis. Sig* takes a data set in the space $R^n$ that has been classified by SOFM/UMM as input and produces descriptions of the classes in the form of decision rules. For each class an essential rule, called *characterising rule*, is generated, which describes that class. Additional rules that distinguish between different classes are also generated. These are called *differentiating rules*. This models a differential-diagnosing approach used by medical experts, but is a very common approach in other domains as well. The rules generated by sig*, in particular, take the significance of the different structural properties of the classes into account. If only a few properties account for most of the cases of a class, the rules are kept very simple.

Two central problems are addressed by the sig* algorithm:

1. *how to decide which attributes of the data are significant so as to characterise each class,*
2. *how to formalise apt conditions for each selected significant attribute.*

In order to solve the first problem, each attribute of a class is associated with a "significance value". The significance value can be obtained, for example, by means of statistical measures. For the second problem we can make use of the distribution properties of the attributes of a class. In the following we use an example to describe the sig* algorithm. The detailed description can be found in [UlLi93].

### 3.1. Selecting Significant Attributes for a Class

As an example, we assume a data set of case-vectors with five attributes $Attr_1$, $Attr_2$, $Attr_3$, $Attr_4$, $Attr_5$. Let SOFM/UMM distinguish in the example four classes $Cl_1$, $Cl_2$, $Cl_3$, $Cl_4$. Let $SV_{ij}$ denote the significance value of $Attr_i$ in class $C_j$. The matrix $SM=(SV_{ij})^{5x4}$ we call "significance matrix". For our example the significance matrix may be given as follows:

| SM | $Cl_1$ | $Cl_2$ | $Cl_3$ | $Cl_4$ |
|---|---|---|---|---|
| $Attr_1$ | 1.5 | 4 | 6* | 3.1 |
| $Attr_2$ | 3.1 | 3.2 | 20* | 6.4 |
| $Attr_3$ | 5 | 7.4 | 1.8 | 9.5* |

| | | | | |
|---|---|---|---|---|
| $Attr_4$ | 6 | 8.3* | 5.7 | 2.7 |
| $Attr_5$ | 8 | 9.5* | 6.2 | 7.3 |

In this matrix the largest value in each row is marked with an asterisk (*).

In order to detect the attributes that are most characteristic for the description of a class, the significance values of the attributes are normalised in percentage of the total sum of significance values of a class. Then these normalised values are ordered in decreasing order. For $Cl_1$ and $Cl_3$, for example, these ordered attributes are:

| percentual significance | $Cl_1$ | Cumulative |
|---|---|---|
| $Attr_5$ | 33.89% | 33.89% |
| $Attr_4$ | 25.42% | 59.31% |
| $Attr_3$ | 21.19% | 80.50% |
| $Attr_2$ | 13.14% | 93.64% |
| $Attr_1$ | 6.36% | 100.00% |

| percentual significance | $Cl_3$ | Cumulative |
|---|---|---|
| $Attr_2$ * | 50.38% | 50.38% |
| $Attr_5$ | 15.62% | 66.00% |
| $Attr_1$ * | 15.11% | 81.11% |
| $Attr_4$ | 14.36% | 95.47% |
| $Attr_3$ | 4.53% | 100.00% |

As significant attributes for the description of a class, the attributes with the largest significance value in the ordered sequence are taken until the cumulative percentage equals or exceeds a given threshold value. For a threshold value of 50% in the above example $Attr_5$ and $Attr_4$ would be selected for Class $Cl_1$. For $Cl_3$ only $Attr_2$ would be considered. For this class there are attributes, however, that have been marked with an asterisk (see above): $Attr_2$ and $Attr_1$. If there are any marked attributes, that are not considered so far, as in our example $Attr_1$, they are also considered for a sensible description of the given class. So the descriptive attributes for our examples would be:

for $Cl_1$: $Attr_5$, $Attr_4$ and for $Cl_3$: $Attr_2$ and $Attr_1$.

The same algorithm is performed for all classes and all attributes and gives for each class the set of significant attributes to be used in a meaningful but not over detailed description of the class. If an attribute is exceedingly more significant than all others, (consider for example $Attr_2$ for $Cl_3$) only very few attributes are selected. On the other hand, if almost all attributes possess the same significance considerably more attributes are taken into account. The addition of all marked attributes assures, that those attributes are considered for which the given class is the most significant.

### 3.2. Constructing Conditions for the Significant Attributes of a Class

A class is described by a number of conditions about the attributes selected by the algorithm described above. If these conditions are too strong, many cases may not be correctly diagnosed. If the conditions are too soft, cases that do not belong to a certain class are erroneously subsumed under that class. The main problem is to estimate correctly the distributions of the attributes of a class. If no assumption on the distribution is made, the minimum and maximum of all those vectors that belong, according to SOFM/UMM, to a certain class may be taken as the limits of the attribute value. In this case a condition of the i-th attribute in the *j*-th class can look like

$$attribute_{ij} \quad \text{IN} \quad [min_{ij}, max_{ij}].$$

But this kind of formulation of conditions likely results in an erroneous subsumption.

If a normal distribution is assumed for a certain attribute, we know from statistics, that 95% of the attribute values are captured in the limits $[mean_{ij} - 2*dev, mean_{ij} + 2*dev]$, where *dev* is the value of the standard deviation of the attribute. For other assumptions about the distribution, two parameters *low* and *hi* may be given in SIG*. For this case the conditions generated are as follows:

$$attribute_{ij} \quad \text{IN} \quad [\, mean_{ij} + \text{low} * \text{dev}, mean_{ij} + \text{hi} * \text{dev} \,].$$

### 3.3. Characterising Rules and Differentiating Rules

The algorithm described in 3.1. and 3.2. produces the essential description of a class. If the intersection of such descriptions of two classes A and B is non-empty, i.e. a case may belong to both classes, a finer description of the borderline between the two overlapping classes is necessary. To the characterising rule of each class a condition is added that is tested by a differentiating rule. A rule that differentiates between the classes A and B is generated by an analog algorithm as for the characterising rules. As significance values however, they may be measured between the particular classes A and B. The conditions are typically set stronger in the case of characterising rules. To compensate this the conditions of the differentiating rules are connected by a logical *OR*.

# 4. Applications

Our first applications lay in the medical domain. As test base a data set was selected where a priori classifications were known, so that we could test our neural classifier on its classification correctness. The acidosis application is a data set with 11 attributes stemming from a blood analysis of patients. These data were taken out of the book of [DeTr85], which used several classification methods to explain these data. As shown in fig. 7, the U-matrix method was able to structure the data. All acidosis subcategories were separated by a "wall" enabling a classification of the acidosis data into classes.

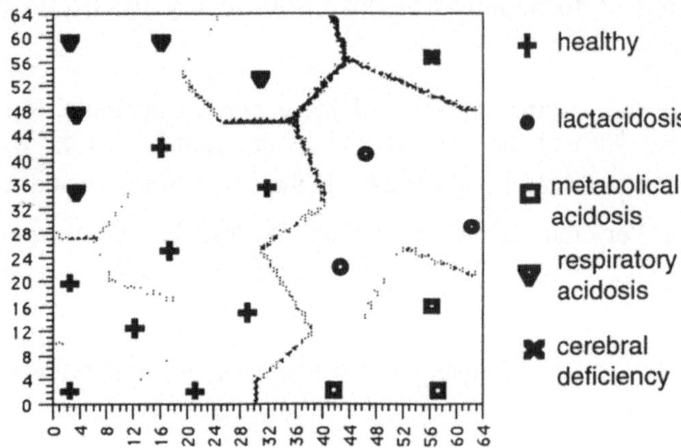


**fig. 7** U-matrix of acidosis data

After having classified the acidosis data, sig* was used to generate the rules. The advantage of this method over other machine learning methods, as for example the machine learning algorithm ID3, is that it considers the significance of all significant attributes for a specific diagnosis, while the ID3 algorithm almost considers only one attribute for the rule generation. This does not correspond to the proceeding of a medical expert. Our rules were described by 4 or 5 attributes resembling more closely the decisions made by medical experts.

In order to test the rule generation algorithm sig*, another data set in the medical domain was chosen. We used a data set with patients having a blood desease, anaemie. Here no classifications were known a-priori. In medical literature [MüSe89] values/ ranges for all attributes can be found. Deviations of a blood value were indicators for a diagnosis of an anaemie desease. Rules were extracted with sig* out of the classifications generated by the U-matrix method. These rules showed the same results as the rules in the medical book. But additional rules were also found and could be verified by medical experts. For details see [Ults91].

The advantage of our system lies in the detection of structures in data without a previous classification. Here we got some results on environmental [UlHa91] and industrial applications. In the later case we used the SOFM for monitoring and knowledge acquisition in chemical processes [Waya92] [Ults93]. Industrial processes are often hard to control because the process is difficult to observe or due to its non-linear dynamics. With the help of the learned SOFM combined with an UMM it is possible to distinguish different regions (classes) on the map which correspond to different good or bad process states. The actual process state appears as one mark on the map and the continuous flow of measured process states describes a path on the map, which gives the controller an insight wether the process stays in a normal region or changes to a critical region [Waya92]. In addition, with the help of the rule extraction mechanisms descriptions of the different classes can be derived to be used either to judge the quality of the SOFM or to integrate them into an expert system [Ults93].

Using Kohonen's Feature Map to monitor a chemical process, as seen before, suggests their suitability to represent dynamical processes and give short-term predictions. In a further application, a forecasting of avalanches specially during the winter was made using snow, weather and snow cover data as input data to evaluate directly the degree of danger (1-5). A hybrid expert system was realised [Schw93] with the following objectives: assessment of degree of avalanche danger using daily measurements, ability of using incomplete and inconsistent data, explanation of results, better overall performance over existing tools (also in critical situations). It integrated a learned Kohonen feature map and a rule base to forecast new input data. For some classes (1,4,5) direct rules with a good performance could be generated by the rule generation algorithm sig*. The other two classes 2 and 3 couldn't be distinguished one from each other only by using the sig* algorithm. Here U-Matrices were generated for both "difficult" subclasses. Structure rules were the result of this process by using sig* for rule extraction of the sub-subclasses. The hybrid system also integrated rules from other knowledge acquisition tools.

The final prognosis of an avalanche was then achieved by a combination of both systems, the Rule Base and the Kohonen Network. Four cases could be distinguished: (a) no diagnosis was possible using the rule base, so the final diagnosis corresponded to the diagnosis of the Kohonen Feature Map, (b) both methods found the same diagnosis, (c) several diagnosis were detected by the expert system, so that the Kohonen Network diagnosis corresponding to one of the expert system diagnosis was used for the final diagnosis and (d) a conflict situation where different results were found by the subsystems. Also cases with unknown input values can be classified by the Kohonen Network, the unknown parameters can now be fulfilled and then diagnosed. In this sense the Network completes the classification task.

Other methods were used to predict avalanche danger. The deterministic method models the physical processes of the snow cover. A statistical approach uses daily data over several years and is able to detect avalanches of the ten nearest neighbouring days. Both approaches were integrated into a deterministic-statistic model achieving 50% of correct diagnosis [FöHä78]. Other approaches, like expert systems get a performance of 60% and 70%. Our hybrid expert system will be at least better than 74% (the performance of the rule based system). Preliminary studies showed that the Kohonen Feature Map will achieve a correctness of 80%. Including cases that couldn't be evaluated by the rules and now can be detected by the Kohonen Feature Map, let us expect a performance of greater then 80%. This results have to be viewed under the consideration that the weather forecast has an overall performance of about 80 to 85%, so that a final prediction can only be realised by the avalanche experts.

# 5. Conclusion

Real-world applications with a large amount of data can be processed by our knowledge based system integrated with an neural network component. In order to analyse the high dimensional data of large data sets with Neural Networks, we use parallel hardware like transputers. Kohonen self-organising feature maps together with the U-matrix methods are able to extract regularities out of data. Since Neural Networks have the disadvantage of not being able to explain the acquired knowledge, a rule generating algorithm sig* extracts rules out of the classified feature map. The acquired rules can be used as expert rules. With our system not only classifications are possible and symbolic rules are extracted, but also the factor time can be analysed.

Further research concerns the animation of the network´s learning process via on line visualisation of the U-matrix. A real-time animation of the U-matrix by sending the weight vectors to the host during the learning phase is not yet possible because of the bottleneck of communication in the transputer system and between the transputer system and the host computer.

# Acknowledgement

This work has been supported in part by the german ministry of research and technology BMFT, research grant WINA, contract number 01-IN 103 B/O.

# References

[DeTr85] Deichsel, G,; Trampisch, H.J.: Clusteranalyse und Diskriminanz-anlyse. Stuttgart: G. Fischer Verlag, 1985.

[FöHä78] Föhn, P.; Hächler, P.: Prevision des grosses avalanches au moyens d'un model deterministic-statistique. ANENA. in: Comples Rendues du 2e Rencontre Int. sur la Neige et des Avalanches, Grenoble, 12-14, 1978, pp.151-156.

[GuKo92] Guimaraes, G. & Korus, D. „Neuronale Netze auf Transputern" Transputer-Anwender-Treffen TAT´92, Abstraktband, Aachen Sep. 1992.

[Koho89] Kohonen, Teuvo „Self-Organization and Associative Memory“ Springer Verlag 1989 (3rd ed.)

[MüSe89] Müller, F.; Seifert, O.: Taschenbuch der medizinisch-klinischen Diagnostik, Berlin: Springer-Verlag, 72 Aufl., 1989.

[Quin85] Quinlan, J.R.: Learning Efficient Classification Procedures and their Application to Chess End Games. in: Michalsky, R.; Carbonell, J.G; Mitchell, T.M.(Hrsg.): Machine Learning - An Artificial Intelligence Approach. Berlin 1984, pp. 463-482.

[Schw93] Schweizer, M.; Föhn, P.; Schweizer, J.; Ultsch, A.: A hybrid Expert System for Avalanche Forecasting, in publ.

[Ults91] Ultsch, A. „Konnektionistische Modelle und ihre Integration mit wissensbasierten Systemen“ Habilitationsschrift Universität Dortmund, 1991.

[Ults91a] Ultsch, A., Palm, G., Rückert, U.: Wissensverarbeitung in neuronaler Architektur, in: Brauer/Hernandez (Eds.): Verteilte künstliche Intelligenz und kooperatives Arbeiten, GI-Kongress, München, 1991, pp 508-518.

[Ults92] Ultsch, A. „Self-Organising Neural Networks for Visualisation and Classification“ Proc. Conf. Soc. for Information and Classification, Dortmund Apr. 1992.

[Ults93] Ultsch, A. "Self-Organising Neural Networks for Monitoring and Knowledge Acquisition of a Chemical Process" Proc. ICANN-93, Amsterdam, p. 864–867.

[UlHa91] Ultsch, A. & Halmans, G. "Neuronale Netze zur Unterstützung der Umweltforschung" Symp. Computer Science for Environmental Protection, Informatik Fachberichte 296, Springer, Dec. 1991.

[UlLi93] Ultsch, A.& Li, H. "Automatic Acquisition of Symbolic Knowledge from Subsymbolic Neural Networks" Proc. IEEE Int. Conf. on Signal Processing, Peking, 1993.

[UlSi89] Ultsch, A. & Siemon, H.P. „Exploratory Data Analysis: Using Kohonen Networks on Transputers“ Fachberichte 329, FB Informatik, Universität Dortmund, Dec. 1989.

[Waya92] Wayand, M. "Anwendung von Kohonen Netzen zur Darstellung und Steuerung von chemischen Prozeßverläufen" Diplomarbeit, Univ. Dortmund 1992.

# Ein Paralleler Wachstumsalgorithmus für Neuronale Netze

Iván Santibáñez–Koref[1] H.–M. Voigt Joachim Born

Technische Universität Berlin
FG: Bionik und Evolutionstechnik (Sekr. ACK1)
Ackerstraße 71–76
13355 Berlin

**Zusammenfassung.** In dieser Arbeit werden Varianten eines parallelisierten Algorithmus zum Wachstum und Belehren künstlicher neuronaler Netze, des "Cascade–Correlation Learning Architecture" - Algorithmus von [3], vorgestellt und dessen Realisierbarkeit diskutiert. Dabei werden die in [3] gemachten Vorschläge analysiert und revidiert.

## 1 Einführung

Mit Hilfe künstlicher neuronaler Netze lassen sich eine große Klasse von Klassifikations- und Approximationsaufgaben lösen[2]. Die Aufgaben, die mit neuronalen Netzen gelöst werden bzw. gelöst werden sollen, werden immer umfangreicher. Die Komplexität der Probleme steigt sehr schnell an. Beispielsweise kann die Zahl der für die Belehrung der Netze notwendigen Datensätze (Belehrungsmuster) mit Leichtigkeit tausend oder zehntausend überschreiten. Zumeist existieren keine Vorstellungen über die Zahl der notwendigen Neuronen, um eine bestimmte Aufgabe zu lösen bzw. die geschätzte Zahl von Neuronen für ein neuronales Netz kann sehr groß werden.

Bei den meisten Anwendungen von künstlichen neuronalen Netzen ist das Problem der geeigneten Topologie oder Struktur (Anzahl und Art der Neuronen, Zahl und Art der Verbindungen zwischen den Neuronen) untergeordnet. Es reicht aus, eine Topologie zu erzeugen, die das Problem halbwegs löst. Die Topologie wirde in den meisten Fällen "intuitiv" bestimmt. Aufgrund zunehmender Problemkomplexität ist es aber notwendig neuronale Netze zu benutzen, deren Struktur dem zu lösenden Problem angepaßt ist.

Eine Möglichkeit das zu erreichen ist, während des Belehrungsvorganges ein angepaßtes Netz zu generieren. Geeignet für diese Vorgehensweise sind Algorithmen, die gleichzeitig ein neuronales Netz belehren und die Struktur dieses Netzes modifizieren. In der Literatur sind eine Reihe von Realisierungen eines solchen Ansatzes beschrieben worden.

---

* Diese Arbeit wurde im Rahmen des BMFT–Verbundvorhabens SALGON - 01 IN 107 durchgeführt

[2] [11] ist eine ausführliche Darstellung der Problematik

In der vorliegenden Arbeit sollen Strukturierungsalgorithmen für vorwärts geschichtete neuronale Netze (sog. Feed-Forward Netze) betrachtet werden. Der zweite Abschnitt soll auf einige Strukturierungsalgorithmen für neuronale Netze hinweisen, dabei wird kurz die Parallelisierbarkeit diskutiert. Im dritten Abschnitt wird ein spezieller Algorithmus zur Strukturierung vorgestellt, die von Fahlman und Lebiere ([3]) vorgeschlagene *Cascade-Correlation Learning Architecture* (CCA, Kaskaden-Korrelations Architektur). Anschließend werden parallele Implementierungsvarianten dieses Ansatzes vorgeschlagen und anhand exemplarischer Beispiele die Güte beurteilt.

## 2 Wachstumsalgorithmen für neuronale Netze

Mit Hilfe von neuronale Netzen (genauer gesagt von: Feed-Forward Netzen), soll im folgendem (o.b.d.A.) die Lösung von Approximationsaufgaben betrachtet werden.

Sei $(x_i, y_i) \in \mathbb{R}^q \times \mathbb{R}^p$, $i = 1, ..., N$ die Menge der Belehrungsmuster, wobei angenommen wird, daß $y_i = g(x_i) + \epsilon$ ( $\epsilon$ sei eine kleine Störung) gilt. Aufgabe ist es, eine Funktion $\hat{g}$ aus einer Funktionenmenge $\mathcal{F}$ zu finden, die $g$ möglichst gut approximiert. In der Regel wird gefordert, daß ein Fehlerfunktional

$$E(\hat{g}) = \sum_{i=1}^{N} (y_i - \hat{g}(x_i))^2$$

minimiert wird.

Im Falle von Feed-Forward Netzen ist $\tilde{g} \in \mathcal{F}$ ein Netz mit $m$ verdeckten Neuronen und der Architektur $A$, falls $\tilde{g} = (\tilde{g}_1, ..., \tilde{g}_p)$ die folgende Gestalt hat:

- $U_k(x) = x_k$ für $k = 1, ..., q$
- $U_k(x) = f_k(\sum_{j=1}^{k-1} w_{kj} U_j(x))$ für $k = q + 1, ..., q + p + m$
- $\tilde{g}_k(x) = U_{k+m+q}(x)$ für $k = 1, ..., p$
- Der Wert $U_k(x)$ ist die Aktivierung des $k$-ten Neurons.
- Die $f_k : \mathbb{R} \rightarrow \mathbb{R}$ werden als Aktivierungsfunktionen bezeichnet und sind meistens für alle $k$ gleich.
- Es gilt $A = (a_{kj})$ für $k = 1, ..., q + m + p$ und $j = 1, ..., q + m + p$

$$a_{kj} = \begin{cases} 0 & : \ j \leqq k \text{ mit } 1 \leqq \text{k,j} \leqq \text{p} + \text{m} + \text{q} \\ 0 & : \ 1 \leqq k, j \leqq q \text{ ; } \text{p} + \text{m} + 1 \leqq \text{k,j} \leqq \text{p} + \text{m} + \text{q} \\ \text{beliebig in } \{0, 1\} & : \ \text{sonst} \end{cases}$$

  und $w_{kj} = 0$ falls $a_{kj} = 0$ bzw. $w_{kj} \in \mathbb{R}$ sonst.
  Die Matrix $W = (w_{kj})$ wird als Gewichtsmatrix bezeichnet. Die Matrix $A$ beschreibt die Struktur des Netzes $\tilde{g}$. $A$ kann als die Adjazenzmatrix des Graphen des Netzes interpretiert werden.
- Die $U_k$ mit $k = 1, ..., q$ heißen Eingangsneuronen, die $U_k$ mit $k = q+1, ..., q+m$ heißen verdeckte Neuronen und die $U_k$ mit $k = q + m + 1, ..., q + m + q$ heißen Ausgangsneuronen.

Aus dieser Beschreibung ist zu ersehen, daß jedes $\tilde{g}$ durch $m$, $W$ und die Funktionen $f_k$ beschrieben wird.

Aufgabe eines Strukturierungsalgorithmus ist es, für ein Approximationsproblem geeignete Netzstrukturen zu finden. Es ist eine für die Approximation notwendige Zahl von verdeckten Neuronen $m$, die Adjazenzmatrix $A$ bzw. die Gewichtsmatrix $W$ und einen Satz von Aktivierungfunktionen $f_k$ zu bestimmen.

Anzumerken ist, daß bei dieser Aufgabenstellung auch Belehrungsalgorithmen zur Strukturierung von neuronalen Netzen benutzt werden können. Der Unterschied ist bei manchen Algorithmen nicht sehr groß. Auf jeden Fall sind Strukturierungsalgorithmen auch Belehrungsalgorithmen. Belehrungsalgorithmen wie Backpropagation, versuchen allerdings alle freien Variablen zu benutzen, womit es sehr unwahrscheinlich wird, daß eine problemabhängige Architektur des Netzes ensteht.

Methoden der vollständigen Enumeration um den Raum der Adjazenzmatrizen zu untersuchen, sind als Alternative auszuschließen. Zum einen, da die Anzahl der verschiedenen Netztopologien auch bei kleinen Problemen relativ groß ist. Zum anderen müssen, um die Brauchbarkeit der Topologie zu überprüfen, Netze der gewünschten Topologie belehrt werden. Da aber das Fehlerfunktional zumeist Wendepunkte bzw. lokale Minima aufweist, ist nicht gewährleistet, daß stets das globale Minimum des Fehlerfunktionals erreicht wird. Somit ist es notwendig, zur Prüfung einer Topologie eine Reihe von Netzen zu belehren, was sehr viele Ressourcen erfordert.

Trotz der Komplexität des Strukturierungsproblems ergeben sich eine Reihe gangbarer Lösungsansätze.

**Evolutionäre Verfahren zur Strukturbestimmung:** Für die Lösung nichtlinearer und multimodaler Probleme haben sich Evolutionäre Algorithmen ([9],[6]) als eine Form der stochastischen Suchverfahren als brauchbar erwiesen. Grundprinzip ist die Simulation von Prinzipien der biologischen Evolution zur Suche von Lösungen im hochdimensionalen Strukturaum. Die Suche erfolgt mit Punktmengen anstatt mit einzelnen Punkten. Die Erzeugung von neuen Suchpunkten erfolgt unter Anwendung von aus der Evolution entlehnten Mutations–, Selektions– und Rekombinationsoperatoren ( z.B. [10]). Diese Vorgehensweise kann durch die Nutzung naturentlehnter Kodierungsprinzipien der Netzgraphen erweitert werden (z.B. [5],[12]).

In [5] und [12] wurden parallele Implementierungen dieser Ansätze untersucht. Gruau benutzt in [5] einen parallelen genetischen Algorithmus, bei dem die Individuen in Subpopulationen getrennt sind.

Der in [12] beschriebene Ansatz beruht auf der parallelen Auswertung der Individuen. Genau dieser Ansatz kann zur Parallelisierung der in [10] beschriebenen Algorithmen benutzt werden.

Beide Ansätze eignen sich für MIMD–Systeme, wobei in [12] ein Workstationcluster und in [5] eine Intel–Maschine benutzt wurden.

**Verfahren zur sukzessiven Ausdühnnung:** Das Hauptanliegen dieser Ansätze ist, aufgrund des Informationflusses innerhalb des Netzes bestimmte

Gewichte bzw. Neuronen zu streichen (z.B. [8]). Das kann mit einfachen Regeln oder mit Hilfe von speziellen statistischen Verfahren geschehen.
Über parallele Realisierungen dieses Ansatzes liegen keine Angaben vor. Allerdings scheint es aufgrund des Anteils der Analyseverfahren an der Rechenzeit sinnvoll, die Parallelisierung dieser Teile des Algorithmus zu untersuchen.

**Verfahren zur sukzessiven Generierung:** Im Gegensatz zur vorhergehenden Verfahrensklasse, wird bei diesen Verfahren die Strukturierung durch das Hinzufügen von Gewichten und Neuronen erreicht (Wachstumsalgorithmen). Eine ganze Reihe von Verfahren sind aus der Literatur bekannt (z.B. [1],[3], [7]). Bei diesen Verfahren wird angestrebt, daß die neu hinzukommenden Teile den Approximationsfehler ausgleichen, bzw. diesen Approximationsfehler approximieren.
In dieser Arbeit sollen verschiedene Parallelisierungsmöglichkeiten für ein spezielles Verfahren dieser Klasse beschrieben werden.

## 3 Die Cascade–Correlation Learning Architecture (CCA)

Die Grundidee der CCA ist das sukzessiven Hinzufügen von Neuronen zu einem Netz, solange dieses Netz nicht die geforderte Aufgabe erfüllt. Das Netz wird solange modifiziert, bis der Approximationsfehler eine vorgegebene Schranke unterschreitet.

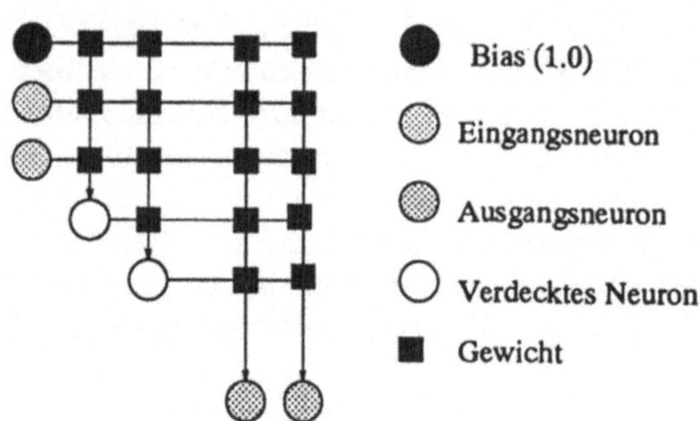


Abb. 1. Prinzipieller Aufbau eines CCA–Netzes

In Abb. 1 wird der Grundaufbau eines CCA–Netzes skizziert. Besonderheiten sind:

- Die Eingangsneuronen sind sowohl direkt, als auch über die verdeckten Neuronen mit den Ausgangsneuronen verbunden. Die verdeckten Neuronen sind kaskadiert, d.h. sie sind untereinander verbunden. Es gilt für die Adjazenzmatrix:

$$a_{kj} = \begin{cases} 0 & : \; j \leqq k \text{ mit } 1 \leqq \mathrm{k,j} \leqq \mathrm{p+m+q} \\ 0 & : \; 1 \leqq k, j \leqq q \text{ und } \mathrm{p+m+1} \leqq \mathrm{k,j} \leqq \mathrm{p+m+q} \\ 1 & : \; sonst \end{cases}$$

- Belehrte Verbindungen zwischen Eingangsneuronen und verdeckten Neuronen werden fixiert. Die Werte der Gewichte dieser Verbindung bleiben während der weiteren Abarbeitung konstant.
- Nur die Gewichte zu den Ausgangsneuronen werden nach jeder Modifikation des Netzes neu belehrt.

Der Algorithmus kann folgendermaßen skizziert werden:

**Anfangsschritt:** Am Anfang des Algorithmus besteht das Netz nur aus direkt verbundenen Eingangs- und Ausgangsneuronen (in Abb. 1 schraffierte Kreise), d.h. es liegt ein Netz der Tiefe $m = 0$ vor.

**Belehrungschritt:** Alle Verbindungen (in Abb. 1 Rechtecke) zu den Ausgangsneuronen werden belehrt. Dies geschieht in $O(Np(m^2 + m(q+1)))$ Schritten für den Vorwärtsschritt (d.h. Berechnung des Netzausgangs für jedes Belehrungsmuster) und $O(Np(q+m))$ Schritten für den Rückwärtsschritt (d.h. Ermittlung der Gewichtsänderungen und die Änderung der Gewichte). Erfüllt das Netz das Abbruchkriterium bzw. ist der verbleibende Fehler zwischen Netz und den Belehrungsmustern unterhalb der geforderten Abbruchschranke, so wird der Algorithmus beendet, sonst wird ein Erweiterungschritt durchgeführt.

**Erweiterungschritt:** Füge ein neues Neuron (in Abb. 2 dunkelgrauer Kreis) in das Netz ein und gehe zum Belehrungschritt zurück.

Das einzufügende Neuron wird durch folgendes Verfahren generiert:

- Erzeuge eine Reihe von *Kandidaten*, d.h. Neuronen, die mit allen Neuronen im Netz mit Ausnahme der Ausgangsneuronen verbunden sind.
- Belehre die Eingangsgewichte eines Kandidaten so, daß die Kovarianz (oder auch die Korrelation) zwischen der Aktivierung des Kandidaten und dem Approximationsfehler an der Ausgangsneuronen für die Belehrungsmuster maximiert wird.
  Angenommen die Zahl der Kandidaten sei konstant $K$, So erfordert die Berechnung der Aktivierung der Kandidaten $O(KN(m^2+m(q+1)))$ Schritte. Die Berechnung der Kovarianz benötigt $O(KNp(m^2+m(q+1)+1))$ Schritte, und die Belehrung der Eingangsgewichte der Kandidaten wird in $O(KN(m+1+q))$ Schritten durchgeführt.
- Wähle den Kandidaten mit der größten Kovarianz bezüglich des Approximationsfehlers als einzufügendes Neuron aus. Verbinde dieses Neuron mit den Ausgangsneuronen. Das kostet $O(K)$.

Einige Anmerkungen zum Algorithmus selber bzw. zu dessen Vereinfachung:

- Sowohl für die Gewichte von den Eingangsneuronen zu den Kandidaten, als auch für die Gewichte von den verdeckten Neuronen zu den Ausgangsneuronen wird als Belehrungsverfahren *Quickprop* ([2]), ein Gradientenverfahren, verwendet. Dieses Verfahren benutzt einen Näherungsansatz für die zweite Ableitung.
- Die Belehrung von mehreren Kandidaten ist eine Methode, um möglichen lokalen Optima im Gewichtsraum zu begegnen.
- Alle Kandidaten werden mit denselben Daten belehrt und besitzen die gleichen Eingangsinformationen.
- Sowohl die Belehrung der Kandidaten (d.h. der Gewichte von den Eingangsneuronen bzw. verdeckten Neuronen zu den Kandidaten), als auch die Belehrung der Gewichte von den Eingangsneuronen bzw. verdeckten Neuronen zu den Ausgangsneuronen entsprechen der Belehrung einschichtiger Netze (Abb. 2 Beispiel für einen Kandidaten).

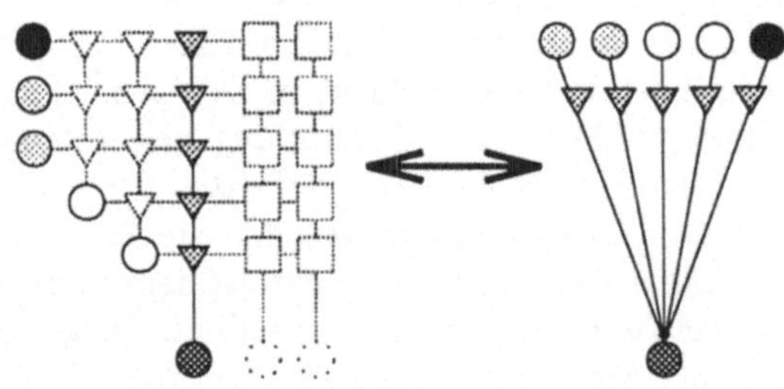

Abb. 2. Die Belehrung eines Kandidaten (dunkelgrauer Kreis) bzw. dessen Eingangsgewichte (Dreiecke) entspricht der Belehrung eines einschichtigen Netzes.

- Da die Gewichte zwischen den Eingangsneuronen und den Kandidaten nach dem Auswählen des Kandidaten nicht mehr verändert werden, können diese für den weiterenen Verlauf des Algorithmus als fixiert angenommen werden. Damit ist aber auch die Aktivierung dieses neuen Neurons fixiert und könnte für jedes Belehrungsmuster gespeichert werden. Dies ist vergleichbar mit der Erweiterung der Belehrungsmuster um eine Dimension.
  Man spart beim Vorwärtsschritt die Berechnung bereits fixierter verdeckter Neuronen. Diese Vorgehensweise wird "Caching" genannt. Damit wird die Zeikomplexität verringert.
  Es ergeben sich somit folgende Kosten: beim Vorwärtschritt $O(Np(q+m))$, bei der Berechnung der Aktivierung der Kandidaten $O(KN(q+m))$ und bei der Berechnung der Kovarianz $O(KN(q+m))$

Damit ergibt sich für den Algorithmus, wenn das Netz die Tiefe $m$ erreicht hat, folgende Laufzeitkomplexität: $O(n_1 Np(q+m) + n_2 KN(q+m))$ (wobei $n_1$ und $n_2$ Wiederholungsfaktoren für die verschiedenen Teilalgorithmen seien).

# 4 Parallele Implementierung

Die Parallelisierung dieses Ansatzes auf einer MIMD ist aus zwei Gründen interessant. Erstens sollte eine parallele Implementierung erlauben, das Verfahren schneller zu machen. Zweitens sollt es durch die Nutzung des lokalen Speichers der MIMD–Knoten die Größe der zu verarbeitenden Probleme erheblich erweitern.

## 4.1 Parallele Realisierungsmöglichkeiten

Auch aufgrund von Laufzeituntersuchungen ist festzustellen, daß ein großer Teil der Rechenzeit für die Generierung und Belehrung der Kandidaten benötigt wird, z.B. 69% bei dem sogenannten "Zwei Spiralen Problem" (192 Belehrungsätze 2 Eingangs– und 1 Ausgangsneuron). Auf solche Hinweise gestützt, schlägt der Autor in [4] als Parallelisierungsvariante vor, die Belehrung der Kandidaten auf die Prozessoren eines Multiprozessorsystems mit $P$–Prozessoren zu verteilen (o.b.d.A. soll angenommen werden, daß $P = 2^u$, $u > 0$ sei und daß $N = nP$ gilt). Nach der Belehrung der Kandidaten soll der global beste Kandidat ermittelt und auf alle anderen Prozessoren übertragen werden. Worauf dann die Gewichte für die Ausgangsneuronen neu zu berechnet sind. Die Kommunikationsphase und die Belehrungsphase der Ausgangsgewichte können vertauscht werden. Die Kommunikationskosten sind relativ gering (auf einen Hypercube z.B. $O(log(P))$ bzw. für die Übermittlung des besten Kandidaten $O((q+m)log(P)))$.

Diese Vorgehensweise bedingt, daß auf jeden Prozessor eine Kopie des bisher erzeugten CCA-Netzes gespeichert wird (Abb. 3). Es müssen gleiche Operationen (z.B. Belehren der Ausgangsgewichte) auf allen Prozessoren wiederholt werden.

Wenn die Belehrung der Kandidaten nicht den überwiegenden Teil der Rechenzeit ausmacht, ist diese Vorgehensweise nicht effizient im Hinblick auf die Skalierung der Prozessorzahl. Denn auch ein kleiner Anteil an sequentieller Arbeit verringert erheblich die Effizienz eines parallelen Algorithmus (auch als "Amdahls Gesetz" bekannt).

Bei dieser Variante wäre dieser sequentieller Teil die Belehrung der Ausgangsgewichte. Außerdem würde eine große Zahl von Belehrungmustern das "Caching" verhindern und sogar ständige Kommunikation mit einen Massenspeicher erfordern. Konkret bedeutet es, daß die Laufzeit in der Größenordnung von $O(O(n_1Np(q+m)+n_2N(q+m))+(q+m)log(P))$ für das Einfügen eines Kandidaten liegt.

Somit ist diese in [3] vorgeschlagene Variante nur für sehr eingeschränkte Probleme effizient nutzbar.

Eine weitere Variante wäre die Verteilung der Neuronen des CCA–Netzes auf die verschiedenen Prozessoren des Rechners. Der entscheidende Vorteil ist, daß auch bei größeren Datenmengen "Caching" durchgeführt werden kann und somit ein Teil der Kommunikation beim Belehren des Netzes entfällt (die Vorwärtspropagierung der Eingangsdaten auf die verdeckten Neuronen ist nicht notwendig), und somit nur die Fehlerdifferenz zum gewünschten Ausgangswert

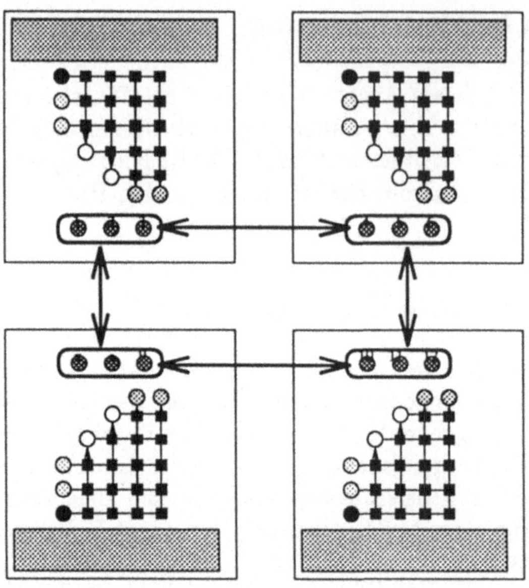

Abb. 3. Aufteilung der Kandidaten auf die Prozessoren. Auf jeden Prozessor befindet sich eine Kopie der Belehrungsdaten (graues Rechteck) und des CCA–Netzes, nur die Kandidaten sind verteilt (hier 12 Stück). Die Kommunikation findet im Kandidatenpool statt.

bzw. die Kovarianz global bekannt sein muß (wie oben erwähnt, werden nur einschichtige Netze belehrt).

Allerdings ist die Effizienz dieser Variante gering, wenn die Möglichkeit zum "Caching" nicht besteht. Dies ist durch den kaskadenförmigen Aufbau der Netze begründet, der einen sequentiellen Datenfluß erfordert, was zur Folge hat, daß bei der Vorwärtspropagierung der Daten die beteiligten Prozessoren warten müssen. Ein anderer Nachteil entsteht aus dem inkrementellen Charakter des Algorithmus. Da es zu Anfang nur wenige Neuronen im Netz gibt, muß entweder die Rechenlast dynamisch verteilt werden oder am Anfang gibt es Prozessoren, die nicht benutzt werden.

Für Probleme mit nicht zu kleinen Belehrungsdatensätzen gibt es unserer Meinung nach eine dritte, effizientere Möglichkeit der Parallelisierung, nämlich die Belehrungsdaten auf die Prozessoren zu verteilen (Abb. 4).

Für den CCA–Algorithmus bedeutet das, daß jeder Prozessor für seine Datensätze einen Teil der Belehrungsoperationen durchführt, d.h. den zu den lokalen Daten zugehörigen Fehlergradienten und Kovarianzgradienten berechnet. Anschließend wird der Gesamtgradient mittels einer globalen Summe berechnet und entsprechend dem Belehrungsverfahren für die Erzeugung des neuen Gewichtsvektors benutzt. Die Kosten für die globale Summe liegen in der Größenordnung

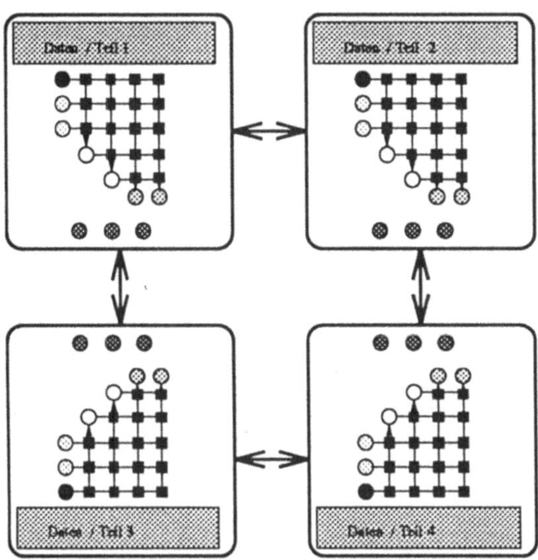


Abb. 4. Aufteilung der Belehrungsdaten auf die Prozessoren. Die auf jeden Prozessor befindlichen Belehrungsdaten werden zur Ermittlung des Fehlergradienten benutzt. Die Kommunikation findet zur Bestimmung der Summe des Fehlergradienten und der Aktivierung statt.

von $O((q + m)log(P))$ bei einer Hypercube–Topologie.

Diese Variante ist eine Modifizierung der Variante mit der Verteilung des Netzes auf die Prozessoren. Jeder Prozessor besitzt eine vollständige Kopie des CCA–Netzes. Jedoch ist es nicht notwendig das Netz explizit zu kopieren, da der Belehrungsalgorithmus über den globalen Gradienten dafür sorgt, daß alle Prozessoren dieselbe Information über das CCA–Netz besitzen. Da die Belehrungsdaten verteilt sind, hat jeder Prozessor, auch bei größeren Datenmengen, die Möglichkeit zum "Caching", womit die Rechenzeit verkürzt werden kann. Ist aber "Caching" nicht möglich, kann durch geeignete Verteilung der Daten eine gleichmäßige Auslastung aller Prozessoren erreicht werden (da beim Vorwärtspropagieren der Daten keine Kommunikation erforderlich ist).

Für den Fall, daß "Caching" möglich ist, ergibt sich eine Laufzeitkomplexität von $O(n_1(q + m)(np + log(P)) + n_2(q + m)(Kn + log(P)))$.

Als nicht effizient kann sich diese Variante in folgenden Fällen erweisen:

- Wenn das enstehende CCA–Netz (bzw. $q + m$) sehr groß ist, so daß die Zeit zur Bildung des globalen Gradienten die Zeit zur Ermittlung der Teilgradienten übersteigt.
- Wenn relativ wenig Datensätze für die Belehrung vorliegen (d.h. $N < (p + m + q)$).

– Wenn das Verhältnis von der zur Kandidatenbelehrung benötigten Rechenzeit zur Kommunikationszeit bei der Bildung des globalen Grandienten sehr ungünstig ist (z.B. $K$ ist sehr groß).

Die letzten beiden Punkte können abgeschwächen werden, da man weiß, daß man diese Variante beim Vorliegen von wenigen Datensätzen nicht benutzen wird und daß die Zahl der Kandidaten beschränkt ist, da ab einer gewissen Zahl von Kandidaten sich keine signifikanten Verbesserungen in den Ergebnissen des CCA–Algorithmus ergeben.

## 4.2 Verteilung der Belehrungsdatensätze (Simulationen)

Zur Überprüfung der Annahmen über die Effizienz unserer Parallelisierungsvariante (verteilte Datensätze) wurden Simulationen auf einem MC-2 (32 T800/4 MB) durchgeführt. Die Programme wurden unter PARIX mit Hilfe der "Virtual Topology"-Bibliotheken der Firma Parsytec implementiert. Es wurden zwei Beispiele betrachtet.

Ein Beispiel mit 16000 Datensätzen. Die Eingangsdimension ist 16 und die Ausgangsdimension ist 26. Dieser Datensatz ist deswegen interessant, weil damit das Programm auf Probleme mit großen Eingangs–Ausgangs–Dimensionen , wie sie oft bei Klassifizierungsproblemen vorkommen, angewandt wird. Die Abb. 5 stellt die Ausführungszeit für CCA–Netze verschiedener Tiefe dar.

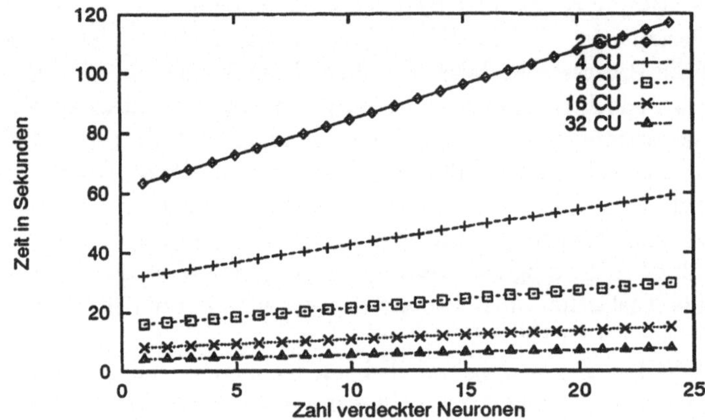


Abb. 5. Rechenzeit für einen Iterationsschritt bei dem Problem mit 16000 Datensätzen.

In Abb. 6 ist der erzielte Speedup dargestellt. Da es nur möglich war, die Simulationen für mehr als zwei Prozessoren durchzuführen, ist das Verhältnis der

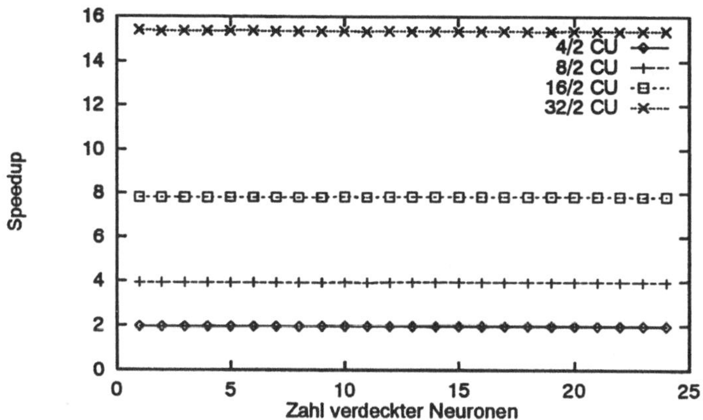


Abb. 6. Speedup für das Problem mit 16000 Datensätzen.

Zeit bei jeweiliger Prozessorzahl zur Zeit bei maximal verfügbarer Prozessorzahl dargestellt.

Deutlich wird hier, das der Speedup für größere Netze ($m > 10$) sich schnell von Idealwert entfernt. Es wird deutlich, wie bei einem Beispiel mit relativ großer Eingangs- und Ausgangsdimensionalität die Kommunikation den Speedup mindert.

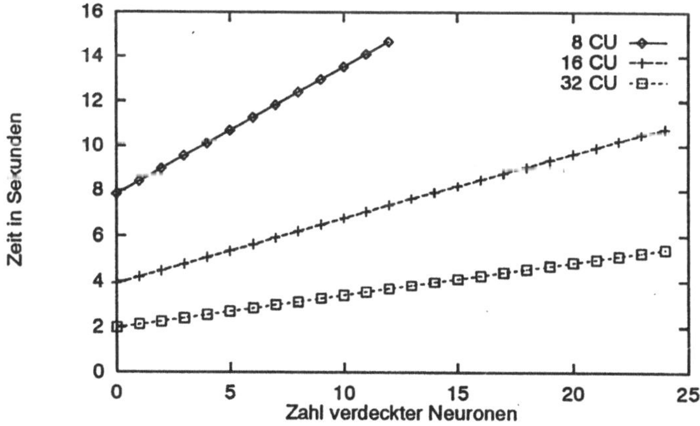


Abb. 7. Rechenzeit für einen Iterationsschritt bei dem Problem mit 256000 Datensätzen.

Als zweites Beispiel diente ein großer Datensatz aus der Robotik. Dabei handelt es sich um ein extrem nichtlineares Approximationsproblem. Es lagen 256000 Datensätze geringer Dimensionalität (Eingangsdimension 7 und Ausgangsdimension 1) vor. Aufgrund der Größe des Datensatzes, war es erst ab 8 Prozessoren möglich, Vergleichsmessungen durchzuführen. Abb. 7 stellt die Ausführungszeit für einen Iterationsschritt dar.

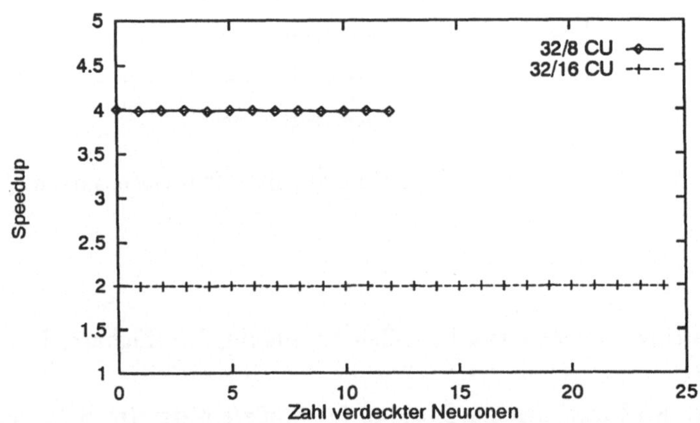


Abb. 8. Speedup für das Problem 256000 Datensätzen.

Die Kurve für 8 Prozessoren bricht bei 12 verdeckten Neuronen ab, weil bei dieser Netztiefe der lokale Speicher der Transputer ausgeschöpft war. Abb. 8 zeigt den erreichten Speedup bei diesen Datensatz.

Im Gegensatz zum ersten Datensatz ist der Speedup aufgrund der niedrigen Dimensionalität fast konstant beim Idealwert, da auf jedem Transputer die Rechenzeit gegenüber der Kommunikationszeit überwiegt.

# 5 Zussamenfassung und Ausblick

Es ist festzustellen das der CCA–Algorithmus mittels der hier vorgestellten Parallelisierungsvariante für größere Probleme effizient einsetzbar ist. Als nächster Schritt ist vorgesehen, diesen parallelisierten Algorithmus auf einen massiv–parallelen Systeme zu untersuchen. Weiterhin ist vorgesehen die parallele Implementierung von Wachstumsalgorithmen vorzunehmen, die "flache" Netze , d.h. Netze geringer Tiefe, erzeugen.

# Literatur

1. T. Ash. Dynamic node creation in backpropagation networks. Technical Report ICS 8901, UC San Diego Institute for Cognitive Science, 1989.
2. Scott E. Fahlman. Faster–learning variations on back–propagation: An empirical study. In *Proceedings of the 1988 Connectionist Models Summer School.* Morgan Kaufman, 1988.
3. Scott E. Fahlman and Ch. Lebiere. The cascade-correlation learning architecture. In David S. Touretzky, editor, *Advances in Neural Information Processing Systems 2.* Morgan Kaufman, 1990.
4. Scott E. Fahlman and Ch. Lebiere. The cascade-correlation learning architecture. Technical Report CMU-CS-90-100, School of Computer Science, Carnegie Mellon University, Pittsburgh, 1990.
5. Frederic Gruau and Darrell Whitley. Adding learning to the cellular development process: a comp. study. Technical Report RR93–04, Laboratoire de l'Informatique du Parallelisme. Ecole Normale Superieure de Lyon, 1993.
6. J.H. Holland. *Adaptation in Natural and Artificial Systems.* Univ. of Michigan Press, Ann Arbor, 1975.
7. J.N. Hwang, S.S. You, S.R. Lay, and I.C. Jou. From cascaded correlation learning to projection pursuit learning. In *Internationall Symposium on Artificial Neural Networks*, Hsinchu (Taiwan), December 1993.
8. Y. LeCun, J.S. Denker, and S.A. Solla. Optimal brain damage. In D.S. Touretzky, editor, *Advances in Neural Information Processing Systems II*, pages 598–605. Morgan Kaufmann, 1990.
9. Ingo Rechenberg. *Evolutionsstrategie - Optimierung technischer Systeme nach Prinzipien der biologischen Information.* Fromman–Holzbog, Freiburg, 1973.
10. Ingo Rechenberg, A. Gawelczyk, T. Görne, N. Hansen, M. Herdy, B. Kost, R. Lohmann, A. Ostermeier, K. Trint, and U. Utecht. Evolutionsstrategische Strukturbildung in neuronalen Systemen. Erscheint in Informatik–Fachberichte, 1992.
11. Raul Rojas. *Theorie der neuronalen Netze.* Springer–Verlag; Berlin; Heidelberg; New York, 1993.
12. Hans-Michael Voigt, Joachim Born, and Ivan Santibanez-Koref. Evolutionary structuring of artificial neural networks. Technical Report 93–002, Fachgebiet Bionik und Evolutionstechnik, Technische Universität Berlin, April 1993.

# Simulation eines neuronalen Raumrepräsentations-netzwerkes auf einem Transputernetz.

M. Busemann, G. Hartmann[1], S. Drüe
Fachbereich 14 Elektrotechnik, Universität-GH-Paderborn
Pohlweg 47-49, 33095 Paderborn
Email: getbuse@get.uni-paderborn.de

## Zusammenfassung

Positionen und Formen von Objekten werden in "Aktivitätswolken" in einem neuronalen Netz repräsentiert. Bei der Bewegung in einem körperfesten Koordinatensystem bewegt sich die "Wolke" entgegengesetzt zur Körperbewegung. Dies geschieht allein durch Erzeugen und Löschen von Aktivitäten, wobei die Repräsentation der Objekte stabil bleibt und keine arithmetischen Operationen benötigt werden. Es wurde eine Simulation geschaffen, mit der zweidimensionale translatorische und rotatorische Bewegungen auf einem sequentiellen Rechner simuliert werden können, um den zweidimensionalen Raum um einen Roboter zu erkunden. Für die Simulation des dreidimensionalen Greifraumes des Roboters wurde das neuronale Netz auf einem Parallelrechner implementiert, um die nötige Rechenleistung zu erhalten.

## Einleitung

Wissen über Positionen und Formen von Objekten und Hindernissen in unserer Umgebung wird im Gehirn offensichtlich repräsentiert. Außerdem werden visuelle Information von verschiedenen Ansichten und Information von weiteren Sensoren zu einer räumlichen Vorstellung verarbeitet. Diese Vorstellung scheint in unserem inerten Koordinatensystem stabil zu sei. Dies gilt sogar, wenn wir uns ohne sensorischen Input bewegen, z. B. mit geschlossenen Augen. Wir haben jederzeit eine Vorstellung von dem Raum, in dem wir uns bewegen (Fig. 1). Von einem Objekt, das wir anschauen, uns dann um 90 Grad drehen, können wir sagen, daß es neben uns liegt, ohne es von neuem zu betrachten.

In einer Simulation konnte gezeigt werden, daß sich diese Raumvorstellung durch ein neuronales Raumrepräsentationsnetzwerk (RRN) realisieren läßt. Eine erste Simulation beschränkte sich auf ein zweidimensionales Koordinatensystem mit einem rotatorischen und zwei translatorischen Freiheitsgraden. Um das Modell für den dreidimensionalen Fall mit sechs Freiheitsgraden zu simulieren, wurde das Programm auf einen Parallelrechner portiert.

---

[1]Diese Arbeit wird vom BMFT (Az.: 01 IN105/C5) gefördert.

Das beschriebene neuronale Netz soll zu Erkundung des Greifraumes eines Roboters und zur Kollisionsvermeidung eingesetzt werden.

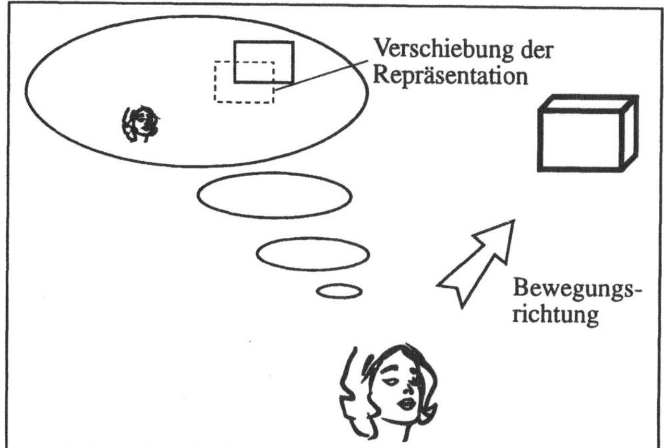


Fig. 1: Bei Bewegungen verschiebt sich die interne Repräsentation von Objekten in Gehirnen entgegengesetzt.

In dem RRN werden Neurone ("Gitterneurone") lokalen Volumenelementen außerhalb des Körpers zugeordnet. In dem entstehenden körperbezogenen "neuronalen Gitter" wird ein Objekt durch eine "Aktivitätswolke" von aktiven Neuronen dargestellt (Fig. 2). Bei Bewegungen wird das neuronale Gitter gegen die Objekte verschoben. Hieraus folgt, daß ein Objekt bzw. dessen "Aktivitätswolke" sich in dem neuronalen Gitter in die entgegengesetzte Richtung bewegen muß. Eine "Aktivitätswolke" kann sich nur verschieben, indem zusätzliche Neuronen am Anfang der Wolke aktiviert und andere Neuronen am Ende der Wolke deaktiviert werden. Vereinfacht gesagt: Aktivität muß bei einer Bewegung erzeugt und gelöscht werden.

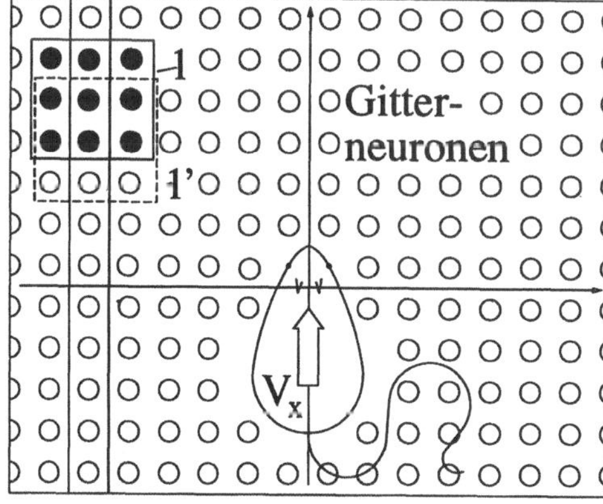


Fig. 2: In einem körperfesten Koordinatensystem wird jedes Volumenelement durch ein Neuron repräsentiert. In diesem neuronalen Gitter werden Objekte durch "Aktivitätswolken" (schwarz) dargestellt. Bewegt sich nun das Koordinatensystem mit der Maus, dann muß die Aktivität in die entgegengesetzte Richtung verschoben werden.

Die einzelnen Bewegungkomponenten lassen sich näherungsweise linear kombinieren, wenn der Raum, nach bestimmten Regeln in kleine Domänen aufgeteilt wird. Dies erlaubt es, die Betrachtung mit einer eindimensionalen Wolke und der Bewegung in einer Richtung zu beginnen. Anschließend wird der Mechanismus auf zweidimensionale und später auf dreidimensionale Translationen und Rotationen erweitert.

Es läßt sich zeigen, daß der dreidimensionale Mechanismus sich in eine zweidimensionale biologische Gehirnstruktur einbetten läßt. Das entstandene Modell hat Ähnlichkeit mit dem Cerebellaren Cortex [Hartmann 1992a und Hartmann 1992c].

## Translatorische Bewegungen

Zuerst wird ein eindimensionales Gitter betrachtet (Fig. 3). Die Modellneuronen im Netzwerk werden durch eine Software-Simulation der pulscodierten Neuronen, wie sie von French und Stein [French 1970] beschrieben wurden, simuliert. Alle Neuronen in Fig. 3a, die ein Volumenelement beschreiben, an dem sich ein Teil eines Objektes befindet, werden durch einen Impuls, der durch einen sensorischen Input erzeugt wird, aktiviert. Sie bleiben ohne weiteren Impuls vom sensorischen Input über eine positive Rückkopplung aktiv (Fig. 3a) und repräsentieren zusammen die Objekte (Neuron 2 und 3).

Wenn sich das Koordinatensystem nach links bewegt, muß sich das Aktivitätsmuster nach rechts verschieben. In Abhängigkeit von der Geschwindigkeit müssen Neuronen auf der rechten Seite des Aktivitätsmusters aktiviert bzw. auf der linken Seite deaktiviert werden. Die Verschiebung ist vergleichbar mit dem Schieben in einem Schieberegister.

Es wird ein "Shiftneuron" $s_x^+$ eingeführt, das eine Spikerate proportional zur Geschwindigkeit erzeugt und zu jedem Gitterneuron eine Synapse hat, die als "Shiftsynapse" bezeichnet wird. Ein Spike vom Shiftneuron wird somit zu allen Gitterneuronen geleitet (Fig. 3b). Dort ist das synaptische Gewicht so hoch eingestellt, daß durch einen einzelnen Spike des Shiftneurons alle Gitterneuronen aktiviert würden. Ein Shiftneuron erregt ein Gitterneuron aber nur dann, wenn die Shiftsynapse durch eine präsynaptische Erregung vom linken Nachbarn freigeschaltet wurde. Dies gilt nur für die Shiftsynapsen von Neuron 3 und 4 in unserem Beispiel (schwarz in Fig. 3b), und somit kann der Shiftimpuls nur zu diesen Neuronen gelangen. Da Neuron 3 bereits aktiv ist, wird nur noch Neuron 4 aktiviert. Zwischen dem Erregen von Neuron 4 und dessen erstem Spike vergeht nur kurze Zeit. Aus diesem Grund bewirkt der erste Spike von Neuron 4 eine sofortige Durchschaltung der Shiftsynapse von Neuron 5. Durch eine große Zeitkonstante bleibt die präsynaptische Erregung so lange aktiv, wie Neuron 4 aktiv ist. Somit kann mit dem nächsten Shiftimpuls Neuron 5 aktiviert und die Shiftsynapse von Neuron 6 durchgeschaltet werden.

Mit einem Shiftimpuls muß aber nicht nur Aktivität auf der rechten Seite erzeugt, sondern auch Aktivität auf der linken Seite gelöscht werden. Dies geschieht durch zusätzliche hemmende Shiftsynapsen von den Shiftneuronen in Fig. 3c. Diese Synapsen werden durch präsynaptische hemmende Verbindungen vom linken Nachbarn beeinflußt. Diese hemmende Verbindung blockiert einen Shiftimpuls, wenn der linke Nachbar aktiv ist. Daraus folgt, daß ein Shiftimpuls nur ein Neuron deaktivieren kann, wenn dessen linker Nachbar passiv ist. Dies gilt nur für die Neuronen 1, 2 und 5 in Fig. 3c. Da die Neuronen 1 und 5 nicht aktiv sind, kann der Shiftimpuls nur Neuron 2 ausschalten.

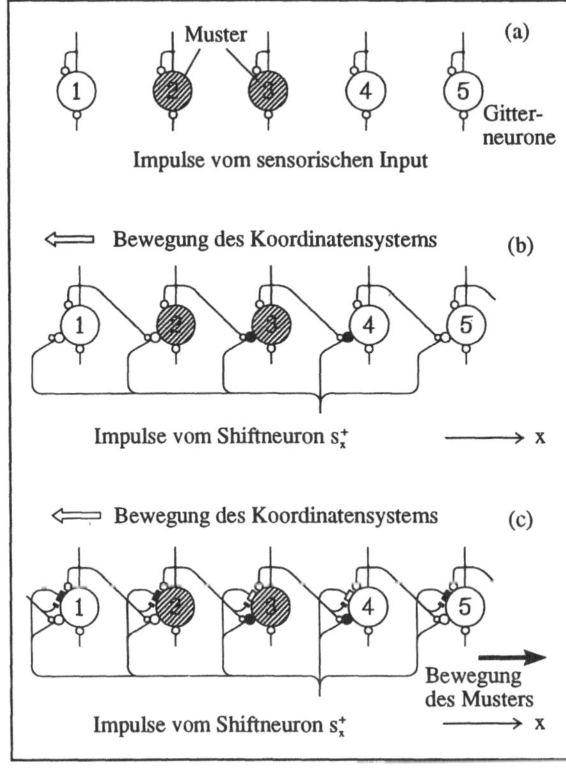


Fig. 3: Die Neuronen des eindimensionalen Gitters werden durch ein sensorisches Input erregt und halten sich über eine Rückkopplung selbst. Die aktiven Neurone repräsentieren das Muster (a). Die präsynaptische Synapse von Neuron 3 schaltet die ankommende, erregende Shiftynapse von Neuron 4 durch und ermöglicht somit, daß Neuron 4 durch einen Shiftimpuls aktiv wird (b). Die ankommende hemmende Shiftynapse von Neuron 2 wird nicht von der präsynaptischen hemmenden Synapse von Neuron 1 gehemmt, und Neuron 2 wird somit durch einen Shiftimpuls deaktiviert (c).

Durch die Überlagerung der beiden Mechanismen zum Erzeugen und Löschen von Aktivität wird mit einem Shiftimpuls das aktive Muster jeweils um einen Platz nach rechts bewegt. Bis auf das gemeinsame Shiftneuron sind beide Mechanismen unabhängig voneinander, da sie keine gemeinsamen Verbindungen benutzen. Es können beliebig große Muster verschoben werden.

Bevor wir zur Bewegung nach links kommen und danach den Shiftmechanismus auf ein zweidimensionales Gitter ausweiten, vereinfachen wir die Darstellung zu einer symbolischen Beschreibung. In Fig. 4a werden die Verbindung für die Impulse vom sensorischen Input, die Axone und die Rückkopplungsverbindungen weggelassen. Vom Shiftneuron wird eine

Verbindung zu jedem Gitterneuron gezeichnet, die mit einem dreieckigen Symbol links neben jedem Gitterneuron endet. Dieses Symbol ersetzt alle Verbindungen, die für den Shift nach rechts benötigt werden. Somit ist Fig. 4a eine Vereinfachung der Beschreibung in Fig. 3c.

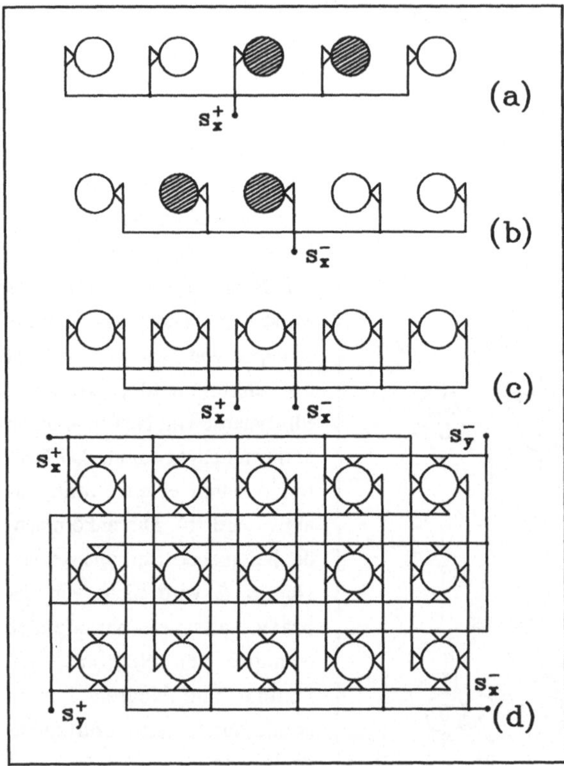


Fig. 4: Die Verbindungsstruktur aus Fig. 3 wird symbolisiert (a) und für den Shift nach links dargestellt (b). In (c) werden beide Bewegungsrichtungen überlagert. In der zweidimensionalen Version (d) sind Bewegungen nach "oben", "unten", "links" und "rechts" möglich.

Durch ein zweites Shiftneuron $s_x^-$ und die spiegelbildlichen synaptischen Verbindungen ergibt sich ein Mechanismus, mit dem das Muster mit jedem Shiftimpuls nach links verschoben wird. Fig. 4b mit den Dreiecken auf der rechten Seite ist eine vereinfachte Beschreibung der Shiftbewegung nach links. Beide Shiftmechanismen können überlagert werden (Fig. 4c), und man erhält einen Mechanismus für Bewegungen nach rechts und links, je nachdem welches Shiftneuron aktiv ist.

Nun können wir den eindimensionalen Mechanismus auf den zweidimensionalen Fall ausdehnen (Fig. 4d). Die gemeinsame Verbindungsstruktur zwischen Nachbarn in einer Zeile sowie für Nachbarn in einer Spalte ist wie in Fig. 4d beschrieben. Es gibt nun Shiftneurone für die vier Richtungen "oben", "unten", "rechts" und "links". Ein aktives Shiftneuron bewirkt eine Bewegung entlang der entsprechenden Achse. Inaktive Shiftneuronen beeinflussen die Bewegung nicht. Die Bewegungen "oben" und "unten" oder "rechts" und "links" werden niemals gleichzeitig aktiviert, da ein System sich nicht gleichzeitig in entgegengesetzte Richtungen bewegen kann. Jedoch werden Bewegungen nach "unten" oder "oben" gleichzeitig mit Bewegungen nach "rechts" oder "links" simuliert, da diese möglich, sogar wünschenswert sind. Weil die Shiftneurone unabhängig arbeiten, ist das Zusammentreffen der Shiftimpulse zufällig. Simulationen zeigen, daß hierdurch das sich bewegende Muster nicht nennenswert beeinflußt wird.

Durch die Hinzunahme von zwei weiteren Shiftneuronen ($s_z^+$) und ($s_z^-$) und deren entsprechenden Verbindungen wird das System auf den dreidimensionalen Fall erweitert. Mit dem entstandenen neuronalen Netz ist es möglich alle translatorischen Bewegungen im dreidimensionalen Raum zu simulieren.

## Die Rotation

Bisher kann sich das zweidimensionale Koordinatensystem mit einer Geschwindigkeit **V** = ($V_x$, $V_y$) bewegen. Nun wird eine Winkelgeschwindigkeit $\Omega$ hinzugefügt. Um das folgende zu verstehen, muß sich eingeprägt werden, das **V** und $\Omega$ sich auf das bewegte Koordinatensystem beziehen, z.B. auf die sich bewegende Maus (Fig. 2), und nicht auf das Koordinatensystem eines externen Beobachters. Die Maus kann sich vorwärts, rückwärts und im Kreis bewegen, Der Mittelpunkt für die Drehung ist jeweils der Ursprung des sich bewegenden Systems (Fig. 5). Die Rotationsachse steht senkrecht auf der (x, y) Ebene.

Wenn sich das Koordinatensystem dreht, muß sich die Aktivitätswolke innerhalb des neuronalen Gitters entgegengesetzt drehen. Aber der einzige Mechanismus um die Aktivitätswolke zu bewegen, ist das Erzeugen und Löschen von Aktivitäten durch benachbarte Neuronen in der gleichen Zeile bzw. Spalte. Im folgenden wird erläutert, wie es mit dem Mechanismus näherungsweise möglich ist, die Rotation zu simulieren.

Die Verschiebung der Aktivitätswolke in einer Zeile geschieht mit der Geschwindigkeit $v_x$. In einer Spalte bewegt sich die Wolke mit der Geschwindigkeit $v_y$. Die relative Geschwindigkeit **v**=($v_x$, $v_y$) der Aktivitätswolke ist abhängig von dem sich bewegenden Koordinatensystem. Aber **v**=($v_x$, $v_y$) darf nicht mit der Geschwindigkeit **V**=($V_x$, $V_y$) des Koordinatensystems verwechselt werden, denn ein Muster bewegt sich mit der Geschwindigkeit **v**≠0 bei **V**=0, wenn sich das Koordinatensystem mit der Winkelgeschwindigkeit $\Omega$ wie in Fig. 5 bewegt. Außerdem ist **v**(k,l) für unterschiedliche Positionen (x=k, y=l) innerhalb des neuronalen Gitters verschieden.

Die Geschwindigkeit **V** und die Winkelgeschwindigkeit $\Omega$ des sich bewegenden Koordinatensystems sind globale Variablen. Sie sind jederzeit über Sensoren wie dem motorischen System erreichbar. Auf der anderen Seite sind $v_x$ und $v_y$ lokale Variablen, die von der

Position (k, l) innerhalb des neuronalen Gitters abhängig sind. Um die Beziehung zwischen den lokalen Variablen $v_x$ und $v_y$ und den globalen Variablen $V_x$, $V_y$ und $\Omega$ zu erklären, diskutieren wir zuerst den einfachen Fall der translatorischen Bewegungen ($\Omega$=0). In diesem Fall sind die Beziehungen

$$v_{xt}(V) = -V_x \text{ und } v_{yt}(V) = -V_y \tag{1}$$

unabhängig von der Position innerhalb des neuronalen Gitters.

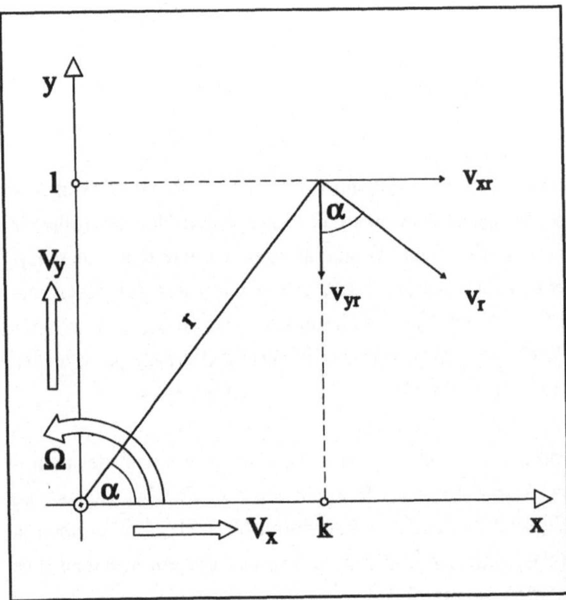


Fig. 5: Mit Hilfe der Geschwindigkeiten $v_{xr}$ und $v_{yr}$ ist es möglich, die Winkelgeschwindigkeit $\Omega$ zu simulieren.

Der Index t zeigt an, daß $v_{xt}$ und $v_{yt}$ sich auf translatorische Bewegungen beziehen, während die Geschwindigkeiten $v_{xr}$ und $v_{yr}$ für Drehungen mit einem r gekennzeichnet werden. Der Geschwindigkeitsvektor $v_r$ an den betrachteten Koordinaten (k, l) steht immer senkrecht auf dem Radius r (Fig. 5). Seine Größe $v_r=|v_r|$ ist durch $v_r=r\cdot\Omega$ gegeben, und die Aufteilung von $v_r$ in seine x- und y-Komponenten ist

$$v_{xr}(\Omega) = r \cdot \sin(\alpha)\,\Omega \text{ und } v_{yr}(\Omega) = -r \cdot \cos(\alpha) \cdot \Omega. \tag{2}$$

Da $r=(k^2+l^2)^{1/2}$ und $\alpha=\arctan(l/k)$ nur von k und l abhängen, können die folgenden Faktoren $w_x(k,l)=r\cdot\sin(\alpha)$ und $w_y(k,l)=r\cdot\cos(\alpha)$ für jeden Knoten innerhalb des Gitters definiert werden. Nun können wir (2) durch

$$v_{xr}(\Omega,k,l) = w_x(k,l)\cdot\Omega \text{ und } v_{yr}(\Omega,k,l) = -w_y(k,l)\cdot\Omega \tag{3}$$

ersetzen, um die Abhängigkeit von $v_{xr}$ und $v_{yr}$ von (k,l) zu zeigen. Die Werte $v_t$ der translatorischen Bewegung und $v_r$ der rotatorischen Bewegung können zu $v=v_t+v_r$ mit den Komponenten

$$v_x(V,\Omega,k,l) = -V_x + w_x(k,l)\,\Omega \text{ und } v_y(V,\Omega,k,l) = -V_y - w_y(k,l)\cdot\Omega \quad (4)$$

kombiniert werden. Die Komponenten $v_x$ und $v_y$ der relativen Bewegung der Aktivitätswolke sind gemäß (4) linear abhängig von $V_x$, $V_y$ und $\Omega$ mit den Faktoren $w_x$ und $w_y$.

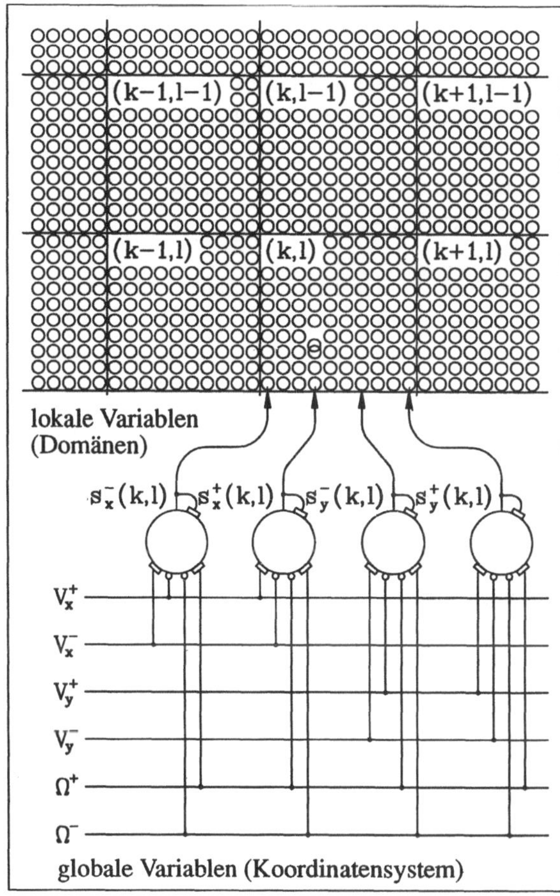


Fig. 6: Die Shiftneurone berechnen aus den globalen Bewegung (V,Ω) des Koordinatensystems die lokalen Shiftimpulse für jede Domäne (k,l).

Die Faktoren $w_x$ und $w_y$ sind abhängig von der Lage des Wolke. Aus diesem Grund wird das neuronale Gitter in der Form modifiziert, daß Bewegungen von Aktivitäten mit lokal verschiedenen Geschwindigkeiten zugelassen werden. Es werden Shiftneurone eingeführt, die ortsabhängige Spikeraten erzeugen, die proportional zu $v_x(k,l)$ und $v_y(k,l)$ sind. Die erste Idee war, für alle Gitterneuronen ein Shiftneuron zu benutzen, aber in diesem Fall hätte jedes

Gitterneuron vier Shiftneurone. Deshalb wurde das neuronale Gitter in kleine Domänen von 8·8=64 Neuronen aufgeteilt. Die Neuronen einer Domäne werden gemeinsam durch Shiftimpulse von den vier Shiftneuronen angesteuert. Verglichen mit der Anzahl der Gitterneurone ist die Zahl der Shiftneurone nun unbedeutend klein.

Der Fehler, der durch den gemeinsamen Shiftimpuls für alle Neuronen einer Domänen entsteht, beeinflußt eine rotierende Wolke nur im geringem Maße. Dies gilt besonders, wenn die Größe der Domänen im Vergleich zu r klein ist. Sehr gut geeignet ist ein Polarkoordinatensystem, in dem die Domänengröße proportional zum Radius gewählt wird. Dort ist der Fehler überall im Gitter gleich klein [Bredenbals 1993].

Gemäß der Beschreibung versorgen Shiftneurone jeweils eine Domäne. Deshalb werden von nun an die einzelnen Domänen mit (k,l) bezeichnet. Es gibt vier Shiftneurone $s_x^+(k,l)$, $s_x^-(k,l)$, $s_Y^+(k,l)$ und $s_y^-(k,l)$ für eine Domäne (k,l), die die Wolke in x- und y-Richtung vor (+) und zurück (-) bewegen. Die ankommenden Impulse (Fig. 6) von den Neuronen $V_x^+$, $V_x^-$, $V_Y^+$, $V_y^-$, $\Omega^+$ und $\Omega^-$ repräsentieren die globalen Variablen $V_x$, $V_y$ und $\Omega$.

Nun kann das komplette neuonale Gitter, das in einzelne unabhängige Domänen (k, l) aufgeteilt ist, diskutiert werden. Innerhalb einer Domäne kann die Aktivität nur durch den gemeinsamen Shiftimpuls verschoben werden. Dieser Mechanismus wurde bereits betrachtet. Somit muß nur der Effekt zwischen zwei benachbarten Domänen (k,l) und (k+1,l) beschrieben werden. Falls das rechte Neuron in der Domäne (k, l) nicht aktiv ist, wird das linke Neuron in der Domäne (k+1, l) gehemmt, und es kann daher nicht aktiv werden. Falls das rechte Neuron in (k, l) gerade durch den Shiftimpuls $s_x^+(k,l)$ aktiv wird, kann das benachbarte Neuron in (k+1, l) durch den folgenden Shiftimpuls $s_x^+(k+1,l)$ aktiviert werden. Das einzige neue Problem ist, das Zeitintervall zwischen den Shiftimpulsen $s_x^+(k,l)$ und $s_x^+(k+1,l)$ zu schätzen. Da beide Shiftimpulse unabhängig sind, ist der maximale Zeitintervall eine volle Periode von $s_x^+(k+1,l)$ groß. Im Mittel wird das Intervall eine halbe Periode $s_x^+(k+1,l)$ lang sein. Aus diesem Grund verdoppelt sich die Geschwindigkeit an der Grenze zwischen zwei Domänen. Da dies nur für die Neuron am Domänenrand gilt, kann der Fehler vernachlässigt werden.

Mit dem beschriebenen Modell können alle Bewegungen in einem zweidimensionalen System simuliert werden. In gleicher Form läßt sich der dreidimensionale Fall diskutieren. Die translatorische Bewegung entlang der z-Achse wurde bereits erwähnt und die Rotation um die z-Achse entspricht der Rotation im zweidimensionalen Raum. Zu betrachten sind nur noch die zwei zusätzlichen Rotationen. Sie lassen sich in ihre x- und z-Komponenten für die Drehung um die y-Achse und ihre y- und z-Komponenten für die Drehung um die x-Achse aufteilen. Die entsprechenden Spikeraten sind ebenfalls ortsabhängig. Somit wird das dreidimensionale neuronale Gitter in kleine Domänen (k, l, m) mit 8·8·8 Neuronen aufgeteilt. Zusätzlich zu den vier Shiftneuronen für die x- und y-Richtung erhält jede Domäne zwei weitere Shiftneurone $s_z^+(k, l, m)$ und $s_z^-(k, l, m)$, die die Wolke nach oben (+) oder nach unten (-) bewegen. Die globalen Bewegungsvariablen sind die drei translatorischen und drei rotatorischen Bewegungskomponenten.

Für das komplette neuronale Gitter mit den unabhängige Domänen (k, l, m) ist einmal die Verschiebung der Aktivität innerhalb einer Domäne zu untersuchen und als zweites die Verschiebung der Aktivität zwischen direkt benachbarten Domänen. Beide Mechanismen wurden bereits diskutiert. Es kommen somit keine zusätzlichen Untersuchungen hinzu.

## Die Implementierung

Mit dem beschriebenen neuronalen Raumrepräsentationsnetzwerk RRN ist es möglich, im dreidimensionalen Raum Bewegungen mit sechs Freiheitsgraden zu simulieren. Zuerst wurde auf einem sequentiellen Rechner die zweidimensionale Version des RRNs erfolgreich getestet. Um für den dreidimensionalen Raum die nötige Rechenleistung zu bekommen, wurde das Netzwerk parallelisiert.

Zur Parallelisierung stand uns der in Paderborn stehende Parallelrechner zur Verfügung. Er besteht aus einem SuperCluster mit 320 T800 Transputern und einem GigaCluster mit 1024 T800 Transputern. Es ist daran gedacht, später die mit größerer Rechenleistung ausgestatteten T9000 einzusetzen.

Zuerst werden einige Vereinfachungen betrachtet, die bei der Implementierung vorgenommen wurden. Im RRN können die Gitterneuronen als binäre Neuronen simuliert werden, da es für den Verschiebemechanismus nur von Bedeutung ist, ob ein Neuron aktiv oder passiv ist. Somit kann ein Neuron durch ein Bit codiert werden. Die aufwendige Berechnung der Aktivitätszustände für die Neuronen fällt weg. Eine Domäne der Größe $8 \cdot 8 \cdot 8$ Neuronen läßt sich dann durch 16 Intergerzahlen codieren. Das Verschieben von Aktivität innerhalb einer Domäne wird durch Shift- und Zuweisungsoperationen realisiert. Aus diesem Grund ist es nicht sinnvoll, auf einem parallelen System Teile von Domänen auf verschiedene Rechner zu verteilen. Als kleinste unaufteilbare Einheit wurde deshalb eine Domäne definiert.

Außerdem werden die Shiftneurone, die die globalen Geschwindigkeitsimpule des Koordinatensystems als Input erhalten und die lokalen Spikeraten zum Verschieben der Aktivitätswolke erzeugen, nicht explizit simuliert. Deren Aktivität wird über Tabellen und entsprechende Umrechnungen ermittelt. Dies hat unter anderem den Vorteil, daß schon im aktuellen Schritt ohne größeren Aufwand überprüft werden kann, wann welches Shiftneuron als nächstes aktiv ist, falls die Bewegungsrichtung nicht geändert wird. Nur bei wechselnder Bewegungsrichtung muß das Shiftneuron, das als nächstes aktiv ist, in einem zusätzlichen Schritt ermittelt werden. Somit entfallen bei der Simulation alle Zeitschritte, in denen keine Aktivität verschoben wird.

Bei der Bewegung des Koordinatensystems werden nur die Aktivitäten der an der Aktivitätswolke beteiligten Gitterneurone verschoben. Alle anderen Neurone haben keine Aktivität, und somit braucht dort keine Verschiebung zu erfolgen. Es reicht aus, wenn die Domänen der Aktivitätswolke und eine zusätzliche Domänenschicht um die Aktivitätswolke betrachtet werden. Die zusätzliche Domänenschicht ist notwendig, um neue Neurone am Rand der Wolke aktivieren zu können. Das somit betrachtet "Aktivitätsfenster" verschiebt sich mit der Aktivitätswolke. Die damit verbundenen Aktualisierungen erfordern aber gegenüber der Betrachtung des gesamten Raumes einen vernachlässigbar kleinen Rechenaufwand.

Das beschriebene neuronale Netz läßt sich durch zwei Prozesse simulieren. Der erste Prozeß wird als "Master" bezeichnet. Er verwaltet die gesamte Verschiebung der Aktivitätswolke und läuft nur auf dem Root-Transputer, während der Prozeß "Shift" die Daten aller Domänen der Aktivitätswolke hält und die Aktivität der Neuronen verschiebt. Er läuft auf allen anderen Transputern.

**Der Master-Prozeß**

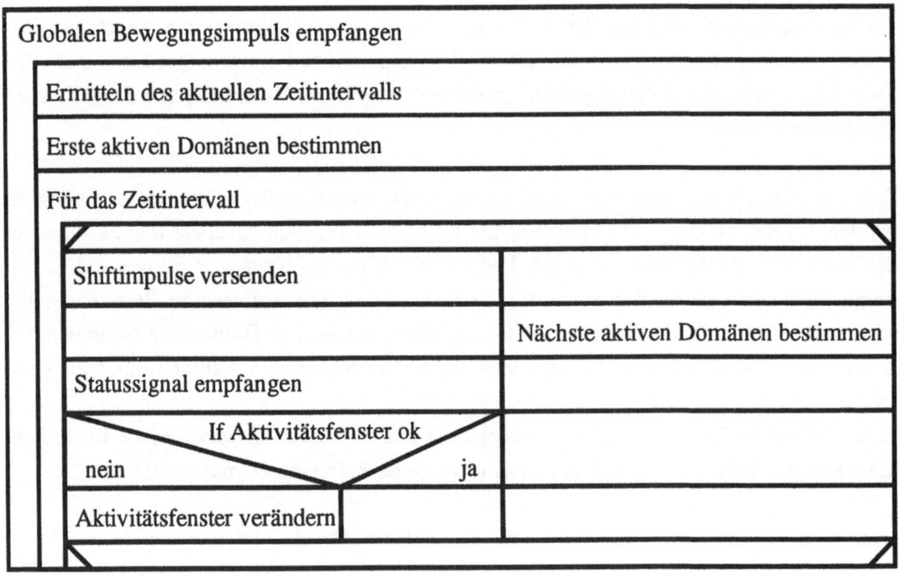

Globalen Bewegungsimpuls empfangen

Ermitteln des aktuellen Zeitintervalls

Erste aktiven Domänen bestimmen

Für das Zeitintervall

Shiftimpulse versenden

Nächste aktiven Domänen bestimmen

Statussignal empfangen

If Aktivitätsfenster ok

nein

ja

Aktivitätsfenster verändern

Fig. 7: Struktogramm des Masterprozesses

Aktiviert wird der Master durch die Bewegungsimpulse des externen Bewegungssystems, das dieses bei jeder Bewegung sendet (Fig. 7). Der Master ermittelt jeweils zuerst den zu simulierenden Zeitabschnitt und die ersten Domänen, deren Neurone einen Shiftimpuls erhalten. Diese Domänen werden im folgenden als aktive Domänen bezeichnet. In einem

Zeitschritt wird immer Aktivität in mehreren Domänen verschoben. Eine Begründung hierfür folgt im nächsten Abschnitt.

Als nächstes arbeitet der Master in einer Schleife zwei parallele Prozeduren ab. Die erste Prozedur versendet die Shiftimpulse an die aktiven Domänen auf den einzelnen Transputern. Anschließend wird auf ein Statussignal gewartet, das die Shiftprozesse zurücksenden, wenn alle Verschiebungen vorgenommen wurden. Anhand des Statussignals ist zu erkennen, ob und wie das Aktivitätsfenster verändert werden muß. Wenn eine Veränderung notwendig ist, dann ist das Fenster entweder zu vergrößern oder zu verkleinern. Wird das Fenster verkleinert, dann werden an die entsprechenden Shiftprozesse Signale zum Löschen der Domänen gesendet. Im anderen Fall werden zusätzliche Domänen erzeugt und auf die Transputer verteilt.

Die zweite Prozedur bestimmt parallel die nächsten Domänen, in denen die Aktivität der Neurone verschoben werden muß. Da die Aufgabe der ersten Prozedur fast ausschließlich aus dem Senden und Empfangen von Daten besteht, eignet sich die Aufgabe der zweiten Prozedur sehr gut für eine parallele Abarbeitung.

Die beschriebene Aufgabe des Masters ist im Verhältnis zur Verschiebung der Aktivität so gering, daß sie von einem Transputer ausgeführt werden kann. Um die Shiftimpulse auf kürzestem Weg zu den einzelnen Shiftprozessen schicken zu können, wurde als grundlegende Netzwerkstruktur für die Transputer ein Gitter gewählt.

## Verteilung der Domänen

Wie schon erwähnt, werden die Domänen des Aktivitätsfensters auf die anderen Transputer des Netzwerkes verteilt. Auf diesen Transputern läuft der Prozeß Shift. Doch bevor dieser Prozeß beschrieben werden kann, muß die Verteilung der einzelnen Domänen vorgestellt werden.

Da bei der Simulation nur jeweils der Bereich betrachtet wird, in dem sich aktive Neuronen befinden, ist es von großer Bedeutung, diesen Bereich sinnvoll auf die Transputer zu verteilen. Hierbei kommt es in erster Linie darauf an, daß bei einer Bewegung alle Transputer gleichmäßig ausgelastet sind, d. h. daß sie die gleiche Anzahl von aktiven Domänen im gleichen Zeitschritt haben. Außerdem soll der Kommunikationsaufwand möglichst klein gehalten werden. Dies soll auch noch gelten, wenn sich das Aktivitätsfenster bei einer Bewegung verändert.

Für die translatorischen Bewegungen gilt, daß die Geschwindigkeit überall gleich groß ist und sich die Aktivitätswolke gleichmäßig verschiebt. Somit können alle Neurone der Domänen gleichzeitig einen Shiftimpuls erhalten. Dies bedeutet, daß es sinnvoll ist, die Domänen gleichmäßig auf alle Transputer zu verteilen. Bei Veränderungen des Aktivitätsfensters kommen entweder Domänen hinzu oder es werden Domänen entfernt. Hinzukommende Domänen müssen wieder gleichmäßig auf alle Transputer verteilt werden, und zwar vorzugsweise auf Transputer, auf denen vorher Domänen entfernt wurden. Nach dem Entfernen von Domänen ist es nicht praktisch, anschließend Domänen zwischen zwei Transputern auszutauschen, um wieder eine Gleichverteilung zu erhalten. Denn hierdurch würde ein unnötiger Kommunikationsaufwand entstehen. Dieser steht in keinem Vergleich zu dem Zeitverlust durch die Verwaltung von einer leicht unterschiedlichen Anzahl von aktiven Domänen auf den einzelnen Transputern. Vielmehr ist schon bei der Anfangsverteilung darauf zu achten, daß bei einer Verkleinerung des Aktivitätsfensters Domänen auf allen Transputern gelöscht werden.

Da nur Aktivität zwischen Neuronen von direkt benachbarten Domänen ausgetauscht wird, ist es außerdem wichtig, daß direkt benachbarte Domänen auf dem gleichen oder einem benachbarten Transputer zu liegen kommen. Hierdurch ist nur Kommunikation zwischen benachbarten Transputern notwendig.

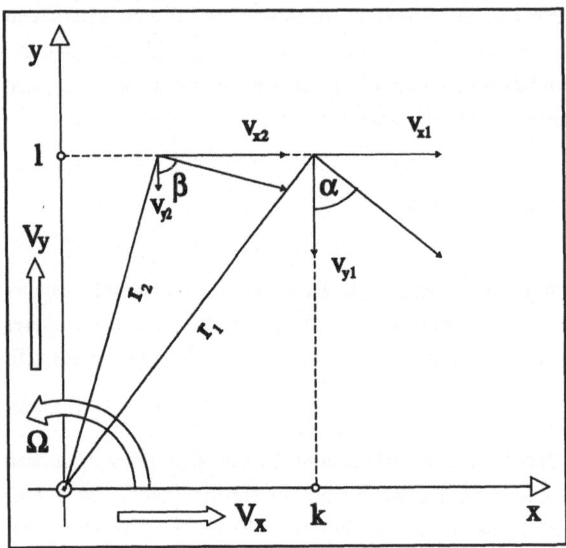


Fig. 8: Für alle Punkte in der Zeile l ist die Geschwindigkeit $v_x$ gleich groß.

Schwieriger wird die Aufteilung der Domänen auf die einzelnen Transputer für die rotatorischen Bewegungen. Hier kann nicht mehr von einer Verschiebung aller Aktivität zum gleichen Zeitpunkt ausgegangen werden. Die Domänen erhalten ihren Shiftimpulse unabhängig voneinander.

Um die Domänen aber trotzdem sinnvoll auf die einzelnen Transputer zu verteilen, muß untersucht werden, ob es zwischen den Aktivitätszeitpunkten der einzelnen Domänen eine Abhängigkeit gibt. Hierzu betrachten wir zuerst den zweidimensionalen Fall. Allgemein gilt für die anteilige Bewegung der x-Komponente von zwei Punkten mit Radius $r_1$ und $r_2$ vom Ursprung und den Winkeln $\alpha$ und $\beta$ in der gleichen Zeile l nach Formel 2 (Fig. 8):

$$v_{x1}(\Omega) = r_1 \cdot \Omega \cdot \sin(\alpha) \text{ und } v_{x2}(\Omega) = r_2 \cdot \Omega \cdot \sin(\beta). \qquad (5)$$

Hieraus ergibt sich mit $r_1 = l/\sin(\alpha)$ und $r_2 = l/\sin(\beta)$:

$$\begin{aligned} v_{x1} &= r_1 \cdot \Omega \cdot \sin(\alpha) \\ &= l/\sin(\alpha) \cdot \Omega \cdot \sin(\alpha) \\ &= l \cdot \Omega \\ &= r_2 \cdot \Omega \cdot \sin(\beta) \\ &= v_{x2} \end{aligned}$$

Es folgt, daß in jede Domäne in der Zeile l eine Aktivität mit der gleichen Geschwindigkeit verschoben wird. Die gleiche Berechnung läßt sich für die anteilige Bewegung der y-Komponente für jede Zeile l durchführen. Somit kann die Verschiebung der Aktivität in einer Zeile im gleichen Zeitschritt vorgenommen werden. Die gleichen Bedingungen gelten für die Verschiebung in einer Spalte k.

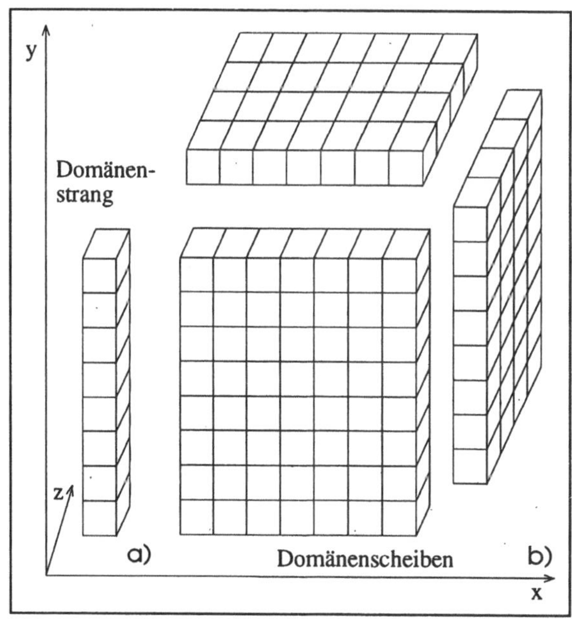


Fig. 9: Alle Domänen in einem Domänenstrang haben den gleichen Abstand von der Drehachse. In (a) ist der zur y-Achse parallele Domänenstrag abgebildet. Dreht sich die Aktivitätswolke, dann ist je nach Drehrichtung eine der drei Domänenscheiben aktiv (b).

Für die Rotationen im dreidimensionalen Raum gilt, daß nicht nur eine Domäne den Abstand r zur Drehachse hat, sondern ein ganzer "Domänenstrang" wie in Fig. 9a, parallel zur Drehachse ist. Zusammengefaßt ergibt sich nun, daß jeweils eine "Domänenscheibe" für alle Rotationsrichtungen im gleichen Zeitpunkt betrachtet werden kann. In Fig. 9b sind die möglichen Domänenscheiben für die drei Drehrichtungen zu sehen.

Zwischen den einzelnen Domänenscheiben gibt es keine Abhängigkeit. Deshalb erhalten sie ihre Shiftimpulse unabhängig voneinander. Somit kommt es nun darauf an, die Domänenscheiben für alle Rotationen gleichmäßig auf alle Transputer zu verteilen. Bei der Betrachtung für nur einer Rotationsrichtung könnte jeder Strang einer Domänenscheibe auf einem Transputer gelegt werden. Doch da die Anzahl der einzelnen Stränge nur im seltensten Fall mit der Anzahl der Transputer übereinstimmt, haben die Transputer eine unterschiedliche Zahl von Domänensträngen und somit auch Domänen zu bearbeiten. Dieses Verhältnis wird besser, wenn die einzelnen Domänen alternierend auf die Transputer verteilt werden (Fig. 10). Diese Aufteilung garantiert, daß für jede Rotationsrichtung die Transputer etwa gleichmäßig ausgelastet sind. Außerdem entspricht die Aufteilung, den Überlegungen zur Verteilung der Domänen für die translatorischen Bewegungen.

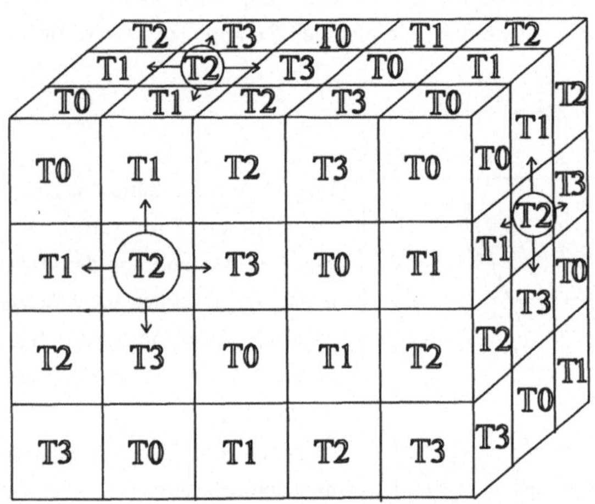


Fig. 10: Die einzelnen Domänen (Quader in der Zeichnung) einer Aktivitätswolke werden alternierend auf die Transputer T0 bis T3 verteilt. Es ist möglich, die Transputer zu einem Ring zu verbinden, z.B. hat T2 immer nur T1 und T3 als direkte Nachbarn. Somit kommen alle 3D direkt benachbarten Domänen auf benachbarten Transputern zu liegen. Dies gilt für beliebig große Netze.

Bei der Betrachtung der benötigten Kommunikationsverbindungen zum Austausch der Aktivitäten zwischen den einzelnen Transputern ergibt sich, daß jeder Transputer nur mit zwei anderen Transputern kommunizieren muß. Beispielhaft ist dies für Transputer T2 in Fig. 10 zu sehen. Er hat seine direkten Nachbardomänen immer auf Transputer T1 oder T3 liegen. Dies ist unabhängig von der betrachteten Richtung. Als ideale Verbindungsstruktur bietet sich somit ein Ring an. Es brauchen keine Aktivitätsdaten über mehrere Transputer geschoben werden.

**Der Shift-Prozeß**

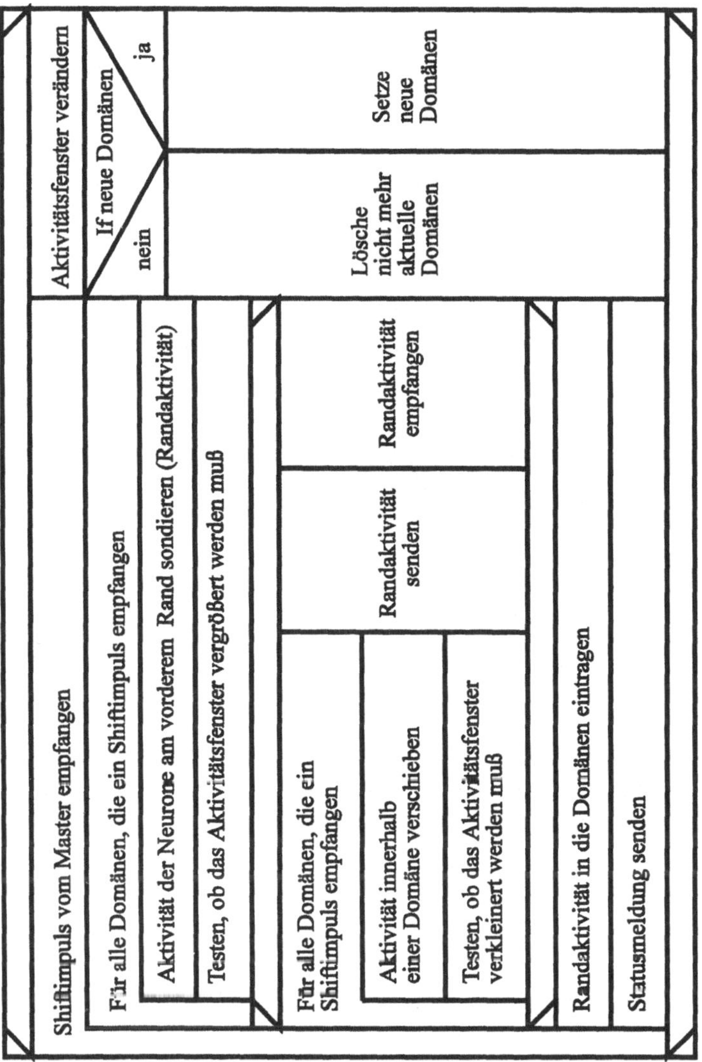


Fig. 11: Struktogramm des Shiftprozesses.

Nachdem die Verteilung der Domänen auf die einzelnen Transputer feststeht, kann der Prozeß Shift besprochen werden (Fig. 11). Wenn ein Impulse vom Masterprozess ankommt, dann verschiebt sich die Aktivität in den entsprechenden Domänen. Die Verschiebung vollzieht sich in drei Schritten.

Im ersten Schritt wird für alle Domänen, die einen Shiftimpuls erhalten und nicht am vorderen Rand der Aktivitätswolke liegen, die Aktivität der Neurone, die am vorderen Rand liegen, ermittelt und zwischengespeichert. Diese Werte werden im folgenden als Randaktivität bezeichnet. Die Randaktivität muß an andere Domänen auf den benachbarten Transputer gesendet werden. Da immer alle Neurone einer Domänenscheibe im gleichen Zeitschritt einen Shiftimpuls erhalten, ist der vordere Nachbar einer Domäne auch immer aktiv und braucht die Randaktivität von seinem Hintermann. Deshalb kann die Randaktivität im voraus ermittelt werden. Außerdem kann durch eine Abfrage in den Domänen am vorderen Rand des Aktivitätsfensters getestet werden, ob das Aktivitätsfenster zu vergrößern ist.

Danach wird die Randaktivität an die entsprechenden Nachbardomänen auf den benachbarten Transputern gesendet und gleichzeitig Randaktivität von dem anderen benachbarten Transputer empfangen. Parallel hierzu wird die Aktivität der Neuronen innerhalb der einzelnen aktiven Domänen verschoben. Durch Testen der Aktivitäten der Neuronen der vorletzten Domänenreihe des Aktivitätsfensters wird ermittelt, ob es verkleinert werden kann.

Zum Abschluß muß die empfangene Randaktivität den entsprechenden Domänen zugewiesen und ein Statussignal an den Masterprozeß gesendet werden. Dieses Signal dient gleichzeitig zur Synchronisation der einzelnen Shift-Prozesse.

Parallel hierzu läuft auf dem Shift-Prozeß eine Prozedur, die aufgerufen wird, wenn das Aktivitätsfenster verändert werden muß. Dieser Aufruf wird vom Master generiert. Falls das Fenster zu vergrößern ist, gibt der Master an, welche Domänen neu zu setzen sind. Ansonsten sind die Domänen, die nicht mehr aktuell sind, zu löschen.

Als weiteres ist es noch möglich, die Aktivität aller Neurone an den Master zu senden, wo sie dann zu einer graphischen Ausgabe geleitet werden. Die entsprechenden Prozeduren wurden in die beiden Struktogramme nicht mit aufgenommen.

### Die Ergebnisse

Es wurde ein System beschrieben, in dem Objekte in einem neuronalen Gitter durch Aktivitätswolken dargestellt werden. Das System arbeitet in einem kamerafesten Koordinatensystem. Eine Bewegung des Koordinatensystems führt somit zu einer Verschiebung der Wolke in die entgegengesetzte Richtung. Die Verschiebung wird nur durch Erzeugen und Löschen von Aktivitäten vollzogen. Der vorgestellte Mechanismus garantiert eine stabile Repräsentation des Objekts.

Für den sequentiellen Fall wurde das RRN mit einem Roboter gekoppelt, an dessen sechster Achse eine Kamera befestigt ist. Von der Robotersteuerung erhält das neuronale Netz als Eingabe Bewegungsimpulse entsprechend der Bewegung des Roboters bzw. der Kamera. Es ist möglich, kleinere Bewegungen mit der Kamera im zweidimensionalen Raum zu simulieren.

Um das dreidimensionale RRN mit den Roboter verbinden zu können, wurde es in der beschriebenen Form parallelisiert. Die globalen Bewegungsimpulse werden an den Root-Tranputer gesendet, welcher hieraus berechnet, in welchen Domänen wann Aktivität verschoben werden muß. Die Daten der einzelnen Domänen sind auf die anderen Transputer verteilt. Dort ist dann jeweils die Aktivität zu verschieben. Durch eine geschickte Verteilung sind alle Transputer etwa gleichmäßig ausgelastet.

Mit der zur Zeit vorhandenen Rechenleistung der T800 ist es nur möglich, kleinere langsame Bewegungen im Raum zu simulieren. Daher ist es nicht sinnvoll, den Roboter und die Kamera für diese Version mit dem RRN zu koppeln. Aber mit der zu erwartenden höheren Rechenleistung des T9000 sollten kleinere Bewegungen der Kamera in Echtzeit simuliert werden können.

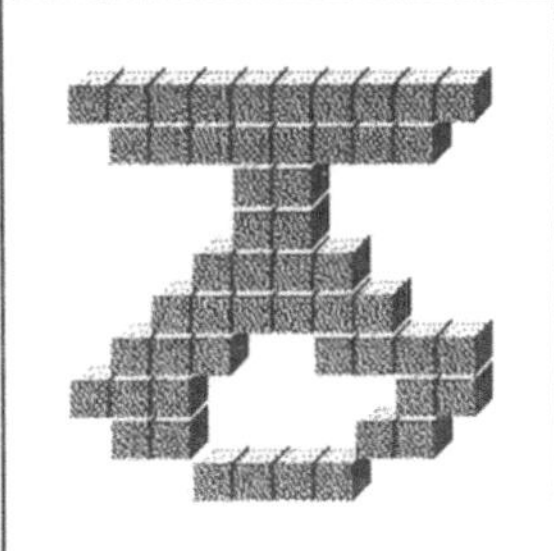

Fig. 12: Darstellung einer Aktivitätswolke für ein Objekt. Es werden alle Domänen dargestellt, in denen mehr als die Hälfte aller Neuronen aktiv ist.

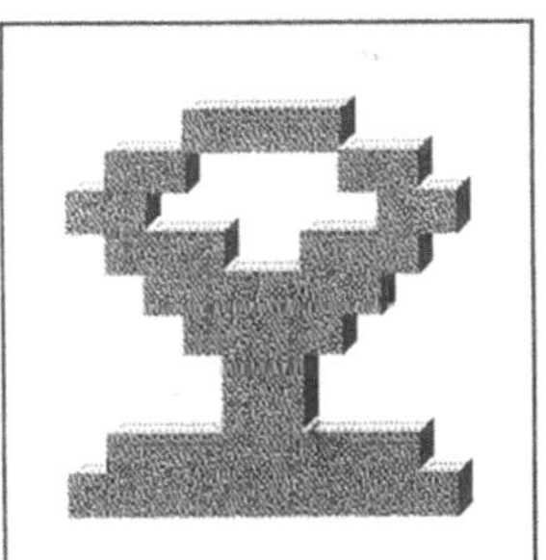

Fig. 13: Darstellung aller aktiven Neuronen einer Aktivitätswolke.

In Fig. 12 ist links das Ausgangsobjekt zu sehen. In der Darstellung sind die Domänen, die aktive Neuronen besitzen, als Quader zu sehen. Eine Domäne wird jeweils gezeichnet, wenn mehr als die Hälfte alle Neuronen der Domäne aktiv sind. Zu dem Aktivitätsfenster gehören außerdem noch weitere Domänen, in denen keine Neurone aktiv sind. Insgesamt ist es 12·12·3 Domänen groß. Im rechten Bild ist das Objekt nach einer Drehung um 180 Grad zu sehen.

Das gleiche Objekt ist nochmals in Fig. 13 dargestellt. Nur diesmal wird jedes aktive Neuron der Aktivitätswolke abgebildet. Es ist zu sehen, daß das Objekt nach einer Drehung um 180 Grad in seiner Grundstruktur erhalten bleibt. Am Rand kommt es zu kleinen Ungenauigkeiten. Durch laterale Kopplungen können diese in einem tolerierbaren Rahmen gehalten werden.

**Literatur**

[Bredenbals 1993]
Bredenbals, R.; Implementierung eines 2-dimensionalen neuronalen kamerfesten Raumrepräsentationsnetzwerk im Polarkoordinatensystem. Diplomarbeit, unveröffentlicht, 1993

[French 1970]
French, A.S.; Stein, R.B. A flexible neural analog using integrated circuits. In: IEEE Trans. Biomed. Eng., 17, 1970, 17, S. 248-253

[Hartmann 1992a]
Hartmann, G.: Motion Induced Transformations of Spatial Representations: mapping 3D Information onto 2D. In: Shun-Ichi, A.; Grossberg, St.; Tayer, J.(Hg.): Neural Networks, Bd. 5, o. A. (Pergamon-Press) 1992, S. 823-834

[Hartmann 1992b]
Hartmann, G.: Neural space representation in a moving frame. In: Proc. of IJCANN International Joint Conference on Neural Networks, Bd. 1, Baltimore 1992, S. 92-97

[Hartmann 1992c]
Hartmann, G.: Architectural Consequences of Mapping 3D Space Representations onto 2D. In: Aleksander, I., Taylor, J. (Hg.): Artificial Neural Networks. 2. Amsterdam u. a. (Elsevier Science Publishers/North-Holland) 1992, S. 899-902

# Bildverarbeitungssystem mit hochauflösendem modularen Frame-Grabber für Zeilen- und Flächenkameras


M. Gollbach, J. Richter
Institut für Physikalische Chemie der RWTH Aachen
Templergraben 59, D-52056 Aachen
Tel.: +49 (0) 241 804735


## 1 Motivation

Bei der Bestimmung der Diffusionskoeffizienten von Salzschmelzen finden die Savart-Interferometrie und die holographische Interferometrie als optische Meßmethoden Anwendung. Beide Methoden erfordern eine exakte Vermessung sowie die zeitliche Verfolgung von Grauwertmustern in Interferogrammen. Bei der Auswertung mit Kleinbildfilm und Mikroskop können nur wenige Versuche pro Tag ausgewertet werden. Eine elektronische Bilderfassung, Verarbeitung und Auswertung bietet sich daher an. Wünschenswert ist auch eine hohe Verarbeitungsgeschwindigkeit, so daß erste Ergebnisse noch während der Durchführung des Experiments vorliegen. Etwaige Korrekturen während des Versuchs werden dadurch möglich. Ein typisches Interferogramm zeigt Abbildung 1.

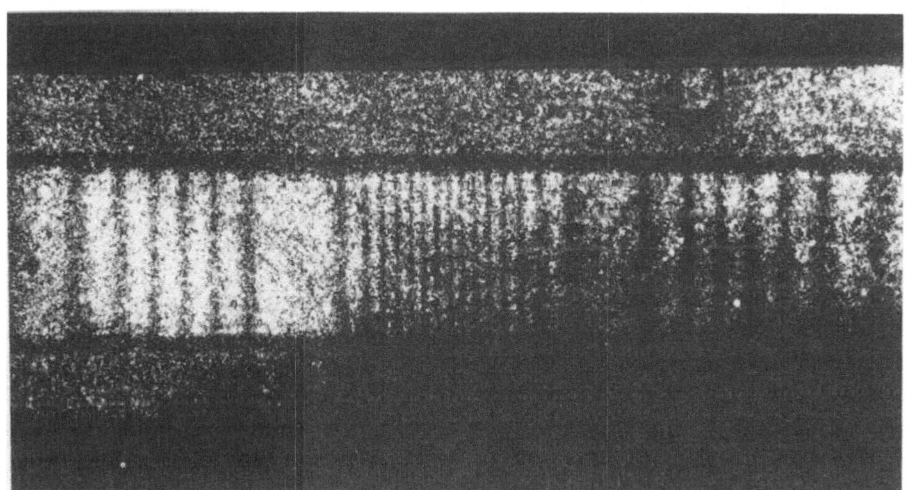

***Abb. 1:** Typisches Interferogramm bei einem Versuch zur Interdiffusion*

## 2 Anforderungen

Zur exakten Vermessung wird eine Auflösung von mindestens 2000 Pixeln in einer Dimension gefordert, wodurch gängige Videokameras als Sensor ausfallen. Das Bildverarbeitungssystem sollte daher Anschlußmöglichkeiten für hochauflösende Flächenkameras als auch für preiswertere Zeilenkameras gekoppelt mit mechanischen Abtasteinrichtungen bieten.
Da sich die zu erfassenden Interferenzstreifen bewegen, müssen hinreichend kurze Belichtungszeiten möglich sein. Zusammen mit der bei hochauflösenden Bildern anfallenden großen Datenmenge ergibt sich die Forderung nach einer hohen Bandbreite des Bildeinzuges.
Eine Real-Time-Auswertung großer Datenmengen erfordert weiterhin eine hohe Rechenleistung des Systems. Um eine solche Anlage auch für optische Messungen mit ähnlicher Problematik einsetzen zu können, sollte der Aufbau durch eine modulare Bauweise flexibel gehalten werden.

## 3 Realisation (SCANNER3)

Das realisierte Bildverarbeitungssystem läßt sich in drei Teile gliedern:

- Ein programmierbarer modularer Frame-Grabber bildet einen Bildeinzug für variable Bildformate.
- Ein Transputernetzwerk ermöglicht durch die für Bildverarbeitung gut geeignete Parallelverarbeitung eine hohe und durch die Erweiterbarkeit eine skalierbare Verarbeitungsgeschwindigkeit.
- Ein Run-Time-Kernel bildet die Systemsoftware, welche die Ressourcen durch Server zur Verfügung stellt. Das Problem der Inter-Prozeß-Kommunikation wird durch ein integriertes Message-Passing-System bewältigt.

### 3.1 Hardware

3.1.1 Modularer Frame-Grabber

Durch die hohe Bandbreite von Videosignalen ist die Funktion von Frame-Grabbern konventioneller Bauart nicht programmgesteuert, sondern wird durch Hardware vorgegeben. Der Bildspeicher ist begrenzt, Pixel- und Zeilenzähler sind nur in geringem Maße programmierbar. Die bisherigen Entwicklungen an unserem Institut (SCANNER1 und SCANNER2), die diesem Konzept folgten, waren dadurch auf einen bestimmten Kameratyp bzw. Bildsensor festgelegt.
SCANNER3 bildet nun den Versuch eines programmgesteuerten Bildeinzuges auf der Basis eines schnellen 32-bit-RISC-Prozessors. Die Hardware des Frame-

Grabbers reduziert sich dadurch auf die Taktgewinnung bzw. -Generierung, die Analog-Digital-Wandlung des Bildsignales und dessen zeilenweise Übergabe an den Prozessor in zwei alternativ bedienten FIFOs. Zeilen- und Pixelzahl des Bildes können so durch die auslesende Software bestimmt werden. Die Bandbreite wird durch die des Prozessors begrenzt und liegt bei dem verwendeten Transputer bei 40 MByte/s.
Zusätzliche Flexiblität brachte das Unterteilen der Hardware in einzelne Module und die Definition eines Bussystems zu ihrer Verbindung. Dieser Frontend-Bus leitet Bilddaten, Taktsignale und Versorgungsspannungen von und zu den einzelnen Baugruppen. Die bisher realisierten Module besitzen folgende Leistungsmerkmale:

- Anpassung an verschiedene Kameratypen ( auch CCD-Arrays )
- Variabler Pixeltaktgenerator ( bis 16 MHz )
- Variabler Zeilentaktgenerator ( Belichtungszeiten von µs bis zu einigen Sekunden)
- Synchronisation auf externe Signale
- Flash A/D-Wandler ( 8 Bit, bis 25 Msamples/s )
- Doppelzeilenpuffer ( bis zu 16000 Pixel pro Zeile, Auslesegeschwindigkeit 40 MByte/s durch einen Transputer).

Abbildung 2 zeigt die Konfiguration des Frame-Grabbers zum Anschluß einer Zeilenkamera. Ein Zeilekameraadapter erlaubt den Anschluß an Kameras verschiedener Hersteller. Die zusätzliche Multi-I/O-Karte am 32-Bit-Bus des einlesenden Transputers ermöglicht die Ansteuerung mechanischer Abtastvorrichtungen wie beispielsweise eines Drehspiegels oder Linearverfahrtisches.

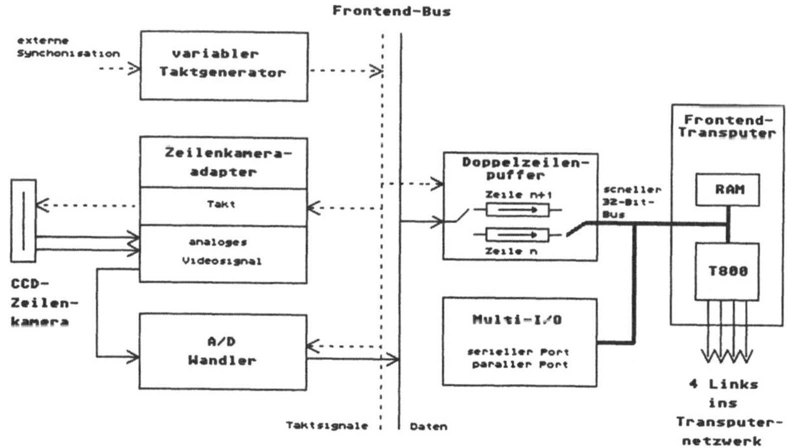


*Abb. 2: Für Zeilenkameras konfigurierter Frame-Grabber*

Bei Einsatz von Flächenkameras (Abbildung 3) wird der Zeilenkameraadapter durch einen für Flächenkameras ersetzt. Dieser enthält einen Taktseperator zur Gewinnung der Taktsignale aus dem Videosignal, wodurch der variable Taktgenerator nicht mehr benötigt wird.

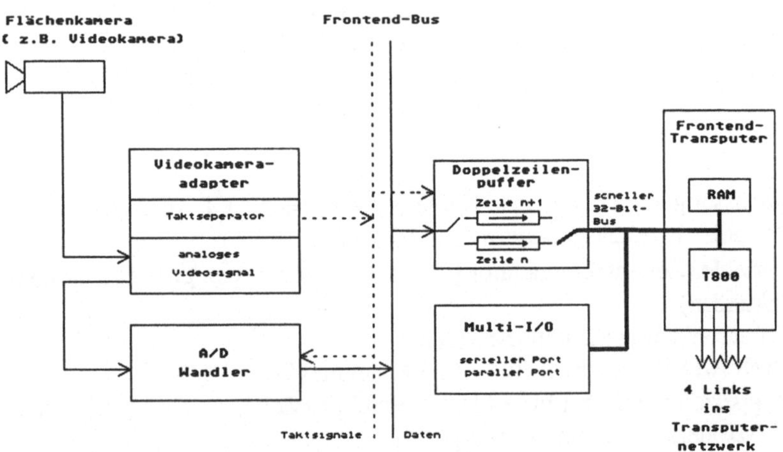


*Abb. 3: Für Flächenkameras konfigurierter Frame-Grabber*

## 3.1.2. Transputernetzwerk

Das verwendetete Transputersystem ermöglicht beliebige Netztopologien. Erreicht wird dieses durch das Führen sämtlicher Links auf eine sogenannte Vermittlungskarte, die im einfachsten Fall lediglich mit Drahtbrücken bestückt ist. Durch einfaches Auswechseln dieser Karte können andere Topologien gebildet werden. Alternativ ist der Einsatz einer Vermittlungskarte mit Link-Schaltern vom Typ C004 zur Konfiguration der Topologie per Software möglich.

Das in diesem Artikel beschriebene Netz und dessen Topologie ist aus Abbildung 4 ersichtlich. Verwendet werden 5 Transputer des Typs T800 bzw. T805 mit jeweils 4 Mbyte RAM pro Knoten. Darunter befinden sich zwei Transputer mit zusätzlicher Hardware, der den Frame-Grabber bildende Frontend-Transputer FT mit zusätzlicher serieller und paralleler Schnittstelle und der Graphics-Transputer GT. Letzterer ist mit einem Grafik-Controller vom Typ G332 ausgerüstet und erlaubt so schnelle hochauflösende Farbgrafik ohne Beteiligung des Host-Rechners. Eine weitere serielle Schnittstelle ermöglicht den Anschluß einer Maus.

Der Frontend-Transputer speist die Bilddaten in das Netz ein und besitzt einen direkten Link zum Graphics-Transputer zur Darstellung der digitalisierten Bilder. Die drei verbleibenden Transputer dienen als sogenannte Worker zur Bildverarbeitung. Der Worker RT ist zusätzlich mit dem Host-Rechner verbunden und wird so zum Root-Transputer.

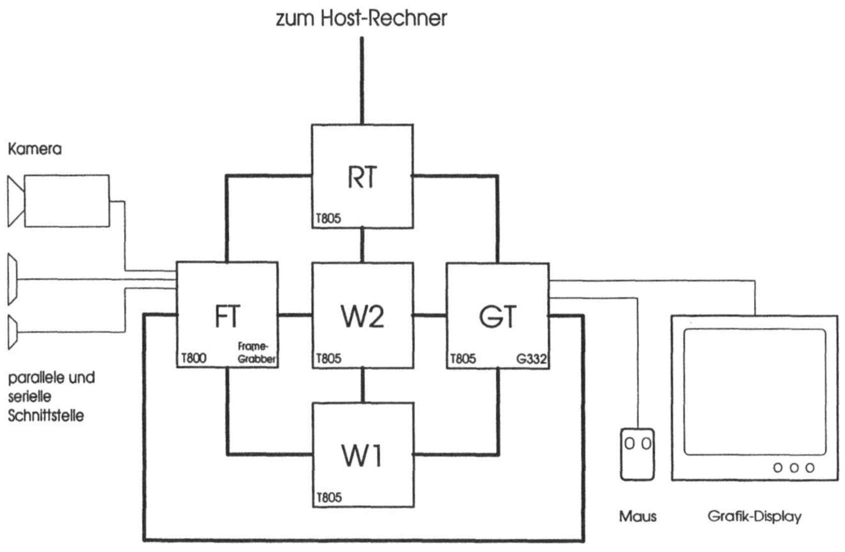


*Abb. 4: Topologie des Transputernetzwerkes*

## 3.2 Sytem-Software

An die System-Software von SCANNER3 wurden folgende Anforderungen gestellt:

- einfache Nutzung der im Netzwerk vorhandenen Ressourcen für den Programmierer einer Anwendung.
- gute Kommunikationsleistung des Netzwerkes
- Erweiterbarkeit bei Eingliederung neuer Ressourcen
- Bereitstellung einer graphischen Benutzeroberfläche

Zur Erfüllung dieser Anforderungen wurde der verteilte Runtime-Kernel S3 entwickelt, der mit dem Anwendungsprogramm zu binden und zu laden ist.

### 3.2.1 Runtime Kernel S3

Die Basis des Kernels bildet ein Message-Passing-System zur Interprozeß-Kommunikation im gesamten Netzwerk. Der Zugriff auf die System-Ressourcen erfolgt nach dem Client-Server-Modell.

Hierzu werden auf den einzelnen Knoten entsprechend ihrer Eigenschaften Server-Prozesse installiert, die die Ressourcen der Knoten über das Kommunikationssystem zur Verfügung stellen. Zur einfachen Nutzung der Server durch den Programmierer einer Anwendung wurde für jeden Server eine Funktionsbibliothek erstellt, die ihn von detailierteren Kenntnissen des Kommunikationssystems entbindet (Abbildung 5).

Neue Ressourcen im Netzwerk, beispielsweise neue Hardware-Schnittstellen, lassen sich durch zusätzliche Server mit zugehörigen Funktionsbilbiotheken eingliedern.

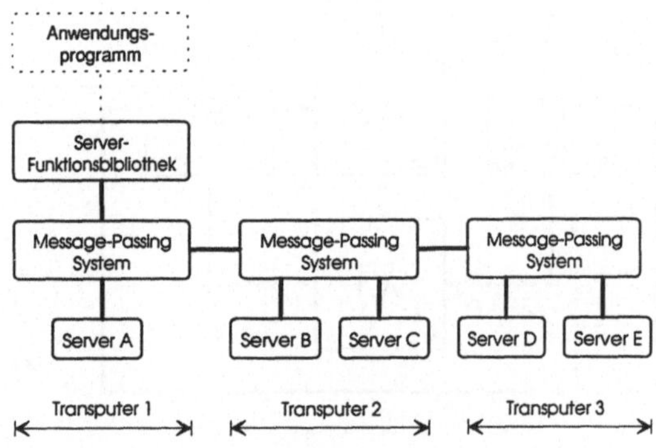


*Abb. 5: Verteilter Runtime-Kernel S3*

Zur Zeit stehen im Netzwerk folgende Server zur Verfügung:

| Server-Name | Ressource |
|---|---|
| message server | Message-Buffers (s.u.) |
| scan server | Frame-Grabber |
| V24 server | Serielle Schnittstelle |
| parallel server | Parallele Schnittstelle |
| host server | Ressourcen des Host-Rechners ( Konsole, Massenspeicher ) |
| GUI server | Graphische Benutzeroberfläche ( buttons, dialogs, windows, ...) |
| blit server | Video-RAM des Graphics-Transputers |
| picproc server | Bildverarbeitungsalgorithmen der Worker |
| dialog server | Standarddialogfelder |

Die letzten beiden Server bieten keine Hardware sondern auf ihnen plazierte Algorithmen als Dienstleistung an. Der Picproc-Server ermöglicht beispielsweise die Anwendung einer variablen Sequenz von Bildverarbeitungsroutinen auf einen übermittelten Frame.
Die Verteilung der Server auf das Netzwerk (Mapping) geht aus Abbildung 6 hervor.

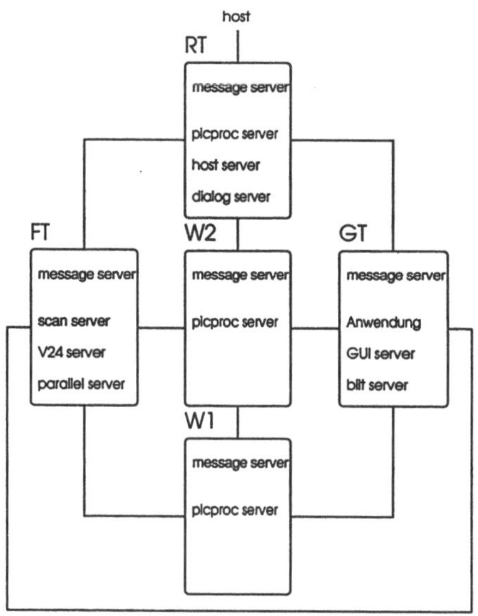


*Abb. 6: Mapping des Runtime-Kernel S3*

## 3.2.2 Message Passing System

### Motivation

Die Interprozeß-Kommunikation in einem parallel arbeitenden System ist von entscheidender Bedeutung für die Gesamtleistung des Systems. Die bei Transputern der Generation T4 und T8 übliche Kommunikation über Channels besitzt einen sehr statischen Charakter. Verbindungen zwischen Prozessen müssen vor der Laufzeit bekannt sein oder können nur teilweise durch zusätzliche Hardware während der Laufzeit erstellt werden. Die begrenzte Zahl der physikalischen Links stellt ein weiteres Problem beim Abbilden der logischen auf die physikalischen Verbindungen dar. Der Vorteil der hohen Synchronität durch Channels verbundener Prozesse steht dem Nachteil fehlender Puffer gegenüber, was schnell sendende Prozesse oft empfindlich abbremst.

Aus diesen Gründen wurde zur Interprozeß-Kommunikation ein Message-Passing-System entwickelt, welches das Versenden von Nachrichtenpaketen variabler Länge zu beliebigen Prozessen im Netzwerk erlaubt und eingehende Nachrichten zusätzlich bis zu einem gewissen Grad puffert, falls der Empfänger nicht empfangsbereit ist. Die verlorengegangene Sychronität zwischen den Prozessen kann, falls benötigt, durch explizite Quittierungsmeldungen wiedergewonnen werden.

Realisation

Zur Realisation des Message-Passing-Systems wird auf jedem Knoten ein Message-Server installiert, der als Besitzer eines Pools von Nachrichtenpuffern fungiert. Jeder Prozeß im Netz besitzt lediglich einen Channel zum und vom Message-Server auf seinem Knoten. Über diese Channels können die Prozesse das Zugriffsrecht zu den Nachrichtenpuffern erlangen. Abbildung 7 veranschaulicht den Mechanismus des Message-Passing-Systems.

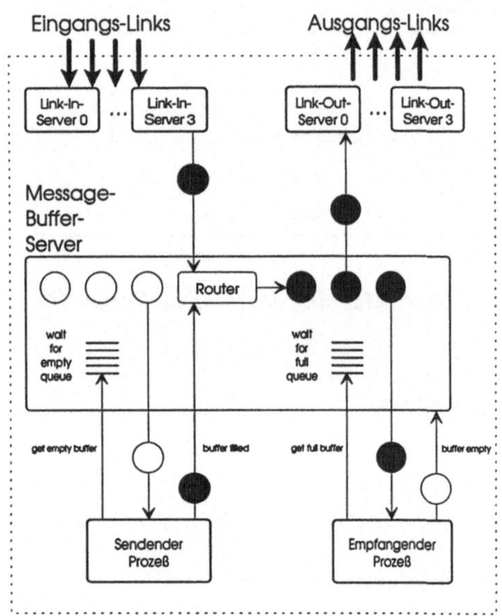


*Abb. 7: Mechanismus des Message-Passing-Systems*

Prozesse, die Nachrichten verschicken oder empfangen wollen, teilen dies dem Message-Server über einen Channel mit. Falls ein freier bzw. für sie bestimmter Nachrichtenpuffer verfügbar ist, wird dieser zugeteilt, andernfalls gelangt die Anforderung in eine Warteschlange, und der wartende Prozeß wird descheduled.

Alternativ hierzu ist die Abfrage auf Verfügbarkeit auch per Polling möglich, so daß ein wartender Prozeß nicht zwangsläufig angehalten werden muß.
Ein sendender Prozeß trägt nach Zuteilung eines Puffers die zu übertragenden Daten ein und füllt einen Header mit Zieladresse, Absender, Umfang und Art der Daten aus. Anschließend gibt er das Zugriffsrecht an den Message-Server zurück und kann, falls keine Quittierung erwünscht ist, fortfahren.
Der Router des Message-Servers analysiert nun die Zieladresse und entscheidet, ob die Nachricht auf diesem Knoten verbleibt oder über einen Link gesendet werden muß.
Befindet sich der Empfänger auf diesem Knoten, erhält er das Zugriffsrecht auf den Nachrichtenpuffer, kann diesen auslesen und abschließend zurückgeben. Sollte der Empfänger nicht empfangsbereit sein, verbleibt die Nachricht im Warteraum des Message-Servers.
Befindet sich der Empfänger nicht auf diesem Knoten, wird der Puffer zu einem vom Router bestimmten Link-Out-Server umgeleitet. Die Link-Out-Server dienen zum Senden von Nachrichtenpuffern über die physikalischen Links und werden exklusiv vom Message-Server benutzt. Pro Link existiert ein fest zugeordneter Link-Out-Server, so daß gleichzeitige Übertragung über alle Links möglich ist.
Analog dazu existiert auf jedem Knoten für jeden Link ein Link-In-Server zum Empfang von Nachrichtenpuffern und deren exklusiven Versand an den Message-Server. Diese zusätzlich laufenden Prozesse dienen im Warteraum des Message-Servers somit als Quellen bzw. Senken für Nachrichten von und zu Prozessen auf anderen Knoten.

Performance

Bei Übertragungen zwischen Prozessen auf verschiedenen Knoten ist die Übertragungsrate begrenzt durch die maximale Übertragungsrate der Links. Abbildung 8 zeigt die Abhängigkeit der Übertragungsrate von der Größe der zu übertragenden Datenblöcke und der Anzahl der dazu verwendeten Links. Man erkennt, daß bei kleinen Blöcken der Verwaltungsaufwand des Message-Passing-Systems die Übertragungsgeschwindigkeit senkt. Bei größer werdenden Blockgrößen nimmt die Übertragungsrate jedoch deutlich zu und erreicht ab Blockgrößen von 32 KByte mit 1,6 KBytes/s nahezu die durch die Links gegebene maximale Übertragungsrate. Durch Zuweisung einer hohen Priorität zum Message-Server wird diese Rate auch bei Verbindungen über mehrere Knoten erreicht. Die lineare Abhängigkeit der Übertragungsrate von der Anzahl der verwendeten Links zeigt, daß die einzelnen Link-Server parallel arbeiten können.

Bei Übertragungen zwischen Prozessen auf einem Knoten entfällt die Begrenzung durch die Links. Da die Daten vom Message-Passing-System nicht kopiert werden, sondern nur Zugriffsrechte verteilt werden, liegt die

Übertragungsgeschwindigkeit hier sehr hoch und läßt sich zudem linear mit der Größe der Datenblöcke steigern.
Auf Grund der bei der Bildverarbeitung anfallenden großen Datenblöcke eignet sich das realisierte Kommunikationsystem sehr gut als Basis für den Runtime-Kernel.

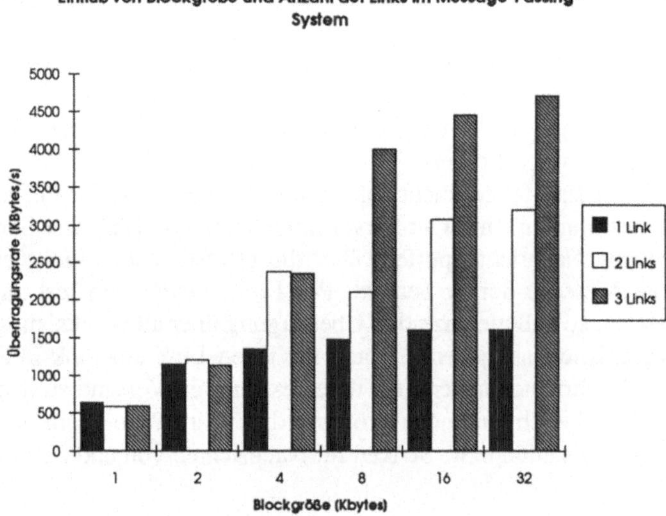


*Abb. 8: Übertragungsrate im Message-Passing-System zwischen zwei Knoten*

## 3.2.3 Graphische Benutzeroberfläche

Um der Anforderung nach einer benutzerfreundlichen Bedienung von Anwenderprogrammen gerecht zu werden wurde ein Server zur Darstellung und Verwaltung einer objektorientierten graphischen Benutzeroberfläche (GUI) auf dem Graphics-Transputer entwickelt. Dieser Server stellt auf Anforderung den Prozessen im Netz eigene oder gemeinsame Objekte zur Verfügung.
Ausgaben von Prozessen werden an ihre Objekte weitergeleitet und Ereignisse auf der Oberfläche werden an die Besitzer der Objekte versandt. Die bisher implementierten Elemente (Abbildung 9) ermöglichen Text- und Grafikausgaben in Fenstern sowie Dialoge über Tasten und Tastenleisten, die über Tastatur oder Maus bedienbar sind.

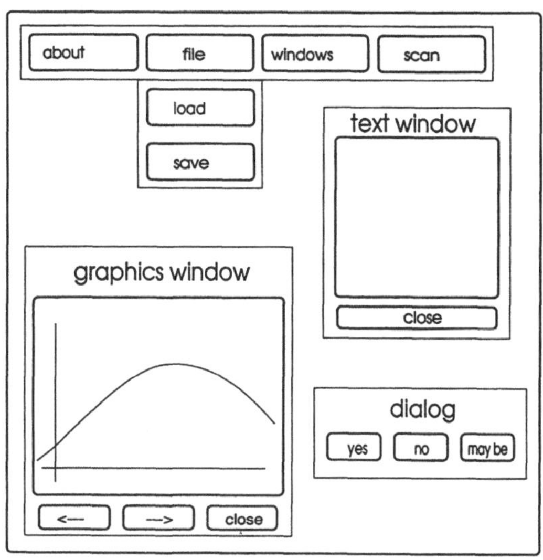


*Abb. 9: Objekte der graphischen Benutzeroberfläche*

BGI-Emulation

Die Syntax, die zur Ausgabe von Grafik benutzt wird, wurde an die des auf PCs häufig verwendeten Borlands-Graphics-Interfaces (BGI) angelehnt. Dadurch wird die Portierung von auf dem PC entwickelten Grafikroutinen auf den Transputer ermöglicht.

### 3.2.4 Implementierung

Sämtliche System-Software wurde in ANSI-C von INMOS realisiert. Für die grafische Benutzeroberfläche wurde das objektorientierte C++ von Glockenspiel eingesetzt. Um dem Programmierer von Anwendungen den Umgang mit der kargen Entwicklungsumgebung des Toolsets zu vereinfachen, steht eine menuegesteuerte DOS-Shell (ICSHELL) zur Verfügung. Diese ist beim Autor frei erhältlich.

## Literatur

[1] W. Plesnik: Entwicklung einer hochauflösenden Bildverarbeitungsanlage zur Vermessung der Streifenpaarabstände bei der Savart-Interferometrie, Dissertation, RWTH Aachen 1990

[2] K. Hesse, N. Kümmling, B. Steinbach: Universelles Message-Passing-System MEPAS, Abstraktband zur Transputer Anwendertagung 1991, RWTH Aachen 1991

[3] M. Gollbach: Dissertation (in Vorbereitung), RWTH Aachen

[4] C. Snow: Concurrent Programming, University Press, Cambridge1992

[5] G. Häußler, P. Guthseel: Transputer, Franzis, München 1990

[6] I. Graham, T. King: The Transputer Handbook, Prentice Hall, 1990

[7] Inmos: The Transputer Databook, third edition 1992

[8] Inmos: The Transputer Applications Notebook, first edition 1989

# Transputer-Framegrabber zur Steuerung autonomer mobiler Roboter

Lampros Tsinas *, Bernhard Blöchl**

* Universität der Bundeswehr München, 85577 Neubiberg
**Ruppertstr. 8, 80337 München

## Zusammenfassung

Es wird gezeigt, daß unter günstigen Bedingungen für die sichtbasierte autonome Führung eines mobilen Roboters ein einziger Transputer-Framegrabber (TFG Ultra) ausreichend ist. Sowohl die Bildverarbeitung als auch der Fahrzeugregler werden effizient vom Transputer des TFG abgearbeitet. Das System und die Entwicklung der Simulationsumgebung, sowie die Anwendung am Versuchsfahrzeug (ATHENE) werden beschrieben.

## Einleitung

Zur sichtgesteuert autonomen Fahrt mobiler Roboter wurde sowohl für die Simulation als auch für reale Experimente mit einem autonomen Fahrzeug der Transputer-Framegrabber (TFG Ultra) mit dem T805 Prozessor eingesetzt. Er ist als PC-Einsteckkarte konzipiert und ist somit sehr handlich. Desweiteren erlaubt er sowohl eine Simulation als auch eine einfache Übertragung des Systems auf das Experimental-Fahrzeug. In Versuchen wurde zuerst in der Simulation ein Querregler für ein autonomes Straßenfahrzeug entwickelt und erprobt. Danach wurde ein Regler auf der Experimental-Plattform ATHENE in realer Umgebung getestet. Die Übertragung gelang in kurzer Zeit. Ein Grund dafür liegt sicher darin, daß das Simulationssystem unmittelbar auf dem Fahrzeug Verwendung findet.

Neben dem konventionellen Entwurf von Reglern, auch solchen mit anderer Zielsetzung als die hier vorgestellten, haben sich in letzter Zeit vorwiegend in Japan [Sugeno et al. 1989] aber auch hier in Deutschland [Altrock, Krause und Zimmermann, 1992] Regler auf Basis der unscharfen Logik durchgesetzt. Für die Führung autonomer mobiler Roboter, wie das VaMoRs [Dickmanns, Graefe 88; Zapp 88] und die ATHENE [Kuhnert, Wershofen 90], sind bisher konventionelle Regler eingesetzt worden. In der vorliegenden Arbeit wurde für die Steuerung eines mobilen sichtgesteuerten Roboters ein Fuzzy-Regler eingesetzt.

## Aufbau der Echtzeitsimulation

Für die Simulationsumgebung werden im Takt von 20 ms in Echtzeit über einen Videorekorder aufgezeichnete Bilder dem TFG übergeben. Die Bildfolgen wurden mit einer konventionellen schwarz-weiß CCD-Kamera auf einer Versuchsstrecke zuvor aufgenommen. In der Simulation wurde angenommen, daß ein Bildausschnitt aus dem Videobild dem Kamerabild bei autonomen Fahrten entspricht. Das Format der digitalisierten Videobilder am Transputer-Framegrabber ist 256x256 Pixel. Das hieraus entnommene Kamerabild (Bildausschnitt) wurde nach mehreren Versuchen auf eine Größe von 156x156 Pixel festgelegt (Abb. 1). Es wird ein fahrzeugfestes Koordinatensystem gewählt, wobei die Kameraachse identisch mit der Fahrzeugachse ist. Das erlaubt, durch Verschiebung des ausgesuchten Ausschnitt innerhalb des gesamten Videobildes die dynamischen Bewegungen des Fahrzeugs und einer darauf montierten Kamera zu simulieren. Die Festlegung der Größe des Bildausschnitts läßt eine Simulation der Fahrzeugbewegung von bis zu $\pm 4°$ (bei einer Brennweite von 25 mm) zu.

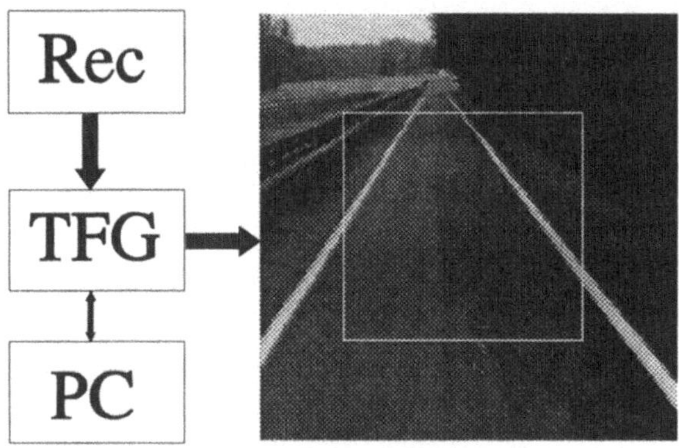


**Abb. 1** Aufbau der Echtzeitsimulation auf dem Transputer. Rec: Videorekorder.

Der Prozessor bestimmt, mittels eines Korrelationsalgorithmus innerhalb des Kamerabildes, zuerst die Fahrbahnbegrenzungslinien auf der rechten und der linken Seite der Fahrspur. Das verwendete Verfahren ist angelehnt an den in [Tsinas, Graefe 92] vorgestellten kantenbasierten Algorithmus. Dabei wird ein Bild von unten nach oben mit Kantendetektoren bearbeitet. Diese sind richtungsselektiv und so ausgewählt, daß sie den erwarteten Richtungen der weißen Fahrspurmarkierungslinien im Bild entsprechen. In Abb. 2 ist die Gliederung der Suche in drei Phasen gezeigt. Die Größe der Suchbereiche wird zunehmend reduziert, da auch die Richtung der Linien im Bild gemessen wird. So können die Suchbereiche im oberen Bildbereich genauer festgelegt werden.

Zur Minimierung der Rechenzeit wurde dieser Algorithmus mit vereinfachtem Modellwissen und nur annähernd optimalen Merkmalsextraktoren implementiert. Die Merkmalsextraktoren sind orientierungsselektiv und erkennen Kanten vorgegebene Richtungen ($\pm 45°$). Aus der Information über die Fahrspurränder wird danach der Straßenmittelpunkt berechnet. Hieraus wiederum wird die Abweichung zwischen der Fahrbahnmittelgeraden und der Fahrzeug

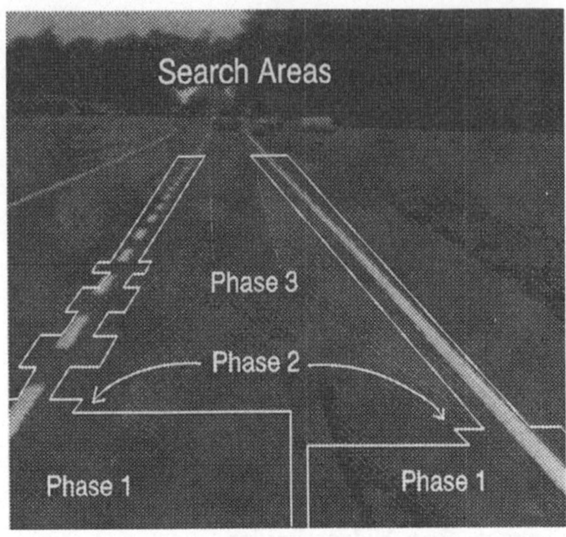


**Abb. 2** Die Suchbereiche eines Fahrspurfinders.

achse in Form einer Winkelabweichung (gemessen in Pixel) ermittelt. Die Winkelabweichung ($\theta$) dient als eine der Eingabegrößen des Reglers. Zur Verbesserung der Stabilität des Reglers wurde zusätzlich die zeitliche Ableitung der Winkelabweichung ($\dot{\theta}$) als Eingabegröße verwendet. Anhand dieser beiden Eingaben wird durch den Regler ein Stellwert für das Fahrzeuglenkrad erzeugt. Dieser Stellwert bewirkt, daß das Bildfenster (Kamerabild) in der Simulation entsprechend den Steuerausschlägen des Fahrzeuges auf dem Videobild bewegt wird. Im zugrundeliegenden dynamischen Fahrzeugmodell zur Umsetzung des Stellwertes wird ein einfacher linearer Zusammenhang zwischen Stellwert und Steuerausschlag vorausgesetzt. Aber auch komplexere Fahrzeugdynamik kann modelliert werden. Das lineare Modell wird oft eingesetzt und war für unsere Versuche ausreichend. Die Überwachung des Steuerausschlags und der hiermit eingeleiteten Vorgänge war neben den mitprotokollierten Daten der Versuchsfahrten auch optisch auf einem RGB-Monitor möglich (Abb. 1).

Alle Regler wurden mit dem Fuzzy-Compiler der Firma Inform [Inform 92] erstellt. Dieser Compiler liefert die Regler als C-Code, der im Steuerprogramm, das auf dem Transputer läuft, angebunden wird.

Zur Bewertung des Reglers wurden mehrere simulierte Testläufe auf dem Transputer-Framegrabber durchgeführt. Es wurde sowohl Sprungauslenkungen als auch kontinuierliche Auslenkungen aufgebracht. Bewertet wurde anhand der benötigten Zyklen, die erforderlich waren um die Auslenkung zu kompensieren. Nachdem der Regler sehr rasch stabiles Verhalten erreichte, wurde er für autonome Fahrten mit ATHENE eingesetzt.

# Versuchsfahrten mit ATHENE

**Abb. 3** Das fahrerlosen Transport System (FTS) ATHENE mit der experimentellen Ausrüstung.

Das Kamerabild (Abb. 4) diente unmittelbar als Eingabesignal. Deshalb, muß nun kein Bildausschnitt mehr aus dem Videobild entnommen werden. Eine weitere Anpassung macht der Einsatz eines anderen Kameraobjektivs (8mm statt 25mm) und der damit folgenden Änderung der Abbildung erforderlich. Anstatt einer Fahrspurmarkierung auf der Straße wurde in diesem Versuch einem Flur im Institut gefolgt. Dies führte zu einigen Änderungen der Bildverarbeitungsroutine. Es wurde nun nur ein Rand (links) gefunden. Die Bildmitte war das Analogon zur Straßenmitte.

**Abb. 4** Die Sicht eines Laborflurs aus der Fahrzeug-Kamera.

Trotz der Anpassungen konnte das Fahrzeug, ausgerüstet mit dem Fuzzy-Regler, sofort autonom entlang eines Flurs in den Labors des Instituts fahren. Dies gelang sofort, insbesondere da sowohl für die Echtzeitsimulation als auch für die experimentellen Fahrten dasselbe Bildverarbeitungssystem eingesetzt wurde und keine Portierung erforderlich war. In den Versuchen konnte ATHENE zuverlässig einen geraden Weg von ca. 20 m mit ihrer maximalen Geschwindigkeit von 1.5 m/s zurücklegen. Weitere Ergebnisse sind in Anhang B gegeben.

Im Labor fehlten Kurven um auch Kurvenfahrten durchführen zu können. Kurvenfahrten stellten in der Simulation kein Problem dar. Der Regler (Anhang A) und die mitprotokollierten Meßergebnisse sind in [Blöchl, Tsinas 93] dargestellt. Der Regler zeigt kein Überschwingen und benötigt wenige Zyklen um Störungen auszuregeln.

# Ergebnisse

Aus den Experimenten ist ersichtlich, daß der gleichzeitige Einsatz eines einzigen Transputer-Framegrabbers mit einem schnellen Prozessor (in diesem Fall der T805) sowohl für die Bildverarbeitung als auch für den Fuzzy-Regler eingesetzt werden kann. Die reine Verarbeitungszeit am Prozessor beträgt 20 ms. Für die optische Kontrolle während der Entwicklung ist eine zusätzliche Markierung auf dem Überwachungsmonitor notwendig. Diese Markierung ist nicht betriebsnotwendig und erfordert, abhängig vom Umfang der Markierungen, zusätzlich ca. 40 ms. Die Zykluszeit eines kompletten Durchlaufes ist durch die Zykluszeit des Steuerrechners des Versuchsfahrzeugs mit 100 ms vorgegeben. Es konnte gezeigt werden, daß ein einziger Transputer ist also in der Lage sowohl die Bildverarbeitungs- als auch die regelungstechnischen Aufgaben mit hoher Wiederholgeschwindigkeit zu bewältigen. Eine Übertragung auf ein Straßenfahrzeug ist ohne prinzipielle Probleme möglich.

# Literatur

**von Altrock, C.; Krause, B.; Zimmermann, H.J. (1992):** Advanced fuzzy logic control of a model car in extreme situations. Fuzzy Sets and Systems 48, pp 41-52.

**Blöchl, B.; Tsinas, L. (1993):** Automatic Road Following Using Fuzzy Control. 1st IFAC International Workshop on Intelligent Autonomous Vehicles. Southampton.

**Dickmanns, E.D.; Graefe, V. (1988):** Dynamic Monocular Machine Vision. Machine Vision and Applications 1, pp 223-261. Munich, Germany.

**Inform (1992):** fuzzyTECH 2.0, Schüssel zur Fuzzy-Technologie (Handbuch), INFORM GmbH Aachen.

**Kaufmann, A. and Gupta, M. M. (1991):** Introduction to Fuzzy Arithmetic. Van Nostrand Reinhold, New York.

**Kickert, W.J.M. and Mamdani, E. H. (1978):** Analysis of a fuzzy locic controller. Fuzzy sets and Systems 1. pp 29-44.

**Klir, G. J. and Folger T. A. (1988):** Fuzzy Sets, Uncertainty, and Information. Prentice Hall (UK) limited, London.

**Kuhnert, K.-D.; Wershofen, K.P. (1990):** Echtzeit-Rechnersehen auf der Experimentell-Plattform ATHENE. Fachgespräche Autonome Mobile Systeme. Karlsruhe, pp 56-68.

**Sugeno, M.; Murofushi, T.; Mori, T.; Tatematsu, T.; Tanaka, J. (1989):** Fuzzy Algorithmic Control of a Model Car by Oral Instructions. Fuzzy Sets and Systems 32, pp 207-219.

**Tsinas, L.; Graefe, V. (1992):** Automatic Recognition of Lanes för Highway Driving. IFAC Conference on Motion Control for Intelligent Automation. Perugia, pp 295-300.

**Zapp, A. (1988):** Automatische Straßenfahrzeugführung durch Rechnersehen. Dissertation, Fakultät für Luft- und Raumfahrttechnik der Universität der Bundeswehr München.

**Zimmermann, H.-J. (1991):** Fuzzy Set Theory - and its Applications. 2nd Ed., Kluwer Academic Publishers Group. Dordrecht, The Netherlands.

# Anhang A - Fuzzy Regelung

Für die Entwicklung des Fuzzy Reglers wurde ein Fuzzy Compiler benutzt [INFORM 1992]. Er besteht aus einer Entwicklungsumgebung, einen Debugger und einen Precompiler für ANSI-C. Der erzeugte C-Quellcode kann als Datenarray in jedem C-Hauptprogramm angebunden werden.

Die Reihenfolge zur Entwicklung von Fuzzy-Reglern: Fuzzyfikation, Inferenz, Defuzzyfikation ist in vielen Lehrbüchern zu finden [Kickert, Mamdani 1987; Klir, Folger 1988; Kaufmann, Gupta 1991; Zimmermann 1991] und wird hier nicht näher diskutiert.

Die Position der Fußbodenleiste wird über die Bildverarbeitung an den Fuzzy-Regler übergeben. Relativ dazu, kann die Winkelabweichung $\Theta$ der Fahrzeuglängsachse zur Sollspur im Korridor berechnet werden. Aus der Winkeldifferenz zwischen zwei Bildern kann die zeitliche Ableitung der Winkelabweichung $\dot{\Theta}$ berechnet werden.

Zwei Fuzzy-Regler für die laterale Fahrzeugführung mit verschiedenen Eingängen sind entwickelt und getestet worden. Für den ersten Versuch ist ein Regler mit einen Eingang, nämlich der Winkelabweichung $\Theta$ von der Sollspur. Für den zweiten Versuch ist ein zweiter Eingang benutzt worden. Er bestand aus der zeitlichen Ableitung der Winkelabweichung $\dot{\Theta}$.

Die verwendeten Fuzzy-Sets für die zwei Eingabe- und die Ausgabegröße (Steuerwinkel) sind in den Abb. 5, 6 und 7 zu sehen. Alle linguistische Variablen sind symmetrisch um das Zentrum angeordnet.

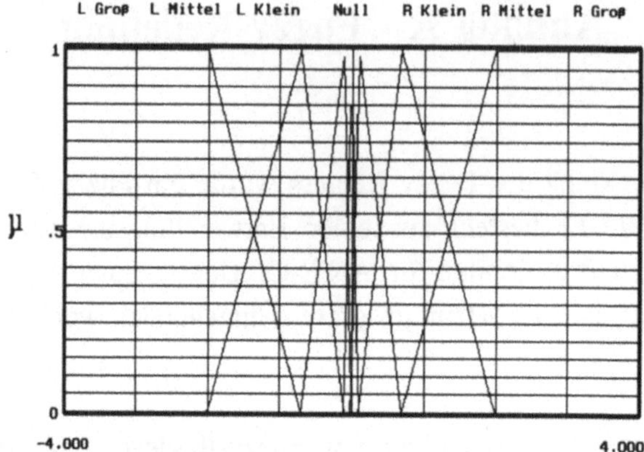


**Abb. 5** Die Fuzzy-Sets für die Variable Winkelabweichung Θ.

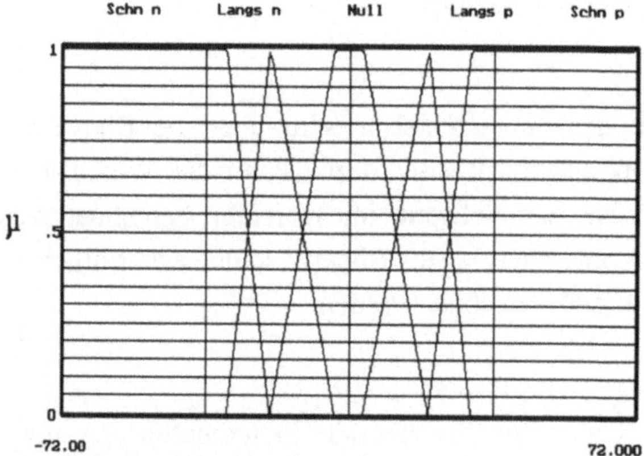


**Abb. 6** Die Fuzzy-Sets für die Variable zeitliche Winkelabweichung $\mathring{\Theta}$.

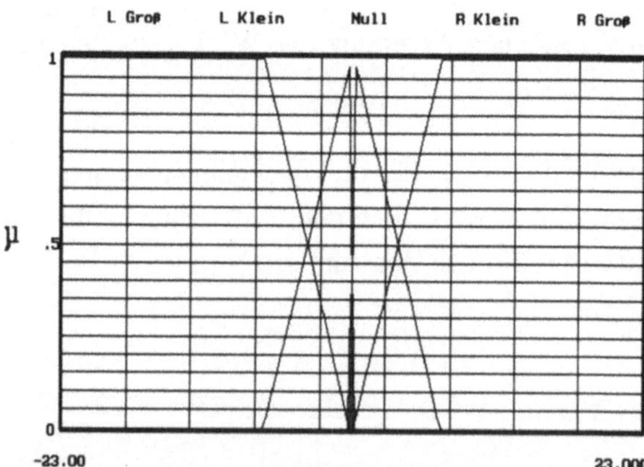


**Abb. 7** Die Fuzzy-Sets für den Steuerwinkel $\tau$.

# Anhang B - Ergebnisse

Eine Reihe von Versuchen sind mit dem Versuchsfahrzeug ATHENE durchgeführt worden. Dabei wurden die entwickelten Fuzzy-Regler getestet. Zu Beginn wurde eine Geschwindigkeit von 0.5 m/s gewählt. Die Steuerwinkelausgabe war auf 0.32°/Zyklus limitiert. Danach wurde die Geschwindigkeit schrittweise bis zu einem maximalen Wert von 1,5 m/s erhöht. Die obere Grenze die Steuerwinkelausgabe liegt bei 0.64°/Zyklus. Während der Experimente wurden Protokolle der Fahrten aufgezeichnet. Die gesteuerten und die aktuellen Winkel sind mit (x) bzw. (O) auf Grafiken aufgetragen (Abb. 8 bis 12). Die Regelzyklen sind vortlaufend numeriert.

Der Winkel und die Abweichung des Fahrzeuges am Anfang des Versuchs sind zufällig durch die manuelle Positionierung des Fahrzeugs gegeben. Diese Tatsache erlaubt eine zusätzliche überprüfung der Robustheit der Fahrten die mit diesen Reglern durchgeführt wurden.

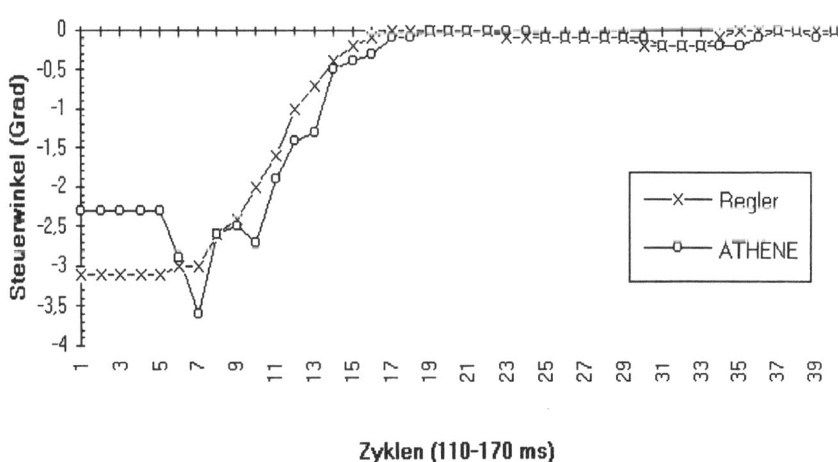


**Abb. 8** Experiment mit einer Geschwindigkeit von 0.5 m/s und einer Änderungsrate des Steuerwinkels von 0.64°/Zyklus (oberes Limit).

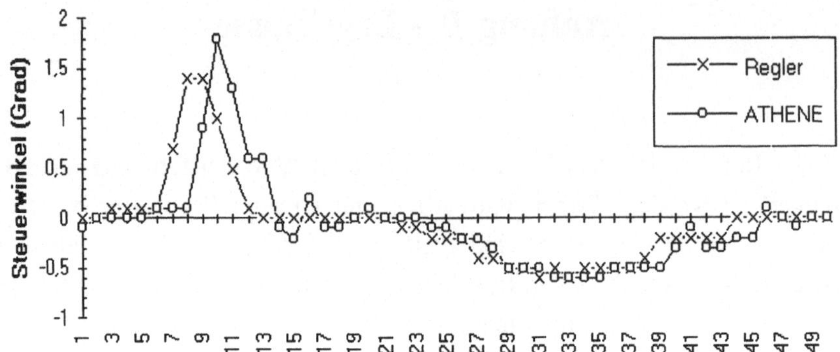


**Abb. 9** Experiment mit einer Geschwindigkeit von 0.5 m/s und einer Änderungsrate des Steuerwinkels von 0.64°/Zyklus (oberes Limit). Trotz einer Störung nach ca. 10 Zyklen fährt das Fahrzeug stabil weiter.

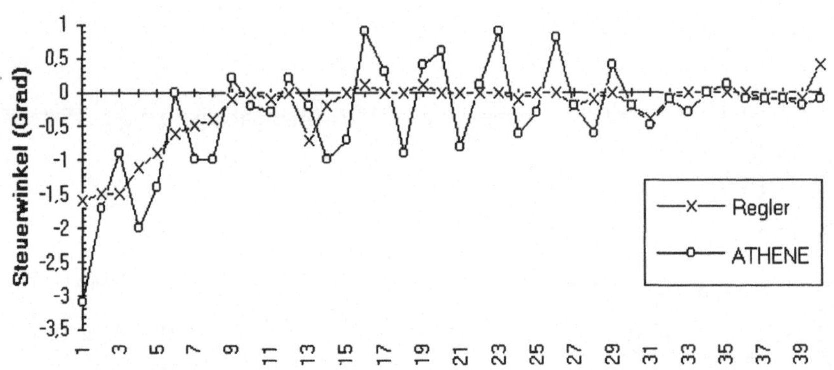


**Abb. 10** Experiment mit der maximalen Geschwindigkeit (1.5 m/s). Der Steuerwinkel schwingt kurz nach dem Start unkorreliert zur Start-Winkelabweichung und wird nach ca 30 Zyklen stabilisiert.

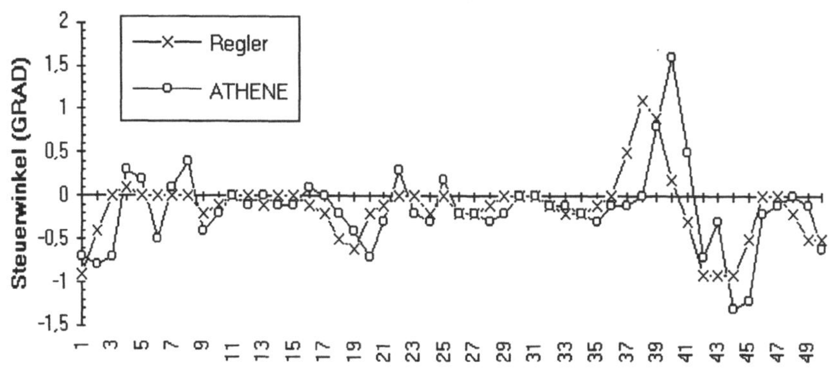


**Abb. 11** Experiment mit Geschwindigkeit = 1.5 m/s und maximaler Änderungsrate für den Steuerwinkel 0.64°/Zyklus. Das Fahrzeug fährt weniger stabil als bei der geringeren Geschwindigkeit (0.5 m/s).

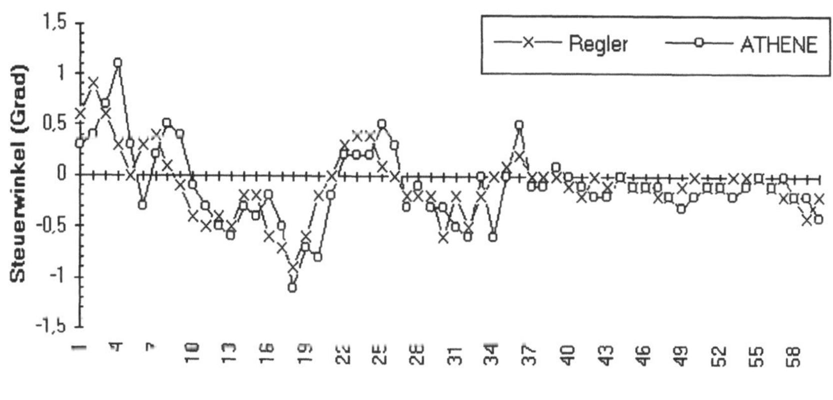


**Abb. 12** Ein Versuch mit 1.5 m/s (Geschwindigkeit) und 0.32°/Zyklus (Änderungsrate des Steuerwinkels).

# Parallele Entfernungsbildsegmentierung auf Transputern durch Teilen und Verschmelzen

Peter Kohlhepp
Kernforschungszentrum Karlsruhe, Institut für Angewandte Informatik (IAI)
D 76021 Karlsruhe

**Zusammenfassung**

*Die automatische Gruppierung vieler 3D Meßpunkte in wenige, große Flächen, genannt Segmentierung, ist ein Schlüsselverfahren der Entfernungsbildverarbeitung und bildet oft einen Engpaß sowohl in Bezug auf die Qualität der Ergebnisse als auch den Rechenaufwand.*

*Dieser Beitrag beschreibt ein split-and-merge-Verfahren mit neuen Teilungs- und Verschmelzungskriterien und -algorithmen. Insbesondere werden Gütekriterien für Flächen und für Unterteilungen eingeführt. Ergebnisse an simulierten und realen Entfernungsbildern werden präsentiert.*

*Der zweite Teil diskutiert Parallelisierungsstrategien und Leistungsmessungen auf Transputerfarmen. Das hierarchisch-rekursive Verfahren bietet viel Parallelisierungspotential. Die globale und dynamische Bestimmung des Teilungspunktes und die ungleiche Auslastung durch Teilaufträge erfordern aber eine sehr flexible Verteilung, um dieses Potential auch auszuschöpfen.*

## 1 Einleitung und Problemstellung

Ziel des SOMBRERO Projektes (**s**urface-**o**riented **m**odel **b**uilding for the **re**construction and **r**ecognition of **o**bjects /12/) ist es, starre Objekte anhand von Abstandsbildern zu rekonstruieren und wiederzuerkennen. Als Entfernungssensoren dienen 2D Laserscanner, die mit Hilfe beweglicher Trägersysteme (Portalroboter) dreidimensionale Szenen vermessen. Die Bildverarbeitungsverfahren werden auf Transputernetzen realisiert. Zuerst werden die Punktwolken in eine kompakte oberflächenorientierte Volumendarstellung überführt.

### 1.1 Formale Problemstellung

Segmentierung bedeutet die Zerlegung eines Entfernungsbildes (Abb. 1)

$$\underline{\mathbf{f}}: \underset{\text{(diskreter Parameterraum)}}{\mathrm{U}\times\mathrm{V}} \rightarrow \underset{\text{(Bildraum)}}{\Re^3}, \qquad \underline{\mathbf{f}}(u,v) := (x(u,v),\, y(u,v),\, z(u,v))^{\mathrm{T}}$$

in disjunkte Regionen $R_i \subseteq \mathrm{U}\times\mathrm{V}$, so daß Punkte derselben Region sehr viel mehr gemeinsam haben als Punkte verschiedener Regionen. Dies wird meist durch ein Homogenitätsprädikat $P{:}2^{\mathrm{U}\times\mathrm{V}} \rightarrow \{\mathbf{true}, \mathbf{false}\}$ ausgedrückt /3/:

$$\mathrm{U}\times\mathrm{V} = \bigcup_{i=1}^{n} R_i$$

$R_i \cap R_j = \varnothing$ für $i \neq j$, sodaß

- $P\ (R_i) \quad \forall\, i$
- $\neg P\ (R_i \cup R_j) \quad \forall\, i,j$

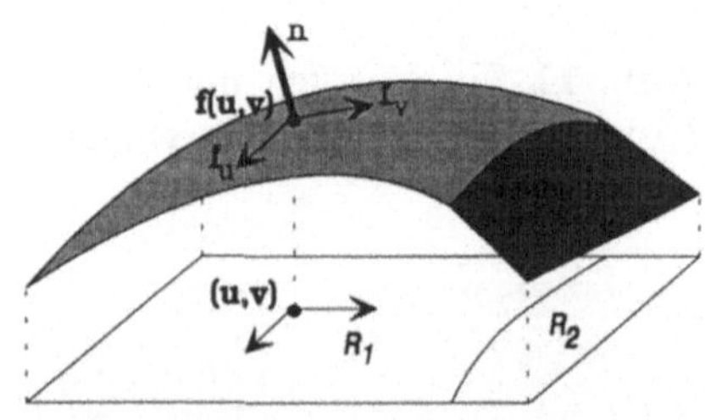


**Abb.1**: Oberfläche in Parameterdarstellung

Die Regionen $R_i$ sind also maximale zusammengehörige Punktemengen. Fast immer wird verlangt, daß Regionen topologisch zusammenhängend sind, daß also je 2 ihrer Punkte durch einen Weg innerhalb der Region verbunden sind. Darüber hinaus wird zum Beispiel gefordert, daß die Krümmungen *k(u,v)* innerhalb einer Region *R* ähnlich sind:

$$P \equiv \forall (u,v),(u',v') \in R: \| k(u,v) - k(u',v') \| \leq \varepsilon_k$$

oder daß die Normalenvektoren $\underline{n}(u,v)$ annähernd in dieselbe Richtung zeigen:

$$P \equiv \forall (u,v),(u',v') \in R: \| \underline{n}(u,v) - \underline{n}(u',v') \| \leq \varepsilon_n$$

oder daß alle Punkte innerhalb einer Region gut durch eine bestimmte analytische Näherungsfunktion $\overline{f}(u,v)$ gut approximiert werden können:

$$P \equiv \forall (u,v) \in R: \left\| f(u,v) - \overline{f}(u,v) \right\| \leq \varepsilon_f$$

Unser Segmentierungsalgorithmus setzt voraus, daß

(1) die Parameterdarstellung der Meßpunkte bezüglich u und v explizit bekannt ist
(2) das Entfernungsbild die "2½D-Eigenschaft" besitzt: bei geeigneter Transformation TR: $\Re^3 \rightarrow \Re^3$ der Bildkoordinaten ist jedem Paar (x,y) genau ein z-Wert auf der Oberfläche zugeordnet. Es existiert also eine Darstellung

$$\underline{\mathbf{f}}': \Re^2 \rightarrow \Re^3 \quad \underline{\mathbf{f}}'(x,y) := (x, y, z(x,y))^T \quad \text{mit } \underline{\mathbf{f}}'(\Re^2) = TR \cdot \underline{\mathbf{f}}(U \times V).$$

Diese Einschränkungen sind nicht unproblematisch, können aber auf verschiedene Arten erfüllt werden /12/.

## 1.2 Anwendungen

Segmentierung bedeutet Datenkomprimierung und Klassifizierung: man ersetzt viele "ähnliche" Meßpunkte durch einen einzigen Repräsentanten - eine Region - und hofft damit die wesentliche Information des Ausgangsbildes zu erhalten, aber kompakter darzustellen.
Die wichtigste Anwendung der Segmentierung für uns ist die **modellbasierte Objekterkennung und -lokalisierung.** Erkennung bedeutet hier Zuordnung der Flächen einer Szene zu Flächen bekannter (Modell-)Objekte unter Beachtung der invarianten geometrischen Beschränkungen (Flächenattribute und -relationen) /12/. Die Entfernungsbilder der Szenen und Modellobjekte müssen dazu erst in Oberflächendarstellungen überführt werden. Nur indem wir den Suchprozeß auf wenige Flächen beschränken, können wir seine enorme Komplexität beherrschen. Nicht in allen Arbeiten wird dies allerdings so gesehen /14/.
**Autonome Fahrzeuge** kartieren ihre Umgebung oft mit Hilfe von Laserscannerdaten und bestimmen ihre Position anhand der Karte. Diese Probleme sind dual zur Rekonstruktion und Wiedererkennung von Modellobjekten. Auch hier setzt es sich immer mehr durch, die Umgebung wie Böden, Wände, Türen und Hindernisse durch Flächen zu modellieren /2/ (-> Segmentierung), weil Flächen einen höheren Informationsgehalt besitzen als Linien oder einzelne Punkte, und weil das Korrespondenzproblem für Flächen mehr Struktur besitzt.
In der **Koordinatenmeßtechnik** werden aus digitalisierten Oberflächen, z.B. Urformen im Karosseriebau, CAD-Modelle erstellt /13/. Bevor Approximationsverfahren greifen können,

muß die Punktwolke erst in Regionen oder Patches eingeteilt werden. Die Modellierungsverfahren lassen sich wirkungsvoll mit einer übergeordneten Flächenteilung und -verschmelzung verzahnen, die durch den Approximationsfehler oder durch andere Qualitätsmaße für Flächen kontrolliert wird.
Eine weitere Anwendung ist die automatische **Gütererfassung**, z.B. von Schüttgut oder Containern, mit Laserscannern. Eine 3D Daten- oder Flächenreduktion ist hier unerläßlich. Auch die offline-Programmierung von **Bearbeitungsaufgaben** mit großen Toleranzen, etwa das Abspritzen oder Lackieren von Oberflächen, profitiert von einer automatischen Einteilung in Flächenstücke. Diese richten sich hier nach Bearbeitungsvorgaben, z.B. ein definiertes Werkzeug bei konstanter Orientierung, maximaler Eingriffsbreite und zulässiger Toleranz einzusetzen.

## 2 Segmentierungsverfahren für Entfernungsbilder

Vor allem aus der Videobildverarbeitung bekannt sind die **kantenorientierten** Segmentierungsverfahren. Sie versuchen über die Flächenberandungen zu den Flächen zu kommen und gehen in folgenden Schritten vor:

- Randpunkte mit Kantendetektoren finden (z.B. Sobel-Operator,Knickwinkelverfahren)
- Randpunkte zu geschlossenen Konturen verbinden
- Umschlossene Regionen markieren.

Sie wurden auch auf 3D Entfernungsbilder übertragen /8//13/. Glatte Übergänge zwischen verschiedenen Oberflächen, die sich durch den Krümmungstyp unterscheiden, hinterlassen typischerweise keine Kanten; umgekehrt liefern offene oder wolkige Kantenmuster keine zuverlässigen Merkmale zur Regionenunterteilung. Kantenorientierte Verfahren sehen nur eine eindimensionale Teilmenge im 2D Parameterraum. Oft finden die Konturverfolgungsverfahren keine inneren, vollständig umschlossenen Flächen, erkennen also nicht korrekt die topologischen Zusammenhänge. Sie können grundsätzlich nicht beurteilen, ob die markierten Flächen homogen oder gar maximal sind.

**Regionenorientierte** Verfahren arbeiten, wie der Name sagt, im Zweidimensionalen.
**Flächenwachstumsverfahren (region growing)** lassen kleine, homogene Saatregionen in allen Richtungen nach außen wachsen, solange das Homogenitätsprädikat ***P*** erfüllt bleibt /1//3/. Nach Besl /3/ bilden NxN Pixel große Nachbarschaften gleichen Krümmungstyps die Saatregionen. Die Regionen werden einer iterativen Ausgleichsrechnung variabler Ordnung unterzogen; das Wachstum endet, wenn selbst die Funktion maximaler Ordnung den zulässigen Ausgleichsfehler überschreitet. Regionen können sich überschneiden und miteinander verschmelzen. Der Rechenaufwand dieses Verfahrens ist sehr hoch; eine parallele Version fehlt. Die richtige Einstellung der Verfahrensparameter verlangt viel Erfahrung. Dieser bottom-up-Ansatz erzeugt schon bei "einfachen" Flächen komplizierte Berandungen, liefert andererseits hervorragende Ergebnisse gerade bei sehr komplexen Szenen.
**Split-and-Merge-Verfahren** unterteilen das Gesamtbild top-down solange, bis homogene Regionen entstehen, und fügen diese auf andere Weise wieder zusammen, solange sie homogen bleiben /6//15//16/. Sie schreiten vom Groben zum Feinen voran (Auflösungshierarchie!) und lassen sich gut parallelisieren. Meist wird eine starre Bildunterteilung (quadtree-Struktur) vorgegeben. Sie hat sich nach unseren Erfahrungen nicht bewährt, weil sie blind gegenüber den markanten, lageinvarianten geometrischen Konturmerkmalen ist. Heuristische Verschmelzungskriterien, z.B. kompakte Regionen zu bevorzugen, sind zu anwendungsabhängig /4/. Die wenigen konkreten Ergebnisberichte in der Literatur haben uns nicht wirklich überzeugt. Dennoch haben wir den split-and-merge-Ansatz wegen seines großen Potentials zum Ausgangspunkt unseres Verfahrens gemacht, wobei

sowohl die Teilungs- als auch die Verschmelzungsalgorithmen neu entwickelt werden mußten.
Dreieckszerlegungen (Triangulationen) im Parameterraum spielen bei unserem Verfahren eine wichtige Rolle. In diesem Punkt kann man von **Triangulationsverfahren** lernen /5//7/, z.B. der **Delaunay-Triangulation** /9//11/. Doch verfolgen diese ein anderes Ziel: eine Punktewolke durch einfache Volumenelemente, z.B. Tetraeder, zu approximieren, und nicht sie auf möglichst wenige Oberflächen zu reduzieren.

# 3 Der Flächenreduktionsalgorithmus

Eingabe des Segmentierungsverfahrens ist ein durch ein konvexes Polygon $<P_1,P_2,...,P_k>$ berandetes Gebiet $G \subseteq U \times V$.
Die Grundidee besteht darin, die Homogenität durch ein einfacheres, hinreichendes Prüfkriterium zu ersetzen. Entweder ist G schon nach diesem Kriterium homogen, bildet also eine einzige Fläche (**terminale Facette** genannt), oder es gibt einen **Teilungspunkt** TP innerhalb G, an dem die Inhomogenität maximal wird. In letzerem Fall zerlege man G in k 3-eckig berandete Teilgebiete $<P_1,P_2,TP>,...,<P_k,P_1,TP>$ und wende auf sie dasselbe Verfahren rekursiv an. Ergebnis sind **Flächen** und **Nachbarschaften** zu jedem Teilgebiet, also Lageangaben, an welchen Seiten der Teilgebiete und in welchen Bereichen die Flächen angrenzen. Zuletzt verschmelze man benachbarte Flächen über gemeinsame Gebietsgrenzen hinweg, wenn die resultierende Fläche homogen ist.
Der rekursive Algorithmus ist Grundlage für eine parallele Implementierung mit geografischer Verteilung (Kap. 5).
Für eine Sprache ohne dynamische Elemente wie OCCAM 2 ist eine nichtrekursive Formulierung geeigneter, die den Baum der Teilungs- und Verschmelzungsaufträge explizit repräsentiert und abarbeitet (Abb.2). In diesen allgemeinen Rahmen können unterschiedliche Kriterien, Verfahren und Strategien eingehängt werden:

- die Teilungskriterien und -verfahren (3.1-3.4)
- die Verschmelzungskriterien und -verfahren (3.5-3.6)
- die Abarbeitungsreihenfolgen bei der Teilung und Verschmelzung

Bei der Teilung gehen wir wie im rekursiven Algorithmus nach Tiefensuche vor. Auch Breitensuche oder eine Mischform kämen in Frage, mit möglichen Effizienzvorteilen. Die Verschmelzung könnte immer dann starten, wenn 2 Flächen mit gemeinsamer Berandung gefunden wurden. Wir aktivieren die Verschmelzung erst dann, wenn alle Unteraufträge eines Segmentierungsauftrages abgearbeitet sind (rechter Zweig im Algorithmus in Abb. 2).

## 3.1 Terminierungskontrolle und Teilungspunktwahl

Durch 3 Stützpunkte $P_1$, $P_2$, $P_3$ des Gebietes G mit linear unabhängigen Richtungsvektoren $\mathbf{p}_2-\mathbf{p}_1, \mathbf{p}_3-\mathbf{p}_1$ wird zuerst eine **Referenzebene E** definiert :

$$E:=\{\mathbf{x} \mid \mathbf{n}\cdot(\mathbf{x}-\mathbf{p}_1)=0\} \qquad \mathbf{n}:= (\mathbf{p}_2-\mathbf{p}_1)\times(\mathbf{p}_3-\mathbf{p}_1) \text{ Normalenvektor}$$

Stattdessen kann auch eine Ausgleichsebene E durch k>3 Stützpunkte $P_1, P_2,..., P_k$ berechnet werden. Existieren keine 3 linear unabhängigen Ortsvektoren, so heißt der Auftrag **singulär;** er kann dann nicht weiter bearbeitet werden und ist **terminal**. Für jeden Punkt $\mathbf{p}$ in G berechne man dessen Abstand von der Ebene im Bildraum $d(\underline{\mathbf{p}},E)$. Dies kann der Euklidische Abstand oder der Abstand in z-Richtung sein:

$$d(\underline{\mathbf{p}},\mathrm{E}) = \lambda \quad \Leftrightarrow \quad \underline{\mathbf{p}} + \lambda \cdot [0,0,1] \in E.$$

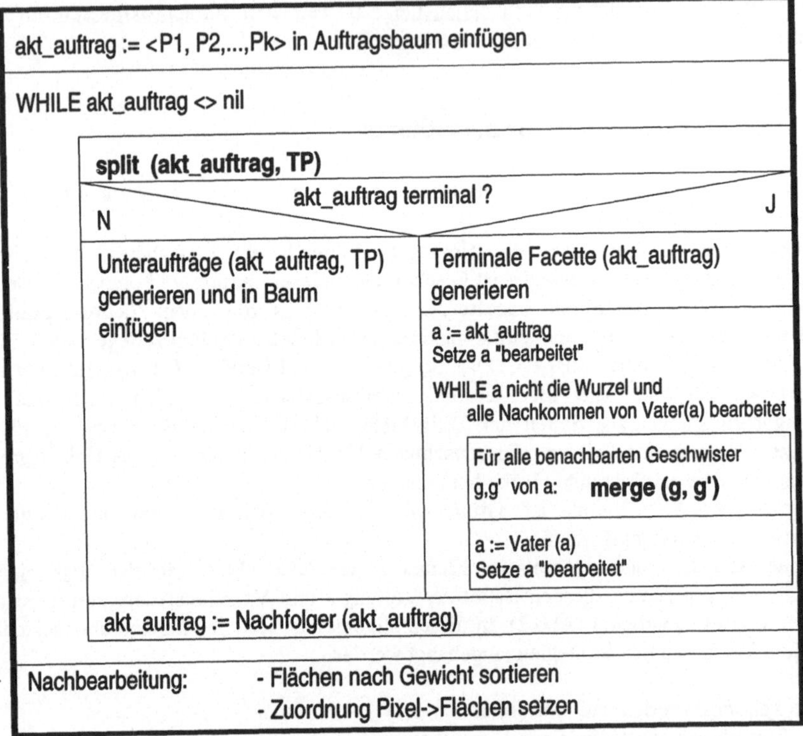


**Abb.2:** Struktogramm des split-and-merge-Algorithmus (nichtrekursive Form)

Liegt der Abstand aller Punkte unterhalb einer vorgegebenen Toleranzschwelle $\varepsilon$, so ist G eine annähernd ebene und homogene Fläche (**terminale Facette**). Andernfalls ist der Auftrag **nichtterminal**, und der Punkt TP mit maximalem Abstand wird **Teilungspunkt**.
Tatsächlich wird auch das Vorzeichen der Toleranzschwelle berücksichtigt: bei positiver [*negativer*] Reduktionstoleranz ist immer der Punkt mit maximalem positiven [*minimalem negativen*] Abstand der Teilungspunkt, sofern er außerhalb des Toleranzbandes liegt. Nur falls nicht, aber ein Punkt mit entgegengesetztem Abstandsvorzeichen existiert, wird das Toleranzvorzeichen umgekehrt. Bildlich gesprochen, legt man abwechselnd eine konvexe und konkave Hülle um die Meßpunkte, bis die Hülle überall genügend eng anliegt.

Mit $\quad d_{max}(G) := \max\limits_{\underline{\mathbf{p}} \in G} \; d(\underline{\mathbf{p}},E) \quad d_{min}(G) := \min\limits_{\underline{\mathbf{p}} \in G} \; d(\underline{\mathbf{p}},E)$

lauten die Terminierungs- und Teilungskriterien zusammengefaßt:

$$(terminal(G), TP, \varepsilon') = \begin{cases} (TRUE, -, \varepsilon) & falls \quad |d_{min}(G)| \leq |\varepsilon| \quad \wedge \quad |d_{max}(G)| \leq |\varepsilon| \\ (FALSE, P^+, \varepsilon) & falls \quad d_{max}(G) = d(P^+, E) > \varepsilon > 0 \\ (FALSE, P^-, -\varepsilon) & falls \quad d_{max}(G) \leq \varepsilon \quad \wedge \quad d_{min}(G) = d(P^-, E) < -\varepsilon < 0 \\ (FALSE, P^-, \varepsilon) & falls \quad d_{min}(G) = d(P^-, E) < \varepsilon < 0 \\ (FALSE, P^+, -\varepsilon) & falls \quad d_{min}(G) \geq \varepsilon \quad \wedge \quad d_{max}(G) = d(P^+, E) > -\varepsilon > 0 \end{cases}$$

Das Verfahren verallgemeinert ein bekanntes 2D Datenreduktionsschema, das rekursiv den maximalen Abstandsbetrag von einer Referenzgeraden auswertet. Doch reicht im Dreidimensionalen der Abstandsbetrag nicht mehr aus, um Körperecken effizient zu lokalisieren. Als Beispiel betrachte man ein Parallelepiped, z.B. Quader, auf einer ebenen Unterlage. Nimmt man nur den absoluten Abstand als Teilungskriterium, erhält man eine sägezahnartige Folge von Teilungspunkten, die abwechselnd auf bzw. am Fuß einer Quaderseite liegen. Bei vorzeichensensitivem Abstand erhält man direkt die Quaderecken als Teilungspunkte.
Da der Teilungspunkt im Innern des Gebietes liegt und kein Stützpunkt ist, nimmt die Zahl der inneren Meßpunkte pro Unterauftrag monoton ab und erreicht irgendwann 0. Das Verfahren endet also stets mit terminalen Facetten.
Um Abstände oder andere pixelorientierte Merkmale zu berechnen, werden effiziente Algorithmen eingesetzt, die alle Punkte innerhalb eines konvexen Polygons durchlaufen.

## 3.2 Randkontrolle

Normalerweise erzeugt ein nichtterminaler Auftrag mit k-seitigem Gebiet $<P_1, P_2, ..., P_k>$ k 3-seitige Unteraufträge $<P_i, P_{(i+1)\ mod\ k}, TP>$, i=1..k. Er heißt dann **vollständig**. Liegt der Teilungspunkt auf oder nahe der Seite $\overline{P_i P_{i+1}}$, so ist der zugehörige Unterauftrag singulär oder fast singulär (extrem spitzwinklig, schlecht konditioniert). Der Ausschluß solcher **Randaufträge** ist, neben numerischen Problemen, vor allem notwendig, um prinzipiell beliebig geformte Regionen zu erhalten.

***Satz:*** *Durch endlichmalige Teilung und Vereinigung vollständiger Aufträge entstehen stets einfach zusammenhängende Flächen (ohne Löcher).*

Bei endlichmaliger Teilung vollständiger Aufträge grenzt an jede Seite jedes Gebietes nur eine Fläche, und dies bleibt selbstverständlich auch bei Flächenverschmelzung so. Gäbe es eine Fläche F1, die ein Loch, also eine zweite Fläche F2 umschließt, so müßte ein Teilungsauftrag bzw. Gebiet mit einem Stützpunkt P1 in F1 und Teilungspunkt TP in F2 existieren. An die Seite (P1,TP) dieses Auftrags müßten also 2 verschiedene Flächen grenzen.
Ein Unterauftrag $<P_i, P_{i+1}, TP>$ heißt **Randauftrag**, wenn TP an $\overline{P_i P_{i+1}}$ sowohl absolut sehr nahe, als auch sehr viel näher als an den übrigen Seiten $\overline{P_j P_{j+1}}$ liegt. Andernfalls heißt er **Kernauftrag** ($d_P$ sei der Euklidische Abstand im 2D-Parameterraum):

$$\left| d_P(TP, \overline{P_i P_{i+1}}) \right| < d.min.r \quad \wedge \quad \frac{\left| d_P(TP, \overline{P_i P_{i+1}}) \right|}{\sum_{j=1}^{k} \left| d_P(TP, \overline{P_j P_{j+1}}) \right|} < d.min.rr$$

Nur Kern(unter)aufträge werden erzeugt und weiter bearbeitet. Liegt der Teilungspunkt auf dem i-ten Rand oder im i-ten Eckpunkt eines Gebietes, so werden nur k-1 oder k-2 Unteraufträge erzeugt. Zwei Unteraufträge grenzen dann an dieselbe Seite (Abb. 3 Mitte).

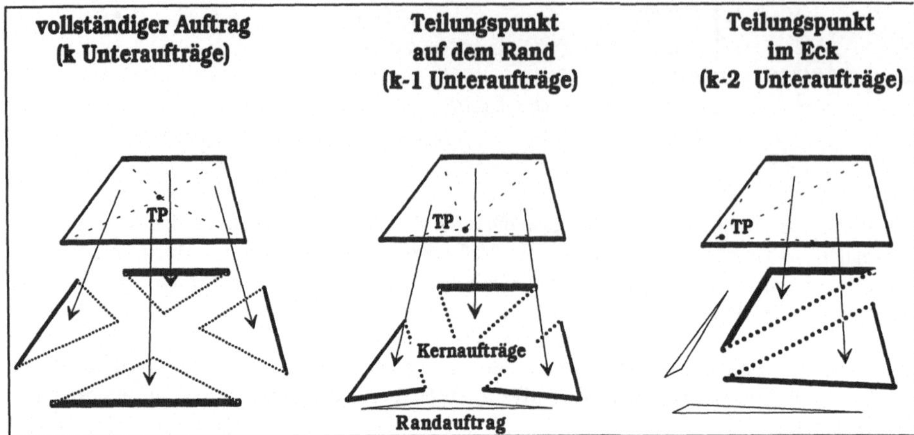


**Abb.3:** Kern- und Randaufträge

## 3.3 Qualitätskontrolle für Flächen

Der große Einfluß der Schwellwerte d.min.r und d.min.rr auf die Segmentierungsergebnisse unterstreicht die Bedeutung des Randkonzeptes. Eine Betrachtung der Extremfälle zeigt indes, daß Randkontrolle allein nicht ausreicht:

Ein ***schwaches***, dank hoher Schwellwerte leicht erfülltes Randkriterium führt zu nichtterminalen Aufträgen bzw. Facetten, die das Homogenitätskriterium verletzen, aber nicht weiter bearbeitet werden, weil alle Unteraufträge Randaufträge sind.

Ein ***strenges***, wegen niedriger Schwellwerte sehr selten erfülltes Randkriterium verfehlt seinen eigentlichen Zweck. Sukzessive Unterteilung liefert zunehmend spitzwinklige, irgendwann terminale Unteraufträge - spätestens wenn diese keine inneren Punkte mehr enthalten - aber nicht immer sinnvolle Oberflächen.

Die Folge der Teilungspunkte kann z.B. so konvergieren, daß unter anderem eine spitzwinklige terminale Facette senkrecht zur eigentlichen Körperoberfläche übrigbleibt, welche Meßpunkte verschiedener Regionen enthält, aber formal das Homogenitätskriterium erfüllt. Um solche Fälle zu erkennen, werden terminale Facetten einer Bewertung unterzogen. Die Bewertungszahl g.fac für terminale Facetten mißt

- die Punktdichte $\#p/F_{Bild}$ in Relation zur Punktdichte der übrigen Flächen

  ($\#p$: Zahl der Meßpunkte, ausgenommen Stützpunkte
  $F_{Bild}$: Flächeninhalt der Facette im Bildraum)

- die Homogenität, z.B. die Varianz der in der Fläche vorkommenden Krümmungswerte

$$\sigma_K^2(F) := \sum_{x \in tr(h_K(F))} (x-\bar{x})^2$$

$\bar{x}$ *Krümmungs – Mittelwert*
$h_K(F)$ *Krümmungshistogramm*
$tr(h_K(F))$ *Krümmungswertebereich*

Je größer die Punktdichte und je kleiner die Varianz, desto höher die Bewertungszahl und umso vertrauenswürdiger die Fläche.

Eine terminale Facette F heißt **solide**, falls mit einem Schwellwert *min.g.fac*>0

$$g.fac(F) := a_1 \frac{\# p}{F_{Bild}} - a_2 \sigma_K^2 \geq min.g.fac \qquad (a_1, a_2 \text{ Gewichte})$$

gilt, andernfalls **transpararent.**
Ein nichtterminaler Auftrag heißt **solide**, wenn er mindestens einen soliden Unterauftrag besitzt, andernfalls **transparent.**

Nur solide Facetten sind echte Flächen, erhalten Attribute und dürfen mit anderen soliden Facetten verschmolzen werden. Das kann über transparente Facetten hinweg erfolgen, sofern die Kriterien in 3.6 eine Verschmelzung zulassen. Die Flächennachbarschaftsrelation wird also dergestalt erweitert, daß zwischenliegende transparente Facetten ignoriert werden.

Facetten, die in der Praxis als transparent erkannt werden können, sind zum Beispiel
- unechte Flächen senkrecht zur Oberfläche
- Bereiche ohne gültige Meßwerte
- Flächen ohne innere Punkte (typisch: sehr kleine Regionen in verrauschten Bildern)
- Abschattungsflächen des Sensors /12/.

## 3.4 Qualitätskontrolle für Teilungspunkte

Ein ***niedriger*** Schwellwert für die Flächengüte erlaubt unsinnige Flächen, die zwischen anderen Flächen liegen, deren Verschmelzung sie verhindern.
Ein ***hoher*** Schwellwert hingegen läßt nur wenige, inselartige Flächen zu; das Bild wird unzusammenhängend.
Es fehlt noch ein Mechanismus, der solide Flächen nicht nur erkennt, sondern durch Optimierung des Teilungspunktes ihre Wahrscheinlichkeit erhöht. Jedem potentiellen Teilungspunkt TP wird ein Gütemaß *g.tp* zugeordnet, das
- den Abstand *d* von der Referenzebene (3.1)
- den kleinsten Winkel $\alpha^*$ in den entstehenden Unteraufträgen (Gebieten) im Parameterraum bewertet:

$$\alpha^* := \min_i \left\{ \angle\left(\overline{P_i P_{i+1}}, \overline{P_i TP}\right), \angle\left(\overline{TPP_i}, \overline{TPP_{i+1}}\right) \right\}$$

Ein großer Abstand bevorzugt prominente Körperecken; ein großer Winkel führt zu wohlproportionierten Unteraufträgen. Teilungspunkte, deren Wert von $\alpha^*$ unterhalb eines Schwellwertes *min.angle* liegt, werden abgelehnt.

$$g.tp(\alpha^*, d) = \begin{cases} \dfrac{\alpha^* - min.angle}{min.angle} \cdot \dfrac{max(|d|, |\varepsilon|)}{|\varepsilon|} & \alpha^* > min.angle \\ \dfrac{\alpha^* - min.angle}{min.angle} \cdot \dfrac{|\varepsilon|}{max(|d|, |\varepsilon|)} & \alpha^* \leq min.angle \end{cases}$$

Für jedes d gilt: $g.tp(\alpha^*, d) \geq 0 \Leftrightarrow \alpha^* \geq min.angle$

Für jedes $\alpha^*$ gilt: $g.tp(\alpha^*, d) \geq g.tp(\alpha^*, d') \Leftrightarrow |d| \geq |d'|$

(siehe Abb. 4)

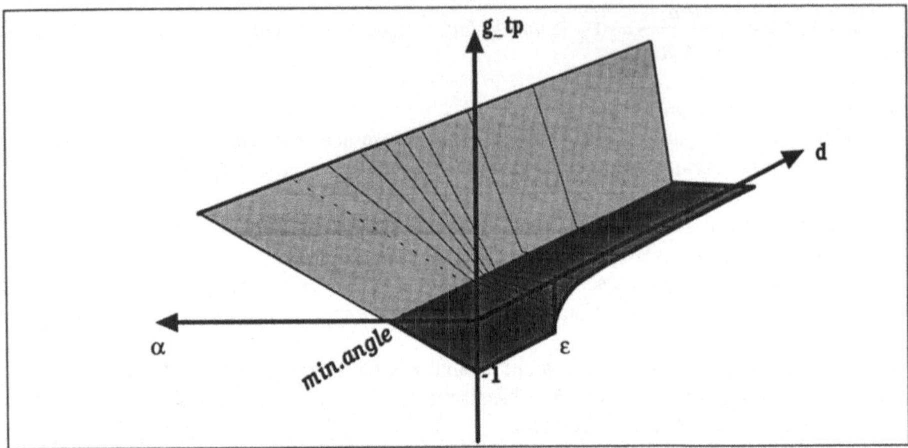


**Abb.4:** Gütefunktion für Teilungspunkte

Da eine Optimierung des Teilungspunktes über alle Meßpunkte relativ aufwendig ist, wurden einfachere Strategien verfolgt, unter denen sich die folgende bewährt hat:

- Falls das globale Abstandsmaximum nach Abschnitt 3.1 ein $g.tp>0$, also ein $\alpha^*>min.angle$ besitzt, so wird es als Teilungspunkt akzeptiert.
- Andernfalls ($g.tp<0$) werden die positiven und negativen Abstandsextrema auf allen Seiten des Auftrags ausgewertet und das Randmaximum mit dem besten $g.tp$ gewählt.
  Durch ein Randmaximum werden Randaufträge erzwungen; der Winkelwert $\alpha^*$ für die verbleibenden Kernaufträge verbessert sich i.a. gegenüber dem globalen Maximum.
- Ist auch der Gütewert des besten der 2k Randmaxima <0, wird der Teilungspunkt gewählt, der die längste Seite (wahlweise: den größten Winkel) halbiert.

## 3.5 Verschmelzungsverfahren

Die Segmentierung aller Teilgebiete eines Gebietes G liefert folgendes Ergebnis:

- eine Menge von Flächen mit ihren Berandungen
- eine Menge von Nachbarschaften: für jede Seite jedes Teilgebietes eine Liste der angrenzenden Flächen, geordnet nach Abschnitten im Parameterraum.

Die Flächenverschmelzung umfaßt folgende 3 Schritte:

1. Je zwei benachbarte, solide Unteraufträge gestatten allen Flächen die Verschmelzung über die gemeinsame Gebietsgrenze, die die Kriterien von 3.6 erfüllen.
2. Die Nachbarschaften der Teilgebiete werden an die Außengrenzen des Gesamtgebietes weitergegeben, und zwar über transparente Aufträge hinweg. Liegt der Teilungspunkt auf dem Rand wie in Abb. 3 Mitte, so werden zwei Nachbarschaften konkateniert.
3. Schließlich werden die Nachbarschaften des Gesamtgebietes aufgrund der stattgefundenen Flächenvereinigungen vereinfacht (komprimiert).

Es werden Methoden bereitgestellt, um alle wichtigen Flächenattribute (Berandung, Krümmungsverteilung, Flächeninhalt, -schwerpunkt,...) aus Teilflächenattributen zu berechnen. Die Berandung einer vereinigten Fläche, ein beliebiger geschlossener Polygonzug im Parameterraum, schließt außer den Teilflächen ggf. auch zwischenliegende transparente Facetten mit ein. Falls in der Berandung innere Zyklen oder "Sackgassen" entstanden sind, so werden diese entfernt. Wird eine Facette mit sich selbst verschmolzen, entstehen 2 Berandungen mit entgegengesetztem Umlaufsinn, eine äußere und eine innere.

Bei der Verschmelzung angrenzender Nachbarschaften in Schritt 1 wenden wir ein Reißverschlußverfahren an, das es erlaubt, dieselbe Fläche immer wieder zu vereinigen, wobei beliebig viele Löcher umschlossen werden können.

## 3.6 Verschmelzungskriterien

Im Prinzip sind die Bedingungen beliebig, unter denen 2 Flächen vereinigt werden dürfen. Z.B. könnte eine Anwendung es erfordern, daß eine Fläche eine vorgegebene Größe nicht überschreitet oder daß sie bestimmte Formeigenschaften erfüllt.
Anstelle solcher spezieller Bedingungen haben wir versucht, universelle Kriterien zu finden, welche Regionengrenzen liefern, die intuitiv die "groben visuellen Konturen" abbilden, ohne von anwendungsspezifischem Wissen abzuhängen.

2 Kandidatenflächen $F_1$, $F_2$ aus angrenzenden Teilgebieten $G_1$, $G_2$ sind gegeben durch

- die Abschnitte $[PA_1, PE_1]$, $[PE_1, PE_2]$ im Parameterraum, wo sie an der jeweiligen Gebietsgrenze liegen,
- eine Gerade g im Parameterraum, die $G_1$ und $G_2$ trennt.

Sie werden genau dann vereinigt, wenn folgende Voraussetzungen erfüllt sind.

(1) Sie besitzen einen signifikanten relativen Überlappungsbereich im Parameterraum

$$\frac{l\left(proj\left(\overline{PA_1PE_1},g\right) \cap proj\left(\overline{PA_2PE_2},g\right)\right)}{min\left(l\left(proj\left(\overline{PA_1PE_1},g\right)\right),\ l\left(proj\left(\overline{PA_2PE_2},g\right)\right)\right)} \geq min.ovlap$$

wobei: $l\left(proj\left(\overline{PA_{1[2]}PE_{1[2]}},g\right)\right)$: Länge der Projektion des Abschnitts $[PA_1, PE_1]$ bzw. $[PA_2, PE_2]$ auf g,

und überschreiten dabei einen maximalen Abstand *d.max.q* senkrecht zu g nicht.
Das Überlappkriterium stellt sicher, daß Flächen topologisch zusammenhängend bleiben.

(2) Der Überlappungsbereich bildet weder Sprungkante noch Dachkante. Also

$$\forall p_1 \in \overline{PA_1PE_1} \quad \forall p_2 \in \overline{PA_2PE_2}: \quad opp(p_1,p_2) \Rightarrow$$
$$d(p_1,E_2) \leq max.jump \quad \wedge \quad d(p_2,E_1) \leq max.jump \quad \wedge \quad \angle(\mathbf{n}_1,\mathbf{n}_2) \leq max.n.wi$$

Dabei sind $p_1, p_2$ die Randpunkte, die sich bezogen auf g direkt gegenüberliegen ($opp(p_1, p_2)$),
$E_1$ bzw. $E_2$ die Tangentialebenen der Oberfläche in den Punkten $p_1$bzw. $p_2$, und
$\mathbf{n}_1$ bzw. $\mathbf{n}_2$ die Normalenvektoren.

(3) Die Verteilungen der Krümmungswerte sind hinreichend ähnlich.

Während der Erfassung der Höhenprofile werden die Merkmale Gauß'sche Krümmung $K(u,v)$ und Mittlere Krümmung $H(u,v)$ sowie die 8 möglichen Vorzeichenkombinationen $L(u,v)$ ('label') für jeden Meßpunkt mitberechnet. Sie sind invariant unter Translation und Rotation der Oberfläche und unter Parameterabbildungen /3/. Für jede terminale Facette $F$ und jedes Merkmal werden Histogramme berechnet, also zum Beispiel $h_K(F_1)$, $h_K(F_2)$ für die Gauß'sche Krümmung $K$. Die Histogramme können bei einer Klasseneinteilung in c

Klassen auch als normierte Vektoren $\underline{v}_K(F_1)$, $\underline{v}_K(F_2) \in \Re^c$ augefaßt werden, deren Euklidischer Abstand einen Schwellwert $\varepsilon_K$ nicht überschreiten darf:

$$\left\| \underline{v}_K(F_1) - \underline{v}_K(F_2) \right\| \leq \varepsilon_K .$$

# 4 Ergebnisse und Erfahrungen

Das Verfahren wurde an einer breiten Palette dreidimensionaler Objekte und Szenen erprobt:

- ideale (simulierte) und reale (verrauschte) Szenen
- Szenen mit einem und mit mehreren Objekten
- polyedrische Objekte mit ebenen Facetten und harten Sprungkanten, aber auch Objekte mit gekrümmten Oberflächen und glatten Flächenübergängen
- Szenen mit und ohne Bildhintergrund, sowie Bereiche ohne gültige Meßpunkte.

Alle Meßpunkte werden durch eine Flächenidentität ergänzt und als Koordinatenfile an eine Silicon Graphics Workstation übertragen. Dort können sie unter dem Flächenrückführungssystem POMOS©™ off-line visualisiert werden /13/.

Abb.5 zeigt das Segmentierungsergebnis zu einem einfachen synthetischen Objekt, einem Kegelstumpf mit C(1)-stetig aufgesetzter Kugelkappe. Zwischen den Flächen 1 und 2 existieren keine Kanten; die Flächen sind nur dank der unterschiedlichen Krümmungstypen (ridge/peak) unterscheidbar. Daß die Fläche 2 keine runde, sondern eine eckige Berandung hat, liegt an verschiedenen Diskretisierungseinflüssen: der groben Auflösung (100x100 Pixel), der groben Reduktionstoleranz (5% der Objektausdehnung) und der lokalen Approximationstechnik bei der Krümmungsberechnung /3/.
In Abb.6 ist eine komplexere, ebenfalls synthetische Szene aus Häuserblocks mit Innenhöfen dargestellt. Hohe Sprungkanten bei grober Auflösung - die Breite des innersten Blocks beträgt nur 5 Pixel - stellen den Algorithmus vor besondere Herausforderungen. Es entstehen viele Randaufträge und transparente Facetten. Dennoch werden die topologischen Zusammenhänge korrekt wiedergegeben; die Hintergrundfläche etwa besitzt 3 Löcher, also 3 innere und eine äußere Berandung.

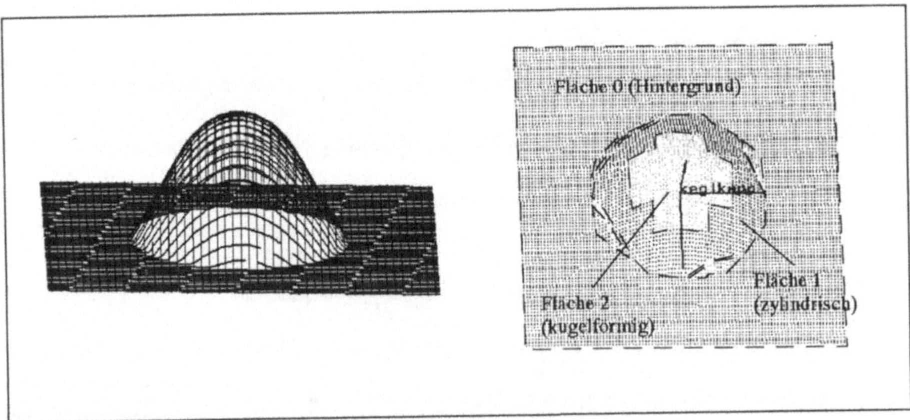


**Abb.5:** Kegelstumpf mit Kugelkappe (synthetisch, 100x100), Segmentierungsergebnis

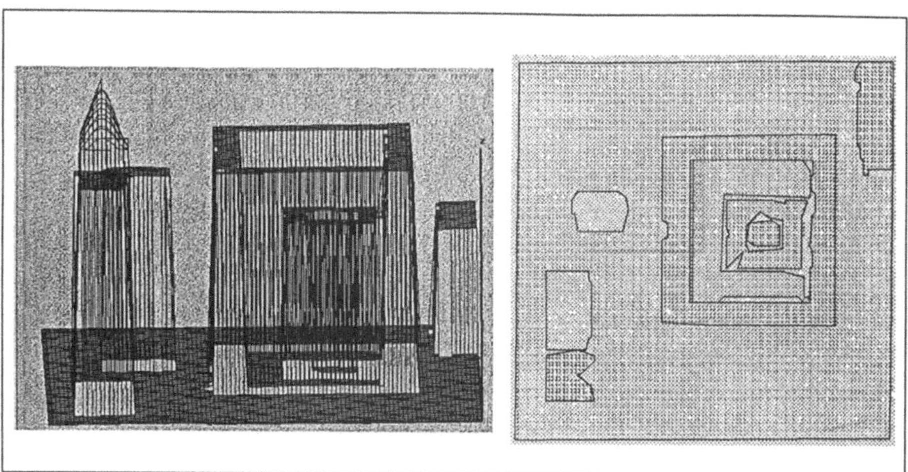

**Abb.6:** Hochhausszene (synthetisch, 100x100, Seitenansicht), Segmentierungsergebnis

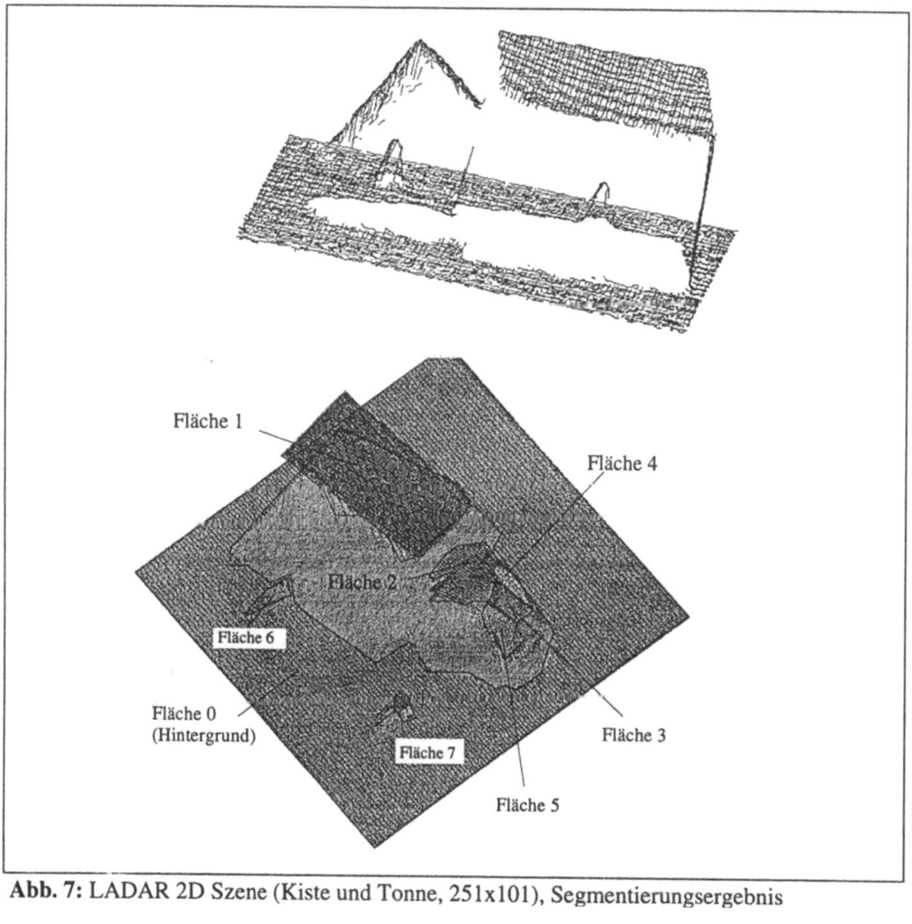

**Abb. 7:** LADAR 2D Szene (Kiste und Tonne, 251x101), Segmentierungsergebnis

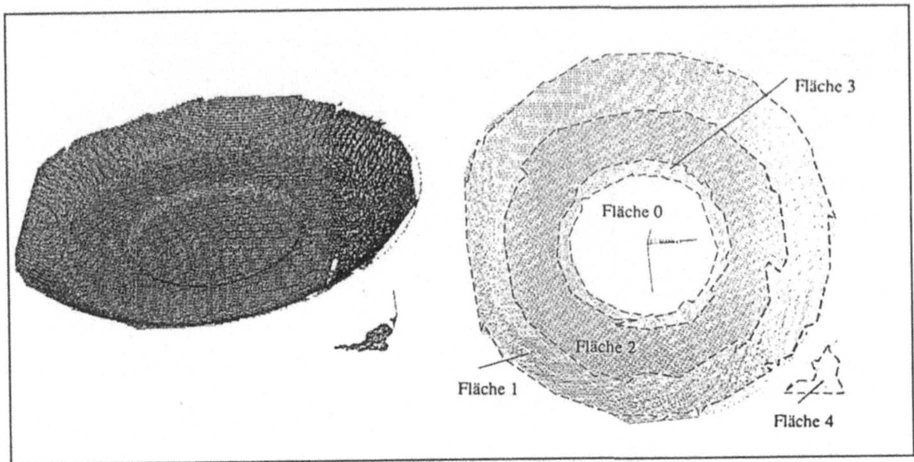


**Abb. 8:** Digitalisierte Untertasse (Quelle URW Hamburg, 247x177), Segmentierungsergebnis

Die Szene in Abb.7 wurde mit einem 2D Laserscanner (LADAR 2D /10/) von einem fahrenden Portalroboter aus senkrecht von oben aufgenommen. Auf einem ebenen Boden sind eine Kiste mit rauher Oberfläche, eine angelehnte zylindrische Tonne sowie Spannbolzen für Paletten (die kleinen Flächen 6 und 7) zu erkennen. Die großen Entfernungsmeßfehler ±30mm erfordern eine entsprechend grobe Reduktionstoleranz. Aufgrund des - trotz Filterung - hohen Rauschanteils sind die Krümmungstypen nur bedingt verwendbar. Die Unterschiede innerhalb einer Fläche sind teilweise größer als die zwischen verschiedenen Flächen, etwa einer ebenen und einer zylindrischen. Der Zylindermantel wird daher in mehrere Einzelflächen aufgespalten, die nicht vereinigt werden können. Die großen, hellen Bereiche mit sehr wenigen Meßpunkte sind Abschattungsflächen; ihnen hat der Algorithmus - korrekterweise - keine Flächennummer zugeordnet, da sie transparent sind.
Die Szene in Abb. 8 zeigt eine mit einer Koordinatenmeßmaschine digitalisierte Untertasse. Die Punktdichte ist hier größer und das Rauschen geringer als beim letzten Beispiel. Folglich kann die Objektstruktur - gekrümmter Rand, 2 konzentrische, annährend ebene Bodenflächen der Untertasse, getrennt durch einen schmalen ringförmigen Versatz - besser herausgearbeitet werden. In dieser Szene fehlt der Bildhintergund; es existieren große Bereiche ohne Meßpunkte.

Das Verfahren extrahiert die groben visuellen Konturen recht gut, erzeugt aber keine glatten, idealen Berandungen. Für die Objekterkennung ist dies akzeptabel, da nur globale, toleranzbehaftete Flächenattribute und -relationen benutzt werden. Wichtiger für ihr Funktionieren als die "Ästhetik" ist die Stabilität der Flächeneinteilung als solche.

Die Rechenzeiten betragen auf einem einzelnen T805 Prozessor zwischen 1 und 20 sec je nach Meßpunktanzahl und Komplexität der Szene. Dabei werden zwischen 35 und 1000 Teilungsaufträge bearbeitet.

Abschnitt 3 hat gezeigt, daß ein System von Schwellwerten das Verfahren steuert. Typische Werte, die gegenwärtig der Benutzer vorgibt, sind in Tab.1 aufgelistet. Es wurde aber noch keine Einstellung gefunden, die für alle Szenen gute Resultate liefert. Während einige Verfahrensparameter durch stabile Werte ersetzt und vom Benutzer verborgen werden können, sind andere sensibel. Das gilt besonders für die Reduktionstoleranz, den kleinsten spitzen Winkel oder die Randabstände. Eine kleinere Reduktionstoleranz verfeinert nicht immer die Regioneneinteilung. Schwellwerte, die der Klassifizierung dienen, z.B. in solide und transparente Flächen, ähnliche oder unähnliche Krümmungsverteilungen, sollten durch automatische, lernende Klassifikatoren ersetzt werden.

| *Parameter* | *Name* | *Wert* |
|---|---|---|
| Reduktionstoleranz (relativ) | $\varepsilon$ | 0.05 |
| Sprungkantenabstand (Vielfaches von $\varepsilon$) | *max.jump* | 2.0 |
| min.abs.Randabstand | *d.min.r* | 1.5 Pixel |
| min.rel. Randabstand | *d.min.rr* | 0.125 |
| max.Querabstand | *d.max.q* | 5 Pixel |
| min. rel. Überlapp | *min.ovlap* | 0.4 |
| max. Normalenvektor-winkel | *max.n.wi* | 20° |
| min.rel.Flächengüte | *min.g.fac* | 0.2 |
| min. spitzer Winkel | *min.angle* | 5° |
| max. Krümmungs-histogrammabstand | $\varepsilon_K$ | 0.75 |

**Tab.1**: Verfahrensparameter mit typischen Werten

# 5 Parallelisierung

**Geografische Verteilung** disjunkter Bildbereiche ist zunächst die erste Wahl bei globalen Operatoren wie der Segmentierung. Diese Methode führt zu einem niedrigen Verwaltungs- und Kommunikationsaufwand. Doch verbleiben größere serielle Problemanteile: zuerst wird die Unterteilung berechnet und zuletzt die Teilbilder verschmolzen. Eine starre Zerlegung in Teilbilder, z.B. Quadtree-Struktur, hat sich als ungeeignet herausgestellt. Sowohl eine starre als auch eine dynamische Unterteilung in k Bereiche verteilt die Arbeit ungleich auf genau k Prozessoren.

Eine beliebige Prozessormenge mit der vorhandenen Arbeit gleichmäßig auszulasten, wird besser durch **funktionelle Parallelisierung** erreicht. Die Gesamtoperation wird auf einfachere, unabhängige Teilfunktionen, statt auf Teilbilder, zurückgeführt. Zum Beispiel:

- Teilungspunkt bestimmen **(T)**
- Terminale Facette mit Attributen generieren **(G)**
- Angrenzende Nachbarschaften auf Vereinigungsmöglichkeiten prüfen **(N)**
- Flächen verschmelzen **(V)**

Der Auftragsbaum enthält nach Abb. 9 zu jedem Zeitpunkt

- einen erledigten Teil
- einen aktiven Teil mit parallel aktivierbaren Elementarfunktionen als Blattknoten, die über eine Auftragswarteschlange einer Menge von Arbeitsprozessoren zur Bearbeitung angeboten werden (Farmer-Worker-Konzept)
- einem noch unexpandierten Teil, der durch Rückmeldungen der Arbeitsprozessoren aktiviert wird.
  Die Rückmeldung "terminal" zum Teilungsauftrag T3.1 aktiviert z.B. den Auftrag G3.1 (terminale Facette generieren); die Rückmeldung zu Teilungsauftrag T2.2 mit Ergebnis "nichtterminal" spaltet 3 Unteraufträge T2.2.1, T2.2.2 und T2.2.3 ab, und die Erledigung des letzten Unterauftrags von 2.1 aktiviert den Auftrag N2.1, um die Nachbarschaften zu prüfen.

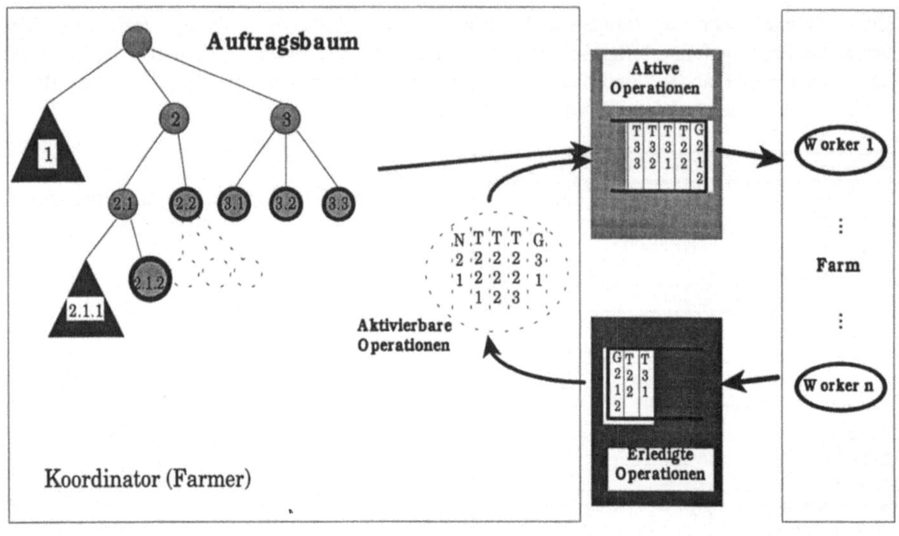


**Abb.9:** Funktionelle Verteilung

Anders als beim klassischen FW-Ansatz, erzeugt hier ein geschlossenes System seine Aufträge selbst. Es bildet sich keine stationäre Auftragsverteilung heraus:

1. Zu Beginn der Bildsegmentierung sind wenige Prozessoren nur mit großen Teilungsaufträgen ausgelastet. Die Auslastung können wir in dieser Phase verbessern, indem wir große Teilungsaufträge intern parallelisieren (das Abstandsmaximum in disjunkten Teilbildern berechnen).
2. Gegen Ende bearbeiten viele Prozessoren sehr kleine Aufträge, deren hohe Rückmeldungsrate den Koordinator (Farmer) selbst zum Engpaß macht.
   Die Bedienrate des Farmers ist weitgehend unabhängig von der Auftragsgröße:

   $$\mu_F = \frac{1}{c_F} \qquad c_F \quad \text{konstanter organisatorischer Aufwand}$$

   die der Arbeitsprozessoren nimmt mit der Auftragsgröße $n$ ab, wächst also mit der Baumtiefe:

   $$\mu_W = \frac{1}{c_W + f_W(n)} \qquad c_W \quad \text{konstante Bedienzeit}$$

   $f_W$ mit n wachsende Bedienzeit

   Um $|W|$ Arbeitsprozessoren voll auszulasten, ist eine Mindestauftragsgröße - die **Paketgröße** P - erforderlich, für die

   $$\frac{\mu_F}{|W| \cdot \mu_W} = \frac{c_W + f_W(P)}{|W| \cdot c_F} \geq K > 1 \qquad (K \text{ Sättigungsfaktor})$$

Der Farmer schaltet daher dynamisch zwischen funktioneller und geografischer Verteilung um: er zergliedert Segmentierungsaufträge in Elementaroperationen, solange diese mehr als P Meßpunkte umfassen, und delegiert komplette Segmentierungs-Unteraufträge an die Arbeitsprozessoren, sobald weniger als P Punkte übrigbleiben.

Abb. 10 zeigt Antwortzeitmessungen für verschiedene Transputerkonfigurationen, Paketgrößen, und Meßpunktanzahlen. Es wurde dabei ein einfacherer, aber in der Struktur identischer 2D Segmentierungsalgorithmus verwendet. Das Parallelisierungspotential kommt erst bei Paketgrößen ab etwa 200 zum Tragen. Mit nur einem einzigen Farmer tritt dennoch bei 4 Arbeitsprozessoren bereits Sättigung ein. Die Beschleunigung beträgt dann ca. 3 gegenüber einem sequentiellen Algorithmus ohne Verwaltungsaufwand auf einem einzigen T805 Transputer gleicher Leistung (20MHz).

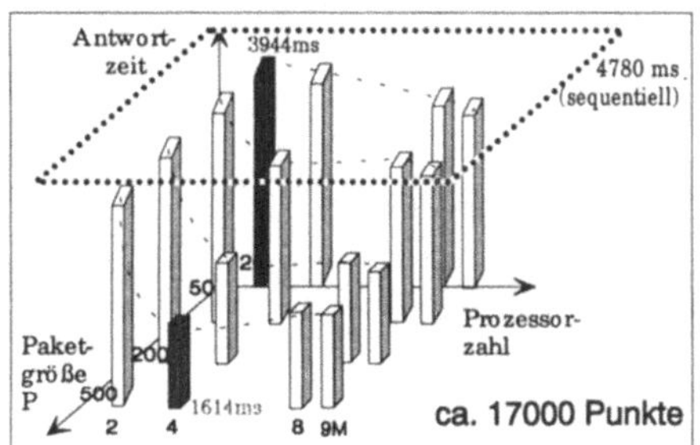


**Abb.10:** Antwortzeiten der Flächenreduktion bei verschiedenen Transputerkonfigurationen und Paketgrößen (1 Farmer)

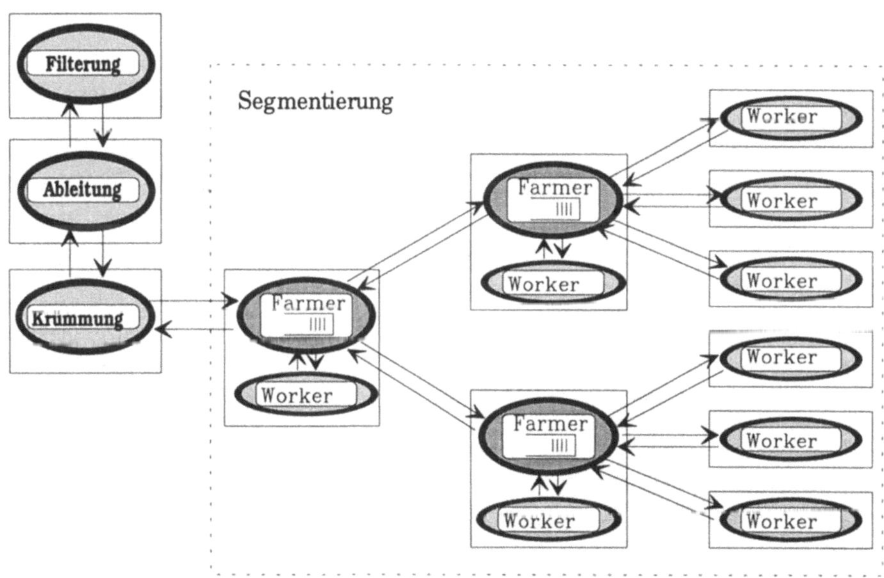


**Abb.11:** Hierarchische Farmer-Worker-Architektur zur Segmentierung, Konfiguration 9M (multitasking): auf jedem Prozessor mit Farmer befindet sich auch ein Arbeitsprozeß. Die Prozessoren zur Filterung und Krümmungsberechnung operieren im pipeline-Betrieb und verteilen die Daten zeilenweise an alle Segmentierungsrechner, bevor die Segmentierung des Gesamtbildes startet.

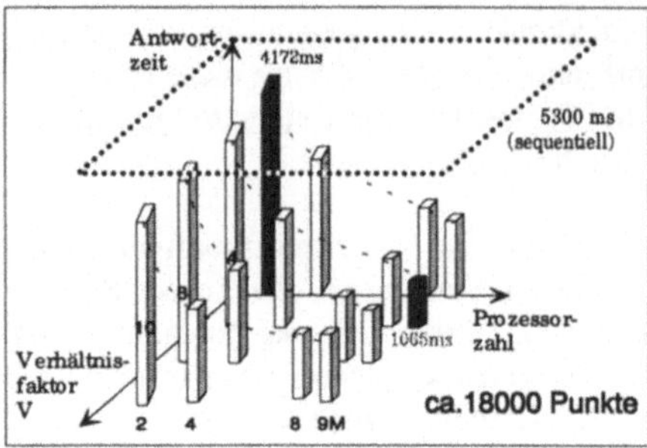


**Abb.12:** Antwortzeiten bei hierarchischem FW-Konzept

Eine weitere Beschleunigung ist durch eine hierarchische FW-Architektur zu erzielen (Abb. 11). Der Farmer übernimmt hier folgende Rollen:

(a) Komplette Segmentierungsaufräge delegieren
(b) Elementarfunktionen delegieren
(c) Kleinere Segmentierungsaufträge oder Elementarfunktionen selbst ausführen.

Nicht die absolute Auftragsgröße, sondern der Verhältnisfaktor

*v=Gesamtproblemgröße : Unterproblemgröße*

entscheidet hier, ob er Rolle (a) oder (b) spielt. Der Verhältnisfaktor macht das Konzept der flexiblen Verteilung auf beliebigen Hierarchiestufen anwendbar.
Die Beschleunigung erreicht hier ca. 5 bei 9 Arbeitsprozessoren (Abb. 12). Für größere Transputeranzahlen liegen uns noch keine Messungen vor.

# 6 Zusammenfassung und Ausblick

Die automatische Reduktion von Punktwolken zu kompakten Oberflächendarstellungen ist ein zentrales Problem der Entfernungsbildverarbeitung und besitzt weitreichende Anwendungen.
In diesem Beitrag wurde ein split-and-merge Algorithmus vorgestellt, der das Bild top-down durch Triangulation mit dynamischer Wahl des Teilungspunktes unterteilt. Neue Konzepte wie vorzeichensensitive Reduktionstoleranz, Kern- und Randaufträge, solide und transparente Facetten und Optimierung von Teilungspunkten wurden eingeführt, um ein praxistaugliches Verfahren zu erhalten.
Obwohl das Verfahren recht komplex ist und die globale und dynamische Teilungspunktwahl serielle Abhängigkeiten erzeugt, ist es gelungen, das Verfahren effektiv zu parallelisieren. Mit einer Mischung von funktioneller und geografischer Verteilung wurde ein Speedup von ca. 5 bei 9 Transputern bereits erreicht. Die hierarchische Farmer-Worker-Architektur verspricht eine Skalierbarkeit auch auf größere Transputernetze.

Weiterentwicklungen zielen in mehrere Richtungen:

- Es soll versucht werden, derzeit vom Benutzer einzustellende Schwellwerte in Zukunft durch automatische, lernende Klassifikatoren zu ersetzen, um den Algorithmus wirklich anwendungsunabhängig und robust zu machen.
- Eine on-line Animation soll die Entscheidungen und Ergebnisse des Algorithmus transparent machen, um zu kürzeren Test- und Experimentierzyklen zu kommen.

Leistungsfähige grafische Entwicklungs- und Visualisierungswerkzeuge der Bildverarbeitung, die im Workstation-Bereich schon Stand der Technik sind (z.B. AVS, KHOROS), fehlen in der Transputerwelt noch weitgehend.

- Während der hier vorgestellte Algorithmus auf kompletten Bildern operiert, erfordern Echtzeitanwendungen Verfahren, die aus Entfernungsdaten on-line, zeilenweise und inkrementell, segmentierte Bilder erzeugen.

## 7 Literatur


/1/ **Al-Hujazi E., Sood A.K.**, *Range Image Segmentation with Applications to Robot Bin-Picking Using Vacuum Gripper*, IEEE Trans. on Systems, Man, and Cybernetics, **20**(6), Nov. 1990, 1313-1325

/2/ **Azarm K., Bott W., Freyberger F., Glüer D., Horn J., Schmidt G.**, *Autonomiebausteine des mobilen Roboters MACROBE*, 9. Fachgespräch Autonome Mobile Systeme, München, Okt. 1993, 81-94

/3/ **Besl P.J.**, *Surfaces in range image understanding*, Springer Series in Perception Engineering, Ed. R.C.Jain, Springer Verlag, New York, 1988

/4/ **Beaulieu J.M., Boulanger P.**, *Segmentation of Range Images by Piecewise Approximation with Shape Constraints*, Computer Vision and Shape Recognition, Ed's A. Krzyzak, T.Kasvand, Ch.Y.Suen, World Scientific, 1989, 87-98

/5/ **Boissonat J.D.**, *Representation of Objects by Triangulating Points in 3-D Space*, 6th International Conf. on Pattern Recognition, München, 19.-22.10.1982, 830-832

/6/ **Boissonat J.D.**, *Geometric structures for three-dimensional shape representation*, ACM Transactions on Graphics **3**, Okt. 1984, 266-286

/7/ **Choi B.K.**, *Surface Modeling for CAD/CAM*, Elsevier, Amsterdam, 1991

/8/ **Fan T.J.**, *Describing and recognizing 3-D objects using surface properties*, Springer Verlag, New York, 1990

/9/ **Fua P., Sander P.**, *Segmenting Unstructured 3D Points into Surfaces*, 2nd European Conference on Computer Vision, Sta. Margherita, Italien, Mai 1992. In: LNCS 588, Ed. G.Sanchini, 676-680

/10/ **IBEO** Lasertechnik, *LADAR 2D, 2D LINEAR, 3D*, Interne Firmenschrift, Hamburg, 1990

/11/ **Joe B.**, *Construction of three-dimensional Delaunay triangulations using local transformations*, Computer Aided Geometric Design **8**(2), 1991, 123-142

/12/ **Kohlhepp P.**, *Oberflächendarstellung zur Repräsentation und Erkennung von Objekten aus Abstandsbildern*, KfK-Bericht Nr.5167, Kernforschungszentrum Karlsruhe, Feb. 1993

/13/ **Lawo M., Häfele K.H., Müller S.**, *3-D-Punktmessung mit Industrierobotern zur Modellierung von Freiformflächenmodellen*, Fachtagung Industrieroboter messen und prüfen, Köln, 12.-13.11.1991, VDI Bericht 921, 205-214

/14/ **Li S.Z.**, *Object recognition from range data prior to segmentation*, Image and Vision Computing **10**(8), Okt.1992, 566-576

/15/ **Samet H., Tamminen M.**, *Computing Geometric Properties of Images Represented by Linear Quadtrees*, IEEE Trans.Pattern Anal. Mach. Intell. PAMI **7**(2), 1985, 229-240

/16/ **Taylor R.W., Savini M., Reeves A.P.**, *Fast Segmentation of Range Imagery into Planar Regions*, Computer Vision, Graphics, and Image Processing **45**, 1989, 42-60

# Parallelverarbeitende dreidimensionale Oberflächenrekonstruktion

**V. David Sánchez A.**
Deutsche Forschungsanstalt für Luft- und Raumfahrt
Institut für Robotik und Systemdynamik
D-82230 Weßling

## Zusammenfassung

Das Problem der dreidimensionalen Oberflächenrekonstruktion wird behandelt. Zunächst wird das Problem formuliert und ein Lösungsansatz mittels eines Variationsproblems wird angegeben. Anschließend werden iterative Lösungsverfahren linearer Gleichungssysteme auf Parallelrechnern beschrieben, da sie zur numerischen Lösung erforderlich sind. Die Ergebnisse eines Fallbeispieles werden dann vorgestellt. Dazu wird ein äquivalentes Energiemodell der Aufgabenstellung aufgebaut, das dazugehörige kontinuierliche Variationsproblem wird aufgestellt und anschließend wird es mit Hilfe der Finite-Elemente-Methode diskretisiert. Eine Lösung des enstandenen linearen Gleichungssystems wird mit Hilfe einer Parallelimplementierung des relaxierten Gauß-Seidel-Verfahrens (SOR) bestimmt.

## 1 Einleitung

Im allgemeinen gibt es für dreidimensionale Körper zwei Repräsentationsformen: Oberflächen- und Volumen-Repräsentation. Beim Problem der Oberflächenrekonstruktion wird die erste Repräsentationsform zugrundegelegt. Die Oberflächenrepräsentation kann explizit, implizit oder parametrisch sein [4]. Die explizite Repräsentation ist der Graph einer Funkton zweier Veränderlichen. Die implizite Repräsentation wird mit Hilfe folgender Funktion angegeben: $f: R^3 \rightarrow R$, $f(x,y,z) =$ Konstante. $(x,y,z)$ sind die Koordinaten der Punkte $P$ auf der Oberfläche. Die parametrische Repräsentation wird folgendermaßen angegeben: $P = (x(s,t), y(s,t), z(s,t))$, $s,t$ sind die Parameter. In diesem Beitrag werden lediglich Methoden zur Rekonstruktion der expliziten Form einer Oberfläche behandelt.

Allgemeine Grundlagen über Oberflächenrekonstruktionsverfahren können z.B. in [3,20,4,24] nachgelesen werden. Parallelalgorithmen für das SOR-Verfahren werden in [13,14] diskutiert. In [19] wurden zur Oberflächenrekonstruktion hierarchische Basisfunktionen und die Methode der konjugierten Gradienten eingesetzt. Über eine Parallelimplementation wurde in [5] berichtet.

Zwei Einsatzgebiete dieser Rekonstruktionsverfahren in der Robotik sind die Objekterkennung im Rahmen von Manipulationsaufgaben und die Geländemodellierung im Rahmen von Navigationsaufgaben eines Autonomen Mobilen Robotersystems. Im Abschnitt 2 wird das Problem formuliert und ein Lösungsansatz mittels eines Variationsproblems wird angegeben. Abschnitt 3 beschreibt iterative Lösungsverfahren linearer Gleichungssysteme auf Parallelrechnern und Abschnitt 4 stellt die Ergebnisse eines Fallbeispieles vor.

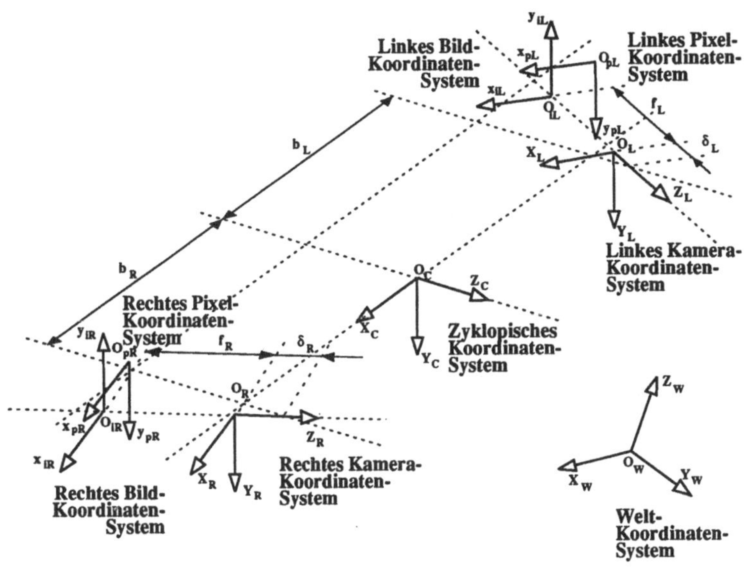


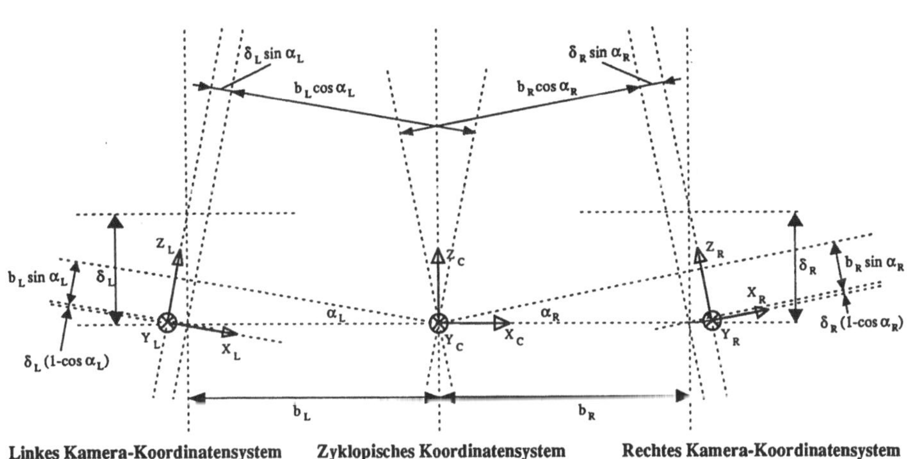


Abbildung 1: Stereokameramodell

# 2 Dreidimensionale Oberflächenrekonstruktion

## 2.1 Problemformulierung

Gegeben ist eine Menge $\{P_i = (x_i, y_i, z_i), i = 1, \cdots n\} \subset R^3$ spärlich verteilter Meßdaten, $(x_i, y_i) \in \Omega \subset R^2$, $\Omega$ ist eine Referenzfläche. Solch eine Menge liegt z.B. vor, wenn Stereobildverarbeitungsverfahren, wie die in [16] beschriebene Verfahren, auf einem Stereobildpaar angewendet worden sind und mit Hilfe der Parameter eines kalibrierten Stereokamerasystems[1] aus den Pixelwerten einzelner zugeordneten Punkte $P_i$, $(x_{iL}, y_{iL}), (x_{iR}, y_{iR})$ jeweils für linke und rechte Kamera, die $X-$, $Y-$ und $Z-$Koordinaten der Punkte $P_i$ zurückgewonnen worden sind. Das zyklopische Koordinatensystem (vgl. Abbildung 1) kann als Referenzkoordinatensystem in diesem Fall angenommen werden.

Gesucht wird eine Funktion $z = v(x, y)$, $\forall (x, y) \in \Omega$, die die vorgegebenen Entfernungsdaten möglichst optimal und kontinuierlich approximiert unter Berücksichtigung der vorgegebenen Tiefen- und Orientierungsunstetigkeiten. In der numerischen Lösung liegen meistens lediglich diskrete Werte für $(x_i, y_i) \in \Omega$ vor. Deshalb läßt sich auch sagen, daß die Menge $\{P_i = (x_i, y_i, z_i), \forall (x_i, y_i) \in \Omega, z_i = v(x_i, y_i)\}$ dicht verteilter Entfernungswerte gebildet wird. Es handelt sich also um die Approximation einer Funktion zweier Veränderlichen, die bekanntlich ein Inversproblem darstellt. Abbildung 2 zeigt ein Beispiel einer idealen Rekonstruktion.

## 2.2 Lösungsansatz als Variationsproblem

Die Lösung des oben gestellten Approximationsproblems kann folgendermaßen angesetzt werden:

$$\text{Suche } u : \mathcal{E}(u) = \inf_{v \in \mathcal{H}} \mathcal{E}(v) \qquad (1)$$

$$\mathcal{E}(v) = \mathcal{S}(v) + \mathcal{P}(v) \qquad (2)$$

$\mathcal{H}$ ist der Raum der möglichen Lösungen. $\mathcal{S}$ ist ein Regularisierungs-Funktional. $\mathcal{P}$ ist ein Straf-Funktional, das die Abweichung zwischen Meßdaten und der Funktion $v(x, y)$ mißt.

Um das ursprünglich gestellte Inversproblem zu regularisieren, werden für Rekonstruktionsprobleme stellvertretend für eine Problemklasse im Bereich des Rechnersehens Funktionale eingeführt, die die Stetigkeitsanforderungen in das zu minimierende Funktional $\mathcal{E}(v)$ integrieren. Für Funktionen $v : R^2 \to R$, Elemente des Sobolevraumes $\mathcal{H}^m(R^2)$, wurden auf dem Gebiet der multivariaten Spline-Approximation folgende Funktionale[2] vorgeschlagen:

$$|v|_m^2 = \int\int_{R^2} \sum_{i=0}^{m} \binom{m}{i} \left(\frac{\partial^m v}{\partial x^i \partial y^{m-i}}\right)^2 dx dy \qquad (3)$$

Um Unstetigkeiten miterfassen zu können wurden Funktionale mit kontrollierter Stetigkeit eingeführt [20,12]. Im Abschnitt 4 werden explizit für einen Fallbeispiel ausführliche Ausdrücke angegeben. Ebenfalls wird dort für die numerische Behandlung die Überführung des ursprünglichen Lösungsansatzes auf die Lösung eines linearen Gleichungssystems beschrieben. Zunächst wird deshalb eine Auswahl iterativer Methoden zur Lösung linearer Gleichungssysteme auf Parallelrechnern zusammenfaßend dargestellt.

---

[1] Das kann mit Hilfe eines dazugehörigen Stereokamerasystems und herkömmlicher Kalibrierverfahren erzielt werden.

[2] Solche Funktionale stellen das Quadrat von Seminormen dar. Die Angabe hier erfolgt für den zweidimensionalen Fall.

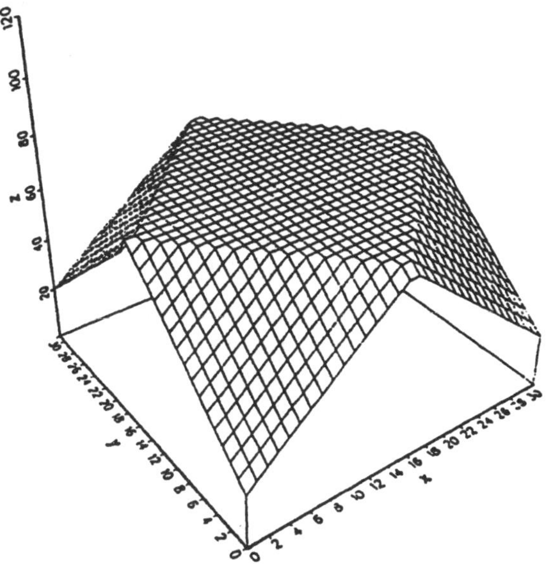


Abbildung 2: Ideale Oberflächenrekonstruktion

# 3 Iterative Lösung linearer Gleichungssysteme auf Parallelrechnern

Für $A \in R^{m \times n}, \vec{x} \in R^n, \vec{b} \in R^m$, wird das folgende lineare Gleichungssystem definiert:

$$A \cdot \vec{x} = \vec{b} \tag{4}$$

Zwei Klassen von Lösungsverfahren für lineare Gleichungssysteme sind:

- Direkte Verfahren: liefern abgesehen von Rundungsfehlern die exakte Lösung. Dazu gehören u.a. der Gaußsche Algorithmus, das Gauß-Jordan-Verfahren, das Cholesky-Verfahren, Verfahren für Systeme mit Bandmatrizen und die Methode des Pivotisierens. Bei schlecht konditionierten Systemen kann die mit einem direkten Verfahren ermittelte Näherungslösung iterativ verbessert werden.
- Iterative Verfahren: schrittweise verbessern eine vorgegebene Lösungsnäherung (Startvektor). Dazu gehören u.a. das Gesamtschrittverfahren, das Einzelschrittverfahren, die Relaxationsverfahren und die Methode der konjugierten Gradienten.

Weitere Klassen von Lösungsverfahren für lineare Gleichungssysteme sind die Mehrgitterverfahren und die Gebietszerlegungsmethoden. Nachfolgend werden die iterativen Lösungsverfahren zusammengefaßt und ihre Parallelisierungsmöglichkeiten werden besprochen.

## 3.1 Iterative Lösungsverfahren

### 3.1.1 Gesamtschritt-, Einzelschritt- und Relaxationsverfahren

Das lineare Gleichungssystem $A \cdot \vec{x} = \vec{b}, A \in R^{n \times n}$, regulär, $\vec{x}, \vec{b} \in R^n$ läßt sich in seine Fixpunktform überführen: $\vec{x} = T \cdot \vec{x} + \vec{c}$. Auf dieser Basis und bei vorgegebener Ausgangsnäherung $\vec{x}^0$ läßt sich der Iterationsschritt dieser Verfahren folgendermaßen ausdrücken:

Table 1: Iterationsmatrix und Konstantenvektor einzelner iterativer Verfahren

| Verfahren $\rightarrow$ | JOR (Jacobi für $\omega = 1$) | SOR (Gauß-Seidel für $\omega = 1$) |
|---|---|---|
| Iterationsmatrix $T$ | $(1-\omega)\cdot I + \omega \cdot D^{-1}\cdot(L+U)$ | $(D-\omega\cdot L)^{-1}[(1-\omega)\cdot D + \omega\cdot U]$ |
| Konstantenvektor $\vec{c}$ | $\omega \cdot D^{-1}\cdot\vec{b}$ | $\omega\cdot(D-\omega\cdot L)^{-1}\cdot\vec{b}$ |

$$\vec{x}_{k+1} = T\cdot\vec{x}_k + \vec{c}, \quad k \in N^0 \tag{5}$$

Tabelle 1 faßt die Ausdrücke der Iterationsmatrix $T \in R^{n\times n}$ und des Konstantenvektors $\vec{c} \in R^n$ einzelner iterativer Verfahren zusammen. Dabei wurde folgende Zerlegung zugrundegelegt: $A = D - L - U$, $D, L, U \in R^{n\times n}, D = \text{Diag}(a_{ii})$, regulär, $L$ ist eine strikt untere Dreieckmatrix, $U$ ist eine strikt obere Dreieckmatrix. Im einzelnen handelt es sich um folgende Verfahren:

1. Das JOR-Verfahren (engl.:*Jacobi-Over-Relaxation*).
2. Für $\omega = 1$ erhält man beim JOR-Verfahren das Jacobi-Verfahren (auch J-Verfahren oder Gesamtschrittverfahren genannt).
3. Das SOR-Verfahren (engl.:*Successive-Over-Relaxation*).
4. Für $\omega = 1$ erhält man beim SOR-Verfahren das Gauß-Seidel-Verfahren (auch Einzelschrittverfahren genannt).

Bei den relaxierten Versionen der Verfahren (JOR, SOR), auch Relaxationsverfahren genannt, stellt $\omega$ der Relaxationsparameter dar, der zur Konvergenzbeschleunigung eingeführt wird. Ein Maß für die Konvergenzgeschwindigkeit (auch Konvergenzrate genannt) des Iterationsverfahrens nach Gl.(5) ist der Spektralradius der Iterationsmatrix: $\rho(T) = \max\{|\lambda|/\lambda$ ist Eigenwert von $T\}$.

Die Konvergenz des Iterationsverfahrens nach Gl.(5) (d.h. der erzeugten Folge $\{\vec{x}_k\}$) gegen einen eindeutigen Vektor $\vec{x}^*$, d.h. $\lim_{k\to\infty}\vec{x}_k = \vec{x}^*$, $\vec{x}^* = T\cdot\vec{x}^* + \vec{c}$, ist äquivalent zu: $\rho(T) < 1$. Ein Iterationsverfahren konvergiert umso schneller, je kleiner sein Spektralradius $\rho(T)$ ausfällt. Weitere Maße für die Konvergenzgeschwindigkeit eines Iterationsverfahrens sind die mittlere Konvergenzgeschwindigkeit: $R_n(T) = -\frac{1}{n}\cdot\log_{10}||T^n||$ und die asymptotische Konvergenzgeschwindigkeit $R(T) = \lim_{n\to\infty} R_n(T) = -\log_{10}\rho(T)$.

### 3.1.2 Die Methode der konjugierten Gradienten

Für $A \in R^{n\times n}$, symmetrisch (d.h. $A = A^T$), positiv definit (d.h. $\vec{x}^T\cdot A\cdot\vec{x} > 0, \forall\vec{x} \in R^n$), ist die Lösung des linearen Gleichungssystems $A\cdot\vec{x} = \vec{b}$ das Minimum der quadratischen Funktion $F(\vec{x}) = \frac{1}{2}\cdot\vec{x}^T\cdot A\cdot\vec{x} - \vec{x}^T\cdot\vec{b}$. Diese Aussage läßt sich mit Hilfe der Ausdrücke des Gradientes: $G(\vec{x}) = \nabla F = A\cdot\vec{x} - \vec{b} = 0$ und der Hessematrix $H(\vec{x}) = A$, positiv definit, beweisen.

Zwei Vektoren $\vec{0} \neq \vec{p}_i, \vec{p}_j \in R^n$ heißen konjugiert oder $A$-orthogonal für $A \in R^n$, positiv definit, wenn $(\vec{p}_i)^T\cdot A \;\; \vec{p}_j = 0$. Bei vorgegebenem Startvektor $\vec{x}_0$ werden $\vec{p}_0 = \vec{r}_0 = \vec{b} - A\cdot\vec{x}_0$ initialisiert. Eine verbreitete Version der Methode der konjugierten Gradienten basiert auf folgender Iteration ($k \in N^0$):

$$\alpha_k = \frac{(\vec{r}_k)^T\cdot\vec{r}_k}{(\vec{p}_k)^T\cdot A\cdot\vec{p}_k} \tag{6}$$

$$\vec{x}_{k+1} = \vec{x}_k + \alpha_k\cdot\vec{p}_k \tag{7}$$

$$\vec{r}_{k+1} = \vec{r}_k - \alpha_k\cdot A\cdot\vec{p}_k \tag{8}$$

$$\vec{p}_{k+1} = \vec{r}_{k+1} + \frac{(\vec{r}_{k+1})^T\cdot\vec{r}_{k+1}}{(\vec{r}_k)^T\cdot\vec{r}_k}\cdot\vec{p}_k \tag{9}$$

Theoretisch liefert die Methode der konjugierten Gradienten die Lösung eines linearen Gleichungssystems mit $\vec{x} \in R^n$ in höchstens $n$ Schritten. Die Richtungsvektoren $\vec{p}_k$ sind paarweise konjugiert, die Residuenvektoren $\vec{r}_k$ bilden ein Orthogonalsystem und $\vec{x}_{k+1}$ minimiert $F(\vec{x}_k + \alpha_k \cdot \vec{p}_k)$ lokal bzgl. $\alpha_k$ ausgehend von $\vec{x}_k$ in Richtung $\vec{p}_k$.

Eine Verbesserung der Konvergenzeigenschaften der Methode der konjugierten Gradienten wird durch Vorkonditionierung, d.h. durch Reduktion der Konditionszahl $\kappa(A)$, erreicht, indem $A \cdot \vec{x} = \vec{b}$ in folgende äquivalente Form überführt wird:

$$A' \cdot \vec{x}' = \vec{b}' \tag{10}$$

$$A' = C^{-1} \cdot A \cdot (C^{-1})^T, \; \vec{x}' = C^T \cdot \vec{x}, \; \vec{b}' = C^{-1} \cdot \vec{b} \tag{11}$$

$$\kappa(A') < \kappa(A), \quad \text{bei geeigneter Wahl von } C \tag{12}$$

Die Vorkonditionierungsmatrix $M = C \cdot C^T$ ist auch symmetrisch, positiv definit. Mit Hilfe folgender Norm: $||E(\vec{x})||_A = (\vec{x} - \vec{x}^*)^T \cdot A \cdot (\vec{x} - \vec{x}^*)$, mit $\vec{x}^*$ Lösung von $A \cdot \vec{x} = \vec{b}$ wird eine Konvergenzabschätzung der Methode der konjugierten Gradienten durch folgende Ausdrücke angegeben:

$$\frac{||E(\vec{x}_k)||_A}{||E(\vec{x}_0)||_A} \leq 2 \cdot \left( \frac{\sqrt{\kappa(A)} - 1}{\sqrt{\kappa(A)} + 1} \right)^k \tag{13}$$

$$\frac{||E(\vec{x}_k)||_A}{||E(\vec{x}_0)||_A} \leq \varepsilon \;\Rightarrow\; k \leq \frac{1}{2} \cdot \sqrt{\kappa(A)} \cdot \ln(\frac{2}{\varepsilon}) + 1 \tag{14}$$

Die Methode der konjugierten Gradienten gehört zu den Krylow-Unterraum-Methoden. Eine Darstellung über den aktuellen Stand kann [7] entnommen werden. Der Einfluß von Rundungsfehlern auf die Konvergenzeigenschaften der Methode der konjugierten Gradienten wird z.B. in [15] behandelt.

Für eine weiterführende Darstellung der Methoden können z.B. [22,23,21,9,18] nachgeschlagen werden. Einige numerische Algorithmen auf Transputersystemen sind in [1] enthalten.

## 3.2 Parallelisierung

### 3.2.1 Klassische Iterationsverfahren

Zu den klassischen iterativen Methoden gehören folgende Verfahren: das Jacobi Verfahren, das Gauß-Seidel-Verfahren, das relaxierte Jacobi Verfahren (JOR), das relaxierte Gauß-Seidel-Verfahren (SOR) und die Richardson Methode. Alle können auf Parallelrechnern implementiert werden, wobei Gauß-Seidel-Verfahren i.a. als nicht ideal geeignet für Parallelisierung gelten, insbesondere für vollbesetzte Matrix $A$. Die nachfolgenden Betrachtungen konzentrieren sich auf den Fall der vollbesetzten Matrizen $A$ bei JOR- und SOR-Verfahren. Diese Verfahren werden folgendermaßen dargestellt:

$$D_\omega \cdot \vec{x}_{k+1} = B_\omega \cdot \vec{x}_k + \vec{b} \tag{15}$$

Das JOR-Verfahren läßt sich aus Tabelle 1 nach Umformung in der Form der Gl.(15) ausdrücken mit $B_\omega = (L+U) + \frac{1-\omega}{\omega} \cdot D$ ($B_\omega = (b_{ij})_{1 \leq i,j \leq n}, i \neq j : b_{ij} = -a_{ij}, b_{ii} = \frac{1-\omega}{\omega} \cdot a_{ii}$) und $D_\omega = \frac{D}{\omega}$. Die auszuführenden Operationen sind deshalb: Matrix-Vektor-Multiplikation $B_\omega \cdot \vec{x}_k$, Vektor-Addition $B_\omega \cdot \vec{x}_k + \vec{b}$ und Vektor-Multiplikation $\alpha_i \cdot (B_\omega \cdot \vec{x}_k + \vec{b})_i$, mit $\alpha_i = \frac{\omega}{a_{ii}}, i = 1, \cdots, n$ ($A = (a_{ij})_{1 \leq i,j \leq n}$). Die Parallelisierung der zwei letzten Operationen ist offensichtlich. Parallelisierungsmethoden für Matrix-Vektor-Multiplikation können z.B. [2,8] entnommen werden.

Für das Jacobi-Verfahren (für $\omega = 1$) sind die Diagonalelemente von $B_\omega$ Nullen, was zu einer gesonderten Ausführung der Matrix-Vektor-Multiplikation (Aufspaltung) führt. Nach jeder Iteration $k$ wird jedem Prozessor die notwendigen Komponenten der Iterationsergebnisse mitgeteilt.

Das SOR-Verfahren läßt sich aus Tabelle 1 nach Umformung in der Form der Gl.(15) ausdrücken mit $B_\omega = U + \frac{1-\omega}{\omega} \cdot D$ und $D_\omega = \frac{D}{\omega} - L$. Nachfolgend wird die Parallelisierung der $ji$–Form des SOR-Algorithmus besprochen, die effizienter als die $ij$–Form sein dürfte und die zeilenweise Abspeicherung der Matrix $B_\omega$ auf den Prozessoren voraussetzt [8]. Folgende Zwischenwerte $t_i^{j,k}$ für Iterationsschritt $k$ und Zeile $0 \leq j \leq n, 1 \leq i \leq n$ werden definiert[3]:

$$t_i^{j,k} := \begin{cases} b_i + \sum_{l=i}^{j} b_{il} \cdot x_l^{k+1} & 1 \leq i \leq j \\ b_i + \sum_{l=i}^{n} b_{il} \cdot x_l^{k} + \sum_{l=1}^{j} b_{il} \cdot x_l^{k+1} & j+1 \leq i \leq n \end{cases} \tag{16}$$

Die Bestimmung der $t_i^{j,k}$ schließt Teilberechnungen zweier aufeinanderfolgenden Iterationen ein. Für die Bestimmung von $x_i^{k+2}$ und $x_i^{k+1}$ werden jeweils die Werte von $t_i^{j,k}$ für $1 \leq i \leq j$ und $t_i^{j,k}$ für $j+1 \leq i \leq n$ verwendet. Die Parallelisierung beruht darauf, daß jeder Prozessor für seine zugeordneten Zeilen $j$ folgende Operationen durchführt: $x_j^{k+1} := \alpha_j \cdot t_j^{j-1,k}$, anschließend wird $x_j$ den anderen Prozessoren mitgeteilt, $t_j^{j,k} := b_j$ und für seine zugeordneten Zeilen $i$ werden die $t_i^{j,k}$ folgendermaßen bestimmt:

$$t_i^{j,k} := \begin{cases} t_i^{j-1,k} + b_{ij} \cdot x_j^{k+1}, & i \neq j \\ b_i + b_{ij} \cdot x_j^{k+1}, & i = j \end{cases} \tag{17}$$

### 3.2.2 Methode der konjugierten Gradienten mit Vorkonditionierung

Vier zeitraubende Operationen sind: der Skalarprodukt, die Vektoraktualisierung, die Matrix-Vektor-Multiplikation und die Vorkonditionierung. Für die ersten drei Operationen ist die Parallelisierung entweder offensichtlich oder bekannt. Gängige Vorkonditionierungsvarianten können nicht direkt parallelisiert werden. In bestimmten Fällen kann das Umordnen der Teiloperationen bzw. der Unbekannten helfen. Die Parallelisierung der Vorkonditionierung für die Methode der konjugierten Gradienten hat zur Entwicklung neuer Vorkonditionierungsvarianten geführt. Oft muß man sich zwischen erhöhter Parallelität und numerischer Stabilität entscheiden.

Bei vorgegebenem Startvektor $\vec{x}_0$ lautet die Initialisierung: $\vec{r}_0 = \vec{b} - A \cdot \vec{x}_0, \vec{p}_{-1} = \vec{0}, \beta_{-1} = 0, \vec{\omega}_0$ Lösung von:[4] $K \cdot \vec{\omega}_0 = \vec{r}_0, \rho_0 = \vec{r}_0^{\,T} \cdot \vec{\omega}_0$ für eine Variante der Methode der konjugierten Gradienten mit Vorkonditionierung (vgl. Abschnitt 3.1.2 und Algorithmus 24 in [6]), die auf folgender Iteration ($k \in N^0$) basiert:

$$\vec{p}_k = \vec{\omega}_k + \beta_{k-1} \cdot \vec{p}_{k-1} \tag{18}$$

$$\vec{q}_k = A \cdot \vec{p}_k, \quad \alpha_k = \frac{\rho_k}{\vec{p}_k^{\,T} \cdot \vec{q}_k} \tag{19}$$

$$\vec{x}_{k+1} = \vec{x}_k + \alpha_k \cdot \vec{p}_k, \quad \vec{r}_{k+1} = \vec{r}_k - \alpha_k \cdot \vec{q}_k \tag{20}$$

$$\vec{\omega}_{k+1} \quad \text{Lösung von:} \quad K \cdot \vec{\omega}_{k+1} = \vec{r}_{k+1} \tag{21}$$

$$\rho_{k+1} = \vec{r}_{k+1}^{\,T} \cdot \vec{\omega}_{k+1}, \quad \beta_k = \frac{\rho_{k+1}}{\rho_k} \tag{22}$$

Die effektivste Parallelisierung erfolgt bei der Berechnung von $\vec{q}_k$ und der Bestimmung von $\vec{\omega}_{k+1}$. Der Algorithmus hat ein Verhältnis Gleitpunktoperationen/Speicherzugriffe von 10/7 und zwei Synchronisierungspunkte an beiden Skalarprodukt-Berechnungen. Verbesserungen des Algorithmus befaßen sich u.a. mit der Erhöhung des o.g. Verhältnises bzw. der Reduktion der Synchronisierungspunkte. Die Parallelisierung weiterer Varianten der Methode der konjugierten Gradienten und der Krylow-Unterraum-Methoden kann man [6] entnehmen.

[3] $b_i$ sind Elemente des Vektors $\vec{b}$, nicht zu verwechseln mit $b_{ij}$ Elementen der Matrix $B_\omega$.

[4] $K$ ist eine Approximation von $A$, sodaß $K \cdot \vec{y} = \vec{d}$ einfacher zu lösen ist als: $A \cdot \vec{x} = \vec{b}$.

# 4 Ergebnisse eines Fallbeispieles

## 4.1 Variationsproblem

Das Energie-Funktional $\mathcal{E}(v) = \mathcal{S}(v)+\mathcal{P}(v)$ wird zugrundegelegt. Das Stabilisierungs-Funktional mit kontrollierter Stetigkeit $\mathcal{S}_{\rho\tau}$ und das Straf-Funktional $\mathcal{P}$ werden folgendermaßen definiert:

$$\mathcal{S}_{\rho\tau}(v) = \frac{1}{2}\int_\Omega\int \rho(x,y)\{\tau(x,y)(v_{xx}^2 + 2v_{xy}^2 + v_{yy}^2) + [1-\tau(x,y)](v_x^2 + v_y^2)\}dxdy \quad (23)$$

$$\mathcal{P}(v) = \frac{1}{2}\{\sum_{i\in D}\alpha_{di}[v(x_i,y_i) - d_{(x_i,y_i)})]^2 + \sum_{i\in P}\alpha_{pi}[v_x(x_i,y_i) - p_{(x_i,y_i)})]^2 + \sum_{i\in Q}\alpha_{qi}[v_y(x_i,y_i) - q_{(x_i,y_i)})]^2\} \quad (24)$$

$\Omega \subset R^2$ ist die Referenzfläche, $v(x,y)$ ist die Approximationsfunktion, $\rho(x,y), \tau(x,y)$ sind die Stetigkeitskontrollfunktionen, $\rho(x,y), \tau(x,y) \in [0,1]$, die explizit Tiefen- und Orientierungs-Unstetigkeiten repräsentieren, $d$ sind die lokalen Tiefenwerte, $p, q$ sind die Orientierungswerte (Komponenten der Oberflächennormale). Es gilt, das Funktional $\mathcal{E}(v)$ zu minimieren.

## 4.2 FEM-Diskretisierung

Das kontinuierliche Variationsproblem wird zuerst in ein diskretes Variationsproblem mit Hife der Finite-Elemente-Methode (FEM) überführt. Die Referenzfläche $\Omega$ wird mit Hilfe eines regulären, kartesischen Gitters mit Knotenabstand $h$ (Seitenlänge) unterteilt. Folgende Finite Differenzen werden eingesetzt:

$$v_{xx}^h = \frac{1}{h^2}(v_{i+1,j}^h - 2v_{i,j}^h + v_{i-1,j}^h),\ v_{yy}^h = \frac{1}{h^2}(v_{i,j+1}^h - 2v_{i,j}^h + v_{i,j-1}^h),$$
$$v_{xy}^h = \frac{1}{h^2}(v_{i+1,j+1}^h - v_{i,j+1}^h - v_{i+1,j}^h + v_{i,j}^h),$$
$$v_x^h = \frac{1}{h}(v_{i+1,j}^h - v_{i,j}^h),\ v_y^h = \frac{1}{h}(v_{i,j+1}^h - v_{i,j}^h) \quad (25)$$

## 4.3 Parallelimplementation

Eine Lösung folgenden Problems wird gesucht: Finde $u \in \mathcal{H}$, sodaß $\mathcal{E}(u) = \inf_{v\in\mathcal{H}}\mathcal{E}(v)$, $\mathcal{H}$ ist ein linearer Raum der möglichen Lösungen. Eine notwendige Bedingung für das Minimum im diskreten Fall und das das daraus entstandene lineare Gleichungssystem lauten:

$$\nabla\mathcal{E}_{\rho\tau}^h(u^h) = \nabla\mathcal{S}_{\rho\tau}^h(u^h) + \nabla\mathcal{P}^h(u^h) = 0 \quad (26)$$
$$A\cdot\vec{u} = \vec{b} \quad (27)$$

In $A$ sind die Koeffizienten der $u_{i,j}^h$ enthalten und in $\vec{b}$ sind $\alpha_{d_{i,j}}^h d_{i,j}^h, \frac{\alpha_{p_{i,j}}^h}{2h}p_{i,j}^h, \frac{\alpha_{q_{i,j}}^h}{2h}q_{i,j}^h$ enthalten. Die Lösung wird numerisch bestimmt. Die Berechnung erfolgt lokal für jeden Gitterknoten; insgesamt entsteht ein Netzwerk rechnender Moleküle. Ein Beispiel für ein inneres Knotenmolekül, wo keine Orientierungsunstetigkeit vorhanden ist und es keine Tiefenunstetigkeiten an angrenzenden Knoten gibt, wird in Abbildung 3 gezeigt.

Das relaxierte Gauß-Seidel-Verfahren (SOR) wurde als Gleichungslöser implementiert. Ebenfalls wurden verschiedene Initialisierungsroutinen sowie eine erste Version eines Mehrgitterverfahrens implementiert. Folgendes Iterationsschema wurde herangezogen:

$$u_{i,j}^{h(k)} = u_{i,j}^{h(k-1)} - \omega\frac{\xi_{i,j}}{a_1},\ \omega_{opt} = \frac{2}{1+\sqrt{1-\rho^2}},\ \rho_{max} = \cos\frac{\Pi}{N} \quad (28)$$

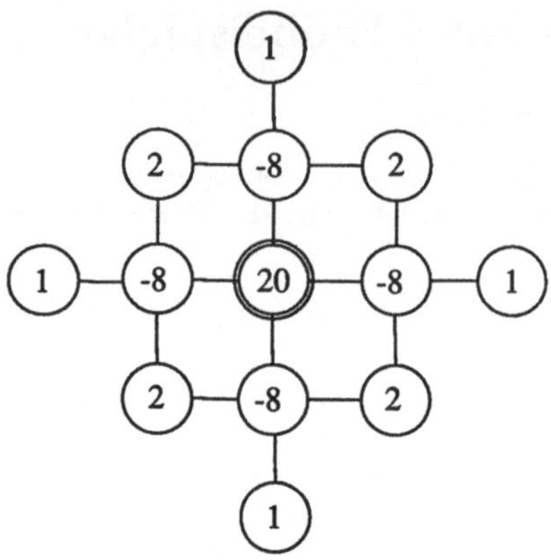


Abbildung 3: Beispiel für inneres Knotenmolekül

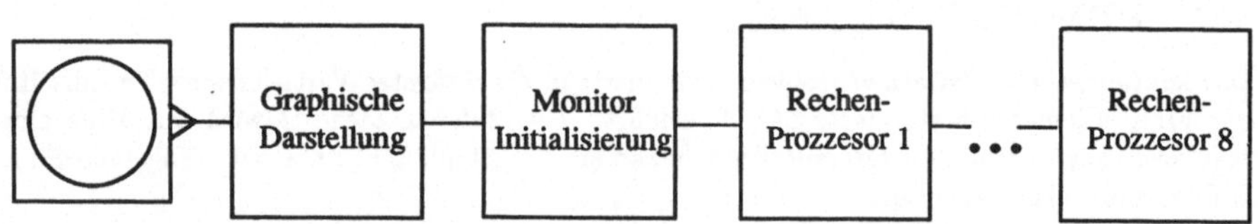


Abbildung 4: Prozessortopologie

mit $k$ der Iterationsschritt, $\omega$ die Schrittweite, $a_{1_{i,j}}$ ist der Koeffizient des ersten Molekülatoms, $\xi_{i,j}$ wird mit der Residuengleichung des $k$-ten Iterationssschrittes bestimmt, $\rho$ ist der Spektralradius (zur Konvergenzbetrachtungen einzusetzen), $N$ die Anzahl der Gitterknoten.

Zu Testzwecken wurde ein Transputersystem für Rechnersehen [17] verwendet, bei dem für das Fallbeispiel als Topologie die lineare Verkettung von bis zu acht Transputern (vgl. Abbildung 4) gewählt wurde. Abbildung 5 zeigt die Knotenpartitionierung an der Grenze zwischen zwei benachbarten Transputern. Abbildung 6 zeigt die Rekonstruktionsergebnisse eines Polyeders nach 40 Iterationen auf einem $32 \times 32$-Gitter. Der Speedup und die Effizienz der Parallelimplementierung wird in Abbildung 7 dargestellt.

# 5 Ausblick

Interessant wäre die Untersuchung der Parallelisierung weiterer Verfahren. So z.B. wird in [10, 11] das Problem der Oberflächenrekonstruktion in zwei Phasen aufgeteilt. Zuerst werden die Topologie der unbekannten Oberfläche und eine grobe Schätzung ihrer Geometrie bestimmt. Dann wird mit Hilfe einer Methode zur 'Mesh Optimization'[5]der Ausgleich der $n$ vorgegebenen Meßpunkte $\vec{x}_i \in R^3$ verbessert und die Anzahl $m$ der Eckpunkte $\vec{v}_j \in V$ von $(K,V)$ wird reduziert. Im Energiemodell wird die zu minimierende Funktion folgendermaßen ausgelegt:

[5]Bei einem 'Mesh' $(K,V)$ stellt $K$ die Topologie dar und $V = \{\vec{v}_i \in R^3\}$ stellt die geometrische Realisierung dar (Menge der Eckpunkte).

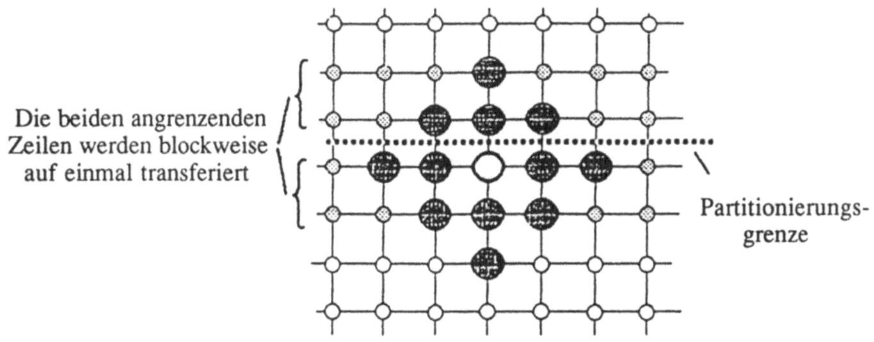


Abbildung 5: Knotenpartitionierung

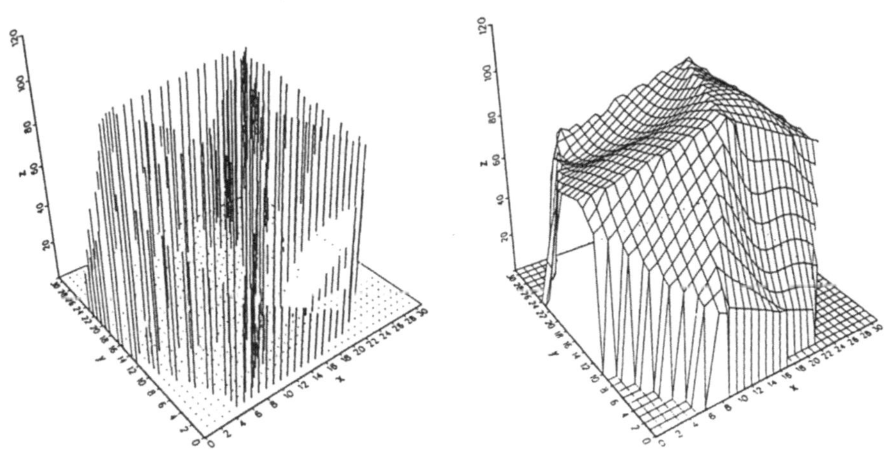

Abbildung 6: Rekonstruktionsbeispiel

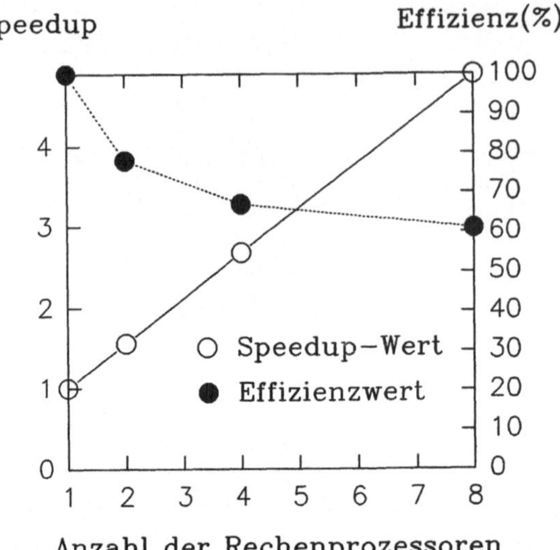


**Abbildung 7: Speedup und Effizienz der Parallelimplementierung**

$$E(K,V) = E_{dist}(K,V) + E_{rep}(K,V) + E_{reg}(K,V) \tag{29}$$

$$E_{dist}(K,V) = \sum_{i=1}^{n} d^2(\vec{x}_i, \phi_V(|K|)) \tag{30}$$

$$E_{rep}(K,V) = c_{rep} \cdot m \tag{31}$$

$$E_{reg}(K,V) = \sum_{\{j,k\} \in K} \kappa \cdot ||\vec{v}_j - \vec{v}_k|| \tag{32}$$

$E_{dist}(K,V)$ mißt die Distanz der Meßpunkte zur Oberfläche. In diesem Kontext ist $E_{rep}(K,V)$ neu und ein Straf-Term, proportional zur Anzahl der Eckpunkte. Der Parameter $c_{rep}$ erlaubt die Einstellung einer gröberen Repräsentation mit niedrigerem Datenausgleich oder einer feineren Repräsentation mit größerem Datenausgleich. $E_{reg}(K,V)$ ist nicht wie üblich ein Straf-Term, der z.B. Stetigkeit kontrolliert, sondern ist ein Regularisierungsterm der darunterliegenden Optimierung. Der Einsatz weiterer parallelisierten Optimierungstechniquen in diesem Problemkreis bleibt ebenfalls äußerst ansprechend.

# Literatur


[1] G. Bader, R. Rannacher, and G. Wittum, *Numerische Algorithmen auf Transputersystemen,* Teubner, Stuttgart, 1993.

[2] D.P. Bertsekas and J.N. Tsitsiklis, *Parallel Distributed Computation,* Prentice-Hall, Englewood Cliffs, 1989.

[3] A. Blake and A. Zisserman, *Visual Reconstruction,* The MIT Press, Cambridge, Massachusetts, 1987.

[4] R.M. Bolle and B.C. Vemuri, *On three-dimensional surface reconstruction methods,* IEEE Trans. PAMI 13 (1991) 1, 1-13.

[5] D.J. Choi and J.R. Kender, *Solving the depth interpolation problem on a parallel architecture with a multigrid approach,* Proc. IEEE Conf. Computer Vision and Pattern Recognition, June 1988, 189-194.

[6] J.W. Demmel, M.T. Heath, and H.A. van der Vorst, *Parallel numerical linear algebra,* in: Acta Numerica 1993, Cambridge University Press 1993, 111-197.

[7] R.W. Freund, G.H. Golub, and N.M. Nachtigal, *Iterative solution of linear systems,* in: Acta Numerica 1992, Cambridge University Press 1992, 57-100.

[8] A. Frommer, *Lösung linearer Gleichungsysteme auf Parallelrechnern,* Vieweg, Braunschweig, 1990.

[9] G.H. Golub and C.F. van Loan, *Matrix Computations,* The Johns Hopkins University Press, Baltimore, 1989.

[10] H. Hoppe, T. DeRose, T. Duchamp, J.McDonald, and W. Stuetzle, *Surface reconstruction from unorganized points,* Computer Graphics (SIGRAPH'92 Proceedings) 26 (1992) 71-78.

[11] H. Hoppe, T. DeRose, T. Duchamp, J.McDonald, and W. Stuetzle, *Mesh Optimization,* Computer Graphics (SIGRAPH'93 Proceedings) 27 (1993) 19-26.

[12] R. Korzer und V.D. Sánchez A., *Untersuchung und Implementierung von Algorithmen für echtzeitfähige 3D-Rekonstruktion,* DLR-IB-515-90-10, Juni 1990.

[13] N.M. Missirlis, *Scheduling parallel iterative methods on multiprocessor systems,* Parallel Computing 5 (1987) 295-302.

[14] W. Niethammer, *The SOR method on parallel computers,* Numerische Mathematik (1989) 247-254.

[15] Y. Notay, *On the convergence rate of conjugate gradients in presence of rounding errors,* Numerische Mathematik 65 (1993) 3, 301-317.

[16] J. Rothammer und V.D. Sánchez A., *Untersuchung und Implementierung von Algorithmen für Echtzeit-Stereobildverarbeitung,* DLR-IB-515-89-32, Mai 1989.

[17] V.D. Sánchez A., *Eine parallel-verteilte Architektur für Rechnersehen und Telerobotik,* in: M. Baumann und R. Grebe (Hrsg.): Parallele Datenverarbeitung mit dem Transputer, Proc. TAT'92, Aachen, September 1992, Reihe Informatik aktuell, Springer-Verlag, Berlin, 1993, 295-303.

[18] H.R. Schwarz, *Numerische Mathematik,* Teubner, Berlin, 1993.

[19] R. Szeliski, *Fast surface interpolation using hierarchical basis functions,* IEEE Trans. PAMI 12 (1990) 6, 513-528.

[20] D. Terzopoulos, *The computation of visible-surface representations,* IEEE Trans. PAMI 10 (1988) 4, 417 438.

[21] W. Törnig und P. Spellucci, *Numerische Mathematik für Ingenieure und Physiker,* Band 1: Numerische Methoden der Algebra, Springer-Verlag, Berlin, 1988.

[22] R. Varga, *Matrix Iterative Analysis,* Prentice-Hall, Englewood Cliffs, 1962.

[23] D. Young, *Iterative Solution of Large Linear Systems,* Academic Press, New York, 1971.

[24] Y.-J. Zheng, *Digital photogrammetric inversion: theory and application to surface reconstruction,* Photogrammetric Engineering & Remote Sensing 59 (1993) 4, 489-498.

# Fertigungsintegrierte On-line Bildverarbeitung

**Peter W. Plapper**
**52072 Aachen**

Bis zu 80 000 Flaschen laufen pro Stunde über das Förderband einer modernen Abfüllanlage. Plötzlich wird eine Flasche von einem Greifer herausgestoßen. Das vollautomatische Bildverarbeitungssystem hatte erkannt, daß diese mit dem falschen Kronkorken verschlossen wurde.

Nach der Umstellung des abzufüllenden Getränks kann es vorkommen, daß sich noch einzelne Kronkorken des zuerst abgefüllten Getränks in der Zuführung befinden und jetzt auf die nachfolgende Getränkesorte fälschlicherweise aufgebracht werden. Daher stimmen Flascheninhalt und Etikettierung nicht miteinander überein. Diese Flaschen müssen bei typisch 1,3 m/Sekunde im Materialfluß erkannt werden und sofort entfernt werden. An 22 Flaschen/Sekunde. ist zu prüfen, ob die Etikettierung sowie der Kronkorken mit der abgefüllten Getränkesorte übereinstimmt.

Für diese Anwendung und für artverwandte Aufgabenstellungen in der Produktion wurde ein on-line Bildverarbeitungssystem entwickelt, welches die Bedruckung überprüft. Es unterscheidet unterschiedliche Druckbilder (gleich unterschiedlichen Getränken). Auch falls der Aufdruck nicht vollständig ist, wird die betreffende Flasche aus dem laufenden Band herausgenommen. Die Soll-Geometrie der zu untersuchenden Flaschenbereiche kann beim Betriebsanlauf in einem einfachen Lernschritt eingelernt werden. Das System ist ebenfalls in der Lage Schrift zu erkennen.

Dieser Beitrag beschreibt die Arbeitsweise dieses Bildverarbeitungssystems für Echtzeitanwendungen in Fertigungsumgebung.

## 1. Bisherige Lösungen

Je später ein Fehler im Produktionsprozeß erkannt wird und beseitigt werden muß, um so höhere Kosten entstehen dabei. So genügt in der Produktentwicklung bereits das Versetzen eines Striches. Zum Beheben von Mängeln an ausgelieferten Produkten können jedoch, beispielsweise durch eine Rückrufaktion,

Millionenbeträge anfallen. Daher kommt der fertigungsintegrierten Prüfung in Hinblick auf eine· frühe Fehlererkennung im Produktionsprozeß besondere Bedeutung zu [4].

Bisher wird vor allem bei den beschriebenen schnellbewegten Werkstücken nur eine sehr eingeschränkte Prüfung durchgeführt. Eine verbreitete Methode zur berührungslosen Bestimmung relevanter Parameter ist die Sichtprüfung durch den Menschen. Darunter versteht man den visuellen Vergleich zwischen einem vorliegenden realen Werkstück, dem Prüfteil, und einem idealen Produkt, dem Modell. Es werden werkstückspezifische Prüfkriterien untersucht, wie Form, Oberfläche, Abmessungen oder Anordnung. Üblicherweise findet eine Unterscheidung verschiedener Werkstücke statt, die Voraussetzung für das Aussortieren fehlerhafter Produkte ist. Dieses Prüfverfahren wird durch Ermüdung des Prüfers und Schichtwechsel stark beeinflußt.

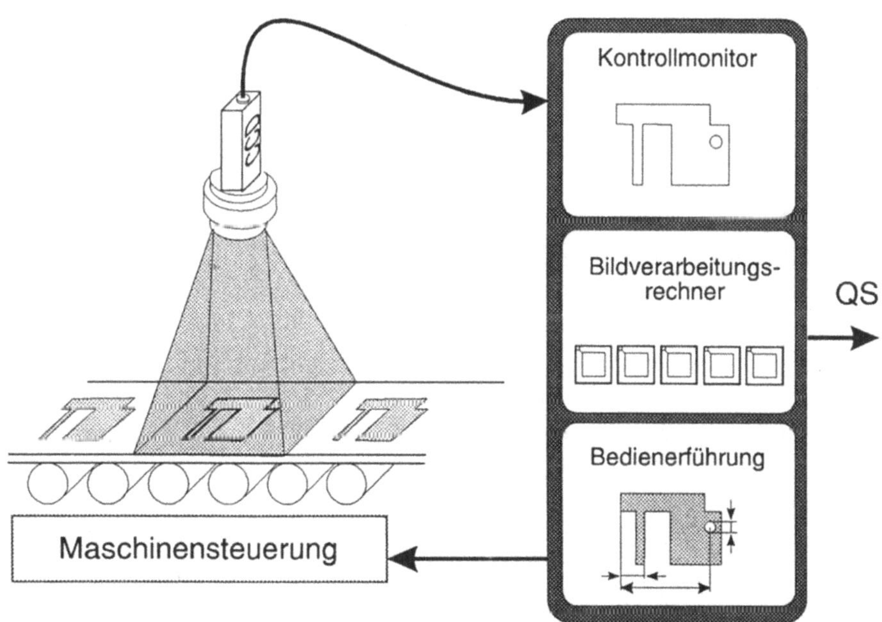


*Bild 1.: Prinzipdarstellung eines fertigungsintegrierten Bildverarbeitungssystems*

Besonders bei hohen Taktraten und großen Prüfsicherheitsanforderungen bietet sich der Einsatz intelligenter Bildverarbeitungssysteme zur Unterstützung der Qualitätsprüfung an. Beispielsweise wird eine Steigerung der Produktqualität und der Betriebssicherheit durch einen maschinennahen Regelkreis auf der Basis eines echtzeitfähigen Bildverarbeitungssystems ermöglicht (Bild 1). Der Fertigungsprozeß entspricht in diesem Modell der zu regelnden Strecke, die CCD-Kamera ist der Sensor, das Bildverarbeitungssystem entspricht dem Regler. An diesen Regler werden hohe Anforderungen hinsichtlich Reaktionszeiten und Güte der Auswertung gestellt. Der Fertigung werden mit einem derartigen Meßsystem Hilfsmittel an die Hand gegeben, optimierte Prozesse zu erreichen. Der beherrschte Produktionsprozeß gewährleistet höchste Stückzahlen bei einer gleichbleibenden Produktqualität.

## 2. Alternative Ansätze

Die zur Automatisierung der fertigungsintegrierten on-line Prüfung eingesetzten Bildverarbeitungssysteme werden je nach der Prüfgeschwindigkeit und dem Umfang der Prüfung unter Berücksichtigung des Kostenaspekts üblicherweise aufgabenspezifisch konfiguriert. Keinesfalls darf die Meßdatenerfassung den Fertigungsablauf behindern oder ihre Auswertung sogar zu einer Verzögerung des Materialflusses führen [1].

Die zahlreichen PC-gestützten Systeme arbeiten üblicherweise unter Windows und sind für den interaktiven (off-line) Einsatz ausgelegt. Doch auch trotz der inzwischen verbreiteten Möglichkeit mit Makroprogrammierung derartiger Systeme der meist gewünschten "Einknopfbedienung" näher zu kommen, scheiden sie aufgrund der notwendigen Rechenzeit für zeitkritische Überwachungsaufgaben in der Fertigung aus.

Schnellere Analysezeiten können mit DSP-gestützten System erreicht werden. Sie erreichen auch bei aufwendigen Analysen die für Mustererkennungsaufgaben notwendigen Zeiten für den on-line Einsatz. Als nachteilig erweisen sich derartige Systeme aufgrund ihrer geringen Flexibilität bei der notwendigen Anpassung für artverwandte Aufgabenstellungen, da die Rechenleistung des DSP fest vorgegeben ist. Sie kann bei einer einfacheren Aufgabenstellung nicht zugunsten einer kostengünstigeren Lösung abgespeckt werden.

Als Alternative bietet sich hier der Einsatz von Multiprozessorsystemen an. Sie können durch die Ergänzung mit weiteren Prozessoren in ihrer Rechenleistung gesteigert werden, oder - falls es gewünscht ist - mit weniger Prozessoren ausgestattet für einfachere Anwendungen konfiguriert werden. Problematisch erweist sich bei derartigen Systemen vor allem die zeitaufwendige Software-erstellung mit Spezialtools sowie die Optimierung der Kommunikation zwischen den Prozessoren.

## 3. Anforderungsprofil

Ein Analysesystem für industrielle Anwendungen muß folgenden Anforderungen genügen:

- Flexibilität,
- Robustheit,
- Echtzeitfähigkeit,
- hohe Erkennungssicherheit,
- kostengünstig.

## 4. Konzept eines flexibel einsatzfähigen Überwachungssystems

Resultierend aus den aufgezeigten Defiziten bestehender Systeme soll im folgenden ein modulares Bildverarbeitungssystem vorgestellt werden, welches sowohl für schnellere Anwendungen als auch einfachere kostengünstige Applikationen flexibel konfiguriert werden kann.

Entscheidend für die Erfüllung dieser Anforderung ist eine modulare Struktur der Software. Sie soll aus Programmodulen bestehen, die vergleichbar sind zu Hardware-ICs, welche ebenfalls mehrere Funktionseinheiten zusammenfassen. Die Module kommunizieren über definierte Schnittstellen miteinander, so daß ein Austausch einzelner Module ohne umfangreiche Änderungen in den anderen Programmteilen möglich ist. Je nach der geforderten Rechengeschwindigkeit werden die Module bei der kundenspezifischen Systemkonfiguration auf eine kleinere oder größere Anzahl von Prozessoren verteilt.

Für den industriellen Einsatz muß das System hinsichtlich elektromagnetischer Verträglichkeit (EMV), Fremdlichteinflüssen, Temperaturschwankungen sowie Staub geschützt ausgelegt werden.

Unter Echtzeitfähigkeit versteht man bei der Bildverarbeitung üblicherweise die Analyse von 25 Bildern pro Sekunde, entsprechend der CCIR-Norm. Abweichende Analysezeiten können durch den zu überwachenden Fertigungsprozeß erforderlich werden. Zur Einhaltung der Echtzeitfähigkeit ist einerseits die algorithmische Optimierung zu gewährleisten als auch andererseits eine leistungsfähige Hardwareplattform auszuwählen. Hierfür bietet sich zur Zeit der Einsatz von Transputern an, die aufgrund ihrer Skalierbarkeit den Anforderungen sehr gut angepaßt werden können. In Hinblick auf die Zukunftstauglichkeit und die kostengünstige Herstellung des Bildverarbeitungsystems wird die Portierbarkeit, beispielsweise auf mehrere Pentium-Prozessoren, durch eine entsprechende Gestaltung der Software bereits vorgesehen.

## 4.1. Beleuchtung und Bilderfassung

Ein Überwachungssystem besteht nicht nur aus einer Kamera zur Bildaufnahme und einem Rechner zur Analyse. In der Regel stellt der Komplex Kamera, Bildverarbeitung und auswertender Rechner nur ca. 20% des Aufwands dar, der bei einer Prüfaufgabe zu berücksichtigen ist [2]. Exemplarisch sei an dieser Stelle nur der mechanische Aufwand für die korrekte Objektdarbietung (Handling) oder die üblicherweise notwendige Korrektur optischer Fehler der abbildenden Optik erwähnt.

Bei dem Einsatz der Bildverarbeitung in Fertigungsumgebung kommt der industrietauglichen Beleuchtung des zu prüfenden Werkstücks besonderes Augenmerk zu. Hierzu zählt - vor allem im Auflichtverfahren - die wartungsfreundliche Auslegung der Beleuchtungseinrichtung, so daß nach einem Wechsel des Beleuchtungskörpers keine neue Justage durch den Fachmann notwendig ist.

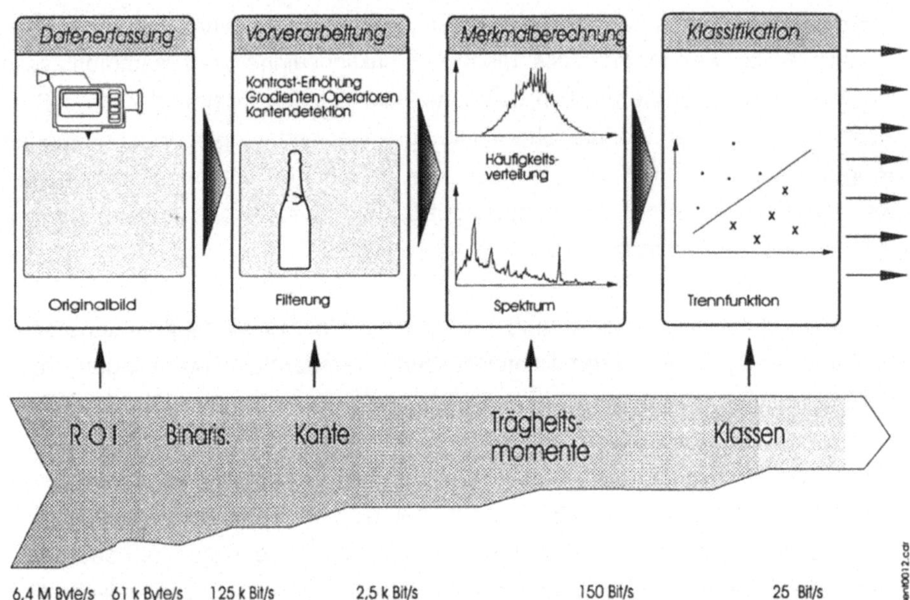


*Bild 2: Softwaremodule eines Mustererkennungssystems mit Datenreduktion*

Gleichzeitig unterstützt die Beleuchtung die on-line Bildauswertung durch eine aufgabenangepaßte Lichtführung, indem beispielsweise eine gleichmäßige Intensitätsverteilung die schnelle Analyse der Bilder erleichtert. Auch der Einfluß des

Verkippens der bewegten Werkstücke auf das aufgenommene Bild kann mit einer geeigneten Beleuchtungseinrichtung reduziert werden.

## 4.2. Softwarekonfiguration

Das Mustererkennungssystem läßt sich in 4 Softwaremodule unterteilen (Bild 2):

- Datenerfassung
- Vorverarbeitung
- Merkmalberechnung
- Klassifikation

In jedem dieser Programmteile findet eine Verdichtung des Datenstroms statt, die bei 25 Kamerabildern pro Sekunde von ca. 6,4 MByte ausgeht und nach der Klassifikation nur noch 25 die Gut-Schlecht-Aussagen pro Sekunde mit 1 Bit umfaßt (Bild 2). Daß hierbei eine effiziente Verdichtung aber kein Verlust von relevanten Informationen über das Meßobjekt erfolgt, ist auf eine geeignete Wahl der Algorithmen zurückzuführen [3].

In den folgenden Abschnitten wird auf diese Programmodule in der Richtung des Datenflußes näher eingegangen.

### 4.2.1. Vorverarbeitung

Aufgabe der Vorverarbeitung ist es, mit applikationsspezifischen Filterfunktionen Störungen des erfaßten Bildes zu eliminieren, oder spezifische Charakteristika des Bildes hervorzuheben.

Bei der fertigungsintegrierten on-line Verarbeitung kommt es besonders auf kurze Berechnungszeiten an. Da die Filterfunktionen üblicherweise punktweise auf jedes Pixel angewendet werden, erfordern sie umso mehr Zeit, je größer der zu filternde Bildbereich ist. In vielen Aufgabenstellungen ist es jedoch ausreichend, nur den Ausschnitt zu filtern, in dem sich das Meßobjekt befindet. Die Objektlokalisierung im ungefilterten Bild beschleunigt die nachfolgende Filterung.

Als störungsunempfindliches Lokalisierungsverfahren gegen Beleuchtungs-schwankungen

wertgradienten erwiesen. Verfügt man über Vorwissen über die Form des Werkstücks, so kann die geschickte Wahl der Zeilen oder Spalten, in welchen die Ableitung berechnet wird, signifikante Beschleunigungen der Analyse bewirken. Im vorliegenden Fall, der Lokalisierung von runden Kronkorken, werden in jeweils 2 Zeilen Anfang und Ende des Objekts ermittelt, so daß 4 Punkte für die Lokalisierung des Kreises, dessen Durchmesser bekannt ist, zur Verfügung stehen (Bild 3). Nachfolgend werden nur noch die Grauwerte der Pixel innerhalb dieses Kreises zur Merkmalberechnung verwendet.

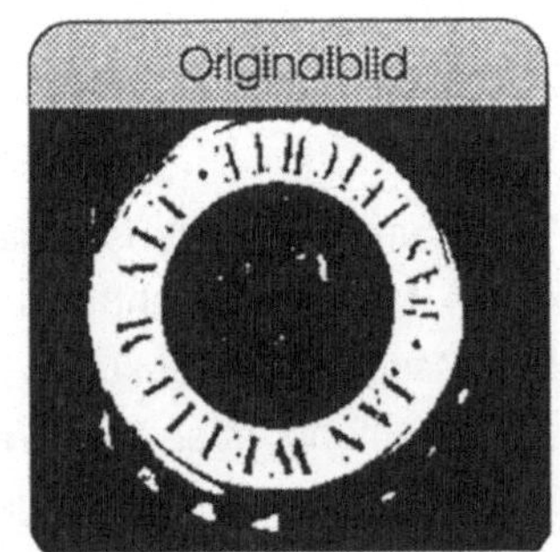


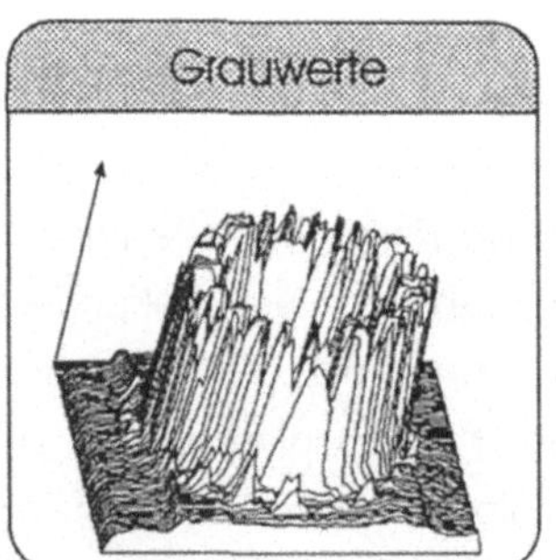


*Bild 3: Graubilddarstellung*

#### 4.2.2. Merkmalextraktion

Nach der Vorverarbeitung findet eine weitere Datenreduktion statt. Es werden charakteristische Ausprägungen im Bild numerisch quantifiziert, indem üblicherweise 4 bis 10 Merkmale berechnet und in einem (10-dimensionalen) Merkmalsvektor zusammengefaßt werden. Dieser Merkmalsvektor beschreibt das Bild bzw. unterscheidet das zu bestimmende Meßobjekt von den übrigen Objekten.

Je nach Anwendung sind hierfür die Kantenlänge, die Anzahl oder Länge der Geraden, die Fläche des Meßobjekts beziehungsweise von Teilflächen des Meßobjekts oder die Grauwertverteilung geeignet. Aufgrund des hohen Rechenzeitbedarfs sind umfangreichere Funktionen, wie Fourier-Transformation und die verschiedenen Korrelationsfunktionen für die Echtzeitanwendung, die durch den üblicherweise kurzen Fertigungstakt vorgegeben wird, weniger geeignet.

Die Berechnung der Grauwertverteilung (Bild 4) stellt ein sehr schnelles Verfahren dar, das bei ersten Untersuchungen in Laborumgebung als leitsungsfähig erscheint. Doch bei der Berücksichtigung der im Laufe der Zeit nachlassenden Beleuchtungsstärke oder von Fremdlichteinfluß, der evtl. sogar ungleichmäßig von einer Seite auftreten kann, ergeben sich Verschiebungen der Grauwertverteilung, so daß sie als zuverlässiges Datenreduktionsverfahren ausscheidet.

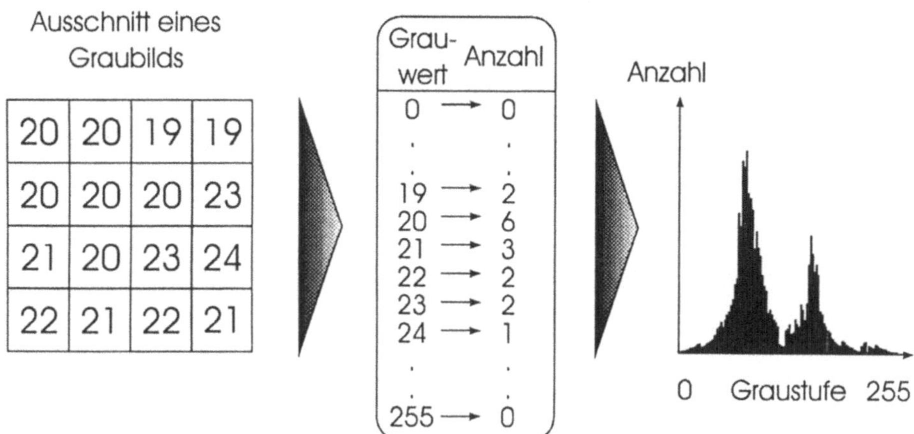


*Bild 4: Berechnung des Grauwerthistogramms*

Sehr leistungsfähige Merkmale zur Beschreibung der Form des Meßobjekts sind die Flächenträgheitsmomente [2]. Bei ihrer Berechnung wird gleichzeitig die Drehlage des Meßobjekts bestimmt. Wurde das Meßobjekt jedoch bildschirmfüllend aufgenommen, so ist der Zeitbedarf für die notwendigen Multiplikationen zu lang für eine echtzeitfähige Berechnung. Bei einfachen Objekten, die zuvor binarisiert wurden, kann hier durch die Anwendung des Satzes von Green eine signifikante Steigerung der Rechengeschwindigkeit erzielt werden, indem die Gleichheit von Umlaufintegral und Flächenintegral ausgenutzt wird.

Ein sehr effizientes Verfahren zur Datenreduktion ist die Auswertung der Grauwerte des Meßobjekts entlang einer typischen Geometrieform. So kann beispielsweise bei der Unterscheidung von Kronkorken durch die Beschränkung auf die Grauwerte entlang eines Kreises eine Senkung des Datenstroms auf ca. 2 kByte/sec anstelle der Analyse des vollständigen Bildes mit ca. 6 MBytes/sec erreicht werden (Bild 5). Der Grauwertverlauf auf diesem Kreis wird mit den zuvor eingelernten Daten der Soll-Objekte auf dem gleichen Radius verglichen. Die Berechnung der Kreuzkorrelation zur Bestimmung dieses Merkmals ist bei dem Vergleich mit mehreren Soll-Objekten oder bei einem großen Radius allerdings zu zeitaufwendig. In diesem Fall bietet sich nach der gradientengesteuerten Binarisierung die Ermittlung der Anzahl der Schwarz-Weiß-Übergänge und ihrer Verteilung an. Von diesen leistungsfähigen Merkmalen ist besonders die Verteilung der Übergänge zur schnellen Bestimmung der Drehlage geeignet. Ist eine höhere Genauigkeit gefordert, so muß zu Lasten der Rechenzeit auf die Binarisierung verzichtet werden.

In der vorliegenden Anwendung erwies es sich als sinnvoll drei Ringe zu untersuchen. Ihr Radius ist den interessanten Bereichen der Meßobjekte angepaßt. Da sich die Werkstücke im Produktionsfluß bewegen, ist besonderes Augenmerk auf die hohe Reproduzierbarkeit zu legen, mit der die Erfassung des bewegten Meßobjekts für diese Analysefunktion erfolgen muß.

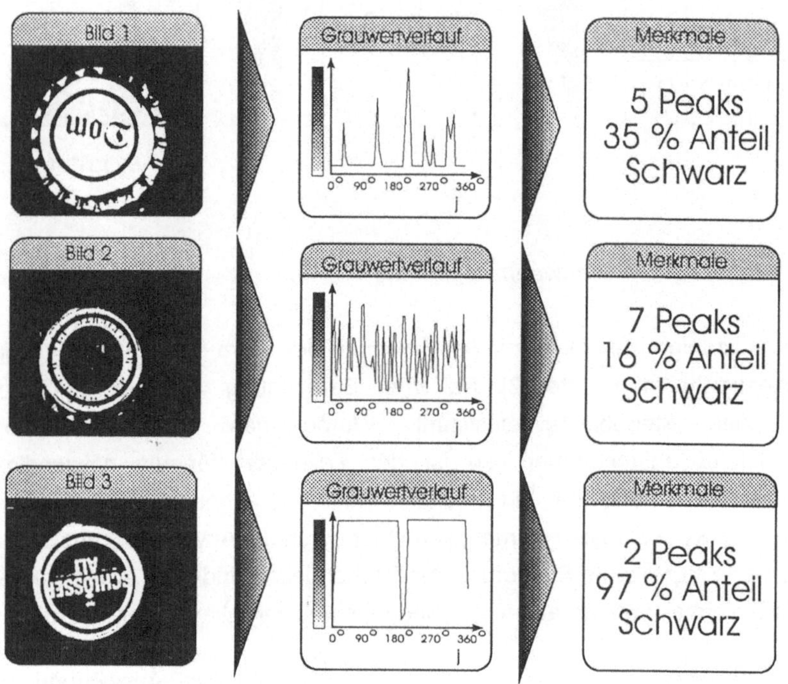


*Bild 5: Datenreduktion und zwei Merkmale zur Unterscheidung von Kronkorken*

Aus jeder Analysefunktion ergibt sich ein Merkmal, welches mit den übrigen, aussagekräftigen Merkmalen zu einem Merkmalsvekor zusammengefaßt wird. Dieser Vektor beschreibt einen Punkt im Merkmalsraum.

### 4.2.3. Klassifikation

Bei der Klassifikation werden Trennfunktionen in den Merkmalsraum gelegt, um die Bereiche der verschiedenen Werkstücke unterscheiden zu können.

Die Anpassung des Merkmalsraums an die konkrete Aufgabenstellung erfolgt durch die Definition der Trennfunktionen. Diese Aufgabe erfolgt jedoch nicht mehr durch einen Systementwickler, sondern wird vom Analysesystem selbständig vorgenommen. In einem Lernschritt werden mehrere gleiche Werkstücke, die später erkannt werden sollen, der Kamera dargeboten. Entsprechend den zuvor ausgewählten Merkmalen ergibt sich in bestimmten Bereichen des Merkmalsraums eine Häufung der berechneten Vektoren. Basierend auf einer statistischen Auswertung legt das System die Grenzen dieser Klasse fest. Weitere Werkstücke können in dem nächsten Lernschritt entsprechend automatisch eingelernt werden. Selbstverständlich ist ein Nachlernen bekannter Objekte ebenfalls möglich.

Obgleich bei diesem Verfahren Vorwissen über die signifikanten Merkmale bei der Implementierung eingebracht werden muß, ist es aufgrund seiner Vorteile zur Laufzeit anderen Methoden überlegen, wie z.B. den Neuronalen Netzen, die umfangreiche Floating Multiplikationen erfordern.

## 4.3. Systemarchitektur

Oberstes Ziel bei der Wahl der Hardwareplattform stellt das optimale Kosten-Nutzen Verhältnis dar. Die Implementierung der Analysefunktionen erfolgte auf einem Netzwerk aus mehreren parallel arbeitenden Transputern. Entsprechend der Materialflußgeschwindigkeit können mehrere Transputer zeitgleich zur Bearbeitung eines Softwaremoduls eingesetzt werden.

Zur Übertragung der Bilddaten zwischen den Prozessoren wird ein paralleler Hochleistungsbus eingesetzt, der mit maximal 100 MByte/sec ganze Speicherbereiche übertragen kann. Diese hohe Datenrate ist vor allem direkt nach der Bildaufzeichnung, vor der Lokalisierung des relevanten Bildbereichs zwingend erforderlich. Als Terminal dient ein handelsüblicher PC, der über die anwenderfreundliche Windows-Oberfläche bedient wird. Sie unterstützt außer dem Lernen und Weiterlernen auch die statistische Aufbereitung der Analyseresultate.

## 5. Anwendung

Das beschriebene Bildverarbeitungssystem wurde für die Überwachung von Kronkorken, wie eingangs beschrieben, eingesetzt.

Es kommt eine Kaltlichtquelle zum Einsatz, die über Multimode Glasfasern das Objekt, in diesem Fall den Kronkorken, gleichmäßig ausleuchtet. Mit dieser Konstruktion wurde eine Verbesserung der Strahlqualität bei gleichzeitiger Störungsunempfindlichkeit der Beleuchtungseinrichtung erzielt. Zusätzlich ist bei einem Wechsel der Glühbirne keine Justage der Strahlführung notwendig. Dieser Aspekt der Wartungsfreundlichkeit wirkt sich bei dem praktischen Einsatz sehr positiv aus.

*Bild 6: Einsatz des Bildverarbeitungssystems zur on-line Qualitätssicherung in der Nahrungsmittelindustrie*

Da die Bilderfassung sich nach der Geschwindigkeit des Materialflußes der Werkstücke richtet, ist eine asynchrone Meßdatenerfassung notwendig. Zur Detektion der bewegten Flaschen wird ein für den Menschen unsichtbarer Infararotsensor

(IR-Sensor) als Lichtschranke eingesetzt. Der Lichtstrahl wird von der Flasche unterbrochen. Dieses Signal löst die CCD-Kamera aus. Da die IR-Signale von einer handelsüblichen CCD-Kamera erkannt werden können, befindet sich ein IR-Sperrfiter vor dem CCD-Chip. Damit das Bild nicht durch die Bewegung der Werkstücke verwackelt, verfügt die Kamera über einen elektronischen Shutter.

Die Software ist in ANSI-C geschrieben und modular strukturiert, so daß über die definierten Softwareschnittstellen unterschiedliche Module eingebunden bzw. ergänzt werden können.

Im industriellen Einsatz beweis das System seine Praxistauglichkeit, wobei die Erkennungssicherheit bei 98% lag.

## 6. Weitere Einsatzfelder

Dieses Bildverarbeitungssystem ist ebenfalls für artverwandte zeitkritische Aufgaben in der Fertigungsüberwachung ausgelegt, wie z.B. die Schrifterkennung zur Identifizierung von bewegten Maschinenteilen oder die on-line Kontrolle von Webfehlern auf Textilien.

Bei der Identifizierung von Beschriftungen erfolgt die Filterung und Merkmalberechnung wie bereits beschrieben. Als Merkmale bieten sich die Zahl der Linienenden und die Zahl der von mehreren Geraden mit unterschiedlicher Steigung jeweils geschnittenen Kanten an. Als Klassifikator wird in diesem Fall ein Neuronales Netzwerk eingesetzt, welches zuvor die relevanten Schriftzeichen gelernt hat. Als zusätzliches Programmodul schließt eine Plausibilitätsüberprüfung unzulässige Zeichenkombinationen aus. Die in einem derartigen intelligenten Zeichenerkennungsmodul erkannten Zeichenkombinationen können über das firmeninterne Netzwerk (Ethernet) automatisch der zentralen Datenbank zur Verfügung gestellt werden und so in das Qualitätssicherungssystem Eingang finden.

Bei der Überwachung von Textilien müssen Webfehler bei 2 m/sec mit einer örtlichen Auflösung von 2% on-line erkannt werden. Als zu markierende Fehler gelten Ketten- und Schußfehler sowie Färbungsschwankungen.

In dieser Anwendung kommt der gleichmäßigen Beleuchtung der Fasern große Bedeutung zu. Zur Berechnung der Merkmale kann die Periodizität der Fasern ausgenutzt werden. Unter Rechenzeitaspekten bietet sich die Cooccurence-Matrix an. Die Klassifikation kann mit dem Nächsten-Nachbar Klassifikator erfolgen.

## 7. Zusammenfassung

Das transputergestützte Bildverarbeitungssystem ist für die Kontrolle von bewegten Werkstücken optimiert. Ein Anwendungsgebiet ist die Überwachung von Etiketten in der Abfüllindustrie. Bei der Echtzeitanalyse der im Fertigungstakt erfaßten Kronkorken führt das System eine mehrstufige Datenreduktion durch. Charakteristische Bildbereiche werden ausgenutzt, um die Kennzeichnung der Flaschen zu überprüfen.

## 8. Literatur

[1] Ahlers, R.-J., Warnecke, H.-J.: Industrielle Bildverarbeitung.
Addison-Wesley Publishing, München, 1988

[2] Czuka, F.-J.: Konzept und Realisierung eines optischen Prüfautomaten zur Überwachung von zweidimensionalen Merkmalen an Stanzteilen.
Verlag Shaker, Aachen, 1993

[3] Niemann, H.: Klassifikation von Mustern.
Springer Verlag, Berlin, 1983

[4] Pfeifer, T., et al: Aachener Perspektiven.
VDI-Verlag, Düsseldorf, 1993

[5] Plapper, P.: Echtzeitanalyse der Signale von Multisensorsystemen.
Verlag Shaker, Aachen, 1993

[6-] Plapper, P.: Ettiketten prüfen im Eiltempo
NV Neue Verpackung, Hüthing Verlag, (11), 1993.

# Einsatz paralleler Sensordatenverarbeitung und einer Fuzzy Entscheidungsunterstützung in einem Echtzeit-Sensorsystem zur industriellen Prozeßsteuerung

P. Drews, W.G. Trier
Europäisches Centrum für Mechatronik
Vaalserstraße 460, 52074 Aachen
email: trier@aps.rwth-aachen.de

## 1. Einleitung

Zur Steigerung von Produktivität, Qualität und Flexibilität werden in der industriellen Produktion in zunehmendem Maße automatisierte Fertigungszellen eingesetzt. Bedingt durch unvermeidliche Fertigungs- und Positioniertoleranzen von zugeführten Teilen wird insbesondere zur Erfüllung der Kriterien Qualität und Flexibilität ein hohes Maß an sensorischer "Intelligenz" am ausführenden Robotersystem benötigt.

Typische Anwendungen für Sensorsysteme an Industrierobotern sind die Überwachung und Steuerung von

- Montage- und Fügevorgängen,
- automatischem Schweißen (WIG, MAG),
- automatischen Laserbearbeitungen,
- dem Aufbringen von Klebern und Dichtmassen.

Besonders bei Schweißvorgängen werden von der Sensorik neben kurzen Zeiten für die Meßauswertung auch hohe Standzeiten und ein zuverlässiger Betrieb unter direkter Einwirkung des Schweißprozesses verlangt. Ferner ist die Erweiterbarkeit und Integrierbarkeit in bestehende Steuerungskonzepte ein wichtiges Kriterium zur Wahl einer Hardwareplattform. Parallele Prozeßrechnersysteme stellen für die formulierten Anforderungen eine günstige Lösung dar.

Im folgenden wird ein optisches Sensorsystem zur direkten Beobachtung des Manipulators beim automatisierten MAG (Metall-Aktiv-Gas) Schweißen beschrieben. Dabei wird zunächst die verwendete Strategie zur Parallelisierung der Verarbeitung der Sensordaten in Echtzeit mit Hilfe eines transputerbasierten Prozeßrechnersystems erklärt. Danach folgt die Darstellung einer Implementierung einer Entscheidungsunterstützung mittels unscharfer Logik zur Verifizierung der Zuverlässigkeit der im ersten Prozeßschritt ermittelten Größen.

## 2. Aufgabe und Aufbau des Sensors

Im nachfolgenden Bild wird der Aufbau und die Anordnung einer direkten Beobachtung eines Schweißprozesses dargestellt. Hierbei ist eine fest am Schweißbrenner montierte CCD-Kamera schräg auf den Schweißprozeß gerichtet. Eine Besonderheit dieses Systems liegt in der Ähnlichkeit zu der visuellen Prozeßbeobachtung durch den Schweißer. Wie dieser ist das System in der Lage, das Schweißbad, den Schweißdraht und den Lichtbogen gleichzeitig und direkt zu beobachten. Damit entfällt die gesamte Problematik vorlaufender Sensorsysteme bezüglich des zeitlichen Versatzes zwischen Aufnahme und Erreichen eines Punktes. Das System arbeitet unabhängig von der verwendeten Schweißtechnologie, d.h. benötigt keine Kurzschlußphasen oder ähnliches zur Synchronisation der Bildaufnahme.

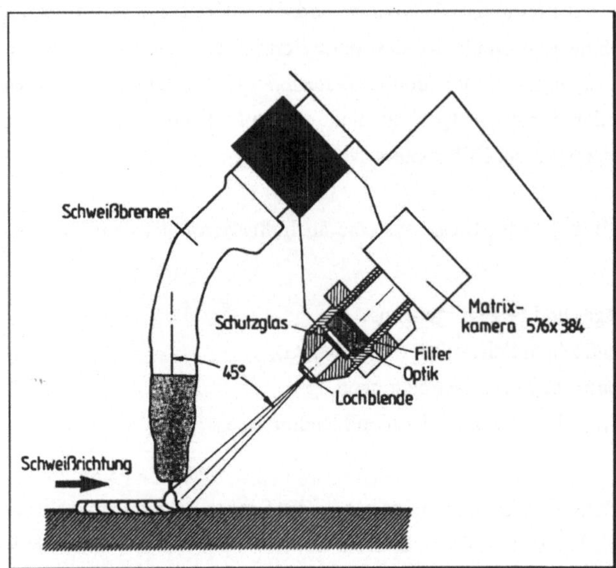


Abbildung 1: Geometrische Anordnung des Bildaufnehmers

Ein Problem des Meßprinzips der direkten Beobachtung ist die benötigte Nähe zum Schweißprozeß und damit verbunden die Exposition der Kamera gegenüber der intensiven Licht- und Wärmestrahlung des Lichtbogens. Die Anordnung in Abbildung 1 stellt durch ihre Konstruktion einen Schutz der CCD-Matrix Grauwertkamera vor schädlichen Einwirkungen sicher. Abbildung 2 zeigt ein typisches Kamerabild:

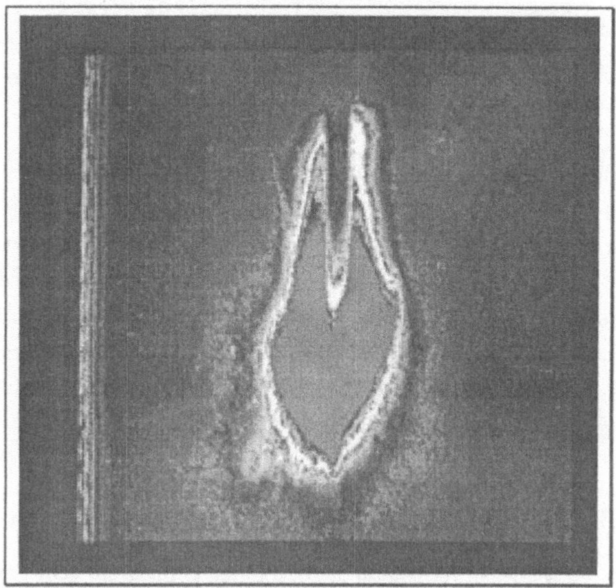

Abbildung 2: Typisches Kamerabild einer Kehlnahtschweißung

## 2.1. Problemstellung

Im Kamerabild (Abbildung 2) ist am oberen Bildrand der Schweißszene der Gasdüsenrand des Brenners erkennbar. In der Mitte des Gasdüsenrandes sieht man fingerartig nach unten auf das eigentliche Schweißbad zeigend den Schweißdraht. Da er am oberen Rand sehr viel kälter als seine Umgebung ist, erscheint er im Kamerabild als dunkler Finger. Der Draht verjüngt sich nach unten zum Schmelzbad hin, bis er seinen festen Zustand verliert und im Schmelzbad aufgeht.

Im unteren Drittel des Kernbildes sind links und rechts die typischen Flanken einer Kehlnaht zu erkennen. Im unteren Schnittpunkt der Flanken befindet sich als kleine Nase erkennbar die eigentliche Schweißnaht. Sie genau zu erkennen, ihre Lage und Mittelachse genau zu vermessen ist die schwierigste Aufgabe der Bildanalyse. Aus der Differenz der Lage der Nahtmitte und der Mittellinie des Schweißdrahtes ergibt sich die laterale Ablage des Brenners von der Schweißnaht.

Ziel der Sensordatenaufnahme und -auswertung ist es, der Prozeßsteuerung in Echtzeit folgende Größen als numerischen Wert zur Verfügung zu stellen:

- die Fläche und Form des Schweißbades,
- der laterale Versatz zwischen Fugenmitte und Schweißdrahtmitte,
- der vertikale Abstand zwischen Schweißbrenner und Fuge.

Als Echtzeit, also schneller als der zu überwachende Prozeß, sind hier Auswertezeiten von unter 100ms, bei Anwendung im Zusammenhang mit schnellen Laserschweißsystemen sogar Auswertezeiten von unter 50ms zu verstehen. Dabei wäre eine statische Auswertung dieser Bilder verhältnismäßig problemlos. Die genannten Anforderungen sind aber an Bildern eines Schweißprozesses zu erfüllen, die sich in Kontrast und Helligkeit wie in der Größe des relevanten Bereiches innerhalb weniger Bildfolgen massiv ändern können. Ferner beeinträchtigen Schweißspritzer und Rauch die Aufnahme der Bilder erheblich. Unter diesen Bedingungen ist eine stabile Auswertung zu gewährleisten.

## 2.2. Strategie der parallelen Verarbeitung

Erste Versuche zur schnellen Extraktion der benötigten Größen mit dem geschilderten Sensorprinzip wurden auf einem MC68020 Prozessorsystem durchgeführt. Dabei zeigte sich, daß eine stabile und genaue Auswertung der Schweißbadbilder einen hohen algorithmischen Aufwand erforderte. Trotz einer Strategie zur deutlichen Minimierung der zu analysierenden Pixelzahl des Grauwertbildes der CCD-Kamera, benötigte die gesamte Auswertung rund 400ms. Dies reicht zur Steuerung oder gar Regelung des modernen automatisierten Schweißprozesses nicht aus. Daher wurde eine Strategie zur Realisierung des Sensordatenverarbeitung auf einem Transputernetzwerk entwickelt.

Bei den Untersuchungen mit dem Transputernetzwerk zeigte sich, daß auch hier nur bei drastischer Einschränkung der zu untersuchenden Bildbereiche durch eine intelligente Extraktion der relevanten Teile (Bildfenster) der Kameraaufnahme eine Verarbeitungszeit von unter 100ms erreicht werden kann. Als obere Grenze ergab sich bei dem untersuchten und mit 20MHz getakteten System je nach Bildinhalt ein Bereich von 8000 bis 10000 Bildpunkten, der in sich sequentiell ablaufend noch akzeptiert werden kann. Die untere Grenze wurde sowohl durch den Kommunikationsaufwand als auch durch die Probleme beim späteren Zusammenfügen zu kleiner Teilaussagen (z.B. nur wenige Zeilen große Bildfenster) bestimmt.

Als Verarbeitungsstrategie wurde eine logisch sequentiell ablaufende Dreiteilung der Verarbeitung des Kamerabildes mit folgender Gliederung gewählt:

Teil A: Einlesen der gesamten Grauwertmatrix mit der Hardware des "Frame-Grabbers", Segmentierung des Kamerabildes mit Bestimmung der zur Verarbeitung relevanten Datenbereiche (Bildfenster), parallele Übertragung dieser Datenbereiche an den Folgeteil;

Teil B: Lokale algorithmische Bearbeitung der einzelnen Datenbereiche (Bildfenster) und damit Verdichtung der Daten auf absolute numerische Größen, die nur wenige Byte umfassen, Weitergabe eines Protokolls an den Folgeteil;

Teil C: paralleler Empfang der einzelnen Protokolle ("Formulare") zur globalen Passung der Einzeldaten bis zur Ermittlung der gesuchten Größen (Ablage, Fläche, etc.) daraus; ebenfalls Durchführung einfacher Plausibilitätsprüfungen vor der Weitergabe der ermittelten Größen an eine übergeordnete Roboter- oder Prozeßsteuerungseinheit.

Abbildung 3 zeigt den logischen Aufbau der Verarbeitungsstragtegie mit den einzelnen Teilaufgaben in der Reihenfolge ihrer Gesamtbearbeitung.

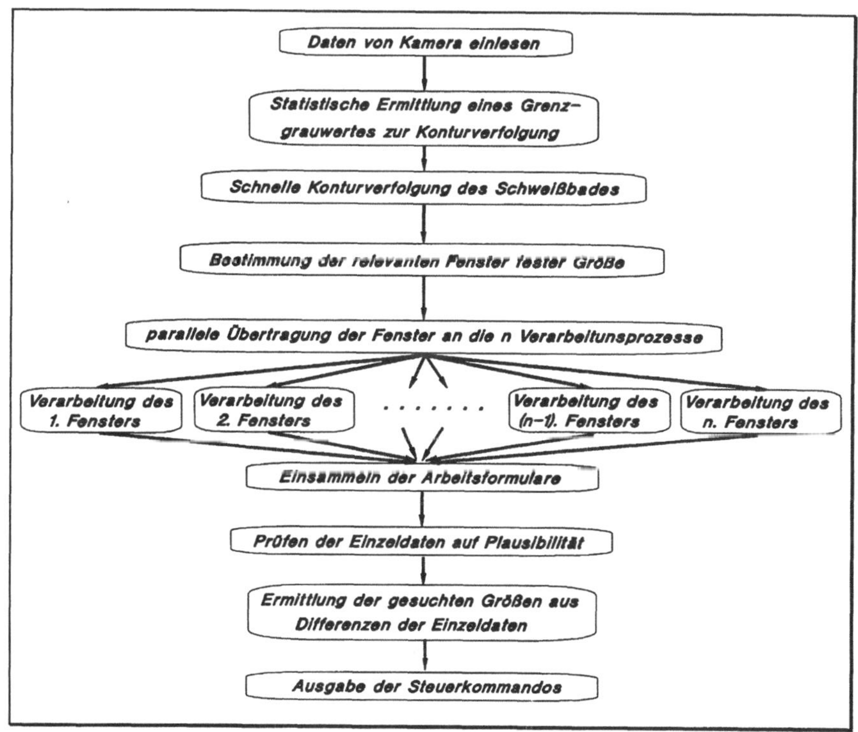


Abbildung 3: Logischer Aufbau der Verarbeitungsstrategie

Teil C beinhaltet überwiegend Kommunikations- und Koordinationsaufgaben mit geringen Anforderungen an Rechenleistung und Verarbeitungszeit. Teil B enthält zweifellos den größten Rechenaufwand. Da aber die Gesamtaufgabe hier schon in einzelne lokale Teilaufgaben (Bildfenster) aufgeteilt ist, liegt auch hier kein zeitkritischer Punkt der Verarbeitungsstrategie vor. Teil A hingegen leistet mit der Segmentierung des gesamten Kamerabildes (noch auf globaler Ebene) und der Festlegung der als relevant erkannten Bildfenster die Grundlage für die spätere Bearbeitung auf lokaler Ebene. Da Teil A zudem in der Kette (Pipeline) A -> B -> C ganz zu Anfang steht, liegt hier in Teil A systemimmanent ein Flaschenhals der gesamten Verarbeitungsstrategie. Daher wird auf die Lösung von Teil A nachfolgend kurz eingegangen.

Nach dem Einlesen des Grauwertbildes erfolgt in der ersten Teilaufgabe von Teil A eine Ermittlung eines Grenzgrauwertes zur Kontursegmentierung. Dazu wird aufgrund der stark wechselnden Helligkeits- und Kontrastverhältnisse von Bild zu Bild eine lokale Grauwertstatistik erstellt und ausgewertet. Ein Konturverfolger erhält diesen für das vorliegende Bild repräsentativen "Grenzgrauwert" als Entscheidungsgröße. Der Konturverfolger hat dabei die Aufgabe, die Kontur der gesamten Schweißszene für eine weitere Interpretation ausreichend präzise und trotzdem auch bei Auftreten von Schweißspritzern stabil abzutasten. Keinesfalls darf sich der Konturverfolger in einem Schweißspritzer lokal "verfangen" und seine Arbeit abbrechen. Da wir uns hier im sequentiellen Teil der Verarbeitung befinden, geht jede Millisekunde voll in die Gesamtverarbeitungszeit ein.

Nach erfolgreicher Abtastung der Kontur werden aus dem Grauwertbild n Bereiche extrahiert, die von einem nachfolgenden Kommunikationsprozeß auf die Verarbeitungsprozesse verteilt werden. Erst hier kann die parallele Bearbeitung innerhalb einer Kameraaufnahme beginnen. In der realisierten Version wurde n=5 gewählt. Dabei ist es gelungen, den kompletten Teil A bei stabilem Verhalten in weniger als 10ms zu bearbeiten. Damit stellt Teil A im Rahmen des prozeßbedingten Echtzeitkriteriums kein Problem mehr dar.

Zur Erfüllung der unterschiedlichen Anforderungen eines automatisierten Schweißsystems an die Verarbeitungsgeschwindigkeit lassen sich die in Abbildung 3 dargestellten Teile A, B und C und die Verarbeitungsprozesse in Teil B wahlweise auf einem Transputer oder unter Zuweisung eines Prozesses pro Transputer zuordnen.

In Abbildung 3 sind auch die in der Verarbeitungsstrategie enthaltenen zwei Formen der Parallelisierung zu erkennen. Dabei handelt es sich zum einen um die parallele Verarbeitung der Teilaufgaben in Teil B und zum zweiten um die Pipelinestruktur der gesamten Verarbeitungsstrategie. Nachdem die einzelnen Datenbereiche (Fenster) an die Verarbeitungsprozesse übertragen wurden (Teil A), wird nach einer kurzen Verzögerung, bedingt durch das Warten auf den Beginn des nächsten Halbbildes der Kamera gemäß Videonorm, mit der Bearbeitung des nächsten Kamerabildes begonnen.

### 2.3. Erfahrungen mit der parallelen Prozeßdatenverarbeitung

Meßtechnisch relevant für die Parallelverarbeitung in der Sensorik ist eine Diskussion der Größen *Totzeit* und *Taktzeit*. Da hier neben der Aufteilung des Datenraums (Bildfenster) auch eine Pipelinestruktur vorliegt, sollte man versuchen, den zeitlichen Aufwand der Bearbeitung in allen Stufen der Pipeline möglichst gleich zu halten. Mit dem Grad der Abweichung von einer Gleichverteilung der Verarbeitungszeit wächst der Anteil brachliegender Systemressourcen. Dies läßt sich leicht verstehen, wenn man bedenkt, daß der Durchsatz durch eine Pipeline immer von dem langsamsten Segment bestimmt wird. Folgerichtig muß es bei den anderen Segmenten der Pipeline Leerlaufzeiten geben. Dies hat zur Folge, daß die Effizienz des parallelen Systems sinkt.

Die *Taktzeit* ist definiert als die Zeit, die ein kompletter Bearbeitungszyklus benötigt und analog die *Taktfrequenz* als die Anzahl der kompletten Bearbeitungszyklen pro Sekunde. In einem System mit Pipelinestruktur entspricht die Taktzeit immer der Bearbeitungszeit des langsamsten Segmentes. Im Falle des vorliegenden Sensors bestimmt die Verarbeitung in Teil B als rechenintensivster Teil die Taktzeit.

Eine wesentliche Größe, die für Steuerungen und Regelungen oft noch wichtiger ist, stellt die *Totzeit* dar. Es ist dies die Zeit, die zwischen dem Entstehen einer Sache und ihrer vollständigen Auswertung durch das Sensor- oder Meßsystem liegt. Sie ergibt sich bei einer n-stufigen Pipeline aus dem n-fachen Wert der Durchlaufzeit durch das langsamste Segment. Selbst wenn die Taktzeit unter der Totzeit liegt, ist es letztlich die Totzeit, die in der Echtzeit-Anwendung bestimmend wirkt.

## 3. Fuzzy Entscheidungsunterstützung

### 3.1. Das Entscheidungsproblem

Als Problem verblieb es jedoch, eine Aussage über die Zuverlässigkeit der wie in Abschnitt 2 dargestellt ermittelten Daten zu treffen. Da sich beim Schweißprozess immer wieder kurzzeitige Instabilitäten und ablösende Schweißspritzer bilden können, unterdrückt der Auswertealgorithmus nicht auswertbare Bilder und arbeitet mit dem nächsten plausiblen, ungestörten und aussagefähigen Bild weiter. Sollte aufgrund der vorliegenden Geometrie des Werkstücks genau in diesem Moment eine starke Bahnkorrektur des Schweißroboters nötig werden, so kann der Sensor aus seinem bedingt durch die hohe Auflösung kleinen Auswerte- und Fangbereich hinauslaufen und der Roboter damit außerhalb der Werkstückfuge auf dem Werkstück schweißen.

Auch wenn die beschriebene Fehlermöglichkeit ein unwahrscheinlicher Zustand ist, so muß sie im Sinne eines hohen Qualitäts- und Sicherheitsstandards bei automatisierten Fertigungsprozessen mit großer Sicherheit erkannt werden. Zu dieser Erkennung galt es aussagekräftige Kriterien zu bestimmen, mit deren Hilfe eine Aussage über die Zuverlässigkeit der nach Abschnitt 2 numerisch ermittelten Größen getroffen werden kann.

## 3.2. Die Lösungsstrategie

Um die beschriebene Fehlermöglichkeit zu erkennen, wurden an einer Vielzahl von Bildern Gut- und Schlechtmuster ausgewertet und daraufhin untersucht, welche Einzelkriterien am schärfsten zwischen dem Gut- und Schlechtzustand differenzieren. In Abbildung 4 ist der Nahtbereich einer Schweißszene schematisch vergrößert dargestellt. Die linke Bildhälfte stellt eine Skizze des erwünschten Betriebszustandes, d.h. Schweißen in der Nahtmitte bzw. noch im Fangbereich des Sensors dar. Die rechte Bildhälfte zeigt eine Ablage von der Naht:

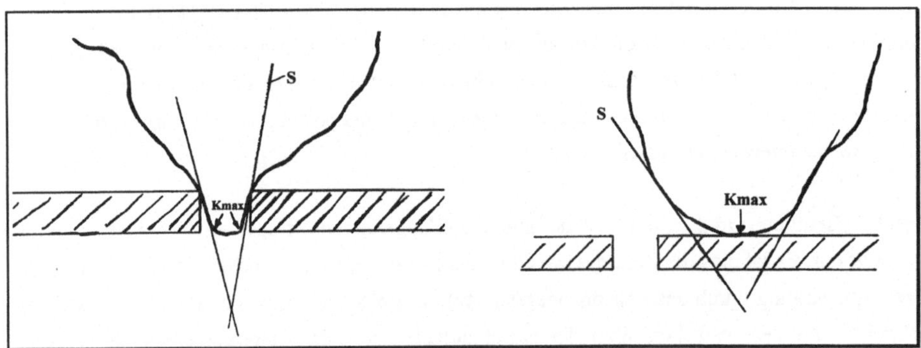


Abbildung. 4: Links: Abstraktion des erwünschten Schweißprozesses in der Naht
Rechts: Ablage von der Naht, außerhalb des Sensorfangbereiches.

Dabei wurden die Größen

- Steigung S im unteren Nahtbereich,
- zeitlicher Verlauf der Steigung dS/dt und
- Krümmung K im unteren Nahtbereich

untersucht. Dabei stellte sich heraus, daß ein Kriterium allein jedoch nicht in der Lage ist, den vorliegenden Zustand allgemeingültig zu beschreiben. Jedes dieser Kriterien benötigt zur gewünschten Aussage die Einbeziehung der beiden anderen Kriterien. Auch die Einteilung der möglichen Ausprägungen der Kriterien in feste Klassen (threshold values) ergab keine befriedigenden Ergebnisse. Daher wurde eine logische Variable "Noch_in_Naht?" durch eine

Fuzzy Entscheidungsunterstützung gebildet, die sich aus der Verbindung der genannten Kriterien ergibt. Abbildung 5 zeigt die Bildung der Entscheidungsvariablen schematisch:

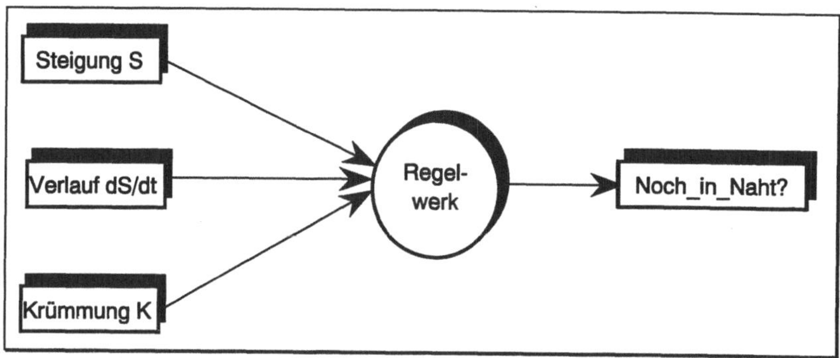


Abbildung 5: Bildung der Entscheidungsvariablen "Noch_in_Naht?"

Die genannten Größen, Steigung S, zeitlicher Verlauf dS/dt und die Krümmung B bilden die drei linguistischen Variablen des Systems.

## 3.3. Aufbau des Regelwerks

Die Zugehörigkeitsfunktionen zu den drei Variablen bestehen in der ersten Implementierung aus drei überlappenden Trapezabschnitten (Fuzzy Sets). Somit ergeben sich aus drei linguistischen Variablen mit drei Ausprägungen (Bereichen) 3*3*3 = 27 Regeln. Dabei werden die einzelnen linguistischen Variablen mit dem UND Operator verknüpft. Als Interferenzmethode fand hier die Min-Max-Methode Anwendung. Zur Defuzzyfizierung wird die Flächenschwerpunktsmethode benutzt, wobei die Schwellen der abschließenden Entscheidung für die Entscheidungsvariable in den meisten Fällen asymmetrisch gesetzt wurde. Abbildung 6 zeigt tabellarisch das Fuzzy Regelwerk als Kombination der drei Variablen mit je drei Ausprägungsbereichen.

Dabei repräsentiert das Regelwerk die Wissensbasis des Systems. In Verbindung mit der Einteilung der Zugehörigkeitsfunktionen ist dort das Systemverhalten gespeichert. Dabei sei die Anwendung der Regeln kurz demonstriert.

Die Aussage in der ersten Zeile bedeutet:

> wenn **S** gleich *groß* UND
> wenn **K** gleich *groß* UND
> wenn **dS/dt** gleich *groß*
>> dann ist "**Noch_in_Naht**" *sicher.*

Hingegen wären an den Meßwerten Zweifel angebracht, wenn zuträfe (7. Zeile):

wenn **S** gleich *groß* UND
wenn **K** gleich *klein* UND
wenn **dS/dt** gleich *groß*
dann ist "**Noch_in_Naht**" *unsicher* und *sehr unsicher*.

| Steigung S | Krümmung K | zeitl. Ableitung dS/dt | Noch_in_Naht? | | | | | |
|---|---|---|---|---|---|---|---|---|
| | | | | Sehr sicher | sicher | indiff. | un-sicher | sehr un-sicher |
| groß | groß | groß | | | X | | | |
| groß | groß | mittel | | X | | | | |
| groß | groß | klein | | X | | | | |
| groß | mittel | groß | | | | X | X | |
| groß | mittel | mittel | | | X | X | | |
| groß | mittel | klein | | X | X | | | |
| groß | klein | groß | | | | | X | X |
| groß | klein | mittel | | | | X | X | |
| groß | klein | klein | | | X | X | | |
| | | | | | | | | |
| mittel | groß | groß | | | | X | | |
| mittel | groß | mittel | | | X | | | |
| mittel | groß | klein | | X | X | | | |
| mittel | mittel | groß | | | | X | | |
| mittel | mittel | mittel | | | X | | | |
| mittel | mittel | klein | | | X | X | | |
| mittel | klein | groß | | | | | X | |
| mittel | klein | mittel | | | | | X | X |
| mittel | klein | klein | | | | | | X |
| | | | | | | | | |
| klein | groß | groß | | | | X | | |
| klein | groß | mittel | | | X | | | |
| klein | groß | klein | | X | X | | | |
| klein | mittel | groß | | | | X | | |
| klein | mittel | mittel | | | | X | X | |
| klein | mittel | klein | | | | | X | |
| klein | klein | groß | | | | | X | X |
| klein | klein | mittel | | | | | X | X |
| klein | klein | klein | | | | | | X |

Abbildung 6: Fuzzy Regelwerk zur Beschreibung des Systemverhaltens

Für jede Bildanalyse werden alle 27 Regeln auf die jeweiligen Werte der Größen S, K und dS/dt angewendet. Die Ergebnisse der Regeln werden dann graphisch "addiert", wobei so jede Regel bei Zutreffen einen Betrag liefert und bei Nicht-Zutreffen keinen Betrag zur Gesamtaussage liefert. Für den Fall des Zutreffens hängt die Stärke der Wichtung von dem Ausmaß des Zutreffens ab. Bei der Summenbildung erfolgt daher eine Normierung vor der Rückwandlung der unscharfen "Fuzzy"-Variablen in einen scharfen numerischen Wert ("crisp-value"). Dieser Wert stellt letztlich die Wahrscheinlichkeit des Schweißens in der Naht dar und ist daher Anhaltspunkt für die Verläßlichkeit der im vorherigen Prozeßabschnitt bestimmten Größen (Abstand, Ablage, Fläche, etc.).

Die Fuzzy Entscheidungsunterstützung wurde mit einem Fuzzy Entwicklungswerkzeug in sehr kurzer Zeit realisiert. Dabei erfolgte mit einem Fuzzy-Compiler die Umsetzung der in einer beschreibenden Sprache definierten Fuzzy Beziehungen in einen C-Quellcode, der auf dem Zielprozessor compiliert zunächst als sequentiell ablaufendes Modul mit Musterwerten getestet und dabei die Abbildung des Prozeßverhaltens im Regelwerk optimiert wurde. Danach erfolgte die Implementierung des Codes auf einem Transputer des Gesamtsystems.

## 4. Informationsfluß im gesamten Sensorsystem

Der Weg der von der Kamera ursprünglich aufgenommenen Bilddaten gliedert sich in drei Verarbeitungsblöcke:

- "konventionelle Parallelverarbeitung" zur Bildauswertung,
- "wissensbasierte Verarbeitung" zur Bestimmung der Meßsicherheit,
- "wissensbasierte" Prozeßsteuerung.

Dieser Informationsfluß im gesamten Sensorsystem wird in Abbildung 7 im Überblick dargestellt. Dabei stellt der Begriff "konventionelle" Parallelverarbeitung das Ausschöpfen des Parallelisierungspotentials durch Datenraumaufteilung und Pipelinestruktur zur eigentlichen Bildauswertung dar.

Erkennbar in Abbildung 7 ist der Pfad der Entscheidungsunterstützung (Bestimmung der Meßsicherheit) als zweiter Ausgangspfad der Bildauswertung. Dabei muß man sich im nachfolgenden dritten Block der Prozeßsteuerung die Aussagen des ersten und zweiten Blocks mit einer UND Verknüpfung verbunden vorstellen. Erst wenn die Entscheidungsvariable "Noch_in_Naht" als Größe der Nahtsicherheit eine gesetzte Grenzsicherheit überschreitet, werden die Werte von der Prozeßsteuerung angenommen. Im Falle eines Unterschreitens der Grenzsicherheit über mehr als fünf Bildfolgen erfolgt eine Alarmmeldung an die übergeordnete Steuereinheit.

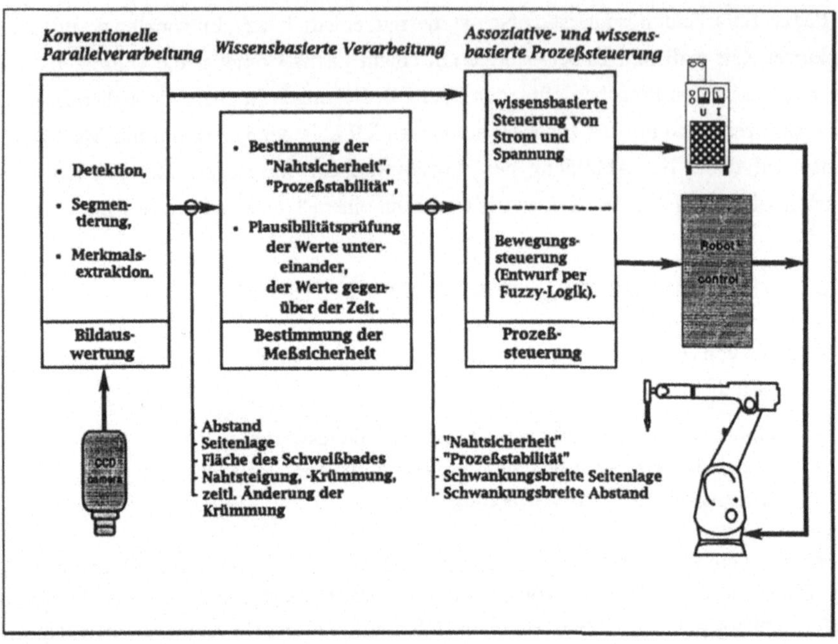


Abbildung 7: Informationsfluß im Sensorsystem

# 5. Zusammenfassung

Mit dem erstellten System ist es gelungen, die geforderten Aufgaben in einer Verarbeitungszeit von unter 70ms pro Bild zu erfüllen. Dies gelang auch in der höchsten Auflösungsstufe des Sensorsystems mit ca. 0,04 mm pro Bildpunkt. Darüber hinaus wurde an dieser speziellen Applikation gezeigt, daß auf einem parallelen System durch Verteilung der Aufgaben auf verschiedene Prozessoren unterschiedliche Auswertekonzepte (sequentielle Bildvorbereitung, parallele Auswertealgorithmen und Fuzzy Entscheidungsunterstützung) problemlos nebeneinander arbeiten können. Mit der erstellten universellen Kommunikationsstruktur zwischen den Prozessoren ist das System durch weitere Module leicht erweiterbar. Das Grundgerüst ist daher für die verschiedensten Aufgabenbereiche im Echtzeit Steuerungsbereich universell einsetzbar.

# Offene Experimentalsteuerung für Werkzeugmaschinen auf Transputerbasis

Roberto Feitscher, Peter Sworowski

Fraunhofer-Institut für Produktionsanlagen und Konstruktionstechnik (IPK)
Außenstelle für Robotersystemtechnik und Bildverarbeitung (ERS)
✉ Kurstraße 33, D-10117 Berlin
☎ (030) 39006-130, FAX (030) 39 11 037

## 1. Zielstellung

CNC-Steuerungen für komplexe Werkzeugmaschinen müssen heute flexibel an die unterschiedlichen Bearbeitungsaufgaben anpaßbar sein. Aus der Fertigungstechnik ergeben sich wegen erhöhter Forderungen an Bearbeitungsgeschwindigkeit und Konturgenauigkeit komplexe Anforderungen an die CNC-Steuerung. Marktgängige Steuerungen bieten nur wenige und oft ungeeignete Schnittstellen, um problemorientierte Lösungen implementieren und erproben zu können.
Ein wesentlicher Schwerpunkt der Entwicklungsarbeiten am IPK-Berlin wurde deshalb auf die Realisierung einer flexiblen Experimentalsteuerung gelegt, welche die Möglichkeit bietet, neuartige Funktionen schnell untersuchen und als abgeschlossene Softwarepakete in die Praxis einführen zu können.
Als Anwendungsgebiete stehen zunächst die

- Hochgeschwindigkeitsbearbeitung,
- Lasermaterialbearbeitung,
- besondere Schleifverfahren,
- Unrundbearbeitung und die
- Hochpräzisionstechnik im Vordergrund.

Ziel der Arbeiten zur neuen CNC-Steuerung ist die praktische Umsetzung der verschiedenen Funktionen. Nach systematischer Prüfung können klare Aussagen über eine mögliche Portierung auf handelsübliche CNC-Steuerungen getroffen werden.
Für den Echtzeitkern des Steuerungssystems wurde ein Transputersystem[1] gewählt. Diese Lösung erlaubt eine nahezu beliebige Leistungssteigerung durch Ergänzung um weitere Rechnerkomponenten. Die Software des CNC-Kerns wurde so strukturiert, daß die verschiedenen Programmteile parallel abgearbeitet werden können. Durch die einfache Konfigurierbarkeit des Transputersystems

[1]Transputer ist ein eingetragenes Warenzeichen von INMOS Ltd.

wird die Verteilung dieser Programmteile als separate Prozesse auf unterschiedliche Rechnerkomponenten möglich.

## 2. Aufbau und Eigenschaften

Grundlage der offenen Experimentalsteuerung des IPK-Berlin ist ein innovatives Steuerungskonzept mit paralleler Rechnerarchitektur, austauschbaren Softwaremodulen und Windows[2]-Bedienoberfläche.
Die Hardware-Konfiguration besteht aus einem Industrie-PC und einem separaten Rack mit dem Transputer-Netzwerk. Teile des Transputer-Netzwerks können alternativ auch im Industrie-PC realisiert werden (Bild 1).

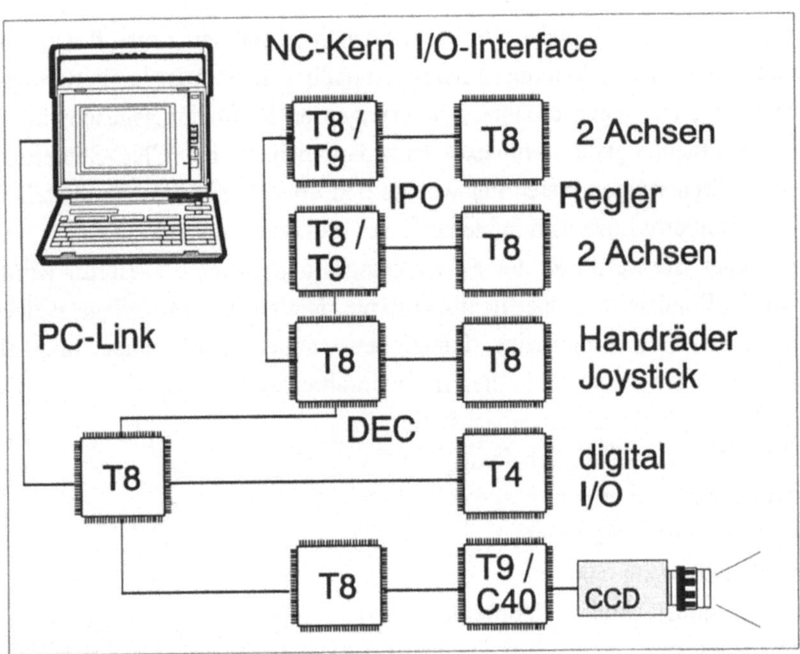


**Bild 1.** *Hardware-Konfiguration*

Der PC dient dabei der Bedienerführung unter Microsoft Windows und als Programmier- und Simulationssystem. Durch eine LAN- und Datenbank-Ankopplung wird die Datenverwaltung z.B. für Werkzeuge, Spannmittel, Werkstoffe und Maschinen-Konfigurationen ermöglicht (Bild 2).

---

[2]Windows ist ein Warenzeichen und Microsoft ein eingetragenes Warenzeichen der Microsoft Corporation

Die Verwendung eines PC-Standardsystems bietet die Vorteile der einfachen Erweiterbarkeit und der vollen Kompatibilität zu marktgängigen Softwarepaketen.

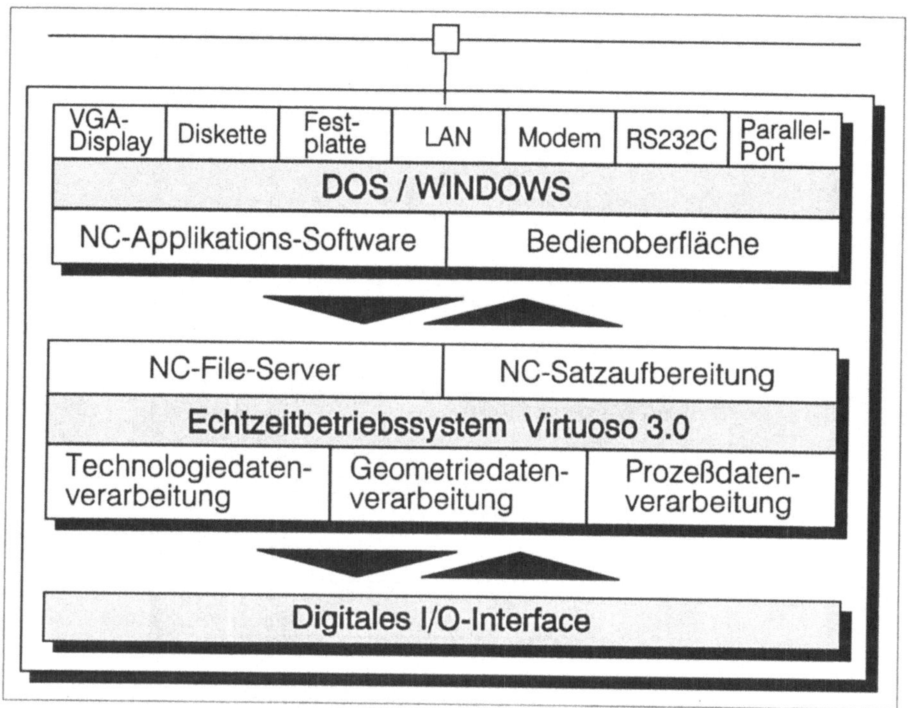


**Bild 2.** *Systemkonzeption*

Das Transputer-Netzwerk realisiert unter dem Echtzeit-Betriebssystem Virtuoso[3] 3.0 die Funktionalität des NC-Kerns, wie Dekoder, Satzvorbereitung, Interpolation für mehrere Kanäle und Lage- und/oder Geschwindigkeitsregelung. Auch die Funktionalität der SPS, die Bildverarbeitung für In-Process-Meßtechnik und allgemeine Verwaltungsaufgaben werden im Transputer-Netzwerk implementiert.

Die Bedienoberfläche ist in der Hochsprache C realisiert. Für den Bediener stellt sich die Software der Experimentalsteuerung als Anwendung unter Microsoft Windows dar. In verschiedenen Fenstern ist es möglich, Steuerungsdaten anzuzeigen, einzustellen und die Steuerung zu bedienen. Der Informationsaustausch mit dem CNC-Kern und anderen Windows-Applikationen (Simulation, Datenbanken) ist über Windows-interne Kommunikationsmechanismen möglich.

---

[3]Virtuoso ist ein Warenzeichen der Intelligent Systems International nv/sa

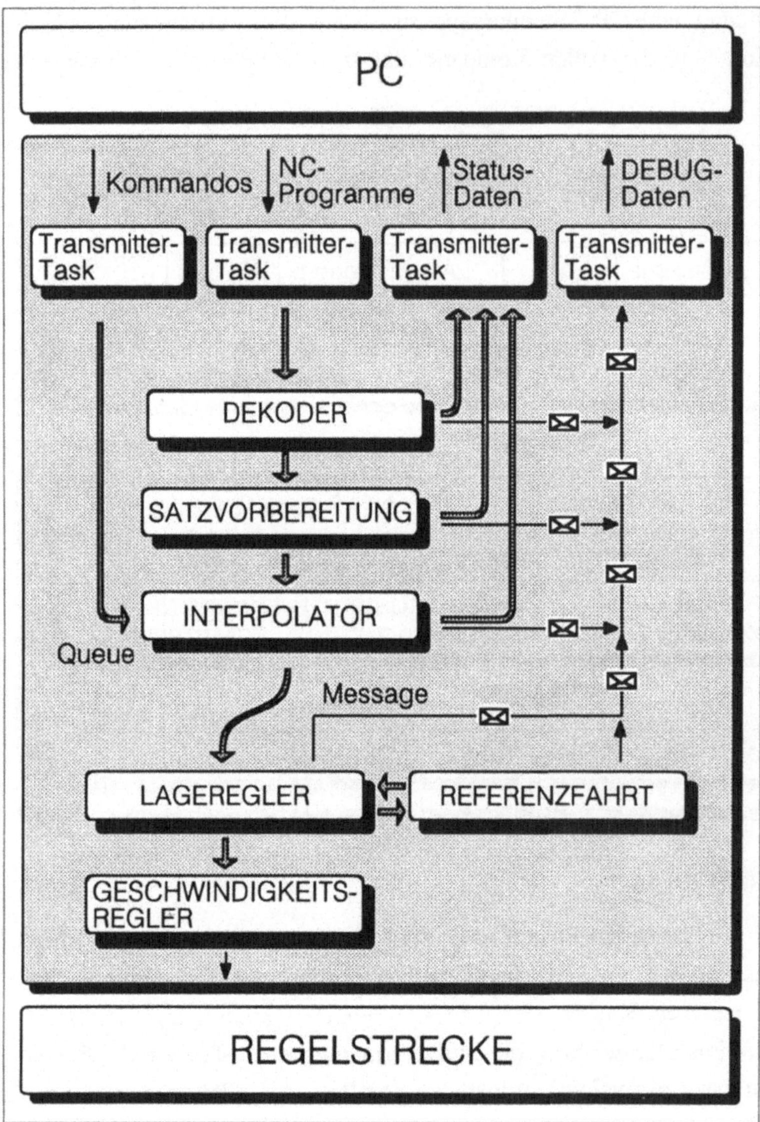


**Bild 3.** *Software-Struktur auf dem Transputer-Netzwerk*

## 3. Anwendungen

Im IPK-Berlin findet die auf der dargestellten flexiblen, skalierbaren und offenen Steuerungskonzeption basierende Experimentalsteuerung zur Bearbeitung verschiedener Problemfelder Einsatz. Dabei werden für Auftraggeber aus der Industrie und mit öffentlicher Förderung zukunftsträchtige Lösungen erarbeitet, ihre Machbarkeit nachgewiesen und die Voraussetzungen für eine Implementierung in marktgängige CNC-Steuerungen geschaffen.

## Problemfeld Steuerungen

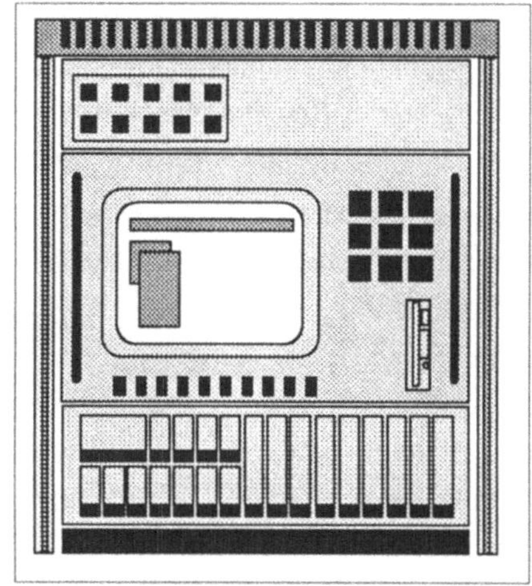

Durch die Entwicklung solcher Gebiete wie Hochpräzisionstechnik und Hochgeschwindigkeitsbearbeitung ergeben sich für die Steuerungstechnik neue Anforderungen. Hohe Qualitätsanforderungen mit Rauheiten unter 1 µm und Formabweichungen um 1 µm sind verbunden mit hohen Forderungen an Produktivität und Flexibilität.

Für diese Forderungen stellt die Experimentalsteuerung des IPK-Berlin eine leistungsfähige, flexibel einsetzbare und erweiterbare Plattform dar. Folgende Entwicklungsschwerpunkte sollen für zukünftige Steuerungen gesetzt werden:

- Bahnsteuerungen für mehr als 3 Achsen in Bearbeitungs- und Meßmaschinen für hohe Geschwindigkeiten bei gleichzeitig kleiner Weginkrementierung,
- Korrektur von Lagezuordnung und Geometriefehlern der Maschinenbauguppen und des Werkzeugs sowie von Führungsfehlern,
- Qualitätsprüfung des Werkstücks in der Maschine oder maschinennah mit Einwirkung auf die Steuerung (Korrektur),
- Korrektur der an der Maschine durch Kraft- und Temperatureinwirkungen verursachten Deformationen und Verlagerungen.

## Problemfeld Offenheit und Bedienerführung

Zunehmend werden offene Steuerungssysteme gefordert, die es z.B. dem Anwender (Maschinenhersteller) erlauben, leicht eigene Funktionen einzubinden und die Bedienoberfläche zu projektieren. Dazu müssen diese Steuerungssysteme gemeinsamen herstellerübergreifenden Konventionen folgen:

- einheitliche, offengelegte interne Schnittstellen und Programmierumgebungen,
- Offenlegung des CNC-Datenaustausches,

- einheitliche Benutzerschnittstellen, einfache Projektierbarkeit der Bedienoberfläche,
- entsprechend den Leistungsanforderungen konfigurierbare und skalierbare Hard- und Software,
- Einbindung in unternehmensweite Kommunikation durch standardisierte Schnittstellen und einheitliche Kommunikationsverfahren,
- Nutzung offener Schnittstellen zum Prozeß.

Außerdem fordern die Steuerungsanwender weitgehende grafische Unterstützung bei der NC-Programmierung, die Kopplung an Technologie- und Werkzeugdatenbanken sowie umfangreiche Hilfefunktionen auf der Steuerung für Inbetriebnahme, Konfiguration, Nutzung und Service.

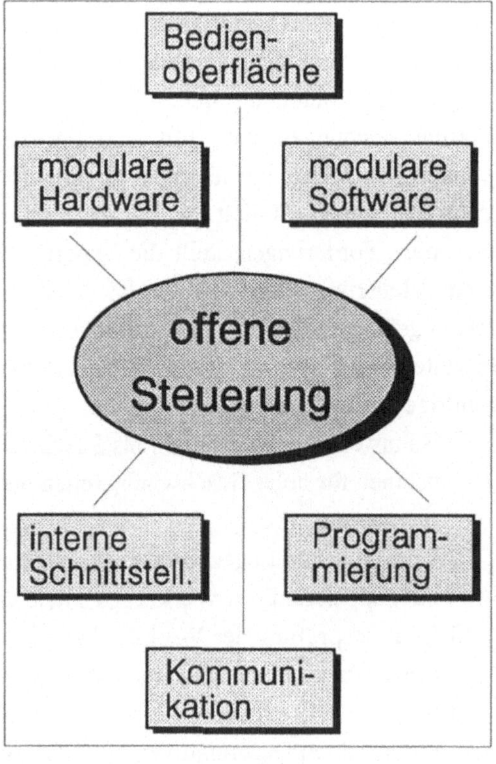


Einige der genannten Forderungen einer offenen Steuerung sind durch den Einsatz von Microsoft Windows auf einem Standard-PC zu erfüllen. Damit steht eine in hohen Stückzahlen eingesetzte und preiswert verfügbare Hard- und Software-Basis zur Verfügung.

Die im IPK-Berlin realisierte Experimentalsteuerung demonstriert auch mit ihrer Bedienoberfläche die Einhaltung von Kriterien einer offenen Steuerung. Für den Bediener stellt sich das Benutzer-Interface als Paket von Windows-Anwendungen dar, das somit relativ leicht konfiguriert, angepaßt und mit neuen Funktionalitäten erweitert werden kann (Bild 4). Nach Möglichkeit werden auch Standardapplikationen von Windows genutzt. Durch Einsatz eines objektorientierten Programmieransatzes können steuerungsspezifische Klassen erstellt und verwendet werden.

Der CNC-Kern basiert auf dem Echtzeit-Multitask-Multiprozessor-Betriebssystem Virtuoso 3.0. Durch den Einsatz von Transputern kann der Steuerungskern leicht an unterschiedliche Leistungsanforderungen angepaßt werden.

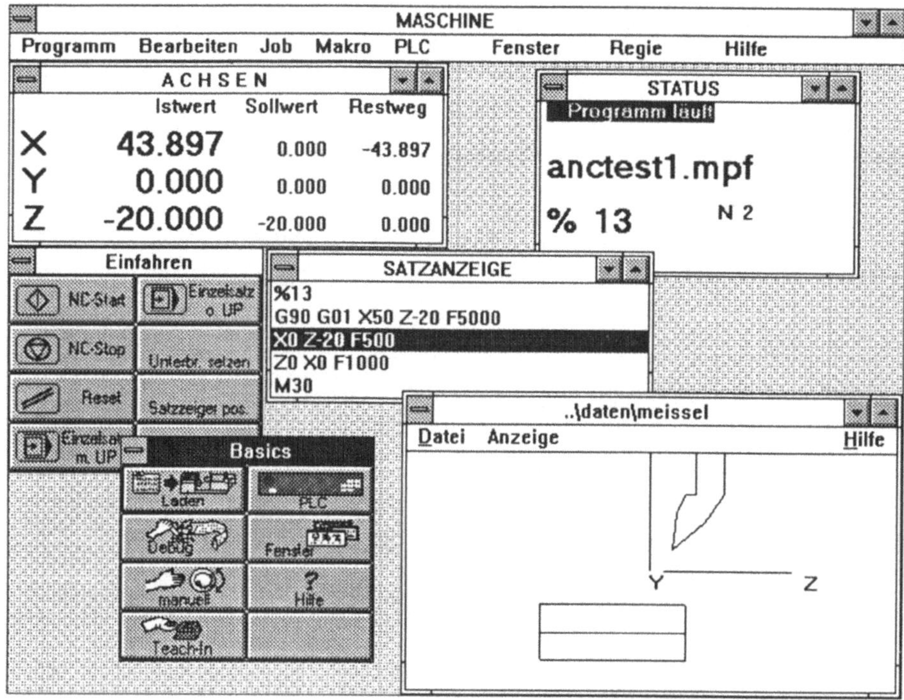


**Bild 4.** *Bedienoberfläche der Experimentalsteuerung*

Der Datenaustausch im Steuerungskern wird mit Binärdaten abgewickelt und nutzt die Queue- und Message-Mechanismen von Virtuoso 3.0. Auf der PC-Ebene werden zwischen den einzelnen Windows-Anwendungen Textformate über den durch Windows bereitgestellten Mechanismus Direct Data Exchange (DDE) ausgetauscht. Diese Datenschnittstellen werden offengelegt und ermöglichen das Einbringen weiterer Software-Komponenten beim Steuerungshersteller bzw. beim Werkzeugmaschinenhersteller und -anwender in den CNC-Kern und auf der PC-Ebene.

Neue Ansätze zur handlungsorientierten Gestaltung und Auslegung von Steuerungssystemen beziehen sich auf die Nutzung neuer, angepaßter Interaktionsmöglichkeiten von Facharbeitern im Bereich der spanenden Teileherstellung (z.B. Handradunterstützung, Joystick, Touch-Screen). Damit bieten solche Maschinenkonzepte die Perspektive zum Einsatz und zur Gestaltung von Arbeitsorganisationsformen mit einer stärkeren Orientierung an gruppenfähigen Werkstattlösungen.

## Problemfeld Antriebe

Im IPK-Berlin wird die beschriebene Experimentalsteuerung an einer Hochpräzisions-Drehmaschine eingesetzt, die modular aus luftgelagerten Baugruppen aufgebaut ist. Zwei Translationseinheiten, eine Werkstückspindel und ein mechanisch zustellbarer Werkzeughalter sind auf einer Hartgesteinsplatte zusammengestellt und erlauben die beim Drehen von Plan-, Zylinder-, Kegel- und Kugelflächen erforderlichen Zustell- und Vorschubbewegungen. Die derzeitig eingesetzten Translationseinheiten sind mit Gleichstromantrieben, hochübersetzenden Getrieben und Kugelumlaufspindel als Bewegungswandler ausgerüstet und können mit sehr geringen Verfahrgeschwindigkeiten im Bereich 0,5 ... 200 mm $min^{-1}$ bewegt werden. Das eingesetzte Längenmeßsystem sichert in Verbindung mit der Interpolationseinheit eine Auflösung bis 10 nm.
In der Tabelle sind die für die Antriebsregelung wichtigen Anforderungen aus verschiedenen Einsatzgebieten zusammengestellt.

| | **Fein-bearbeitung** | **Hochpräzisions-technik** | **Ultrapräzisions-technik** |
|---|---|---|---|
| **Meßsystem-Auflösung** | 1 µm | 0,1 µm | 0,01 µm |
| **max. Geschwindigkeit** | 450 m $min^{-1}$ | 90 m $min^{-1}$ | 9 m $min^{-1}$ |
| **Meßsystem-Grenzfrequenz** | 7,5 MHz | 15 MHz | 15 MHz |
| **Lageregelperiode** | 0,5 ms | 0,25 ms | 0,25 ms |
| **Geschwindigkeits-regelperiode** | 0,2 ms | 0,1 ms | 0,1 ms |

In der Experimentalsteuerung ist die Lage- und Geschwindigkeitsregelung auf Transputerbaugruppen digital realisiert (Bild 5). Über D/A-Wandler wird ein Servoverstärker angesteuert, der mit interner Stromregelung arbeitet.

Gegenwärtig werden für die Regelalgorithmen folgende Rechenzeiten erreicht:

| **Lageregler** 0,4 ms | **Geschwindigkeitsregler** 0,4 ms |
|---|---|
| 2 Achsen, P-Algorithmus<br>Festkommarechnung<br>mit Schleppabstands-Überwachung,<br>Software-Endlagen,<br>Hardware-Endlagen | 2 Achsen, P-/PI-Algorithmus<br>Festkommarechnung<br>mit Rücksetzen des I-Anteils in<br>Abhängigkeit vom Schleppabstand |

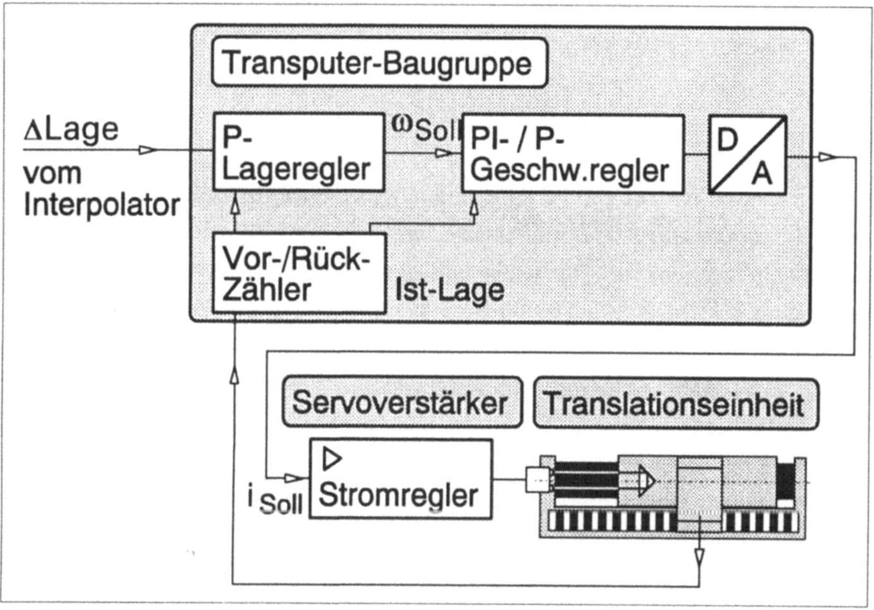


**Bild 5.** *Struktur der Antriebsregelung*

Ein Problem besteht darin, aus den Signalen des Längenmeßsystems auch die Ist-Geschwindigkeit für den Geschwindigkeitsregler zu ermitteln, um auf einen separaten Tachogenerator verzichten zu können. Bei den genannten geringen Verfahrgeschwindigkeiten ist die durch Impulszählung der Lageinkremente pro Abtastperiode des Reglers ermittelte Geschwindigkeit jedoch stark fehlerbehaftet, weil bei Abtastperioden um 0,4 ms nur wenige oder keine Lageinkremente eingezählt werden. Die Impulszählung der Lageinkremente pro Abtastperiode kommt nur für den oberen Geschwindigkeitsbereich in Betracht. Für mittlere Verfahrgeschwindigkeiten ist eine Messung der Periodendauer der Lageinkremente vorgesehen, im Bereich kleinster Verfahrgeschwindigkeiten kann direkt das sinusförmige Analogsignal des Längenmeßsystems im Rechner ausge-

wertet und die Ist-Geschwindigkeit ermittelt werden. Entsprechende Algorithmen werden in den Geschwindigkeitsregler implementiert und erprobt.
Zukünftig wird der Einsatz von rotatorischen und translatorischen Direktantrieben, d.h. von Maschinenachsen ohne Getriebe und bei Linearachsen ohne Rotations-Translationswandler, stark zunehmen. Damit werden Einflußfaktoren wie Spiel, Schlupf, Übersetzungsfehler usw. minimiert und eine höhere Dynamik der angetriebenen Achsen erreicht. Außerdem werden zunehmend durchgehend digitale Antriebskonzepte verwirklicht.
Auch hier ist unter Nutzung von Parallel-Rechner-Strukturen die Entwicklung hochdynamischer Software-Regler für elektrische Direktantriebe für rotatorische und translatorische Bewegungen möglich.

**Problemfeld In-Prozeß-Messung**

Moderne CNC-Steuerungen verleihen den Werkzeugmaschinen und Fertigungszellen die notwendige Flexibilität und ermöglichen Genauigkeitssteigerungen durch Kompensation von statischen und dynamischen Fehlereinflüssen bei der Generierung von Maß und Gestalt der Werkstücke. Insbesondere bei geringer Prozeßsicherheit und bei der Inbetriebnahme von Maschinen ist das schnelle und deshalb prozeßnahe Erfassen von ausgewählten Geometrieparametern für die Rückkopplung von Informationen in die Steuerung von zunehmender Bedeutung. Dafür kommen unterschiedliche elektrische und optische Meßverfahren in Betracht. Für dieses Aufgabengebiet werden kommerzielle Meßverfahren untersucht und die Entwicklung neuer Meßverfahren vorangetrieben.
Eine hohe Produktivität bei der Erfassung von Meßgrößen mit einer großen Anzahl von Meßpunkten, wie z.B. bei Maßverteilungen und Profilverläufen von Form und Rauheit der Werkstücke, erzielt man entweder durch schnelle Relativbewegung eines Sensors zum Werkstück oder besser durch die räumliche Parallelanordnung von Sensoren, die die zeitgleiche oder nahezu zeitgleiche Erfassung der Meßgrößen (Auslesen) und Weiterleitung in die Steuerung zur Meßdatenverarbeitung ermöglichen.
Optische Verfahren mit zeilen- oder flächenförmiger Antastung der Meßfläche gelten in Verbindung mit CCD-Zeilen- oder -Matrixempfängern als parallel-erfassende Systeme, die die Meßinformationen mit Methoden der Bildverarbeitung behandeln. Das optische Triangulationsverfahren, wie die Projektion einer Kante oder Linie oder eines Streifenmusters (Bild 6), läßt sich sehr flexibel auf die praktischen Anforderungen der Hochpräzisionstechnik adaptieren.

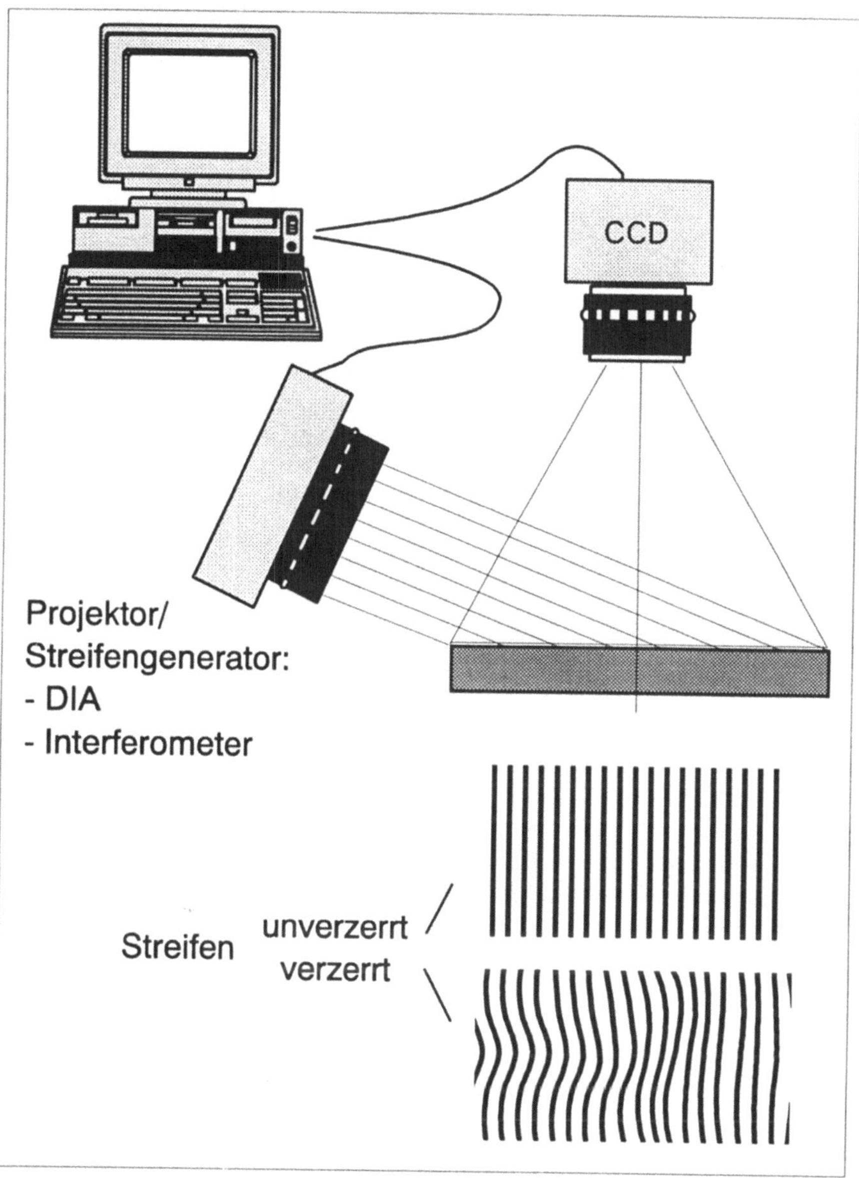


**Bild 6.** *Anordnung zur optischen Streifenprojektion*

Dic Mcßgrößcncrfassung bei linien- oder feldförmiger Verteilung der Meßpunkte liegt im Bereich < 1s. Die Verarbeitungszeit einschließlich Gewinnung von Korrekturgrößen für die Steuerung wird durch die Leistungsfähigkeit des Rechners und der Verarbeitungsalgorithmen bestimmt und kann durch Verteilung und Parallelverarbeitung auf mehreren Transputern positiv beeinflußt werden.

Typische Werte liegen im Bereich von 1s bis 20s je nach Feldgröße der Daten und gewünschten Ausgangsgrößen.

## Literatur

/1/ Weck, M.; Pritschow, G. u.a.: Die offene Steuerung - Zentraler Baustein leistungsfähiger Produktionsanlagen
Wettbewerbsfaktor Produktionstechnik, Aachener Perspektiven, S.4-43 - 4-72, VDI-Verlag, Düsseldorf, 1993

/2/ Potthast, A.: Numerische Steuerungen - Grundlage zur Automatisierung von Werkzeugmaschinen
ZwF 83(1988) Sonderheft 28.10.88, S.42-44

/3/ Preiss, E.: Alles geregelt - Tachometeranwendungen mit Mikrocontroller realisiert
Elektronik (1992)25, S.92-103

/4/ Tiziani, H.J.: Optische Verfahren zur Abstands- und Topografiebestimmung
Informationstechnik it 33(1991)1, S.5-14

/5/ Seibt, M.; Höfler, H.: Überblick über die verschiedenen Moire-Techniken
Vision & Voice Magazine Vol.4, No.2, 1990, S.145-151

/6/ Spur, G.; Nyarsik, L.; Körner, K.; Krahn, A.: Interferometrische Messung der Form, Welligkeit und Rauheit feinbearbeiteter Flächen
Technisches Messen 59(1992)11, S.423-427

# parallel-FUCS
# Einsatzsystem zur online- und realtime- Fuzzyklassifikation

Holger Franke
FRAUNHOFER-EINRICHTUNG FÜR UMFORMTECHNIK UND WERKZEUGMASCHINEN CHEMNITZ
Dienstleistungszentrum Mikrosystemtechnik Chemnitz
Reichenhainer Straße 88, Chemnitz, 09126
Tel.: (0371) 561-4714; e-mail: franke@iuw.fhg.de

## 1. Einführung

In der heutigen Zeit, die durch eine zunehmende Automatisierung der Produktion gekennzeichnet ist, kommt der automatischen Überwachung technischer Prozesse immer größere Bedeutung zu.
Immer wesentlicher wird dabei das schnelle Reagieren der Überwachungs- und Regeleinrichtungen auf Störungen in komplexen Systemen mit geringen Zeitkonstanten. Nur so kann eine wirksame Regelung und/oder Schadensminimierung erfolgen.
Zur Modellierung komplexer, nichlinearer Systeme hat sich die fuzzy-classification, ein Klassifikationsverfahren, das die Theorie der unscharfen Mengen bei der Mustererkennung einsetzt, als praktikabel erwiesen.
Es wird im folgenden ein leistungsfähiges und skalierbares Echtzeit-Maschinendiagnosesystem auf Transputerbasis vorgestellt, wie es zur flexiblen Überwachung und Qualitätssicherung in der hochautomatisierten Fertigung notwendig ist.

## 2. Theorie der Fuzzy - Klassifikation

Insbesondere für komplexe Systeme kann oft auf Grund der ihnen innewohnenden Abhängigkeiten und Nichtlinearitäten keine theoretische Systemanalyse mit vertretbarem Aufwand durchgeführt werden. Solche Systeme werden aber sehr wohl von Bedienern oder Anlagenfahrern gut geführt. Das Wissen, wie das System zu steuern ist, ist folglich vorhanden; es muß "nur" noch in geeigneter Form in einen Reglungsalgorithmus überführt werden. Dies ist ein Ansatzpunkt der Fuzzy Logik, denn mit ihr kann aus vagem oder unscharfem Wissen ein Modell des Prozesses generiert werden.
Anhand dieses Modells wird das System gesteuert oder der Anlagenfahrer entsprechend den aktuellen Betriebsbedingungen beraten.
In Chemnitz wurde von einer Arbeitsgruppe um Prof. Bocklisch eine Theorie zum Entwurf

und zur Anwendung unscharfer Klassifikatoren entwickelt [1].

Die Beschreibung der dabei benutzten unscharfen Mengen (Fuzzy Sets) basiert auf einer parametrischen Beschreibung der Klassenzugehörigkeitsfunktionen im hochdimensionalen Raum. Verwendung findet hierbei eine spezielle Potentialfunktion zur Berechnung der Zugehörigkeit (Sympathie) $\mu_k$ eines Objektes zur Klasse k, dessen Position im Raum durch den Merkmalsvektor $\underline{x}$ beschrieben wird. Diese der Aizermannschen Potentialfunktion entlehnte Funktion hat in vereinfachter Form folgendes Aussehen:

$$\mu_k = \frac{a_k}{1 + \sum_{j=1}^{M} \left( \frac{1}{b_{kj\pm}} - 1 \right) \left| \frac{x_j - s_{kj}}{c_{kj\pm}} \right|^{d_{kj\pm}}} \quad (1)$$

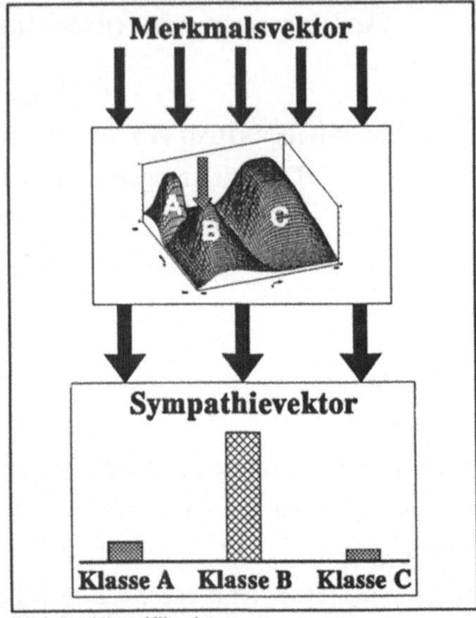

Bild 1 Klassifikation

Im Gegensatz zu den klassischen scharfen Klassifikationsverfahren erfolgt bei der Fuzzy-Klassifikation keine eindeutige Zuordnung des Objektes zu einer Klasse. Statt dessen erhält man für jede Klasse einen Wert, der die Zugehörigkeit des Objektes zu dieser Klasse ausdrückt und als Sympathiewert bezeichnet wird (Bild 1).

Bei der Bewertung dieses Sympathievektors nach der Klassifikation sind qualitativ betrachtet im wesentlichen drei Fälle möglich:

1. die Sympathie zu einer Klasse ist groß, zu den anderen Klassen mit Abstand klein
   → Objekt gehört zur Klasse mit der größten Sympathie
   eindeutige Zuordnung
2. die Sympathie zu mehreren Klassen ist groß
   → das Objekt liegt zwischen sich überdecken Klassen
   Übergang des Objektes von einer Klasse zur anderen bzw.
   Klassifikator hat zu geringe Trennschärfe
3. die Sympathie zu allen Klassen ist klein
   → das Objekt wurde abgelehnt
   der Klassifikator wurde für dieses Objekt nicht belehrt bzw.
   Störung im Prozeß, eventuell Sensor ausgefallen

Das Programmsystem FUCS (Fuzzy - Classification - System) stellt Tools zum Entwerfen, Anlernen, Bearbeiten und Darstellen hochdimensionaler Fuzzy-Klassifikatoren zur Verfügung [2]. Als Eingangswerte (Merkmale) können metrische oder nichtmetrische Variable dienen.

Auch Expertenwissen kann in Regelform in einen Klassifikator Eingang finden.
Die Anwendung der unscharfen Klassifikation auf ein Klassifikationsproblem zerfällt in zwei Phasen, auf welche im folgenden näher eingegangen werden soll.

## 2.1. Anlernphase

In dieser Phase muß der Klassifikator mit Wissen gefüllt d.h. belehrt werden. Dies kann sowohl durch die Vorführung von Lernobjekten bekannter Klassenzugehörigkeit, als auch durch Implementation mit Unsicherheit behafteter Aussagen von Experten geschehen.
Die Strukturbildung oder das Anlernen mit Lernobjekten ähnelt dem der neuronalen Netze, jedoch sind bei weitem nicht so große Stichproben [3] erforderlich. Diese "Genügsamkeit" begründet sich in der unscharfen Betrachtungsweise:

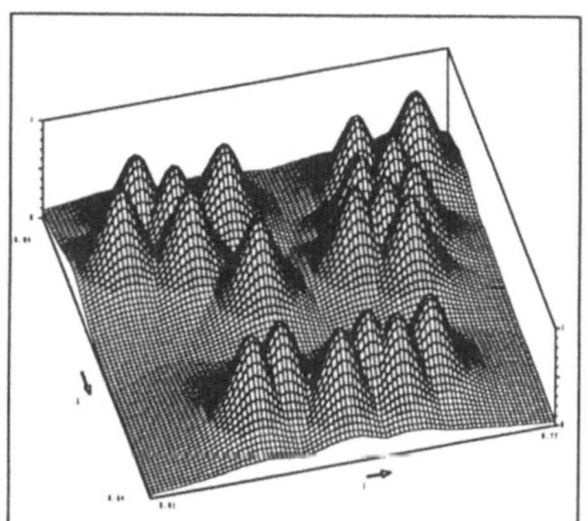

Bild 2 unscharfe Lernobjekte im Merkmalsraum

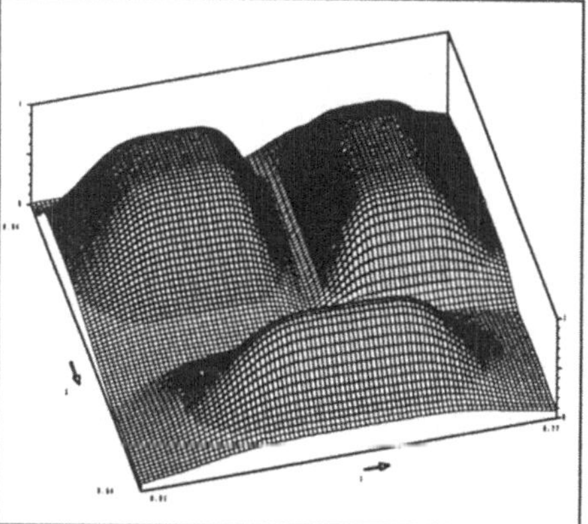

Bild 3 Lernobjekte zu Klassen aggregiert

Man setzt die Stetigkeit im Merkmalsraum voraus und nimmt an, daß die Lernobjekte eine gewisse, elementare Unschärfe besitzen und somit die Klassenzugehörigkeit oder die Semantik eines Objektes auch für seine unmittelbare Umgebung gilt. In Bild 2 ist die Zugehörigkeitsfunktion (Z-Achse) von Lernobjekten im zweidimensionalen Merkmalsraum (X- und Y-Achse) dargestellt. Ein Lernobjekt legt die Klassenzugehörigkeit eines ganzen Gebietes in seiner Umgebung mit einer bestimmten , angenommenen Sicherheit fest.
In Bild 3 wurden diese Lernobjekte zu Klassen aggregiert. Leider ist nur der zweidimensionale Fall darstellbar, FUCS unterstützt mit diesem Verfahren aber auch Klassifikatoren für beliebig hochdimensionale Merkmalsräume.
Da nicht von jedem Prozeßzustand, wie z.B. Crashsituationen, Lernobjekte zum automatischen Anlernen des Klassifikators verfügbar sind, kommt ein Vorteil der Fuzzy-Klassifikation gegenüber herkömmlichen Systemen zum tragen. FUCS gibt dem Anwender die Möglichkeit, Expertenwissen im Dialog (Bild 4) durch die Definition von Zugehörigkeitsfunktionen und

Regeln in einen schon vorhandenen Klassifikator zu implementieren.

Zum Test des entworfenen Modells wird dieses auf neue Objekte angewendet und seine Güte beurteilt. Ist diese nicht ausreichend, so sind zum Anlernen andere Objekte zu nutzen oder neue Merkmale bereitzustellen.

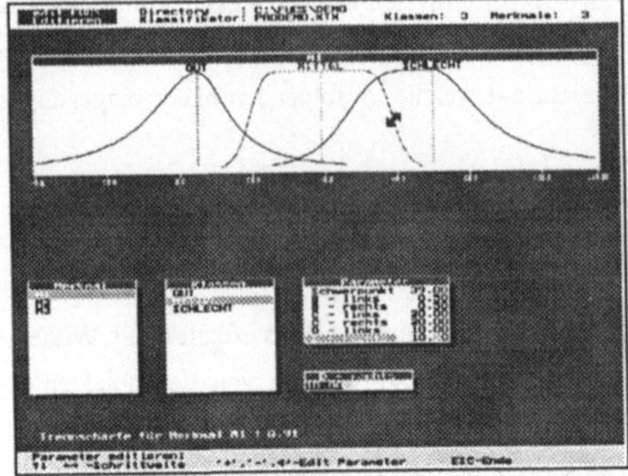

Bild 4 Editor zur Implementation von Expertenwissen

## 2.2. Einsatzphase

In der Einsatzphase werden neue Objekte mit Hilfe des in der Anlernphase entwickelten Klassifikators unter Verwendung von Formel 1 klassifiziert. Dabei wird die Zugehörigkeit des aktuellen Objektes zu allen Klassen berechnet. Anhand dieses Klassifikationsergebnisses, des Sympathievektors, kann der Anwender auf Eigenschaften des Objektes, wie zum Beispiel den Systemzustand eines technischen Prozesses, schließen.

Der Inferenzalgorithmus zur Berechnung der Zugehörigkeiten eines Objektes zu den Klassen (Sympathien) wird durch den FUCS-Compiler F-SOURCE nach Bedarf in den Sprachen C, PASCAL oder OCCAM erzeugt [4]. So kann das Verfahren der unscharfen Klassifikation einfach in Anwendungsprogramme eingebunden, oder in eine andere, vom Anwender benutzte Programmiersprache umgesetzt werden.

# 3. parallel-FUCS

parallel-FUCS ist eine OCCAM-Library [5], welche die Realisierung parallelarbeitender Echtzeiteinsatzsysteme unterstützt. Es stellt Module zur Echtzeitmerkmalsbildung, -klassifikation und -visualisierung der Ergebnisse zur Verfügung. Außerdem wird das Anlernen durch eine Schnittstelle zum Klassifikator-Entwicklungsystem FUCS unterstützt.

parallel-FUCS liegt zur Zeit in Versionen für die Systeme Multitool [6] und Toolset [7] vor.

## 3.1. Systemkonzept

Bisher wurden Einsatzsysteme unter Verwendung herkömmlicher, sequentiell arbeitender Rechner realisiert. Es zeigten sich dabei folgende Probleme:

- eine Erkennung und Bewertung schneller transienter Vorgänge ist nicht möglich, da Zeitsignale nicht vollständig über längere Zeit erfaßt und gleichzeitig verarbeitet und bewertet werden können
- die Zeit vom Auftreten eines Ereignisses bis zu dessen Erkennung ist für einige Applikationen zu lang
- nur begrenzte Echtzeitfähigkeit der Systeme

Die grundlegende Entscheidung für das Gesamtkonzept eines schnellen Fuzzy-Reglers war die Nutzung der Transputertechnik als Hardwareplattform [8].

Transputer sind echtzeitfähig und können als Stand-Alone-System im industriellen Einsatz betrieben werden. Durch die Dimensionierung des Transputernetzes kann eine Anpassung der Leistung an die aktuelle Problemstellung erreicht werden.

Es steht somit eine große, skalierbare Rechenleistung zu einem relativ günstigen Preis zur Verfügung.

### 3.2. Parallelisierungsstrategien

Ein Grundproblem bei der Migration von Programmen auf Transputernetze ist die Parallelisierung der benutzten Algorithmen [9].

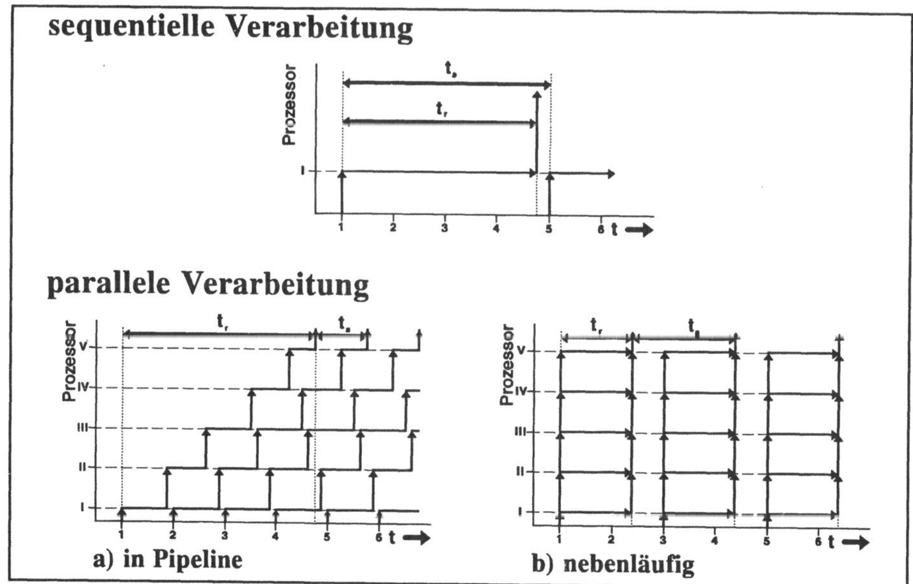


Bild 5 Datenfluß in sequentiell und parallel abarbeitbaren Prozessen

Es gilt die Gesamtaufgabe in weitestgehend voneinander unabhängige Teilaufgaben (Prozesse) zu zerlegen. Einige dieser Prozesse können nebenläufig d.h. parallel zueinander abgearbeitet

werden, andere wiederum erst nach Beendigung eines vorangestellten Prozesses.
Jedes Programm besteht sowohl aus sequentiell als auch aus parallel abarbeitbaren Prozessen.
Die Beschleunigung eines Programms kann selbst durch massive Parallelisierung in einem großen Transputernetz nur bis zu der Geschwindigkeit erfolgen, welche der Summe der Abarbeitungszeiten voneinander sequentiell abhängiger Prozesse entspricht.
Die Beschleunigung der Berechnung (speed-up) ist nicht proportional zur Anzahl der Transputer im Netz, da in jedem Programm ein sequentieller Anteil vorhanden ist.
Auf grund dessen hat die Auswahl der Algorithmen schon im Hinblick auf ihre Parallelisierbarkeit zu erfolgen. Es ist zu entscheiden, welche Zielstellung dem System zugrunde liegt. Zum einen kann es erforderlich sein, eine hohe Datenrate vollständig in Echtzeit zu bearbeiten und/oder geringe Abtastzeiten ($t_a$) zu erreichen. Andererseits ist oft eine sehr kurze Reaktionszeit ($t_r$) notwendig. Die Datenflüsse im System müssen entsprechend den Erfordenissen optimal gestaltet werden.
In Bild 5 sind grundlegende Formen des Datenflusses dargestellt. Die Linien stellen den Weg einiger Datensätze während der Bearbeitung dar. Bei nebenläufige Parallelverarbeitung mit verteilten Datenströmen (Bild 5 b) arbeiten alle Prozessoren gleichzeitig an einem Datensatz. Sie vereinen ihre Rechenleistung, und die Reaktionszeit $t_r$ des Systems verringert sich. Allerdings kann die Abtastzeit $t_a$ nur so klein sein, wie der langsamste der parallelen Prozesse zur Abarbeitung seiner Aufgabe benötigt.
Natürlich ist die Parallelisierbarkeit der Algorithmen Voraussetzung für diese Arbeitsweise. Organisiert man die Prozessoren in einer Pipeline (Bild 5 a), so können großen Datenraten und eine hohe Abtastfrequenz erreicht werden, die Reaktionszeit $t_r$ (pipeline delay) entspricht aber der rein sequentiellen Verarbeitung. In der Praxis werden die Datenflüsse natürlich selten exakt in den dargestellten reinen, sondern meist sind Mischformen realisiert.

### 3.3. Parallelisierung in parallel-FUCS

Wie an Bild 6 zu erkennen ist, besteht der Algorithmus für den Fuzzy-Regler aus mehreren sequentiell voneinander abhängigen Modulen (Prozessen). Diese Hauptmodule können somit nur in Form einer Pipeline parallelisiert werden. Innerhalb der Haupmodule ist aber eine Verteilung des Datenstroms möglich.

**Bild 6** Datenfluß in parallel-FUCS

Da die Module Prozeßkopplung, Merkmalsbildung und Steuerung stark vom jeweiligen Einsatzfall abhängig sind, soll hier nur auf die Parallelisierung des Klassifikationsmoduls, welches den Inferenzmechanismus beinhaltet, eingegangen werden.

Der auf dem durch FUCS erzeugten Parametersatz beruhende Klassifikationsalgorithmus ist aufgrund der Abgeschlossenheit der Beschreibung jeder Klasse sehr gut zur Parallelisierung geeignet:

$$\mu_1 = \frac{a_1}{1 + \sum_{j=1}^{M} \left( \frac{1}{b_{1j\pm}} - 1 \right) \left| \frac{x_j - s_{1j}}{c_{1j\pm}} \right|^{d_{1j\pm}}}$$

$$\mu_2 = \frac{a_2}{1 + \sum_{j=1}^{M} \left( \frac{1}{b_{2j\pm}} - 1 \right) \left| \frac{x_j - s_{2j}}{c_{2j\pm}} \right|^{d_{2j\pm}}}$$

...

$$\mu_k = \frac{a_k}{1 + \sum_{j=1}^{M} \left( \frac{1}{b_{kj\pm}} - 1 \right) \left| \frac{x_j - s_{kj}}{c_{kj\pm}} \right|^{d_{kj\pm}}} \qquad (2)$$

Die Zerlegung in K unabhängige Einzelprozesse und deren Verteilung auf ein Transputernetz ist gut möglich. Jeder Prozeß berechnet die Sympathiewerte der ihm zugeordneten Klassen. Die Kommunikation zwischen den Prozessen beschränkt sich bei der Klassifikation lediglich auf die Übernahme des Merkmalsvektors und die Übergabe der berechneten Sympathien. Für den Sonderfall eines Klassifikators mit hochdimensionalem Merkmalsraum und geringer Klassenanzahl ist eine feinere Zerlegung des Gesamtproblems möglich:

$$z_{kj} = \left( \frac{1}{b_{kj\pm}} - 1 \right) \left| \frac{x_j - s_{kj}}{c_{kj\pm}} \right|^{d_{kj\pm}}$$

$$\mu_k = \frac{a_k}{1 + \sum_{j=1}^{M} z_{kj}} \qquad (3)$$

In diesem Falle werden die Sympathien $\mu$ durch einen nachgeschalteten Prozeß berechnet.

## 4. Testimplementation

### 4.1. Hardware und Netztopologie

Zur Abschäzung der Leistungsgrenzen eines transputerbasierten Klassifikationssystems ist ein Testsystem realisiert. Hierzu wurde ein Klassifikator zu Diagnose der Schneidigkeit des

Werkzeugs einer Drehmaschine auf Basis einer Körperschallanalyse erstellt.

Ein Multicluster-1 mit einem PC 486 als Host dient als Basissystem. Die Netztopologie ist in Bild 8 dargestellt.

Ziel war das Erfassen und Auswerten des gesamten Zeitsignals. Deshalb werden zwei Analog-Digitalwandlerkarten mit je einem T222 überlappend alternierend betrieben. Dabei erfaßt mindestens ein ADC das aktuelle Zeitsignal und der andere gibt die im vorhergehenden Takt eingelesenen Daten an den nachgeschalteten Transputer weiter.

Natürlich können an dieser Stelle auch andere Datentypen, z.B. Bilddaten mittels eines Framegrabbers, erfaßt werden. Im Beispielsystem werden zwei parallel arbeitende Pipelines betrieben, wobei jede die Daten eines ADC's weiterverarbeitet. Das nächste Glied in den Pipelines ist eine Vectorprozessorkarte. Auf dieser befinden sich ein 32-Bit-Transputer T800 und ein Vectorprozessor [10] mit einem gemeinsamen Speicherbereich. Durch den Einsatz dieser Karte können insbesondere Berechnungen der ein- und zweidimensionalen Signalanalyse, Vector- und Matrixoperationen als auch Bildverarbeitungsalgorithmen um ein mehrfaches beschleunigt werden. Zur Programmierung dieser Transputerkarte findet eine um einige Signalverarbeitungsalgorithmen erweiterte BLAS-Library Verwendung [11]. Auf dieser Karte arbeitet der Prozeß zur Datenreduktion und Merkmalsgewinnung. Es wird eine komplexe FFT mit 1024 Linien aus dem Zeitsignal berechnet. Diese bildet die Grundlage zur Generierung der Merkmale für das Klassifikationssystem.

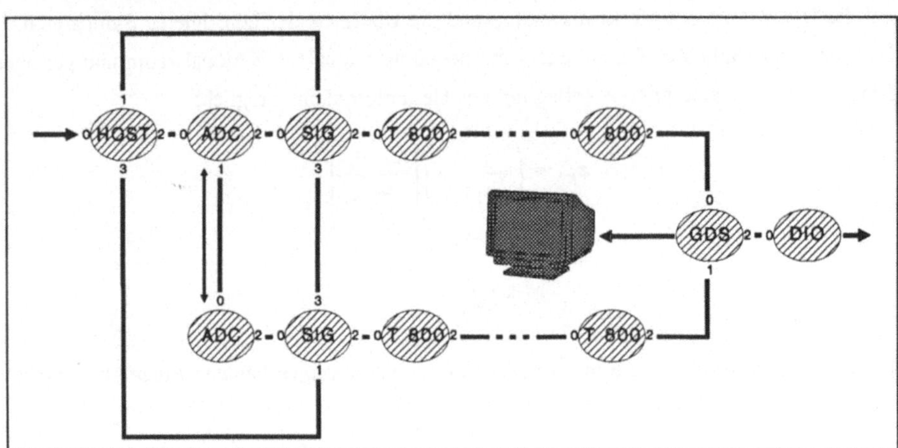


Bild 7 Netztopologie des Beispielsystems

Die oben beschriebenen Module können in zwei Betriebsarten betrieben werden. In der Betriebsart Datenerfassung werden die gewonnen Merkmale Objekt für Objekt an den Host-Transputer weitergegeben und dann auf Disk gespeichert. Diese Daten werden zum Anlernen des Klassifikators benutzt. In der Betriebsart Klassifikation werden die Merkmale an das Klassifikationsmodul weiterleitet.

Die nachgeschalteten Transputer berechnen den Sympathievektor des aktuellen Merkmals. Sie

sind zwar hardwarebedingt in Reihe geschalten, arbeiten aber parallel durch klassenweise Verteilung der Sympathiewertberechnung.
Anhand der bewerteten Klassifikationsergebnisse wird auf den Prozeß Einfluß genommen. Dies kann eine Reaktion auf Störungen im Prozeß zu Schadensminimierung, eine Parameterumschaltung für einen untergeordneten konventionellen Regler, eine Meldung o.ä. sein. Der aktuelle Prozeßzustand kann auf einem Monitor dargestellt werden.

## 4.2. Leistungsmerkmale

Das Transputernetz kann ohne Host-Rechner von einer Memorycard gebootet und somit als stand-alone-system im industriellen Einsatz genutzt werden.
In einem Beispielsystem mit 32 Merkmalen und 3 Klassen wird eine Abtastfrequenz von 45 KHz genutzt, bei einer Überschneidung der Zeitscheiben der alternierend arbeitenden ADC's von einem Drittel. Die Daten werden dann einer FFT mit 1024 Linien zugeführt, so daß ca. alle 15 ms (66 Hz) neue Klassifikationsergebnisse verfügbar sind. Die Reaktionszeit $t_r$ vom Einlesen des Zeitsignals, bis zum Reagieren des Systems auf die Änderung beträgt in der Beispielkonfiguration ca. 10,5 ms.
Diese Zahlen sind natürlich Richtwerte und sollen nur zur Abschätzung der Leistungsfähigkeit des Systems dienen.

## 5. Zusammenfassung

Mit parallel-FUCS steht dem Programmierer ein Werkzeug zur einfachen und schnellen Realisierung von Echtzeitfuzzyreglern für komplexe technische Prozesse zur Verfügung.
Durch die Nutzung der Transputertechnik kann die Leistungsfähigkeit des Systems an die Prozeßanforderungen angepaßt werden.
Dezentrale Regelungssysteme sind durch das offene Transputer-Kommunikationskonzept realisierbar.
Ein industieeller Einsatz kann ohne störende Peripherie wie Host-Rechner, Tastatur oder Monitor mit einem selbstbootenden stand-alone-system erfolgen.
Aufgrund des Kostenfaktors ist es ratsam, dieses Klassifikationssystem vor allem für zeitkritische Prozesse einzusetzen.
Eine Einbindung in bereits vorhandene Systeme, wie zum Beispiel zur Bewertung von Daten aus transputergestützten Signal-, Sensordaten- oder Bildverarbeitungssystemen, ist möglich.

## 6. Ausblick

In der Fraunhofer-Einrichtung für Umformtechnik und Werkzeugmaschinen Chemnitz befindet sich ein System zur automatischen Erkennung von Fehlern auf Walzstahlbändern in Echtzeit in Entwicklung. Im Rahmen dieses Projekts wird insbesondere die Anbindung von spezifischen Bildverarbeitungsalgorithmen zur Merkmalsgenerierung für das Klassifikationssystem an parallel-FUCS erfolgen. Die Anpassung des Systems an neue Materialien bzw. nicht angelernte Fehler wird weitestgehend automatisch erfolgen.
Außerdem ist die Koppelung eines FASIC´s mit Transputersystemen geplant. Dieser Fuzzy-ASIC wurde speziell für die Beschleunigung der Fuzzy-Klassifikation in Kooperation mit der TU Chemnitz-Zwickau entwickelt [12,13]. Dieses Systemkonzept wird ebenfalls von parallel-FUCS unterstützt.
Aufgrund des hohen Allgemeinheitsgrades der Theorie der Fuzzy-Klassifikation und der mit parallel-FUCS erreichbaren Rechengeschwindigkeit sind weitere aussichtsreiche Einsatzmöglichkeiten in Forschung und Industrie absehbar.

## 7. Schrifttum


[1] *Bocklisch,S.F.:* Prozeßanalyse mit unscharfen Verfahren. Verlag Technik, Berlin 1987.

[2] *Fraunhofereinrichtung für Umformtechnik und Werkzeugmaschinen:* Programmdokumentation FUCS 6.01. FhE-IUW, Chemnitz 1992.

[3] *Kosko,B.:* neural networks and fuzzy systems. Prentice Hall, Englewood Cliffs: 1992.

[4] *Franke,H.:* Programmdokumentation F-SOURCE V1.0. FhE-IUW, Chemnitz 1992.

[5] *INMOS:* occam* 2 Reference Manual. Prentice Hall, New York, London u.a. 1988.

[6] *PARSYTEC:* Multitool, Transputer programming environment. Parsytec, Aachen 1989

[7] *INMOS:* occam 2 toolset user manual. INMOS, Bristol 1991.

[8] *Anderson,A.J.:* multiple processing, a systems overview. Prentice Hall, New York, London u.a. 1989

[9] *Schütte,A., Feldmann,D.:* OCCAM 2 Softwaretools. McGraw-Hill Book Company, Hamburg, New York u.a. 1988.

[10] *Zoran Corporation:* ZR34325 Engineering Data. Zoran, Santa Clara 1989.

[11] *Müller,A., Mahlmann,K.:* BLAS-Library Version 1.10a for TPM-SIG, Programming Reference Manual. Paradarec, Braunschweig 1992.

[12] *Eichhorn, K.; Franke, H.; Müller, D.; Schlegel, P.:* Beschleunigte Fuzzy-Pattern-Klassifikation mit ASIC´s, Fachhochschule Regensburg: Drittes Symposium Mikrosystemtechnik "Mikrosysteme für Verfahrens- und Fertigungstechnik", Regensburg, 17.-18. Februar 1993

[13] *Priber, U.; Franke, H.; Ruhnau, G.; Müller, D.; Eichhorn, K.; Schlegel, P.:* Akzeleratorunterstützte Fuzzy-Klassifikation zur Echtzeit-Prozeßüberwachung, Proceedings Kongreß Echtzeit ´93, Karlsruhe, 15.-17. Juni 1993

# A Transputer Based Data Acquisition System for the Baikal Neutrino Telescope

H. Heukenkamp[1], S. Klimushin[2], H. Leich[1], U. Schwendicke[1], P. Wegner[1], R. Wischnewski[1]

[1] DESY–Institut für Hochenergiephysik Zeuthen, Postfach, 15735 Zeuthen, Germany
[2] Institute for Nuclear Research of the Russian Academy of Sciences, Moscow, Russia

**Abstract.** This paper describes a reliable and extendable setup based on a transputer network and its application for data preprocessing and online monitoring of an underwater muon and neutrino detector. It is operated since April 1993 by a Russian-German group in Lake Baikal, Siberia. The net hardware was designed for medium scale experiments like the Baikal detector. It allows to set up extended transputer nets and to configure them dynamically at run time and has proved to be suitable for experiments carried out under rough environmental conditions, where the possibilities of system maintenance are limited but nevertheless computational power is needed. A small net consisting of five transputers is used as a basic component of the data acquisition system of the underwater detector currently operating.

## 1 Introduction

High energy neutrino astronomy tries to open a new observation window to the universe by searching for cosmic sources of very energetic neutrinos. Being electrically neutral, neutrinos are not deflected by cosmic magnetic fields. Thus they are keeping the directional information, and their detection allows the determination of the position of their source.
The most promising devices in this new branch of astronomy are deep underwater detectors consisting of a grid of photomultipliers (PMTs) installed on long strings. These PMTs detect the Čerenkov light emitted along the tracks of relativistic charged particles passing the detector. These are predominantly muons generated in the earth atmosphere above the detector. What one searches for, are the rare muons generated in neutrino interactions. The Čerenkov light hits the PMTs and produces a characteristic time and amplitude pattern. Time and amplitude have to be measured accurately, because the muon trajectory is reconstructed from these data.
The Baikal detector is deployed at a depth of 1100 m about 4 km off shore in the south-western part of the Siberean Lake Baikal. A first stage of the detector, NT-36, consists of 36 PMTs on 3 strings. This first stationary underwater multi-string detector is in continuous operation since April 1993. Its successful operation has proven the feasibility of this kind of detectors (see [1] for first results).

The full detector NT-200 will be equipped with 192 PMTs arranged on eight strings [2].
There are several similar projects for underwater detectors: in the Pacific Ocean near Hawaii, in the Mediterranean Sea and in the ice cover of the south pole [3]. Deep underwater neutrino telescopes are long term and high precision experiments. A few events have to be separated from a background of $10^8$ events per year.
In this paper, a brief description of the data acquisition (DAQ) system of the Baikal Neutrino Telescope is given. The DAQ system is based on a transputer network coupled to front-end IBM-PCs. In some detail, problems with the transputer C++ environment are described.

## 2 The Data Acquisition System

### 2.1 Data Streams and Processing Tasks

Two PMTs each are operated in coincidence and form a detector channel, giving one time value and one amplitude value per hit.
The basic trigger (muon trigger) requires $\geq n$ detector channel hits in a 600 nsec time window. If the trigger condition is fulfilled, amplitude and time of the channels having fired are digitized with a resolution of 1 photoelectron and 1 nsec, respectively. Amplitude and time code, the detector channel number and a 6-bit event tag form a 40-bit data word. The central electronic block generates a time label from a 100 kHz clock for every event. This trigger system is sensitive to relativistic particles moving with $v \lesssim c$ ($c$ is the velocity of light). For the NT-36 and $n = 3$, about 10 events/sec are triggered, for the NT-200 a rate of $\approx$100 events/sec is expected.
In addition to the muon trigger, each string is equipped with a local trigger system, counting independently the hits of the detector channels of the string within an adjustable time window. With this trigger, sensitive to particles with $v = 10^{-4} \ldots 10^{-2}$ c, a search for theoretically predicted magnetic monopoles is performed [2]. In addition, this monopole trigger system is used to check the operation of detector channels. The trigger rate from the monopole system is between 10 $\text{sec}^{-1}$ and 100 $\text{sec}^{-1}$.
The shore station houses the DAQ hardware and the slow control system, which steers the detector components. A personal computer, called Main PC, runs the slow control software and drives the ExaByte tape used for data mass storage. Apart from the detector scheme, Fig. 1 shows the tasks to be carried out in the shore station.
In order to have extendable computing power, suited for the rough environmental conditions at the experiments site, a transputer network was chosen for CPU- and memory intensive DAQ tasks. The transputer network is nearly maintenance free as compared with a possible workstation solution.
Two PCs serve as front-ends of the transputer system. The Main PC provides the file system and boots the tranputer net. A second PC, the Monitor PC, runs

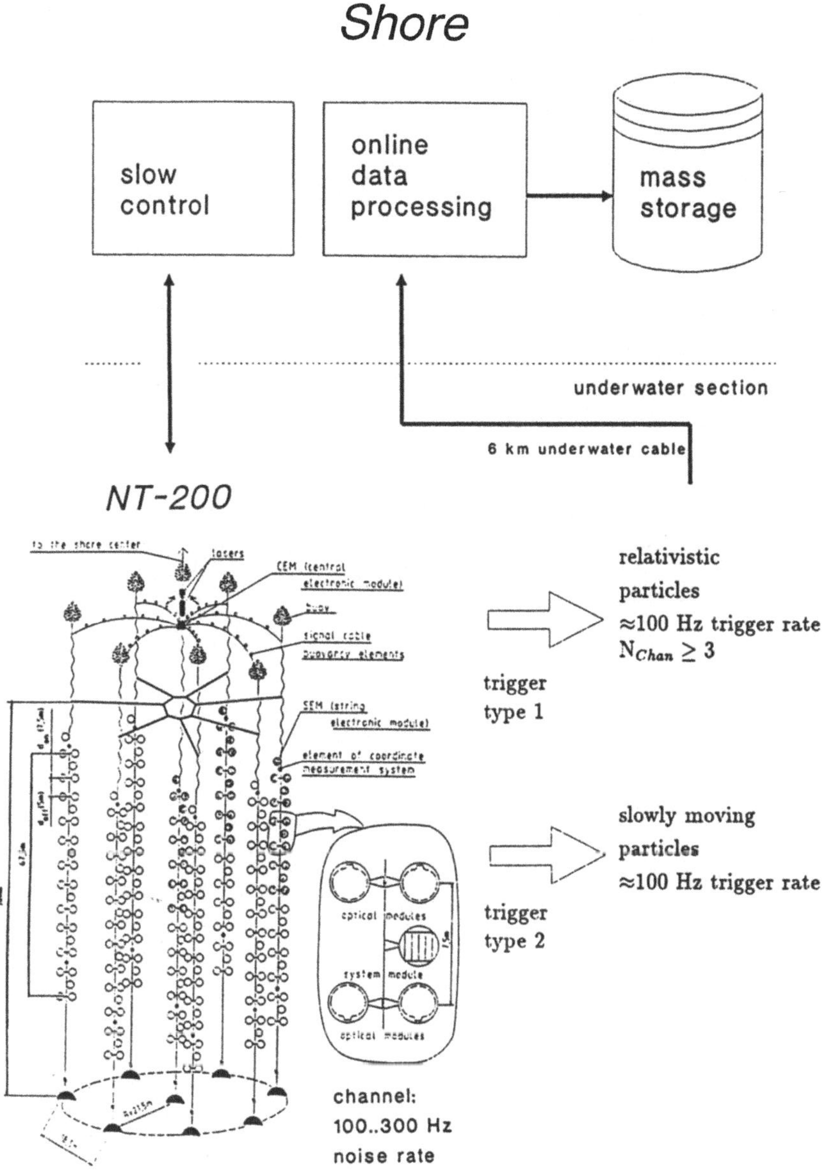


**Fig. 1.** The NT-200 detector with corresponding data streams

a user interface giving access to the information kept in the transputer memory. This information is stored in the form of tables and histograms. It is needed to supervise the operation of the detector.
The basic data processing tasks of the transputer network are:

- raw data preprocessing
- supervision of detector operation (detector monitoring)
- first physics analysis

Raw data preprocessing means basically the separation of different trigger types, detection of transmission errors and event building.
By means of detector runtime supervision the behaviour of detector elements is checked online. It is important to check the detector performance during the deployment process as well as to detect detector failures during permanent operation.
A first physics analysis of the events aims at a fast event classification and reconstruction, in order to reduce the amount of data written to mass storage. This data preprocessing stage becomes important for the full scale NT-200 detector and will be implemented after thorough offline tuning of the algorithms.

## 2.2 The Link Multiplexor Module

The basic component of the transputer network is a **LInk M**ultiplexor (LIM) module, developed and constructed at the DESY–IfH Zeuthen [4]. It had been designed as part of the data acquisition system of the KASCADE airshower experiment [5]. The LIM is a 6U VME motherboard for **Tr**ansputer **M**odules (TRAMs).
The network on the LIM is formed by connecting transputer links via C004 cross bar switches. This is done by software running on the master transputer of the LIM. LIM modules can be connected via transputer links with other LIMs, forming larger networks.
The INMOS compatible TRAM consists of a T805 transputer with a floating point unit and up to 8 MBytes DRAM. The processor is driven by a clock speed of 25 MHz. A LIM can host up to 8 single width TRAMs with 1 MByte memory or other configurations. We are using 4 TRAMs with 2 MBytes RAM each on the LIM.
The design of the LIM provides:

- flexibility of net topology
- cascadability
- fault tolerance.

The root transputer, equipped with 4 MByte DRAM, controls all other equipment on board. After having booted the TRAMs, the root transputer loads the interconnection topology between the TRAMs into the link switches (LIS). This gives the possibility to switch a lot of different topologies according to the needs

of the computing tasks on the TRAMs. For applications with more transputers there are several modes of cascading LIMs and connecting their TRAMs to larger nets.
A unique feature of the LIM as compared to other TRAM motherboards is the control function for TRAMs and external subsystems. By watching the error status register for each TRAM, software running on the root transputer can detect faults of the transputer modules and handle them by rebooting the faulty TRAM or by other appropriate means.
A block diagram of the LIM module is given in Fig. 2.

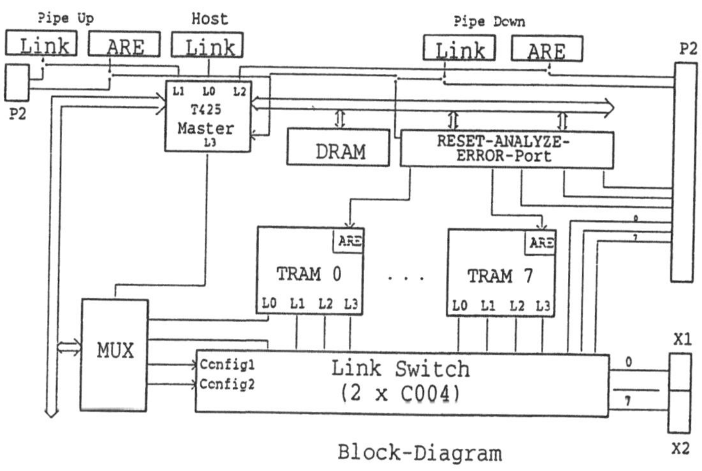


**Fig. 2.** A block diagram of the Link Multiplexor Module

# 3 Task Distribution on the Network

A LIM with four transputer modules is currently operating at the shore station. The computing performance of this five transputer net is roughly equal to half a SPARC-2 processor.
The 4 TRAMs on the LIM are switched into a simple pipeline topology. The data stream to be written onto the mass storage device is coupled out after half of the pipeline. The second half runs the monitoring and histogramming tasks.

Fig. 3 shows the task distribution and the two front-end PCs.

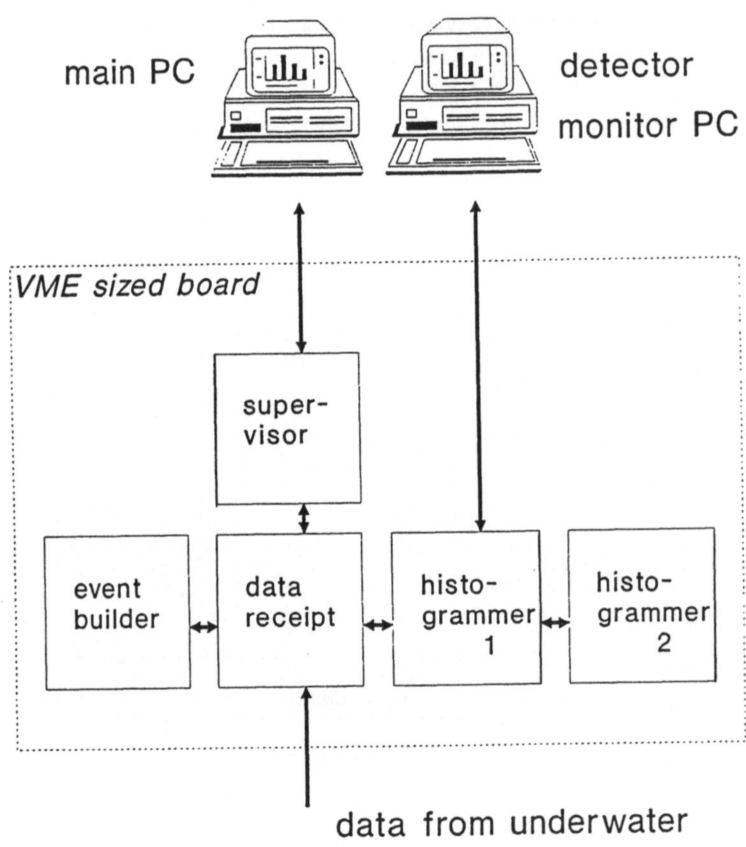


**Fig. 3.** Task distribution on the 5-transputer network

The transputer net fulfills the following raw data preprocessing and detector supervision tasks:

– **data receipt and buffering, data splitting, first error analysis**

These subfunctions are implemented on TRAM 1. Data from underwater can be taken *buffered block oriented* or, for debugging purposes, *unbuffered bytewise*. Information packets from the monopole system are extracted from the data stream and processed separately. The stream of raw data is sent to the event builder and the histogramming and monitoring units. Transmission errors are detected and indicated by an error code attached to each channel word. Buffering is generally organized in the net using "buffered links". A buffered link is a transparent software FIFO buffer of variable size, allowing the desynchronisation of communicating processes.

**– event building**

TRAM 2 runs the event builder. The data from different strings are transmitted via one cable. Therefore, detector channel information of different events gets mixed in the data stream.
The event builder stores portions of the data stream in overlapping buffers and tries to patch up the events from individual channel words (representing time and amplitude information of one hit detector channel) with the same event tag by sorting these buffers. The local bubble sort is best suited. It is stable and the fastest sorting algorithm for samples already presorted.
The event builder returns the stream of events to TRAM 1, to be sent to the main PC from there.

**– histogramming and online monitoring**

TRAM 3 and 4 are used to collect basic information necessary for monitoring the detector. More than 200 different histograms, extracted from the data at different preprocessing levels are kept on these modules. They are accessible at any moment from the Monitor PC. Fig. 4 shows an online histogram. In addition, the Monitor PC can be directly linked to the data stream, to visualize single events. Requests from the Monitor PC are handled fully asynchronously with respect to histogram booking and data processing. Misoperation of the communication between the transputer network and the monitor machine does not effect the stability of the transputer system.
The data processing and visualization program on the Monitor PC is written in FORTRAN 77, using the standard HBOOK/HPLOT CERN program libraries [6].

**– booting, link switching, general management**

After being booted from the main PC, the root transputer boots the TRAMs in succession and switches the final configuration of the net. During data taking it handles commands from the main PC, watches the error flags of the TRAMs and provides a large data buffer.
The peak performance of the transputer system is $\approx$ 200 muon events/sec, depending on their multiplicity, the monopole trigger rate etc. This has been measured with Monte-Carlo generated data also used to debug the whole DAQ software. The performance is presently limited by the speed of the histogramming modules. The event processing rate can be increased to 1000 events/sec, by distributing the histogramming and analysis tasks onto more than two transputers.

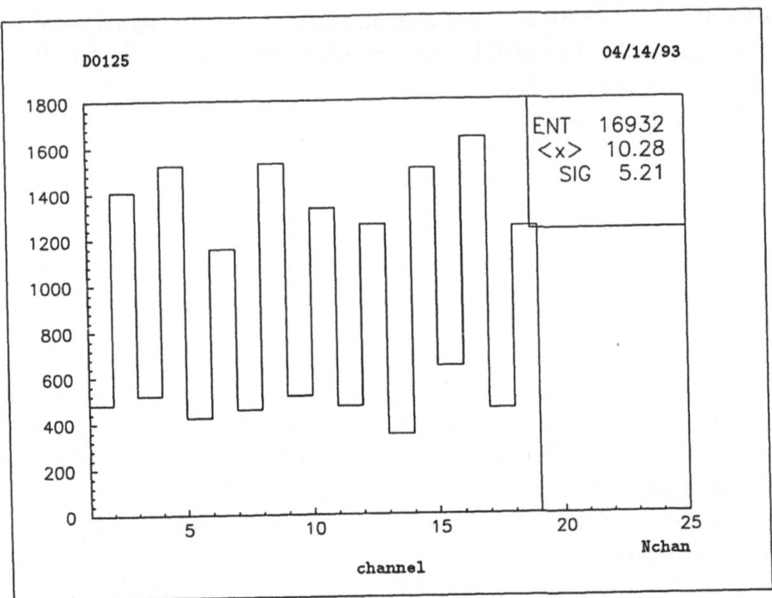


**Fig. 4.** Online histogram of the hit rate of the measurement channels. Note, that the saw tooth pattern is due to the upward and downward looking channels, having different sensitivities to the light emitted from downward going muons.

## 4 C++ Development with the Glockenspiel Preprocessor

The net software is written in C++ using the Glockenspiel preprocessor. Each task, including the parallel tasks, is enveloped from an object-oriented framework. "Passive objects" contain data and the appropriate methods to manipulate them. A typical example is a histogram object, having a constructor to specify its properties and to allocate the memory needed to keep the data, methods to collect information and to output it and a destructor to clear the histogram from the memory. "Active objects" run parallel tasks as their memberfunctions. Data input and output is performed via channels. The parallel processes are called into being within the constructor and they pass away with the destructor call. FIFO queues and channel multiplexors are examples for this programming approach.

The following small piece of code demonstrates the embedding of parallel processes for a FIFO buffer:

```
class LinkBuf
{ // buffers a link FIFO-like
 Channel *OutChan, *InChan, **OrigChan;  // input, output
 Channel *StopCh0, *StopCh1, *StopCh2;   // stop channels
 Channel *FailChan, *FSend, *FRecv;      // interrupt chans
```

```
    ...                                         // omit internals
   byte *Buff, *LocBufS, *LocBufR;              // buffer memory
   Process *pSend, *pRecv, *pFail;              // sender, receiver
  public:
   LinkBuf(unsigned /*size*/, Channel** /*to be buffered */,
   Channel* FCh = NULLChan /*interrupt chan, buffer reset*/);
  /* alternative constructor */
   LinkBuf(unsigned /*size*/, Channel* , Channel* /*in & out*/,
    Channel* FCh = NULLChan /*interrupt chan, buffer reset*/);
   ~LinkBuf();                                  // destructor
      ...                                       // details omitted
  private:                                      // running parallel
   void Sender(Process*, void*, Channel*); // attached to pSend
   void Receiv(Process*, void*, Channel*); // attached to pRecv
   void FailMn(Process*, void*, Channel*); // attached to pFail
  }; // LinkBuf
```

The Glockenspiel preprocessor produces intermediate C code, which is processed with the INMOS C toolset. Whereas the toolset is a stable and reliable working platform, there are some pecularities of the C++ tools, which are interesting for larger projects in C++ on transputers.
Most of these problems are due to the rather poor name-mangling algorithm, which is implemented to resolve the C++ definitions into plain C code.

- success of name-mangling depends on position of class definitions in the source code
- the name mangler frequently produces incorrect constructor calls, confusing the C compiler
- problems with definition code in include files
- problems with the order of include files
- problems with many class definitions in a file

In general: more than $\approx 10$ classes to be referenced to in one source file tend to confuse the mangler. One should put a single (a few) class definition(s) in one object file and should use the librarian.
More severe problems are connected with the allocation of parallel procedures and the necessary treatment of the this pointer in coherence with object embedded parallel tasks.
According the INMOS-C handbook [7] a process to be run parallel is defined and allocated:

```
  void Proc(Process *p, par1, ...);                  /* declare  */
   ...                                       /* definition omitted */
  p = ProcAlloc(Proc, Stack, nPar, par1, ...);  /* allocate */
```

To do the same for a memberfunction of a class, the following code is required. Note, that an extra parameter has to be added in the call of the allocation function. Without this additional parameter, par1...parn are not correctly pushed onto the procedure stack and can not be found in the procedure itself. For the sake of compatibility with the course in C, a dummy process pointer, pointing to `NULL`, is chosen here.

```
class AClass
{
 void Proc(Process *p, par1, ...);                // declare
}; // AClass
 ...                                    // definition omitted
p = ProcAlloc(void(*)() &(AClass::Proc),         // allocate
     Stack, nPar+1, DummyProc, par1, ...);
```

To make class data members accessible in memberfunctions, a C++ compiler *implicitly* hands over to every member function of a given class the `this` pointer, pointing back to that class. The class elements to be used in the scope of the member function are resolved via the `this` pointer. A simple `ClassMember = 3` expression becomes then `this->ClassMember = 3`.
With the INMOS release of the Glockenspiel preprocessor, this mechanism works for normal, non-parallel memberfunctions only. It fails for parallel processes. The `this` pointer has to be put *explicitly* into the parameter list of `ProcAlloc()` and has to be corrected in the scope of the memberfunction if access to data members is needed.

```
class AClass
{
 int iMember;                    // must be accessible in Proc
 ...
 void Proc(Process*, void*, ...);
}; // AClass

p = ProcAlloc(void(*)() &(AClass::Proc),
     Stack, nPar+1, DummyProc, this...); // "this" as void*
 ...
void AClass::Proc(Process *p, void* that,...)
{ // definition of Proc
 this = (AClass*) that;                   // hook this pointer
 iMember = 3;                             // accessible now
 ...
}
```

It is disappointing, that INMOS does not plan an improved release of the C++ preprocessor for the T9000 [8], because apart from all points giving rise to criticism, the C++ approach has turned out to make parallel programming more transparent.

## 5 Summary

The Baikal detector NT-36 is the first stationary deep underwater neutrino telescope. Its transputer based DAQ system works reliably and stable.
The current stage, a five transputer network, performs the basic data preprocessing tasks and provides an extended detector monitoring facility. Algorithms for online physics analysis will be implemented later. The current system has data stream ports which allow to link further transputers to the net in order to run additional tasks. The full system will have 10 TRAMs on 3 LIM modules.
Being far from usual medium scale DAQ systems, we are operating a small, but nevertheless powerful system with high flexibility, which can be extended to master future challenges.

## 6 Acknowledgements

We thank the members of the Baikal Experiment for the fruitful collaboration. We are indebted to Ch. Spiering for helpful discussions.

## References

1. Belolaptikov, I. A. et al.: The Baikal Deep Underwater Telescope NT-36 – First Months of Operation. to be published in Nucl. Phys B (Proc. Suppl.); Belolaptikov, I. A. et al.: The Lake Baikal Deep Underwater Detector. Nucl. Phys. B (Proc. Suppl.) **19**, (1991) 17
2. Sokalski, I., Spiering, Ch. (eds.): The Baikal Neutrino Telescope NT-200. BAIKAL Note 92-03 (1992)
3. Spiering Ch.: Neutrinoastronomie mit Unterwasserteleskopen. Phys. Bl. **49**, (1993) 10, 871
4. Heukenkamp, H., Schwendicke, U., Wegner P.: Ein Transputer-Modul für die Steuerung verzweigter hierarchischer Netze. Proc. TAT 1992, Aachen, (1992) 7
5. Doll, P. et al., The Karlsruhe Cosmic Ray Project *KASCADE*, KfK **4686**, (1990)
6. CERN Program Library Long Writeups, Y250, Y251, Q120. CERN, Switzerland
7. INMOS Ltd.: ANSI C Language and Libraries Reference Manual. **72 TDS 34701** (1992)
8. INMOS Ltd.: T9000 Development Tools. **72 TRN 24900** (1993)

# Autorenverzeichnis

# Springer-Verlag und Umwelt

Als internationaler wissenschaftlicher Verlag sind wir uns unserer besonderen Verpflichtung der Umwelt gegenüber bewußt und beziehen umweltorientierte Grundsätze in Unternehmensentscheidungen mit ein.

Von unseren Geschäftspartnern (Druckereien, Papierfabriken, Verpackungsherstellern usw.) verlangen wir, daß sie sowohl beim Herstellungsprozeß selbst als auch beim Einsatz der zur Verwendung kommenden Materialien ökologische Gesichtspunkte berücksichtigen.

Das für dieses Buch verwendete Papier ist aus chlorfrei bzw. chlorarm hergestelltem Zellstoff gefertigt und im pH-Wert neutral.